理工系の基礎

数学 I

数学 編集委員会 編

小谷 佳子／伊藤 弘道／加藤 圭一／矢部 博／江川 嘉美

太田 雅人／横田 智巳／眞田 克典／関川 浩 著

丸善出版

刊行にあたって

　科学における発見は我々の知的好奇心の高揚に寄与し，また新たな技術開発は日々の生活の向上や目の前に山積するさまざまな課題解決への道筋を照らし出す．その活動の中心にいる科学者や技術者は，実験や分析，シミュレーションを重ね，仮説を組み立てては壊し，適切なモデルを構築しようと，日々研鑽を繰り返しながら，新たな課題に取り組んでいる．

　彼らの研究や技術開発の支えとなっている武器の一つが，若いときに身に付けた基礎学力であることは間違いない．科学の世界に限らず，他の学問やスポーツの世界でも同様である．基礎なくして応用なし，である．

　本シリーズでは，理工系の学生が，特に大学入学後 1，2 年の間に，身に付けておくべき基礎的な事項をまとめた．シリーズの編集方針は大きく三つあげられる．第一に掲げた方針は，「一生使える教科書」を目指したことである．この本の内容を習得していればさまざまな場面に応用が効くだけではなく，行き詰ったときの備忘録としても役立つような内容を随所にちりばめたことである．

　第二の方針は，通常の教科書では複数冊の書籍に分かれてしまう分野においても，1 冊にまとめたところにある．教科書として使えるだけではなく，ハンドブックや便覧のような網羅性を併せ持つことを目指した．

　また，高校の授業内容や入試科目によっては，前提とする基礎学力が習得されていない場合もある．そのため，第三の方針として，講義における学生の感想やアンケート，また既存の教科書の内容などと照らし合わせながら，高校との接続教育という視点にも十分に配慮した点にある．

　本シリーズの編集・執筆は，東京理科大学の各学科において，該当の講義を受け持つ教員が行った．ただし，学内の学生のためだけの教科書ではなく，広く理工系の学生に資する教科書とは何かを常に念頭に置き，上記編集方針を達成するため，議論を重ねてきた．本シリーズが国内の理工系の教育現場にて活用され，多くの優秀な人材の育成・養成につながることを願う．

2017 年 12 月

東京理科大学　学長

藤　嶋　　昭

序　文

　数学は，科学の基礎としての重要な研究分野であるばかりでなく，科学技術が発展した今日の情報社会の基盤を支えているといっても過言ではない．こうした時代においては，数学・応用数学を専門とする学部学生だけではなく，数学系以外の分野を専門とする理工系の学生たちも，数学全般を見渡せるための素養を身に付けることは大切である．このことを念頭に置いて，本書は数学の基礎的な分野を俯瞰できるように工夫した．学部学生が本書を教科書や参考書として利用するだけではなく，各章で扱われている分野の学習を一度終えた読者がこれまでの学習を振り返るためにハンドブックとして活用することで，さらに数学全般に対する理解が深まることと考えている．第Ⅰ巻は初年次に学ぶ数学の基礎知識，微分積分学，線形代数学に加えて，2，3年次で学ぶ解析学，代数学の分野をまとめた．また，続刊の第Ⅱ巻では幾何学，確率論，統計解析，計算数学の分野を解説しているので，併せて活用していただきたい．以下に第Ⅰ巻の各章の特徴を記述する．

　第1章は，大学で数学を学ぶ上で，分野にかかわらず必要な基礎事項，数学用語や定義が書かれている．1.1節では，数学の教科書や専門書に繰り返し出てくる用語や基本的な記号などの紹介；1.2節では，命題と集合について；1.3節では，写像について，特に，初学者が正確かつ厳密に説明できるようになることを目標に，勘違いしやすい箇所や，間違いやすい箇所を丁寧に解説した．

　第2章では，1変数の微積分の概要を解説する．高校でも学んでいるが，実数の性質，極限の定義などについては直観的な理解に留まっていた．本章では，微積分を厳密に取り扱うことができるように，実数の性質や極限の定義を与えた．いわゆるイプシロン-デルタ論法であるが，最も納得しやすいと思われる「有界な単調増加数列は収束する」ことから出発するなど，この論法を独習できるように意図して書いた．目的が成功しているかについては心許ないが，本章がこの論法の理解の一助になれば幸いである．後半では，無限級数や一様収束についての解説を行った．紙面の都合で，具体的な微積分の計算はごく少数のみを取り上げるに留めた．

　第3章で扱う線形代数学は，微積分学と並んで理工系学生が初年次に必ず学ぶ基本的な数学である．線形代数学の応用範囲は非常に広く，工学・経済学・経営科学・薬学な

どいろいろな分野で使われている．本章ではまず，行列・ベクトル・行列式に関する基礎知識について解説する．次に線形空間・線形写像を取り扱う．線形空間・線形写像は線形代数学の最も本質的な内容であり，「線形性」という普遍的な概念が他の数学の分野でも非常に重要であることを理解してほしい．さらに，固有値と固有ベクトルは行列の構造を知る上で本質的な役割を演じる．本章では主として実行列，実ベクトルを扱っているが，同様の結果が複素行列，複素ベクトルでも成り立つことを注意しておく．

第4章では，大学で学ぶ解析学のうちで基本的な事柄について解説をする．内容は，多変数の微分積分，複素解析，距離空間および位相空間の初歩，微分方程式，フーリエ解析，ルベーグ積分である．ただし，ページ数の都合で，ごく基本的あるいは重要と思われる部分のみを解説している．本章を通読された読者が解析学に興味を持ち，各分野の専門書を読まれること，さらには，その際に本書の内容が少しでも役に立つようなことがあるならば，著者たちにとって望外の喜びである．

第5章は，大学数学系学科の2年次あるいは3年次で学ぶ代数学の標準的内容である群と環の基本的事項を解説している．群・環および体は数学の基本的「言語」と言えるものでもあり，数学的対象を表現するためになくてはならぬものである．前半では，ある種の演算が定義されている集合を群として抽象的に捉えることで，本質的なことがらが浮かび上がってくることを学ぶ．群の構造を分析する手法，群同士を結びつける準同型定理，群の作用，シローの定理などを解説する．後半は環を扱う．数の体系としての整数全体，有理数全体，実数全体，複素数全体などは加法と乗法という演算に関して環をなし，数学的対象としてより身近なものと言える．イデアルの概念は環の特徴づけにも重要であり，特に最後の節に述べるグレブナー基底の理論は，多項式環のイデアルに関してコンピュータによる計算とも結びつき近年活発に研究されている．

最後に，本書を作成するにあたって，ご協力いただいた方々に心から感謝の意を表したい．とりわけ，三崎一朗氏をはじめとする丸善出版株式会社の方々には大変お世話になった．心より謝意を表する次第である．

2017年12月

執筆者を代表して　小　谷　佳　子
加　藤　圭　一
矢　部　　博
眞　田　克　典

目　次

1. 基　礎　知　識　　1

1.1 数 学 用 語 — 1
1.1.1 ギリシャ文字　　1
1.1.2 数学の講義などでよく使う用語など　　1

1.2 命 題 と 集 合 — 2
1.2.1 命題　　2
1.2.2 集合　　3
1.2.3 否定，逆・裏・対偶　　5
1.2.4 全称命題と存在命題　　6

1.2.5 集合の演算　　8

1.3 写 像 — 10
1.3.1 写像の定義　　10
1.3.2 写像の合成　　12
1.3.3 単射・全射・全単射　　12
1.3.4 逆写像　　13
1.3.5 像，逆像　　14
1.3.6 濃度　　15

2. 1変数の微積分　　17

2.1 実数の連続性，数列の極限 — 17
2.1.1 実数列の収束　　17
2.1.2 上限・下限　　18
2.1.3 区間縮小法　　18
2.1.4 コーシー列　　19
2.1.5 ボルツァーノ–ワイエルシュトラスの定理　　19
2.1.6 デデキントの切断　　19
2.1.7 連続性の公理について　　19

2.2 関数の連続性 — 19

2.3 微分の定義，性質 — 21

2.4 積分の定義，性質 — 23

2.5 広 義 積 分 — 27

2.6 無 限 級 数 — 28
2.6.1 正項級数　　29
2.6.2 絶対収束　　30
2.6.3 条件収束　　31

2.7 一 様 収 束 — 31
2.7.1 一様収束と連続性　　32
2.7.2 無限級数の微分積分　　33
2.7.3 べき級数　　34
2.7.4 積分記号下の微分　　35

2.8 ま　と　め — 35

3. 線 形 代 数　　37

3.1 行　列　　37

3.1.1　行列の定義　　37
3.1.2　行列のスカラー倍と加算　　38
3.1.3　行列の積　　38
3.1.4　転置行列　　39
3.1.5　行列のトレース　　39
3.1.6　対称行列と交代行列　　40
3.1.7　いろいろな行列　　40
3.1.8　正則と逆行列　　40
3.1.9　行列の行と列に関する基本変形　　42
3.1.10　階段行列と掃き出し法　　44
3.1.11　行列のランク　　45
3.1.12　掃き出し法による逆行列の計算　　47

3.2 行　列　式　　48

3.2.1　置換　　48
3.2.2　行列式の定義　　49
3.2.3　行列式の多重線形性と交代性　　50
3.2.4　行列式の性質　　51
3.2.5　行列式の積　　52
3.2.6　行列式と正則性　　53
3.2.7　特別な行列の行列式　　53
3.2.8　余因子展開　　54
3.2.9　余因子行列と逆行列　　55

3.3 連立 1 次方程式　　55

3.3.1　連立 1 次方程式　　55
3.3.2　連立 1 次方程式の基本変形　　56
3.3.3　連立 1 次方程式の一般解と特殊解　　56
3.3.4　ガウスの消去法と行列の LU 分解　　57
3.3.5　クラメルの公式　　59

3.4 線　形　空　間　　59

3.4.1　線形空間（ベクトル空間）　　59
3.4.2　線形独立と線形従属　　61
3.4.3　基底と次元　　62
3.4.4　列空間と零空間　　63

3.5 線　形　写　像　　64

3.5.1　線形写像・線形変換・同型写像　　64
3.5.2　線形写像の合成写像と逆写像　　65
3.5.3　表現行列　　65

3.6 内積・ノルム・直交性　　66

3.6.1　内積とノルム　　66
3.6.2　直交と正規直交系　　68
3.6.3　グラム–シュミットの直交化法　　69
3.6.4　直交行列　　71
3.6.5　直和分解と直交補空間　　72
3.6.6　正射影と射影行列　　73

3.7 固有値と固有ベクトル　　75

3.7.1　固有値・固有ベクトル・固有方程式　　75
3.7.2　固有空間　　78
3.7.3　行列の対角化　　80
3.7.4　実対称行列の固有値と対角化　　82

3.8 2 次形式と正定値行列　　83

3.8.1　2 次形式　　83
3.8.2　正定値行列と負定値行列　　84

3.9 その他の話題　　85

3.9.1　一般化逆行列　　85
3.9.2　マトロイド　　86

4. 解　析　学　　89

4.1 多変数の微分　　89

4.1.1　$\mathbb{R}^N$ の位相　　89
4.1.2　偏微分　　90
4.1.3　多変数関数の微分　　91
4.1.4　ヤコビ行列，ヤコビ行列式　　93

目 次　ix

4.1.5　逆関数定理と陰関数定理　93

4.2　複素関数　94

4.2.1　複素数と複素数平面　94
4.2.2　複素数列と級数　95
4.2.3　複素関数の微分　96
4.2.4　べき級数　98
4.2.5　複素積分　100
4.2.6　コーシーの定理　102
4.2.7　コーシーの定理を用いた実積分の計算　104
4.2.8　曲線の連続変形と留数　106
4.2.9　留数定理を用いた実積分の計算　108
4.2.10　正則関数の性質　110
4.2.11　孤立特異点　111

4.3　位　相　112

4.3.1　距離空間　112
4.3.2　位相空間　113
4.3.3　連結，コンパクト　114
4.3.4　分離公理　115

4.4　常微分方程式　116

4.4.1　微分方程式の例　116
4.4.2　1階線形微分方程式の解法　117
4.4.3　変数分離形，同次形の微分方程式の解法　118

4.4.4　定数係数2階線形常微分方程式の解法　119
4.4.5　解の存在と一意性　121
4.4.6　非線形連立微分方程式の解の挙動　124

4.5　フーリエ級数　126

4.5.1　偏微分方程式への応用　127

4.6　多変数の積分　128

4.6.1　積分の定義　128
4.6.2　過剰和，不足和，上積分，下積分の性質　129
4.6.3　積分の性質　130
4.6.4　重積分と累次積分の関係　130
4.6.5　一般の集合上の積分　131
4.6.6　変数変換の公式　131
4.6.7　曲面上の積分　132

4.7　ルベーグ式積分　134

4.7.1　ルベーグのアイデア　134
4.7.2　$\mathbb{R}$ 上のルベーグ測度　135
4.7.3　ルベーグ可測関数　137
4.7.4　ルベーグ積分の定義　139
4.7.5　ルベーグ積分の性質　140
4.7.6　ルベーグの優収束定理の応用　142
4.7.7　ルベーグ積分に関するノート　142

5.　代　数　学　145

5.1　同値関係，同値類　145

5.2　群　146

5.2.1　演算，半群・モノイド　146
5.2.2　群の定義　147
5.2.3　単数群，一般線形群　148

5.3　置換と対称群　148

5.3.1　置換　148
5.3.2　置換の積　149
5.3.3　巡回置換　150

5.4　部分群と生成系　151

5.4.1　巡回群の定義と例　153

5.5　剰　余　類　154

5.5.1　剰余類分解　154

5.6　巡　回　群　156

5.7　正規部分群と剰余群　159

5.8　準同型と同型　160

5.8.1　群の同型と準同型　161
5.8.2　準同型定理と同型定理　161

5.9　自　己　同　型　群　164

5.10 群の集合への作用 ——————— 164

5.10.1 G-軌道と安定部分群 165

5.10.2 群の共役類 165

5.11 群の直積 ——————— 167

5.12 半直積と正二面体群 ——————— 168

5.13 シローの定理 ——————— 169

5.14 環論 ——————— 172

5.15 行列環 ——————— 173

5.16 群環 ——————— 174

5.17 多項式環 ——————— 174

5.18 イデアル ——————— 175

5.18.1 ユークリッド整域・単項イデアル整域 177

5.19 剰余環 ——————— 178

5.19.1 $\mathbb{Z}$ の剰余環 178

5.20 環準同型 ——————— 179

5.20.1 環同型 179

5.20.2 環の準同型定理 180

5.21 極大イデアルと素イデアル ——————— 182

5.22 環の直積 ——————— 183

5.23 商環と局所化 ——————— 184

5.24 一意分解環 ——————— 186

5.25 グレブナー基底 ——————— 190

5.25.1 単項式順序 190

5.25.2 除算 191

5.25.3 グレブナー基底の定義と性質 193

5.25.4 ブッフバーガーのアルゴリズム 194

5.25.5 応用 196

索引 ——————————————————— 199

1. 基礎知識

■ 1.1 数学用語

数学では英語のアルファベットの他にギリシャ文字が頻繁に使われる．また，数学の教科書や専門書に繰り返し出てくる用語である命題，定理，定義，公理などの意味や基本的な記号を紹介する．

1.1.1 ギリシャ文字

大文字	小文字	対応する ローマ字	読み方
A	α	a	alpha（アルファ）
B	β	b	beta（ベータ）
Γ	γ	g	gamma（ガンマ）
Δ	δ	d	delta（デルタ）
E	$\epsilon,\ \varepsilon$	e	epsilon（イプシロン）
Z	ζ	z	zeta（ゼータ）
H	η	e	eta（エータ，イータ）
Θ	$\theta,\ \vartheta$	t	theta（シータ）
I	ι	i	iota（イオタ）
K	κ	k	kappa（カッパ）
Λ	λ	l	lambda（ラムダ）
M	μ	m	mu（ミュー）
N	ν	n	nu（ニュー，ヌー）
Ξ	ξ	x	xi（クシー，グザイ）
O	o	o	omicron（オミクロン）
Π	$\pi,\ \varpi$	p	pi（パイ）
P	$\rho,\ \varrho$	r	rho（ロー）
Σ	$\sigma,\ \varsigma$	s	sigma（シグマ）
T	τ	t	tau（タウ）
Υ	υ	u	upsilon（ウプシロン）
Φ	$\phi,\ \varphi$	p	phi（ファイ）
X	χ	c	chi（カイ）
Ψ	ψ	p	psi（プサイ，プシー）
Ω	ω	o	omega（オメガ）

問 1.1.1. ギリシャ文字をすべて書きなさい．

1.1.2 数学の講義などでよく使う用語など

次に，数学の講義で頻繁に現れる，論理記号，英単語，略語などを紹介する．これらを用いる利点は数学的な記述の簡略化および明確化であって，曖昧な表現を排除するのに役立ち，厳密な数学を展開するのに非常に有用である．

記号・略語	意　味
$\leq,\ \leqslant$	$\leqq$ と同義．
$\geq,\ \geqslant$	$\geqq$ と同義．
$\therefore$	ゆえに，したがって．
$\because$	なぜならば．
$:$	（コロン）助詞の「は」，be 動詞の略のようなもの．（例）x：実数（x は実数）．
i.e.	すなわち（ラテン語の id est の略）．
$\sim$ s.t. $\cdots$	$\cdots$ の条件を満たす $\sim$．such that の略．（例）x：整数 s.t. $x \geq 2$（$x \geq 2$ の条件を満たす整数，i.e. x は 2 以上の整数）．
Q.E.D. , //, ■, □ など	証明終わり．Q.E.D. はラテン語の quod erat demonstrandum の略．
$\overset{\text{def}}{=},\ \underset{\text{def}}{=},$ $:=,\ \overset{\text{def}}{\Leftrightarrow}$	定義，定義する．（例）$A \overset{\text{def}}{=} B$（$A$ を B と定義する）．
$\forall$	（全称記号）すべての，任意の．対応する英単語である all, any, arbitrarilly の頭文字 a の大文字 A の上下を逆にしたもの．
$\exists$	（存在記号）存在する，ある．対応する英単語である exist の頭文字 e の大文字 E の左右を逆にしたもの．
up to $\sim$	$\sim$（の違い）を除いて，$\sim$ に関する差異を無視して．

公理（Axiom）　これから考えようとする理論の基礎となる根源的・普遍的な約束ごと・前提．

定義（Definition）　数学の新しい用語，概念あるいは記号を定めるもの．省略形は Def., def.

補題（Lemma）　命題や定理の証明のための準備あるいは補助的な主張．省略形は Lem. など．

命題（Proposition）　正しい主張を述べたもの．重要性からいうと次の定理に次ぐ．省略形は Prop.

定理（Theorem）　非常に重要な正しい主張を述べたもの．省略形は Th., Thm.

系 (Corollary)　命題あるいは定理から比較的容易に導かれる主張。省略形は Cor.

証明 (Proof)　補題，命題，定理などの主張に関してそれが成立する理由を述べたもの。省略形は Pr.，Prf.

例，例題 (Example)　命題や定理が主張している内容を，具体的な題材に関して理解を手助けするもの。省略形は Ex. など。

問，問題，演習 (Exercise，Problem)　解いてみるべき問題。省略形は Ex. など。

注意 (Remark)　すでに説明していることや，明らかなことをあえて強調するときなどに使う。省略形は Rem. など。

■ 1.2　命題と集合

1.2.1　命　題

　ここでの命題は 1.1.2 で挙げた命題とは異なる意味であることに注意が必要である。

> **定義 1.2.1.** 真か偽かを判定できる言明，主張を**数学的命題**または単に**命題**という。本書では「命題」を使うことにする。命題 p が成り立つとき，「p は**真 (true)** である」といい T で表し，p が成り立たないとき，「p は**偽 (false)** である」といい F で表す。このような命題が真か偽かを表す値を**真理値 (truth value)** とよぶ。

注意 1.2.1. 命題は次の排中律を満たしているものに限ることに注意する。

排中律　命題 p について，「p」あるいは「p ではない」のどちらか一方が成り立ち，それらの両方が同時に成り立つことはない。

例 1.2.1. 次はみな命題である。

(1) 2 は整数である。

(2) 3 は 2 で割り切れる。

(3) $y = x^2$ のグラフと $y = x$ のグラフは 1 点で交わる。

(4) $x + 3 \neq 5$.

　(2)，(3) は偽の命題，(1) は真の命題，(4) は $x \neq 2$ のとき真の命題，$x = 2$ のとき偽の命題である。このように，変数を含む命題で，その変数の値が決まれば，真偽の判定ができるものを**命題関数**という。また，変数をどこで定義するかによって異なる命題と考える。たとえば，(4) では変数 x を負の実数と考えれば真の命題となるが，単に実数と考えれば偽の命題と

なる。また，すべての解釈の下で真の命題を**恒真命題 (tautology)** という。

　いくつかの命題を結合したり，否定したりして，新しい命題を作ることがある。このようにして作られた命題を**合成命題**という。合成命題を構成しているもとの命題を成分命題という。命題 p, q（命題関数であってもよい）を成分命題として重要な合成命題を以下に列挙する。

否定　「p ではない」という命題を p の**否定 (negation)** といい，$\neg p$ または $\bar{p}$ で表す。本書では $\neg p$ を使う。排中律より p が真のとき $\neg p$ は偽，p が偽のとき $\neg p$ は真となる。

または　「p または q (p or q)」という命題は，p と q の**論理和 (logical sum)** といい $p \lor q$ で表す。$p \lor q$ は p, q のうち少なくともどちらか一方が成り立つことを主張する命題である。すなわち，p, q のうち少なくともどちらか一方が真のときに $p \lor q$ は真とする。よって，$p \lor q$ が偽となるのは p と q のどちらも偽のときに限る。

かつ　「p かつ q (p and q)」という命題を p と q の**論理積 (logical product)** といい，$p \land q$ で表す。$p \land q$ は p, q の両方が成り立つことを主張する命題である。すなわち，p, q のどちらも真のときに限り，$p \land q$ は真とする。よって，$p \land q$ が偽となるのは，p, q のうちどちらか一方が偽のときである。

ならば　「p ならば q」という命題を**論理包含 (implication)** といい，$p \Rightarrow q$ で表す。$p \Rightarrow q$ は「p が正しいときは（いつでも必ず）q も正しい」，「p が成り立てば（いつでも必ず）q も成り立つ」を主張する命題である。すなわち，「p が真，かつ，q が真」，「p が偽，かつ，q が真」，「p が偽，かつ，q が偽」のいずれかの場合に $p \Rightarrow q$ は真とする。p が正しくないときは，q が正しかろうと正しくなかろうと $p \Rightarrow q$ は正しい命題と考えることに注意する。

$p \Rightarrow q$ という命題が真であるとき，p を**仮定 (assumption)**，q を**結論 (conclusion)** とよぶことがある。また，p は q であるための**十分条件 (sufficient condition)**，q は p であるための**必要条件 (necessary condition)** という。

同値　「p ならば q，かつ，q ならば p」という命題を $p \Leftrightarrow q$ で表す。「p が真，かつ，q が真」または「p が偽，かつ，q が偽」のいずれかの場合に「p ならば q，かつ，q ならば p」は真となる。

$p \Leftrightarrow q$ という命題が真であるとき，すなわち p の真偽と q の真偽が一致するとき，「p と q は**同値 (equivalent)** である」，「p のとき，かつそのときに限り q」，

「p であるための必要十分条件 (necessary and sufficient condition) は q である」などという.

成分命題と合成命題の真偽の関係を示したものを真理値表（または真理表または真偽表）という. たとえば次の通りである.

p	q	$p \lor q$	$p \land q$	$p \Rightarrow q$	$p \Leftrightarrow q$
T	T	T	T	T	T
T	F	T	F	F	F
F	T	T	F	T	F
F	F	F	F	T	T

例 1.2.2. p を「4 は正である」, q を「4 は素数である」という命題とする.

(1) $p \lor q$ は「4 は正であるか, または, 素数である」という命題で真である.

(2) $p \land q$ は「4 は正であり, かつ, 素数である」という命題で偽である.

(3) $p \Rightarrow q$ は「4 が正ならば 4 は素数である」という命題で偽である.

（注意：「4 が負ならば 4 は素数である」という命題は真であることに注意する.）

(4) $q \Rightarrow p$ は「4 が素数ならば 4 は正である」という命題で真である.

一般に $((p \Rightarrow q) \land (q \Rightarrow r)) \Rightarrow (p \Rightarrow r)$（推移律）が成立する.

注意 1.2.2. 一般に, 命題記号の結合の強さの順は, $\lnot$, $\land$ または $\lor$, $\Rightarrow$ または $\Leftrightarrow$ であり, 誤解の生じない範囲で括弧を省略できる.

1.2.2 集 合

> **定義 1.2.2.** 数, 関数あるいは平面上の点, 図形など数学の対象となるものについて客観的に規定されている一定の条件を満足するものの集まりを, その条件を満足する "もの" の**集合 (set)** といい, 集合を構成している個々の対象を, その集合の**要素 (element)** あるいは**元**という.

例 1.2.3.

(1) 数の集合（実数全体の集合や偶数（2 で割り切れる整数）の全体など）

(2) 関数の集合（整式で表される関数の全体, 連続関数の全体など）

(3) 数列の集合（収束する実数を項とする数列 $\{a_n\}$ の全体など）

(4) 点の集合（直線上の点全体, 平面上の点全体, 平面上において 1 定点からの距離が一定である点全体など）

(5) 図形の集合（平行四辺形の全体など）

(6) 論理的可能性の集合

集合を考えるときには, そのとき対象とするものの範囲が定まっている必要がある. たとえば, 実数, 平面上の点全体などである. この思考の対象とするものの全体を**全体集合**という. これを**空間**ということもある.

数の集合 非常に重要で普遍的な数の集合を以下の記号を用いて表す.

- $N \overset{\text{def}}{=}$ 自然数全体の集合, i.e. 1, 2, ... の集まり
- $Z \overset{\text{def}}{=}$ 整数全体の集合, i.e. 0, ± 1, ± 2, ... の集まり
- $Q \overset{\text{def}}{=}$ 有理数全体の集合, ここで有理数とは二つの整数 m, n（ただし $m \neq 0$）を用いて $\frac{n}{m}$ という分数の形で表すことのできる実数のことをいう.
- $R \overset{\text{def}}{=}$ 実数全体の集合
- $C \overset{\text{def}}{=}$ 複素数全体の集合, i.e. $a + bi$（a, b：実数, $i = \sqrt{-1}$ は虚数単位）で表される数の集まり

これらの記号はそれぞれの英訳, 自然数 (Natural number), 実数 (Real number), 複素数 (Complex number) の頭文字を太字にしたものである. また, 整数 (Integer) はドイツ語訳した Zahlen の頭文字を太字にした記号が用いられる. さらに, 有理数 (Rational number) の場合は商の英訳である Quotient の頭文字を太字にした記号が用いられる. これらの文字を板書するときは中抜きの太字を用いるので, 書籍や論文などでは, 黒板太字とよばれる書体 $\mathbb{N}$, $\mathbb{Z}$, $\mathbb{Q}$, $\mathbb{R}$, $\mathbb{C}$ が用いられる場合が多い.

集合・要素の表し方 x が集合 A の要素であることを $x \in A$ あるいは $A \ni x$ で表し, x は A に**属する（含まれる）**あるいは A は x を**含む**という. x が集合 A の要素でないこと $\lnot(x \in A)$ を $x \notin A$ あるいは $A \not\ni x$ で表し, x は A に**属さない（含まれない）**あるいは A は x を**含まない**という. $x, y \in A$ は $x \in A$ かつ $y \in A$ を略して書いたものである.

集合の表記の方法には次のようなものがある：

(i) 要素を列挙する方法（外延的記法）

例 1.2.4.

(1) 10 より小さい正の偶数全体：$\{2, 4, 6, 8\}$

(2) 1 から 100 までの自然数の集合：$\{1, 2, 3, \ldots, 99, 100\}$

(3) $\mathbb{N} = \{1, 2, 3, \ldots, n, \ldots\} = \{1, 2, 3, \ldots\}$

(ii) 要素の性質（条件）を示す方法（内包的記法）

4   1. 基礎知識

$$\{x \mid p(x)\} \text{ あるいは } \{x \, ; \, p(x)\}$$
$$\text{あるいは } \{x \, : \, p(x)\}$$

などで条件 $p(x)$ を満たす x 全体の集合を表す. ある集合 S の要素 x で, 条件 $p(x)$ を満たすもの全体の集合は

$$\{x \in S \mid p(x)\} \text{ あるいは } \{x \in S \, ; \, p(x)\}$$
$$\text{あるいは } \{x \in S \, : \, p(x)\}$$

などで表す. たとえば,

$$\{x \mid x \in \mathbb{N}, 3 \le x \le 5\} = \{x \in \mathbb{Z} \mid 3 \le x \le 5\}$$
$$= \{3, 4, 5\}.$$

例 1.2.5. $a < b$ を満たす任意の実数 a, b に対して, 以下の記号を定義する.

(1) $(a, b) \overset{\text{def}}{=} \{x \in \mathbb{R} \mid a < x < b\}$: 開区間

(2) $[a, b] \overset{\text{def}}{=} \{x \in \mathbb{R} \mid a \le x \le b\}$: 閉区間

(3) $[a, b) \overset{\text{def}}{=} \{x \in \mathbb{R} \mid a \le x < b\}$,

　　$(a, b] \overset{\text{def}}{=} \{x \in \mathbb{R} \mid a < x \le b\}$: 半開区間

開区間, 閉区間, 半開区間を総称して区間という. 端点が含まれない (開いている) 場合は丸括弧が使われ, 端点が含まれる (閉じている) 場合は角括弧が使われる. 上の区間の記法において, 右端点が開いている場合 $b = \infty$, 左端点が開いている場合 $a = -\infty$ と書くことも許す. その場合, $[a, \infty) = \{x \in \mathbb{R} \mid a \le x\}$, $(-\infty, b) = \{x \in \mathbb{R} \mid x < b\}$, $(-\infty, \infty) = \mathbb{R}$ などとなる. 丸括弧の代わりに左右を逆転させた角括弧を用いて, 開区間 (a, b) を $]a, b[$, 半開区間 $[a, b)$ を $[a, b[$ などと書くこともある.

部分集合

定義 1.2.3. 集合 A のすべての要素が集合 B の要素であるとき,

$$A \subset B, \ A \subseteq B, \ A \subsetneqq B, \ B \supset A, \ B \supseteq A,$$
$$B \supsetneqq A$$

などと表し, A は B に含まれる, B は A を含む, A は B の**部分集合 (subset)** であるという.

すなわち

$$A \subset B \overset{\text{def}}{\Leftrightarrow} (\forall x \in A, \ x \in B)$$
$$\Leftrightarrow (x \in A \Rightarrow x \in B)$$

である.

集合 A が集合 B の部分集合ではないことを $A \not\subset B$ または $B \not\supset A$ などで表し, A は B に含まれない, あるいは, B は A を含まないという.

$$A \not\subset B \Leftrightarrow \neg(A \subset B)$$
$$\Leftrightarrow \exists x \in A, \ x \notin B$$

である.

定義 1.2.4. 集合 A のすべての要素が集合 B の要素であり, また, B のすべての要素が A の要素でもあるとき, すなわち, $A \subset B$ かつ $B \subset A$ のとき **A と B は等しい**といい, $A = B$ と書く. すなわち

$$A = B \overset{\text{def}}{\Leftrightarrow} (A \subset B) \wedge (B \subset A)$$

である.

集合 A が集合 B の部分集合であって, A に属さない B の元が存在するとき, A は B の**真部分集合 (proper subset)** であるといい, $A \subsetneqq B$ などで表す. すなわち

$$A \subsetneqq B \overset{\text{def}}{\Leftrightarrow} (A \subset B) \wedge (A \neq B)$$

である.

例 1.2.6.

(1) 集合 A は A 自身の部分集合, $A \subset A$ である.

(2) $\{1, 8, 19\} \subset \{1, 6, 7, 9, 11, 8, 19\}$.

(3) $\mathbb{N} \subset \mathbb{Z} \subset \mathbb{Q} \subset \mathbb{R} \subset \mathbb{C}$.

定義 1.2.5. 要素を 1 つももたない集合を**空集合 (empty set)** といい, $\emptyset$ で表す. 空集合は任意の集合の部分集合とする.

全体集合を U とし, $A = \{x \mid p(x)\}$ とする. すべての x に対して $p(x)$ が成立するとき, $A = U$ であり, $p(x)$ が成立する x が存在しないとき, $A = \emptyset$ である.

例 1.2.7. 実数全体の集合 $\mathbb{R}$ を全体集合とするとき, $\{x \in \mathbb{R} \mid x^2 \ge 0\} = \mathbb{R}$, $\{x \in \mathbb{R} \mid x = -x\} = \{0\}$, $\{x \in \mathbb{R} \mid x^2 + 1 = 0\} = \emptyset$.

定義 1.2.6. U を全体集合とする. U の部分集合全体, すなわち, U の部分集合一つ一つを要素とする集合も集合と考えることができる. これを U の**べき集合 (power set)** といい, 2^U, $\mathcal{P}(U)$ などで表す.

$$2^U = \{X \mid X \subset U\}$$

2^U という記号は, U が n 個の元からなる集合のとき, べき集合 2^U は 2^n 個の元からなることに由来している.

例 1.2.8. $U = \{a, b\}$ のとき，$2^U = \{U, \{a\}, \{b\}, \emptyset\}$.

問 1.2.1. A, B を次のような集合とするとき，$A \subset B$ を示せ.

(1) $A = \{x \in \mathbb{C} \mid x^2 = 1\}$，$B = \{x \in \mathbb{C} \mid x^4 = 1\}$.

(2) $A = \{x \mid x = 6n, \; n \in \mathbb{N}\}$，
$B = \{x \mid x = 3n, \; n \in \mathbb{N}\}$.

(3) $A = \{(x, y) \mid x^2 \leq y, \; x, y \in \mathbb{R}\}$，
$B = \{(x, y) \mid 2x - 1 \leq y, \; x, y \in \mathbb{R}\}$.

1.2.3 否定，逆・裏・対偶

同値な命題のまとめ

1. （べき等律）
$$p \vee p \Leftrightarrow p,$$
$$p \wedge p \Leftrightarrow p.$$

2. （交換律）
$$p \vee q \Leftrightarrow q \vee p,$$
$$p \wedge q \Leftrightarrow q \wedge p.$$

3. （結合律）
$$p \vee (q \vee r) \Leftrightarrow (p \vee q) \vee r,$$
$$p \wedge (q \wedge r) \Leftrightarrow (p \wedge q) \wedge r.$$

4. （分配律）
$$p \wedge (q \vee r) \Leftrightarrow (p \wedge q) \vee (p \wedge r),$$
$$p \vee (q \wedge r) \Leftrightarrow (p \vee q) \wedge (p \vee r).$$

5. （二重否定）
$$\neg(\neg p) \Leftrightarrow p.$$

6. $\quad (p \Rightarrow q) \Leftrightarrow \neg p \vee q.$

否定

否定の規則 1（ド・モルガン（de Morgan）の法則）
$$\neg(p \vee q) \Leftrightarrow \neg p \wedge \neg q.$$

否定の規則 2（ド・モルガンの法則）
$$\neg(p \wedge q) \Leftrightarrow \neg p \vee \neg q.$$

否定の規則 3
$$\neg(p \Rightarrow q) \Leftrightarrow p \wedge \neg q.$$

否定の規則 4
$$\neg(p \Leftrightarrow q) \Leftrightarrow (p \wedge \neg q) \vee (\neg p \wedge q).$$

例 1.2.9. x を実数とする.

(1) 「$x \geq 0$ かつ $x \geq 5$」の否定 $\neg(x \geq 0 \wedge x \geq 5)$ は

「$x < 0$ または $x < 5$」，すなわち，$x < 5$ である.

(2) 「$x \geq 0$ または $x \geq 5$」の否定 $\neg(x \geq 0 \vee x \geq 5)$ は「$x < 0$ かつ $x < 5$」，すなわち $x < 0$ である.

例 1.2.10. p を「4 は正である」，q を「4 は素数である」という命題とする.

(1) $\neg p$ は「4 は正ではない」，すなわち，「4 は 0 以下である」という命題で偽である.

(2) $\neg(p \vee q)$ は $\neg p \wedge \neg q$，すなわち「4 は 0 以下であり，かつ，素数ではない」という命題で偽である.

(3) $\neg(p \wedge q)$ は $\neg p \vee \neg q$，すなわち「4 は 0 以下であるか，または，素数ではない」という命題で真である.

(4) $\neg(p \Rightarrow q)$ は $p \wedge \neg q$，すなわち「4 は正である，かつ，4 は素数ではない」という命題で真である.

(5) $\neg(q \Rightarrow p)$ は $q \wedge \neg p$，すなわち「4 が素数であり，かつ，4 は 0 以下である」という命題で偽である.

逆，裏，対偶

> **定義 1.2.7.** 「p ならば q」という命題 P について，「q ならば p」を P の**逆**（converse），「$\neg p$ ならば $\neg q$」を P の**裏**（converse of contraposition），「$\neg q$ ならば $\neg p$」を P の**対偶**（contraposition）という.

注意 1.2.3. 命題 P の真偽と P の対偶の真偽は必ず一致する，すなわち
$$(p \Rightarrow q) \Leftrightarrow (\neg q \Rightarrow \neg p).$$

しかし，命題 P が真であっても，逆は必ずしも真ではない.

例 1.2.11.

(1) 命題 p_1 を「2 つの三角形が合同ならば，その 2 つの三角形は相似である」とする. p_1 は真である. p_1 の逆は「2 つの三角形が相似ならば，その 2 つの三角形は合同である」で，偽である. p_1 の対偶は「2 つの三角形が相似でないならば，その 2 つの三角形は合同ではない」で，真である.

(2) $a, b \in \mathbb{C}$，命題 p_2 を「$ab = 0$ ならば，$a = 0$ または $b = 0$ である」とする. p_2 は真である. p_2 の逆は「$a = 0$ または $b = 0$ ならば，$ab = 0$ である」で，真である. p_2 の対偶は「$a \neq 0$ かつ $b \neq 0$ ならば，$ab \neq 0$ である」で，真である.

(3) $a, b \in \mathbb{C}$，命題 p_3 を「$a = b$ ならば，$a^2 = b^2$ である」とする. p_3 は真である. p_3 の逆は「$a^2 = b^2$ であるならば，$a = b$ である」で，偽である. p_3 の対偶は「$a^2 \neq b^2$ ならば，$a \neq b$ である」で，

真である.

問 1.2.2.

[1] 次の命題の真偽を答えよ.

(1) $x, y \in \mathbb{R}$ とする. $x^2 + y^2 = 0$ ならば $x = y = 0$ である.

(2) $f(x)$ を関数とする. $f(x)$ が $x = 0$ で微分可能ならば $x = 0$ で連続である.

[2] 次の集合を括弧 {} を使って内包的記法で表せ.

(1) 開区間 $(-1, 2)$, 半開区間 $[-1, 2)$, $(-1, 2]$

(2) 偶数全体

(3) 3 で割ると 1 余る整数全体

(4) xy 平面上で原点を中心として, 半径 1 の円周上の点全体.

[3] x は実数とする. 次の命題の否定を答えよ.

(1) $0 < x < 2$ または $1 < x < 3$ である.

(2) $0 < x < 2$ かつ $1 < x < 3$ である.

[4] 次の命題の逆, 裏, 対偶を求め, 各命題とその逆, 裏, 対偶の真偽を求めよ. ただし, x, y は実数とする.

(1) $x > 0 \Rightarrow 0 < x < 1$.

(2) $x > 0 \Rightarrow x > 0$ または $x < -2$.

(3) $x > 0 \Rightarrow x^2 \geq 0$.

(4) $x > 0 \Rightarrow x^2 > x$.

(5) $x < 0 \Rightarrow x^2 - 1 > -1$.

(6) $x \leq 0 \Rightarrow x + 1 \leq 1$.

(7) $x = 3 \Rightarrow x^2 - 2x - 3 = 0$.

(8) $x^2 = 1 \Rightarrow x = 1$.

(9) $|x| < 1 \Rightarrow x^2 < 1$.

(10) $xy = 0 \Rightarrow x = 0$ または $y = 0$.

(11) $x + y$ が無理数 $\Rightarrow x$ と y のどちらか一方は無理数.

(12) x, y が有理数 $\Rightarrow x + y$ も有理数.

(13) x, y が無理数 $\Rightarrow x + y$ も無理数.

1.2.4 全称命題と存在命題

U を集合とし, U の各要素 $x \in U$ に対して $p(x)$ を x に関する命題とする. このとき,

「任意の要素 x について, 命題 $p(x)$ である」

という命題は全称命題 (universal proposition) といい, 以下の記号を用いる;

$$\forall x \in U\, p(x),\ \forall x \in U\, (p(x)),\ \forall x \in U\, [p(x)],$$
$$(\forall x \in U,\, p(x)),\ \forall x \in U;\, p(x).$$

全体集合が明らかな場合は, 「$\forall x\, p(x)$」, 「$\forall x,\, p(x)$」などと書く. 「$\forall x \in U,\, p(x)$」が真であるときは,

$\forall x, x \in U \Rightarrow p(x)$ と書くこともできる. 混乱がない場合は $x \in U \Rightarrow p(x)$ と書くことが多い.

また,

「集合 U のある要素 x が存在して, その x について命題 $p(x)$ である」

という命題を存在命題 (existential proposition) といい, 次のように略記する:

$$\exists x \in U\, p(x),\ \exists x \in U(p(x)),\ \exists x \in U[p(x)],$$
$$(\exists x \in U,\, p(x)),\ \exists x \in U;\, p(x),$$
$$\exists x \in U \text{ s.t. } p(x).$$

全称命題と同様, 全体集合が明らかな場合は, 「$\exists x\, p(x)$」, 「$\exists x,\, p(x)$」などとも書く.

例 1.2.12.

(1) 「任意の実数 x に対し $x^2 + 1 \neq 0$ が成り立つ」を記号を用いて表すと「$\forall x \in \mathbb{R},\, x^2 + 1 \neq 0$」（「$x \in \mathbb{R} \Rightarrow x^2 + 1 \neq 0$」）であり, 真である.

証明 $x \in \mathbb{R}$ とする. $x^2 \geq 0$ より $x^2 + 1 \geq 1$. よって, $x^2 + 1 \neq 0$. したがって, $\forall x \in \mathbb{R},\, x^2 + 1 \neq 0$. $\square$

(2) 「ある整数 x が存在して, $x + 1 = 0$ を満たす ($x + 1 = 0$ となる整数 x が存在する)」を記号を用いて表すと「$\exists x \in \mathbb{Z},\, x + 1 = 0$」であり, 真である.

証明 $x = -1$ と考えると, $-1 \in \mathbb{Z}$ であり, $-1 + 1 = 0$. したがって, $\exists x \in \mathbb{Z},\, x + 1 = 0$. $\square$

(3) 「任意の実数 x に対し $x^2 \geq 5$ が成り立つ」を記号を用いて表すと「$\forall x \in \mathbb{R},\, x^2 \geq 5$」であり, 偽である.

(4) 「ある実数 x が存在して, $x^2 < -1$ を満たす ($x^2 < -1$ となる実数 x が存在する)」を記号を用いて表すと「$\exists x \in \mathbb{R},\, x^2 < -1$」であり, 偽である.

付帯条件付きの全称命題と存在命題 「$p(x)$ を満たす集合 U の任意の要素 x に対して $q(x)$ が成り立つ」とき,

$$\forall x \in U \text{ with } p(x),\, q(x)$$
$$\forall x \in U\, p(x),\, q(x)$$
$$\forall x \in U,\, p(x) \Rightarrow q(x)$$

などと書く.

「$p(x)$ を満たす集合 U のある要素 x が存在して, $q(x)$ が成り立つ」とき,

$$\exists x \in U \text{ s.t. } p(x), q(x)$$

$$\exists x \in U\, p(x), q(x)$$

などと書く．これは $\exists x \in U$ s.t. $(p(x)$ かつ $q(x))$ と同値である．

例 1.2.13.

(1) 「$-1 < x < 1$ を満たす任意の実数 x に対して，$x^2 < 1$ が成り立つ」を記号を用いて表すと「$\forall x \in \mathbb{R}$ with $-1 < x < 1, x^2 < 1$」である．

(2) 「$3 < x < 4$ を満たすある実数 x に対して，$2x^2 - 7x + 1 = 0$ が成り立つ」を記号を用いて表すと「$\exists x \in \mathbb{R}$ s.t. $3 < x < 4, 2x^2 - 7x + 1 = 0$」である．

全称命題の否定 「集合 U の任意の要素 x について，命題 $p(x)$ が真である」の否定は，

「集合 U のある要素 x が存在して，命題 $p(x)$ が偽である」

であり，「$p(x)$ を満たす集合 U の任意の要素 x に対して，$q(x)$ が真である」の否定は，

「命題 $p(x)$ を満たす集合 U のある要素 x が存在して，命題 $q(x)$ が偽である」

である．

否定の規則 5

$$\neg(\forall x \in U,\, p(x)) \Leftrightarrow (\exists x \in U,\, \neg p(x)).$$

否定の規則 6

$$\neg(\forall x \in U,\, p(x) \Rightarrow q(x))$$
$$\Leftrightarrow (\exists x \in U,\, p(x) \wedge \neg q(x)).$$

存在命題の否定 U を空集合（要素をもたない集合）でない集合とする．「集合 U のある要素 x が存在して，命題 $p(x)$ が真である」の否定は「命題 $p(x)$ が真である集合 U の要素 x が存在しない」，すなわち

「集合 U の任意の要素 x に対して，命題 $p(x)$ が偽である」

である．また，「$p(x)$ を満たす集合 U のある要素 x が存在して，命題 $q(x)$ が真である」の否定は

「$p(x)$ を満たす集合 U の任意の要素 x に対して，命題 $q(x)$ が偽である」

である．

否定の規則 7

$$\neg(\exists x \in U,\, p(x)) \Leftrightarrow (\forall x \in U,\, \neg p(x)).$$

否定の規則 8

$$\neg(\exists x \in U,\, p(x) \wedge q(x))$$
$$\Leftrightarrow (\forall x \in U,\, p(x) \Rightarrow \neg q(x)).$$

問 1.2.3. 次のことを論理記号を用いて表し，真偽を求めよ．また，真のときはそれを証明し，偽の場合はその否定を作り，その否定が真であることを証明せよ．

(1) 任意の整数 x に対し，$x + 1 = 1$ である．

(2) ある整数 x が存在して，$x^2 = 2$ である．

(3) 任意の整数 x に対して，$(-x)^2 \geq 0$ である．

(4) ある整数 x が存在して，$x^3 = 8$ である．

「任意」と「存在する」の両方を含む命題について 「集合 A の任意の要素 x に対して，集合 B の（x に依存する）ある要素 y が存在して，命題 $p(x, y)$ が成り立つ」とき，

$$\forall x \in A,\, \exists y \in B,\, p(x, y) \qquad (1.2.1)$$

と書く．

「集合 B のある要素 y が存在して，集合 A の任意の要素 x に対して，命題 $p(x, y)$ が成り立つ」，すなわち「集合 A の任意の要素 x に対して命題 $p(x, y)$ が成り立つような，集合 B の要素 y が存在する」とき，

$$\exists y \in B,\, \forall x \in A,\, p(x, y) \qquad (1.2.2)$$

と書く．

これら 2 つの命題 (1.2.1) および (1.2.2) は形式的に「$\forall x \in A$」と「$\exists y \in B$」の順番を入れ替えただけであるが，意味は異なることに注意が必要である．命題 (1.2.1) は「任意の $x \in A$ に対して，それに応じて適当な $y \in B$ を選べば命題 $p(x, y)$ が成り立つ」と主張しているのに対し，命題 (1.2.2) は「$x \in A$ に無関係なある $y \in B$ が存在して，任意の $x \in A$ に対して命題 $p(x, y)$ が成り立つ」という意味となる．すなわち，命題 (1.2.1) における y は一般には x に依存しており，x が変化すれば y もそれに応じて変化するのに対し，命題 (1.2.2) における y は x に無関係である．

例題 1.2.1. 次の各命題の真偽を示せ．

(1) 「$\forall x \in \mathbb{R},\, \exists y \in \mathbb{R},\, x < y$」

解答 $x \in \mathbb{R}$ とする（任意に $x \in \mathbb{R}$ を選び固定する）．$y = x + 1$ とすると，$y \in \mathbb{R}$ であり，$x < x + 1 = y$ が成り立つ．よって，この命題は真である．

$\square$

8   1. 基礎知識

(2)「$\exists y \in \mathbb{R},\ \forall x \in \mathbb{R},\ x < y$」

解答 任意の $x \in \mathbb{R}$ に対して $x < y$ が成り立つような x に無関係な $y \in \mathbb{R}$ は存在しないので，この命題は偽である．   □

命題 (1.2.1)「$\forall x \in A,\ \exists y \in B,\ p(x, y)$」の否定は

$$\exists x \in A,\ \forall y \in B,\ \neg p(x, y)$$

（集合 A のある要素 x が存在して，集合 B の任意の要素 y に対して命題 $p(x, y)$ が偽．すなわち，集合 B の任意の要素 y に対して命題 $p(x, y)$ が成り立たないような，集合 A の要素 x が存在する）であり，命題 (1.2.2)「$\exists y \in B,\ \forall x \in A,\ p(x, y)$」の否定は

$$\forall y \in B,\ \exists x \in A,\ \neg p(x, y)$$

（集合 B の任意の要素 y に対して，集合 A のある要素 x が存在して，命題 $P(x, y)$ が偽）である．

問 1.2.4. 次の命題を全称記号や存在記号を用いて，簡潔に表し，その真偽を求めよ．また，真の場合はそれを証明し，偽の場合はその否定を作れ．ただし，(7)，(8) において，正の実数は $\mathbb{R}^+ = \{x \in \mathbb{R} \mid x > 0\}$ で表せ．

(1) 任意の整数 x に対して，ある整数 y が存在して，$x + y = 0$ となる．

(2) ある整数 x が存在して，任意の整数 y に対して，$x + y = 0$ となる．

(3) 任意の整数 x に対して，ある整数 y が存在して，$x + y = y$ となる．

(4) ある整数 x が存在して，任意の整数 y に対して，$x + y = y$ となる．

(5) 任意の実数 x に対して，ある実数 y が存在して，$xy = x$ となる．

(6) ある実数 x が存在して，任意の実数 y に対して，$xy = y$ となる．

(7) 任意の正の実数 x に対して，ある正の実数 y が存在して，$xy = 1$ となる．

(8) ある正の実数 x が存在して，任意の正の実数 y に対して，$xy = 1$ となる．

問 1.2.5. I を 0 を含む開区間とする．このとき，以下を証明せよ．

$$\forall \varepsilon > 0,\ \exists \delta > 0,\ \forall x \in I,\ (|x| < \delta \Rightarrow |x^2| < \varepsilon) \Leftrightarrow$$

$$\forall \varepsilon \in (0, 1),\ \exists \delta > 0,\ \forall x \in I,\ (|x| < \delta \Rightarrow |x^2| < \varepsilon).$$

ここで扱った命題 (1.2.1) や (1.2.2) のような「任意」と「存在する」の両方を含む命題は，解析学における数列や関数の極限を厳密に定義する際に現れ，

「ε-N 論法」や「ε-δ 論法」などとよばれる（問 1.2.5 も参照）．

1.2.5 集合の演算

全体集合 U を 1 つ定めて，その部分集合について考察する．

和集合と共通部分

定義 1.2.8. 集合 A, B に対して，少なくともどちらか一方に属する要素の全体を A と B の**和集合 (union)**，**合併集合**，**結び**といい，$A \cup B$ で表す．すなわち

$$A \cup B = \{x \in U \mid x \in A \lor x \in B\},$$

$$x \in A \cup B \Leftrightarrow (x \in A) \lor (x \in B)$$

である．また，どちらにも属する要素の全体を A と B の**共通部分 (intersection)**，**共通集合**，**積集合**，**交わり**といい，$A \cap B$ で表す．すなわち

$$A \cap B = \{x \in U \mid x \in A \land x \in B\},$$

$$x \in A \cap B \Leftrightarrow (x \in A) \land (x \in B)$$

である．

定義 1.2.9. 集合 A, B が，$A \cap B = \emptyset$ のとき，A と B は**互いに素 (mutually disjoint)** であるという．$A \cap B = \emptyset$ のとき，$C := A \cup B$ は A と B の**直和 (direct sum)** であるという．

例 1.2.14.

(1) 整数全体の集合 $\mathbb{Z}$ を全体集合とする．このとき，

{偶数全体} $\cap$ {3 の倍数全体} $=$ {6 の倍数全体}.

(2) 整数は偶数全体と奇数全体との直和である．

定理 1.2.10. 全体集合を U とし，A, B, C を U の部分集合とする．

(1) $A \cup A = A$, $A \cup U = U$, $A \cup \emptyset = A$.

(2) $A \cap A = A$, $A \cap U = A$, $A \cap \emptyset = \emptyset$.

(3) $A \cap B \subset A \subset A \cup B$.

(4) $A \cap B \subset B \subset A \cup B$.

(5) $A \cup B \subset C \Leftrightarrow (A \subset C) \land (B \subset C)$.

(6) $C \subset A \cap B \Leftrightarrow (C \subset A) \land (C \subset B)$.

系 1.2.11. 全体集合を U とする．U の部分集合 A, B について，次の 3 つの条件は同値である．

(1) $A \subset B$

(2) $A \cup B = B$

(3) $A \cap B = A$

注意 1.2.4. (1)，(2)，(3) の同値性を示すためには，

(1) ⇒ (2), (2) ⇒ (3), (3) ⇒ (1) を示せばよい.

定理 1.2.12. 全体集合を U とし, A, B, C を U の部分集合とする.

(1) $A \cup B = B \cup A$

(2) $A \cap B = B \cap A$

(3) $A \cup (B \cup C) = (A \cup B) \cup C$

(4) $A \cap (B \cap C) = (A \cap B) \cap C$

(5) $A \cap (B \cup C) = (A \cap B) \cup (A \cap C)$

(6) $A \cup (B \cap C) = (A \cup B) \cap (A \cup C)$

(1), (2) は交換法則, (3), (4) は結合法則, (5), (6) は分配法則である.

> **定義 1.2.13.** n 個の集合 A_1, A_2, A_3, ..., A_n に対し,
>
> $$\bigcup_{k=1}^{n} A_k = \{x \mid \exists k (1 \le k \le n),\ x \in A_k\},$$
> $$\bigcap_{k=1}^{n} A_k = \{x \mid \forall k (1 \le k \le n),\ x \in A_k\}$$
>
> とする. $\bigcup_{k=1}^{n} A_k$ を A_1, A_2, A_3, ..., A_n の和集合, $\bigcap_{k=1}^{n} A_k$ を A_1, A_2, A_3, ..., A_n の共通部分という.

問 1.2.6. 定理 1.2.10, 系 1.2.11, 定理 1.2.12 を証明せよ.

差集合と補集合

> **定義 1.2.14.** 全体集合を U とする. U の部分集合 A, B に対して, A には属するが B には属さない要素全体を A から B を引いた**差集合 (set difference)** といい $A - B$ または $A \setminus B$ で表す. すなわち
>
> $$A - B = \{x \in A \mid x \notin B\}, \quad (1.2.3)$$
> $$x \in A - B \Leftrightarrow (x \in A) \wedge (x \notin B). \quad (1.2.4)$$
>
> 特に, $B = U$ の場合, U から A を引いた差集合のことを, A の**補集合 (complement)** といい, A^c, $\bar{A}$ などで表す. すなわち
>
> $$A^c = \{x \in U \mid x \notin A\},$$
> $$x \in A^c \Leftrightarrow x \notin A \wedge x \in U. \quad (1.2.5)$$

(1.2.5) を言い換えると,

$$x \in A \Leftrightarrow x \notin A^c \wedge x \in U \quad (1.2.6)$$

である. 全体集合が U であることから, (1.2.5) と (1.2.6) において $x \in U$ は自明であるので省略することが多い. また, (1.2.4) とド・モルガンの法則より,

$$x \notin A - B \Leftrightarrow \neg((x \in A) \wedge (x \notin B))$$
$$\Leftrightarrow (x \notin A) \vee (x \in B)$$

である.

例 1.2.15.

(1) 実数全体の集合 $\mathbb{R}$ における有理数全体の集合 $\mathbb{Q}$ の補集合 $\mathbb{R} - \mathbb{Q}$ は無理数 (irrational number) 全体からなる集合となる.

(2) $\{a, b, c\} - \{a, b\} = \{c\}$, $\{a, b, c\} - \{a, d\} = \{b, c\}$.

(3) $[-3, 3] - [0, 4] = [-3, 0)$, $[0, 4] - [-3, 3] = (3, 4]$.

定理 1.2.15. 全体集合を U とすると, 次が成立する.

(1) $U^c = \emptyset$, $\emptyset^c = U$.

(2) U の部分集合 A について, 次が成り立つ:
(i) $(A^c)^c = A$, (ii) $A \cup A^c = U$,
(iii) $A \cap A^c = \emptyset$.

定理 1.2.16. 全体集合を U とする. U の部分集合 A, B について, 次の 8 つの条件は同値である.

(1) $A \subset B$　　　(2) $A^c \supset B^c$　　(3) $A^c \cup B^c = A^c$

(4) $A^c \cap B^c = B^c$　(5) $A^c \cup B = U$

(6) $A \cap B^c = \emptyset$　　(7) $A \cup B = B$

(8) $A \cap B = A$

定理 1.2.17（ド・モルガンの法則）. 全体集合を U とする. U の部分集合 A, B について, 次が成立する.

(1) $(A \cap B)^c = A^c \cup B^c$

(2) $(A \cup B)^c = A^c \cap B^c$

　証明　(1) について

$$x \in (A \cap B)^c$$
$$\Leftrightarrow x \notin (A \cap B) \quad \text{(補集合の定義)}$$
$$\Leftrightarrow \neg(x \in A \cap B)$$
$$\Leftrightarrow \neg((x \in A) \wedge (x \in B)) \quad \text{(共通部分の定義)}$$
$$\Leftrightarrow (x \notin A) \vee (x \notin B) \quad \text{(ド・モルガンの法則)}$$
$$\Leftrightarrow (x \in A^c) \vee (x \in B^c) \quad \text{(補集合の定義)}$$
$$\Leftrightarrow x \in A^c \cup B^c \quad \text{(和集合の定義)}.$$

したがって, $(A \cap B)^c = A^c \cup B^c$ が成り立つ. (2) も同様. □

命題 1.2.18. 全体集合を U とする. U の部分集合 A, B について, 次が成立する.

(1) $A \subset B \Leftrightarrow A - B = \emptyset$

(2) $A \cap B = A - (A - B)$

問 1.2.7.

[1] $A = \{1, 2, 4, 5, 8, 9\}$, $B = \{1, 2, 3, 4\}$, $C = \{5, 6, 7, 8\}$ とする. 次を求めよ.

(1) $(A\cup B)\cap C$　(2) $(A-B)-C$

(3) $A-(B-C)$　(4) $(A\cup B)-(A\cup C)$

[2] 次を求めよ.

(1) $[0,4]-(1,3)$　(2) $[0,4]-(1,4)$

(3) $[0,4]-(1,4]$　(4) $[0,4]-[0,5]$

[3] 定理 1.2.16 を証明せよ.

[4] A,B,C を集合とする. 次を証明せよ.

(1) $(A-B)-C=A-(B\cup C)$

(2) $(A\cap B)-C=(A-C)\cap(B-C)$

直積集合

定義 1.2.19. 集合 A と集合 B があるとき, A の要素 x と B の要素 y をとり, この順序で組にしたもの (x,y) 全体を A と B の**直積集合 (direct product)** といい, $A\times B$ で表す. すなわち

$$A\times B=\{(x,y)\mid x\in A\land y\in B\}.$$

ここで, 組 (x,y) を**順序対 (ordered pair)** という. また, $x=x'$ かつ $y=y'$ のときに限り $(x,y)=(x',y')$ と定める.

例 1.2.16. $A=\{1,2,3\}$, $B=\{8,9\}$ とすると,

$A\times B=\{(1,8),(1,9),(2,8),(2,9),(3,8),$
$\qquad\qquad (3,9)\},$

$B\times A=\{(8,1),(8,2),(8,3),(9,1),(9,2),$
$\qquad\qquad (9,3)\}.$

命題 1.2.20.

$$(A\cap B)\times C=(A\times C)\cap(B\times C).$$

証明

$(x,y)\in((A\times C)\cap(B\times C))$

$\Leftrightarrow ((x,y)\in(A\times C))\land((x,y)\in(B\times C))$

$\qquad\qquad\qquad\qquad$（共通部分の定義）

$\Leftrightarrow ((x\in A)\land(y\in C))\land((x\in B)\land(y\in C))$

$\qquad\qquad\qquad\qquad$（直積集合の定義）

$\Leftrightarrow ((x\in A)\land(x\in B))\land(y\in C)$

$\Leftrightarrow (x\in(A\cap B))\land(y\in C)$　（共通部分の定義）

$\Leftrightarrow (x,y)\in((A\cap B)\times C)$　（直積集合の定義）.

よって, $(A\cap B)\times C=(A\times C)\cap(B\times C)$.　□

問 1.2.8. A,B,C,D を集合とする. 次の各命題の真偽を判定し, 真の場合はそれを証明し, 偽の場合は反例を作れ.

(1) $A-(B\cup C)=(A-B)\cup(A-C)$

(2) $(A-B)\times C=(A\times C)-(B\times C)$

(3) $(A\cup B)\times C=(A\times C)\cup(B\times C)$

(4) $(A\cup B)\times(C\cup D)=(A\times C)\cup(B\times D)$

(5) $(A-B)\times(C-D)=(A\times C)-(B\times D)$

1.3　写　像

1.3.1　写像の定義

これまでは全体集合を 1 つ定めてその部分集合について考察してきた. この節より 2 種類の全体集合について, それらの要素間の対応を考察する.

定義 1.3.1. X と Y を集合とする. X の各元に, Y の元を 1 つずつ対応させる対応規則 f を X から Y への**写像 (mapping, map)** という. f が X から Y への写像であることを

$$f:X\to Y,\quad X\xrightarrow{f}Y$$

などで表す. また写像 $f:X\to Y$ によって, X の元 x に対応する Y の元が y であることは $y=f(x)$ と表し, この対応の様子は

$$x\mapsto f(x)$$

などで表す. $f(x)$ を x の**像 (image)** という. 集合 X を写像 f の**定義域 (domain of definition)**, Y の部分集合

$$\{f(x)\mid x\in X\}=\{y\in Y\mid \exists x\in X, y=f(x)\}$$

を $f(X)$ で表し, 写像 f の**値域 (range)** ということがある.

2 つの集合が数の集合, 図形の集合など具体的な集合のとき, それぞれに応じて写像のことを関数 (function), 汎関数 (functional), 作用素 (operator), 変換 (transformation) などという.

例 1.3.1. $X=\{1,2,3,4\}$, $Y_1=\{a,b,c\}$, $Y_2=\{a,b,c,d,e\}$, $Y_3=\{a,b,c,d\}$ とし, 次のような X の元から Y_1,Y_2,Y_3 の元への対応を考える.

1.3 写像　11

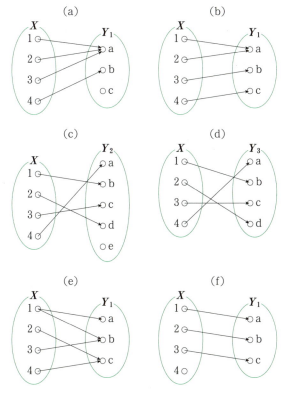

(a), (b), (c), (d) は写像であるが, (e) と (f) は写像ではない. ただし, (f) に関しては, X から Y_1 ではなく, $\{1, 2, 3\}$ から Y_1 への対応とみなすと写像となる.

例 1.3.2. 実変数関数 $f(x) = x^2$ は各実数 $r \in \mathbb{R}$ に $r^2 \in \mathbb{R}$ を対応させているので, $\mathbb{R}$ から $\mathbb{R}$ への関数（写像）である：
$$f : \mathbb{R} \to \mathbb{R} \ (r \mapsto f(r) = r^2).$$

例 1.3.3. 平面上の点全体を E とするとき, E の各点 P に P を定点 O のまわりに反時計回りに 90 度回転して得られる点 Q を対応させると, これは E から E への写像である.

例 1.3.4. 各項が実数である数列 $\{a_n\}$ は自然数全体 $\mathbb{N}$ から実数全体 $\mathbb{R}$ への写像である：
$$f : \mathbb{N} \to \mathbb{R} \ (n \mapsto f(n) = a_n).$$

例 1.3.5. 閉区間 $[0, 1]$ で連続な実数値関数の全体を $C[0, 1]$ とする. $C[0, 1]$ の元 f は $[0, 1]$ から $\mathbb{R}$ への連続な写像（関数）である. さらに, この f の 0 から 1 までの定積分 $I(f) = \int_0^1 f(t)dt$ は $C[0, 1]$ から $\mathbb{R}$ への写像（汎関数）である：

$$f : [0, 1] \to \mathbb{R} \ (t \mapsto f(t)),$$
$$I : C[0, 1] \to \mathbb{R} \ \left(f \mapsto I(f) = \int_0^1 f(t)dt\right).$$

例 1.3.6.

(1) $\mathbb{R}$ と $\mathbb{R}$ の直積集合 $\mathbb{R}^2$ から $\mathbb{R}$ への次の対応は写像である：
$$f : \mathbb{R}^2 \to \mathbb{R} \ \left((x, y) \mapsto \frac{1}{x^2 + y^2 + 1}\right)$$

(2) $m \times n$ 実行列 A による $\mathbb{R}^n$ から $\mathbb{R}^m$ への対応は写像（線形写像）である：
$$f_A : \mathbb{R}^n \to \mathbb{R}^m \ (\boldsymbol{x} \mapsto f_A(\boldsymbol{x}) = A\boldsymbol{x})$$

例 1.3.7. 全体集合 U において, U の部分集合 A にその補集合 A^c を対応させると, これはべき集合 2^U からべき集合 2^U への写像である：
$$I : 2^U \to 2^U \ (A \mapsto A^c)$$

例 1.3.8.

(1) X から Y への写像で, 像がみな等しいもの, すなわち,
$$x_1, x_2 \in X \Rightarrow f(x_1) = f(x_2)$$
であるような写像 f を**定値写像 (constant mapping)** という.

(2) X の各元 x に x 自身を対応させると, X から X への写像となる. これを X の**恒等写像 (identity mapping)** といい
$$1_X : X \to X \ (x \mapsto 1_X(x) = x)$$
などで表す.

(3) A を集合 X の部分集合とする. A の各元 a に, (a を X の元と考えて) X の元 a を対応させると, A から X への写像となる. これを A の包含写像といい,
$$i_A : A \to X \ (a \mapsto i_A(a) = a)$$
などで表す.

定義 1.3.2. 2 つの写像 f と g を集合 X から集合 Y への写像とする. 任意の $x \in X$ に対して $f(x) = g(x)$ が成り立つとき, $\boldsymbol{f}$ **と** $\boldsymbol{g}$ **は等しい**といい, $f = g$ と書く.

写像の相等に関しても, 集合などの相等と同じように, 次の 3 つが成立する. f, g, h を集合 X から集合 Y への写像とする.

1. $f = f$
2. $f = g \Rightarrow g = f$
3. $f = g, g = h \Rightarrow f = h$

集合 X から集合 Y への写像全体を $\mathcal{F}(X, Y)$ とすると，$\mathcal{F}(X, Y)$ も 1 つの集合と考えることができる．

問 1.3.1. 次の関数 f の定義域と値域を求めよ．

(1) $x \in \{x \in \mathbb{R} \mid -3 \leq x < 3\}$ に対して，関数 $f(x) = (x+1)^2 - 2$．

(2) 自然数 n に対して，$f(n) = 2^n$．

(3) $f(x) = \begin{cases} x+1 & (x > 0) \\ 1-x & (x < 0). \end{cases}$

1.3.2 写像の合成

複数の写像を組み合わせて，新しい対応を考える．新しい対応が写像となるためには，組み合わせる写像がある条件を満たす必要がある．

定義 1.3.3. X, Y, Z を 3 つの集合とし，$f : X \to Y$, $g : Y \to Z$ を 2 つの写像とする．このとき，X の元 x に対して Y の元 $f(x)$ が決まり，さらに g により Y の元 $f(x)$ の像として Z の元 $g(f(x))$ が決まる．すなわち，x に対して $g(f(x))$ を対応させる X から Z への写像 $x \mapsto g(f(x))$ $(x \in X)$ が得られる．この写像を f と g の**合成 (composition)** といい，記号 $g \circ f$ で表す：

$$g \circ f : X \to Z \, (x \mapsto (g \circ f)(x) = g(f(x))).$$

例 1.3.9. X, Y, Z を数直線上の点全体とし，写像 $f : X \to Y$ を数直線上の点の $+2$ の移動，写像 $g : Y \to Z$ を原点に関する点対称とする：$f(x) = x + 2$, $g(x) = -x$．f と g との合成は $(g \circ f)(x) = g(f(x)) = g(x+2) = -x-2$ であり，これは点 -1 に関する点対称である．

例 1.3.10. $X = Y = Z = \mathbb{R}$, 写像 $f : X \to Y$, $g : Y \to Z$ をそれぞれ $f(x) = x^2 - 1$, $g(x) = 2x$ とする．このとき $(f \circ g)(x) = f(g(x)) = (2x)^2 - 1$, $(g \circ f)(x) = g(f(x)) = 2(x^2-1)$ である．$f \circ g \neq g \circ f$ であることに注意が必要である．

例 1.3.11. 写像 $f : X \to Y$ と X の部分集合 A に対して，包含写像 $i_A : A \to X$ との合成写像 $f \circ i_A : A \to Y$ を写像 f の A への制限といい，$f|_A$ などで表す．

定理 1.3.4. 3 つの写像 $f : X \to Y$, $g : Y \to Z$, $h : Z \to W$ の合成について，$h \circ (g \circ f) = (h \circ g) \circ f$ が成立する．

注意 1.3.1. 定理 1.3.4 より，$h \circ (g \circ f)$ と $(h \circ g) \circ f$ はともに $h \circ g \circ f$ と書くことができる．4 個以上の写像に関しても同様である．

問 1.3.2.

[1] 次の関数 f, g の合成関数 $f \circ g$ と $g \circ f$ を求めよ．

(1) $f(x) = 2x - 3$, $x \in \mathbb{R}$; $g(x) = -x^2 + x + 2$, $x \in \mathbb{R}$．

(2) $f(x) = \sqrt{x}$, $x > 0$; $g(x) = x^2$, $x > 0$．

[2] f を X から Y への写像とする．$f \circ 1_X = f$, $1_Y \circ f = f$ であることを証明せよ．

1.3.3 単射・全射・全単射

次に写像の基本的な概念を学ぶ．

定義 1.3.5. 写像 $f : X \to Y$ について，Y の任意の元 y に対して $y = f(x)$ を満たす X の元 x が存在するとき，すなわち，

$$\forall y \in Y, \, \exists x \in X, \, y = f(x)$$

が成り立つとき，写像 f は**全射 (surjective)** であるという．

x, $x' \in X$ とする．$x \neq x'$ ならばつねに $f(x) \neq f(x')$ となるとき，すなわち，

$$x \neq x' \Rightarrow f(x) \neq f(x')$$

対偶をとると

$$f(x) = f(x') \Rightarrow x = x'$$

のとき，写像 f は**単射 (injective)** であるという．写像 f が全射であり，単射でもあるとき，写像 f は**全単射 (bijective)** であるという．

例 1.3.12. 例 1.3.1 において，(a) は単射でも，全射でもない．(b) は全射ではあるが，単射ではない．(c) は単射ではあるが，全射ではない．(d) は全単射である．

例 1.3.13. 集合 X から集合 X への恒等写像 1_X は全単射である．

例 1.3.14. 関数 $f(x) = \sin x$ で定められる写像 f を $\mathbb{R}$ から $\mathbb{R}$ への写像とみれば全射でも単射でもない．これを $[-1, 1]$ への写像とみれば全射であり，$[-\pi/2, \pi/2]$ から $\mathbb{R}$ への写像とみれば単射である．また，f を $[-\pi/2, \pi/2]$ から $[-1, 1]$ への写像とみれば，全単射である．

例 1.3.15. $X = \{1, 2\}$ とする．X から X への全単射は次の f_1 と f_2 である：

$$\begin{cases} f_1(1) = 1 \\ f_1(2) = 2, \end{cases} \quad \begin{cases} f_2(1) = 2 \\ f_2(2) = 1. \end{cases}$$

f_1, f_2 の中から重複を含めて 2 つ選び，合成写像を考えると，

$$f_1 \circ f_1, \ f_1 \circ f_2, \ f_2 \circ f_1, \ f_2 \circ f_2$$

の 4 つが得られる．また，$(f_1 \circ f_1)(1) = 1 = f_1(1)$，$(f_1 \circ f_1)(2) = 2 = f_1(2)$ であることから，$f_1 \circ f_1 = f_1$ である．同様に $f_1 \circ f_2 = f_2$，$f_2 \circ f_1 = f_2$，$f_2 \circ f_2 = f_1$ である．これらの様子は次のような表で表すことができる：

	f_1	f_2
f_1	f_1	f_2
f_2	f_2	f_1

定理 1.3.6. 2 つの写像 $f: X \to Y$，$g: Y \to Z$ について，次が成立する．

(1) f と g がともに単射ならば，$g \circ f$ が単射である．

(2) f と g がともに全射ならば，$g \circ f$ が全射である．

(3) $g \circ f$ が全射ならば，g は全射である．

(4) $g \circ f$ が単射ならば，f は単射である．

問 1.3.3.

[1] $X = \{1, 2\}$，$Y = \{a, b\}$ とする．X から Y への写像をすべて挙げ，その中から，全射，単射，全単射を選べ．

[2] 次の写像 f が全射，単射，全単射，全射でも単射でもないかを判定せよ．

(1) 写像 $f: \mathbb{R} \to \mathbb{R}$ $(x \mapsto x^3)$．

(2) 写像 $f: \mathbb{R} \to \mathbb{R}$ $(x \mapsto x^4)$．

(3) 写像 $f: \mathbb{R} \to \mathbb{R}$ $(x \mapsto 2^x)$．

(4) 写像 $f: \mathbb{R} \to \mathbb{R}^+ = \{x \in \mathbb{R} \mid x > 0\}$ $(x \mapsto 2^x)$．

(5) 写像 $f: I = \{x \in \mathbb{R} \mid -1 < x < 1\} \to \mathbb{R}$

$$\left(x \mapsto \frac{x}{1 - |x|}\right).$$

[3] 例 1.3.13 を証明せよ．

[4] 定理 1.3.6 を証明せよ．

[5] 写像 $f: X \to Y$，$g: Y \to Z$ について，次のことに答えよ．

(1) $g \circ f$ は全射であるが，f は全射でないような写像 f，g の例を挙げよ．

(2) $g \circ f$ は単射であるが，g は単射でないような写像 f，g の例を挙げよ．

[6] a, b, c, d を $a < b$，$c < d$ を満たす実数とする．このとき，次の問に答えよ．

(1) 閉区間 $[a, b]$ から閉区間 $[c, d]$ への全単射の写像

を作れ．

(2) 開区間 (a, b) から開区間 (c, d) への全単射の写像を作れ．

(3) 開区間 (a, b) から $\mathbb{R}$ への全単射の写像を作れ（[2](5) 参照）．

1.3.4 逆写像

集合 X から集合 Y への写像 f に対し，f と逆向きの Y から X への対応を考える．Y から X への対応が写像となるためには，f がある条件を満たすことが必要である．

定理 1.3.7. 集合 X から集合 Y への写像 f が全単射であるための必要十分条件は，Y から X への写像 g が存在して，

$$g \circ f = 1_X \ \text{かつ} \ f \circ g = 1_Y$$

となることである．このとき，写像 g も全単射であり，また，このような g は f に対してただ 1 つである．

証明（必要性）$y \in Y$ とする．f が全射であることから $y = f(x)$ となる X の元 x が少なくとも 1 つ存在し，さらに f が単射であることからこのような x はただ 1 つである（$x' \in X$，$f(x') = y$ とすると，f が単射であることより $f(x) = f(x') \Rightarrow x = x'$）．そこで，$y$ にこの x を対応させる写像を g，すなわち，

$$g(y) = x \ (f(x) = y)$$

とする．このとき，任意の $x \in X$ に対して，$(g \circ f)(x) = g(f(x)) = g(y) = x$．よって，$g \circ f = 1_X$．同様に，任意の $y \in Y$ に対して，$(f \circ g)(y) = f(g(y)) = f(x) = y$．よって，$f \circ g = 1_Y$．

（十分性）写像 $g: Y \to X$ が $g \circ f = 1_X$ かつ $f \circ g = 1_Y$ を満たすとする．

1_Y は全射であることから，$f \circ g$ は全射である．したがって，定理 1.3.6(3) より f は全射である．

1_X は単射であることから，$g \circ f$ は単射である．したがって，定理 1.3.6(4) より f は単射である．

以上より，f は全単射である．

（g が全単射であること）1_X は全射であることから，$g \circ f$ は全射である．したがって，定理 1.3.6(3) より g は全射である．

1_Y は単射であることから，$f \circ g$ は単射である．したがって，定理 1.3.6(4) より g は単射である．

以上より，g は全単射である．

（g の一意性）g_1 と g_2 を $g_1 \circ f = 1_X$，$f \circ g_1 = 1_Y$，$g_2 \circ f = 1_X$，$f \circ g_2 = 1_Y$ を満たす Y から X への写像

とする.

$$g_1 \circ f = 1_X \Rightarrow (g_1 \circ f) \circ g_2 = 1_X \circ g_2$$
$$\Rightarrow g_1 \circ (f \circ g_2) = g_2$$
$$\Rightarrow g_1 \circ 1_Y = g_2$$
$$\Rightarrow g_1 = g_2$$

よって, 条件を満たす g は f に対して, ただ 1 つである. □

> **定義 1.3.8.** 集合 X から集合 Y への写像 f が全単射であるとする. このとき, 定理 1.3.7 の Y の各元 y に, $y = f(x)$ となる X の元 x を対応させた写像 $g : Y \to X$ を f の**逆写像 (inverse mapping)** といい, f^{-1} で表す. すなわち,
> $$f^{-1}(y) = x \Leftrightarrow f(x) = y.$$

逆写像の定義より, 次が直ちに成立する.

命題 1.3.9. $f : X \to Y$ が全単射とする. f の逆写像 f^{-1} に対して, 次が成立する.

(1) $f^{-1} \circ f = 1_X$

(2) $f \circ f^{-1} = 1_Y$

(3) $f^{-1} : Y \to X$ は全単射である.

例 1.3.16.

(1) 例 1.3.1(d) の写像を f とする. f は全単射であるので, 逆写像 $f^{-1} : Y \to X$ が定義できる. f^{-1} は $f^{-1}(a) = 4$, $f^{-1}(b) = 1$, $f^{-1}(c) = 3$, $f^{-1}(d) = 2$ である.

(2) $f(x) = ax + b$, $x \in \mathbb{R}$, a, b は定数, $a \neq 0$ とする. f は全単射で, f の逆関数 f^{-1} は $y = ax + b \Leftrightarrow \dfrac{y - b}{a} = x$ より $f^{-1}(x) = \dfrac{x - b}{a}$ である.

定理 1.3.10. 2 つの写像 $f : X \to Y$, $g : Y \to Z$ について, f と g が全単射ならば, $g \circ f$ も全単射であり,
$$(g \circ f)^{-1} = f^{-1} \circ g^{-1}$$
である.

問 1.3.4.

[1] 次の関数で定められる A から B への写像 f が全単射であるかどうかを判定し, 全単射であればその逆写像を求めよ.

(1) $f(x) = x^2 - 1$, $A = \{x \mid -2 \leq x \leq 2\}$, $B = \{y \mid -1 \leq y \leq 3\}$.

(2) $f(x) = x^2 - 1$, $A = \{x \mid 0 \leq x \leq 2\}$, $B = \{y \mid -1 \leq y \leq 3\}$.

[2] 3 つの写像を $f : X \to Y$, $g : Y \to Z$, $h : Z \to W$

とする. $g \circ f$ と $h \circ g$ が全単射ならば f, g, h はいずれも全単射であることを証明せよ.

[3] $f : X \to Y$, $g : Y \to Z$, $h : Z \to X$ について, 次を証明せよ (ヒント: 定理 1.3.6 を用いよ).

(1) $h \circ g \circ f$ と $f \circ h \circ g$ が全射かつ $g \circ f \circ h$ が単射ならば, f, g, h はみな全単射である.

(2) $h \circ g \circ f$ と $f \circ h \circ g$ が単射かつ $g \circ f \circ h$ が全射ならば, f, g, h はみな全単射である.

1.3.5 像, 逆像

次は写像より派生する集合について学ぶ.

> **定義 1.3.11.** 写像 $f : X \to Y$ と部分集合 $A \subset X$ に対して, Y の部分集合 $\{f(x) \mid x \in A\}$ を f による A の像といい, $f(A)$ と表す. すなわち,
> $$f(A) = \{y \in Y \mid \exists x \in A, \, y = f(x)\}$$
> $$= \{f(x) \mid x \in A\},$$
> $$y \in f(A) \Leftrightarrow \exists x \in A, \, y = f(x)$$
> である.
> 部分集合 $B \subset Y$ に対して, X の部分集合 $\{x \in X \mid f(x) \in B\}$ を f による B の逆像といい, $f^{-1}(B)$ と表す. すなわち,
> $$f^{-1}(B) = \{x \in X \mid f(x) \in B\},$$
> $$x \in f^{-1}(B) \Leftrightarrow f(x) \in B$$
> である.

例 1.3.17. 例 1.3.1(a) の写像を f, $A_1 = \{1, 2\}$, $A_2 = \{3, 4\}$, $B_1 = \{a, b\}$, $B_2 = \{c\}$ とする. $f(A_1) = \{a\}$, $f(A_2) = \{a, b\}$, $f^{-1}(B_1) = \{1, 2, 3, 4\}$, $f^{-1}(B_2) = \emptyset$ である.

例 1.3.18. 写像 $f : \mathbb{R} \to \mathbb{R}$ を $f(x) = x^2$ とする. $U = \{x \mid -1 < x < 1\}$ に対し $f(U) = \{y \mid 0 \leq y < 1\}$, $V = \{y \mid 0 \leq y \leq 4\}$ に対し $f^{-1}(V) = \{x \mid -2 \leq x \leq 2\}$, $W = \{y \mid 0 \leq y \leq 1\}$ に対し $f^{-1}(W) = \{x \mid -1 \leq x \leq 1\}$ である.

命題 1.3.12. 写像 $f : X \to Y$ とする. X の部分集合 A, A_1, A_2 と Y の部分集合 B, B_1, B_2 に対して, 次が成立する.

(1) $A_1 \subset A_2 \Rightarrow f(A_1) \subset f(A_2)$

(2) $f(A_1 \cup A_2) = f(A_1) \cup f(A_2)$

(3) $f(A_1 \cap A_2) \subset f(A_1) \cap f(A_2)$

(4) $B_1 \subset B_2 \Rightarrow f^{-1}(B_1) \subset f^{-1}(B_2)$

(5) $f^{-1}(B_1 \cup B_2) = f^{-1}(B_1) \cup f^{-1}(B_2)$

(6) $f^{-1}(B_1 \cap B_2) = f^{-1}(B_1) \cap f^{-1}(B_2)$

(7) $A \subset f^{-1}(f(A))$

(8) $f(f^{-1}(B)) \subset B$
(9) $f(A_1) - f(A_2) \subset f(A_1 - A_2)$,
(10) $f^{-1}(B_1) - f^{-1}(B_2) = f^{-1}(B_1 - B_2)$
(11) $(f^{-1}(B))^c = f^{-1}(B^c)$

注意 1.3.2. 命題 1.3.12(3), (8) において，等号は必ずしも成立しない．

$X = \{1, 2\}$, $Y = \{p, q\}$ とし，X から Y への写像 f を $f(1) = p$, $f(2) = p$ によって定め，$A_1 = \{1\}$, $A_2 = \{2\}$ とする．

$A_1 \cap A_2 = \emptyset$ より，$f(A_1 \cap A_2) = \emptyset$. 一方，$f(A_1) = \{p\}$, $f(A_2) = \{p\}$ より，$f(A_1) \cap f(A_2) = \{p\}$. したがって，$f(A_1 \cap A_2) \neq f(A_1) \cap f(A_2)$.

また，$B = Y$ とすると，$f(f^{-1}(B)) = f(X) = \{p\}$ より $f(f^{-1}(B)) \neq B$.

(7), (9) においても，等号は必ずしも成立しない．その例は問とする．

問 1.3.5.

[1] 次の関数 f について，$f(U)$, $f^{-1}(V)$, $f^{-1}(W)$ を求めよ．
  (1) $f(x) = -10$, $x \in \mathbb{R}$, $U = \{x \mid -3 \leq x \leq 10\}$, $V = \{y \mid y < 0\}$, $W = \{y \mid y > 0\}$.
  (2) $f(x) = |x|$, $x \in \mathbb{R}$, $U = \{x \mid -3 \leq x \leq 3\}$, $V = \{y \mid 0 \leq y \leq 3\}$, $W = \{y \mid y > 0\}$.
  (3) $f(x) = 4x - 3$, $x \in \mathbb{R}$, $U = \{x \mid -2 \leq x \leq 2\}$, $V = \{y \mid 0 \leq y \leq 3\}$, $W = \{y \mid y > 0\}$.

[2] 命題 1.3.12 を証明せよ．

[3] 命題 1.3.12 の (3) について，$f: X \to Y$ が単射ならば，等号が成立することを証明せよ．

[4] 命題 1.3.12 の (7) について，等号が成り立たない例を挙げよ．また，$f: X \to Y$ が単射ならば，等号が成立することを証明せよ．

ニコラ・ブルバキ

ニコラ・ブルバキは，1930 年代に『数学原論』を書くためにフランスで結成された，A. ヴァイユ，H. カルタンら 9 人の当時 30 歳前後の若手数学者集団のペンネームである．彼らが書いた数学原論は 1939 年に出版された『集合論要約』から始まり 11 部門にわたっている．ブルバキはメンバーを変えながら現在に至り，数学原論の出版は 1998 年に出版された『可換代数 第 10 章』を最後に途絶えているが，ブルバキ・セミナーは現在も続いている．

[5] 命題 1.3.12 の (8) について，$f: X \to Y$ が全射ならば，等号が成立することを証明せよ．

[6] 命題 1.3.12 の (9) について，等号が成り立たない例を挙げよ．また，$f: X \to Y$ が単射ならば，等号が

1.3.6 濃度

有限個の元からなる集合の元の個数にあたる概念を，(無限個の元からなる集合も含む) 一般の集合の概念に拡張する．

定義 1.3.13. 2 つの集合 A, B に対して，A から B への全単射 $f: A \to B$ が存在するとき，A と B の**濃度が等しい**という．

例 1.3.19. 自然数全体 $\mathbb{N}$ と $\mathbb{N}' := \{2n \mid n \in \mathbb{N}\}$ は濃度が等しい．

証明 写像 $f: \mathbb{N} \to \mathbb{N}'$ を $f(x) = 2x$ で定義する．$y \in \mathbb{N}'$ とする．$\mathbb{N}'$ の定義より，$\exists x \in \mathbb{N}$, $y = 2x$. すなわち，$\exists x \in \mathbb{N}$, $f(x) = y$. よって，f は全射である．

次に $x, x' \in \mathbb{N}$ とし，$f(x) = f(x')$ と仮定する．

$$f(x) = f(x') \Rightarrow 2x = 2x'$$
$$\Rightarrow x = x'$$

よって，f は単射である．

以上より，f は全単射であるので，$\mathbb{N}$ と $\mathbb{N}'$ の濃度は等しい． □

定義 1.3.14. 自然数全体 $\mathbb{N}$ と濃度が等しい集合を**可算濃度をもつ集合**または**可算集合 (countable set)** という．無限だが可算でない集合を**非可算集合 (uncountable set)** という．

問 1.3.6.
(1) 集合 $[0, 1]$ と集合 $[0, 2]$ の濃度が等しいことを示せ．
(2) 集合 $[0, 1)$ と集合 $(0, 1)$ の濃度が等しいことを示せ．

参考文献

[1] 惠羅博，小川健次郎，土屋守正，松井泰子：離散数学，横浜図書 (2004).
[2] 佐藤文広：数学ビギナーズマニュアル，日本評論社 (1994).
[3] 柴田敏男：復刊数学序論，共立出版 (2011).
[4] 東京理科大学数学教育研究所編：数学トレッキングガイド，教育出版 (2005).
[5] 日本数学会編：岩波数学辞典第 4 版，岩波書店

(2007).

[6] 日本大学文理学部数学科編：数学基礎セミナー，日本評論社（2003）.

[7] 松坂和夫：集合・位相入門，岩波書店（1968）.

[8] 宮岡悦良，永倉安次郎：解析学 I，共立出版（1996）.

2. 1変数の微積分

2.1 実数の連続性，数列の極限

実数については，中学・高校で学び，よく知っているが，復習してみよう．以下の記号を用いる．

$$\mathbb{N} = \{1, 2, 3, \cdots\} : 自然数の全体$$

$$\mathbb{Z} = \{0, 1, -1, 2, -2, \cdots\} : 整数の全体$$

$$\mathbb{Q} = \left\{ \frac{q}{p} \,\middle|\, p \in \mathbb{N}, q \in \mathbb{Z} \right\} : 有理数の全体$$

$$\mathbb{R} : 実数の全体$$

実数にはどのような性質があるだろうか．

- 四則演算が可能（ただし，0で割ることはできない）．
- 大小関係がある．すなわち，すべての実数a, bに対し，$a \leq b$または$a \geq b$が成り立つ．また，$a > b$かつ$c > 0$のときは$ac > bc$，$a > b$かつ$c < 0$のときは$ac < bc$が成立する．
- いくらでも大きい自然数がある．すなわち，任意の実数Rに対し，$R \leq N$を満たす自然数Nがある．
- 連続性（以下で説明する）．

四則演算，大小関係はよく知っている．いくらでも大きい自然数があることは明らかであろう．連続性については，以下で詳しく説明する．

2.1.1 実数列の収束

実数に番号を振ったものを**実数列 (sequence of real numbers)** という．

$$a_1, a_2, a_3, a_4, \cdots$$

実数列は，

$$\mathbb{N} \ni n \mapsto a_n \in \mathbb{R}$$

すなわち，$\mathbb{N}$から$\mathbb{R}$への写像とみることができる．実数列を$\{a_n\}_{n \in \mathbb{N}}$, $(a_n)_{n \in \mathbb{N}}$, $\{a_n\}$, (a_n)などと書く．

高校では，nを限りなく大きくするとき，a_nが一定

の値αに限りなく近づくならば，

$$\lim_{n \to \infty} a_n = a$$

または，$n \to \infty$のとき，$a_n \to \alpha$と書いて，数列$\{a_n\}$はαに収束するといった．この定義は，イメージをつかみやすく，ほとんどの場合に，この定義で間違った結果に導かれることもないが，厳密にいえば，数学の定義ではないので，たとえば，$\lim_{n \to \infty} \frac{1}{n} = 0$などを証明することはできない．厳密な収束の定義は以下である．

> **定義 2.1.1.** 実数列$\{a_n\}$が実数aに収束するとは，任意の$\varepsilon > 0$に対して，ある番号より先のすべての番号nについて
>
> $$|a_n - a| \leq \varepsilon$$
>
> を満たすことである．このとき，
>
> $$\lim_{n \to \infty} a_n = a$$
>
> と書く．

以下では，a_nを数列$\{a_n\}$の意味に使い，a_nが収束するということもある．

この定義は，次のようにいい換えることができる．
「任意の$\varepsilon > 0$に対して，ある番号Nがあって，$n \geq N$を満たすすべてのnに対し，$|a_n - a| \leq \varepsilon$となる．」
内容を理解しやすいように，次のようにいうこともできる．

「どんな小さな正の数εに対しても，番号Nを必要なだけ大きくとれば，$n \geq N$を満たすすべてのnに対し，$|a_n - a| \leq \varepsilon$とできる．」

例 2.1.1. $\lim_{n \to \infty} \frac{1}{n} = 0$を定義に従って示してみよう．$\varepsilon > 0$を任意に固定する．$\varepsilon > 0$だから，1を$\varepsilon$で割ることができて$\frac{1}{\varepsilon} = \varepsilon^{-1} > 0$である．$\mathbb{N}$は上に有界でないから，$n_0 \geq \varepsilon^{-1}$を満たす自然数$n_0$がある．$n \geq n_0$のとき，$0 < \frac{1}{n} \leq \frac{1}{n_0} \leq \varepsilon$だから，$n > n_0$のとき

$$\left| \frac{1}{n} \right| \leq \varepsilon$$

となる．すなわち，$\lim_{n\to\infty}\frac{1}{n}=0$ が示された．このように，上記の定義を用いると，高校の数学では当たり前だが証明ができなかった $\lim_{n\to\infty}\frac{1}{n}=0$ に証明を与えることができる．

実数列 $\{a_n\}$ に対し，$M\in\mathbb{R}$ をうまくとると，すべての自然数 n に対し $a_n\le M$ が成り立つとき，$\{a_n\}$ は上に有界 (bounded from above) であるという．また，$M\in\mathbb{R}$ をうまくとると，すべての自然数 n に対し $a_n\ge M$ が成り立つとき，$\{a_n\}$ は下に有界 (bounded from below) であるという．すべての自然数 n に対し $a_n\le a_{n+1}$ を満たすとき，$\{a_n\}$ は単調増加 (monotonically increasing) であるといい，すべての自然数 n に対し $a_n\ge a_{n+1}$ を満たすとき，$\{a_n\}$ は単調減少 (monotonically decreasing) であるという．

命題 2.1.2. 実数列 $\{a_n\}$ が，単調増加かつ上に有界ならば，収束する．

これを説明してみよう．$a_1\ge 0$ とする．a_n を小数で表示して，$a_n=a_0^{(n)}.a_1^{(n)}a_2^{(n)}\cdots a_k^{(n)}\cdots$ とする．ただし，a_n が有限小数となったときは，$0.1=0.0999\cdots$ のようにして無限小数で表すことにする．ここで，$a_0^{(n)}$ は，a_n の整数部分で，$a_k^{(n)}$ は小数第 k 位の数である．$\{a_n\}$ が上に有界で単調増加だから，ある番号から先で整数部分 $a_0^{(n)}$ は一定になる．その数を b_0 とする．同じ理由で，さらに大きい番号から先では，$a_1^{(n)}$ が一定となる．その数を b_1 とする．このようにして，$b_2, b_3, \ldots$ を作る．この b_k を用いて，

$$\alpha=b_0.b_1b_2\cdots b_k\cdots$$

とすると，$\{a_n\}$ は α に収束する．

命題 2.1.3. $\lim_{n\to\infty}a_n=a$，$\lim_{n\to\infty}b_n=b$ のとき，以下が成立．

(1) $\{a_n+b_n\}$ も収束し，$\lim_{n\to\infty}(a_n+b_n)=a+b$.

(2) $\alpha\in\mathbb{R}$ に対し，$\{\alpha a_n\}$ も収束し，$\lim_{n\to\infty}(\alpha a_n)=\alpha a$.

(3) $\{a_nb_n\}$ も収束し，$\lim_{n\to\infty}(a_nb_n)=ab$.

(4) $b_n\ne 0\ (\forall n\in\mathbb{N})$，$b\ne 0$ とすると，$\left\{\dfrac{a_n}{b_n}\right\}$ も収束し，$\lim_{n\to\infty}\dfrac{a_n}{b_n}=\dfrac{a}{b}$.

問 2.1.1. これを示せ．

命題 2.1.4. 収束する実数列は有界である．

2.1.2 上限・下限

$A\subset\mathbb{R}$ とする．$M\in\mathbb{R}$ をうまくとると，$x\le M\ (\forall x\in A)$ を満たすとき，A は上に有界であるといい，このような M を A の上界という．また，$M\in\mathbb{R}$ をうまくとると，$x\ge M\ (\forall x\in A)$ を満たすとき，

A は下に有界であるといい，このような M を A の下界という．A の上界のうちで最小のものを A の最小上界 (least upper bound) または上限 (supremum) といい，$\sup A$ と表す．同様に，A の下界のうちで最大のものを最大下界 (greatest lower bound) または下限 (infimum) といい，$\inf A$ と表す．

命題 2.1.5. 空でなく，上に有界な $\mathbb{R}$ の部分集合には，上限がある．

証明 K を空でなく，上に有界な $\mathbb{R}$ の部分集合とする．K の点を 1 つとり，a_1 とする．また，K の上界を 1 つとり，b_1 とする．a_1 と b_1 の中点 $\dfrac{a_1+b_1}{2}$ が K の上界のとき，この値を b_2 とし，$a_2=a_1$ とする．a_1 と b_1 の中点が K の上界ではないとき，この値を a_2 とし，$b_2=b_1$ とする．これを繰り返して，$\{a_n\}$ と $\{b_n\}$ を作ると，$\{b_n\}$ は上に有界で単調増加，$\{b_n\}$ は下に有界で単調減少だから，命題 2.1.2 から，$n\to\infty$ のとき $a_n\to a$，$b_n\to b$ となる．$n\to\infty$ のとき $b_n-a_n\to 0$ だから，$a=b$ である．この数が，K の最小上界すなわち上限である． $\qquad\square$

$\{a_n\}$，$\{b_n\}$ を実数列とする．$a_n\le b_n\ (\forall n\in\mathbb{N})$ かつ $\{a_n\}$，$\{b_n\}$ が収束するならば，

$$\lim_{n\to\infty}a_n\le\lim_{n\to\infty}b_n$$

が成り立つ．

問 2.1.2. これを示せ．

2.1.3 区間縮小法

$a<b$ のとき，$[a,b]=\{x\in\mathbb{R}|a\le x\le b\}$ を閉区間という．

命題 2.1.6（区間縮小法）. 閉区間の列 I_n $(n=1,2,3,\cdots)$ が，$I_n\supset I_{n+1}\ (\forall n\in\mathbb{N})$ かつ $n\to\infty$ のとき $(I_n$ の長さ$)\to 0$ であるとき，ある $\alpha\in\mathbb{R}$ があって，

$$\bigcap_{n=1}^{\infty}I_n=\{\alpha\}.$$

証明 $I=[a_n,b_n]$ とおくと，a_n は上に有界で単調増加，b_n は下に有界で単調減少である．したがって，$n\to\infty$ のとき，$a_n\to a$，$b_n\to b$ となるが，$n\to\infty$ のとき $(I_n$ の長さ$)\to 0$ だから，$a=b$ となる．このとき，

$$\bigcap_{n=1}^{\infty}I_n=\{a\}$$

となる． $\qquad\square$

2.1.4 コーシー列

実数列 $\{a_n\}$ が**コーシー列 (Cauchy sequence)** であるとは，任意の $\varepsilon > 0$ に対し，ある番号 N があって，任意の $m, n \geq N$ に対し，

$$|a_m - a_n| \leq \varepsilon$$

を満たすときをいう．このとき，$\lim_{m, n \to \infty} |a_m - a_N| = 0$ と書く．コーシー列を**基本列 (fundamental sequence)** ともいう．

実数列 $\{a_n\}$ が収束列であるとは，ある $a \in \mathbb{R}$ があって，$\lim_{n \to \infty} a_n = a$ であるときをいう．

定理 2.1.7（コーシーの判定法）**.** 実数列 $\{a_n\}$ がコーシー列であることと収束列であることは同値である．

証明 収束列ならばコーシー列であることは明らかだから，コーシー列は収束することを示す．$\{a_n\}$ をコーシー列とする．集合 $\{a_n, a_{n+1}, \cdots\}$ の下限を b_n，上限を c_n とし，$I_n = [b_n, c_n]$ とおくと，I_n は区間縮小法の仮定を満たす．したがって，

$$\bigcap_{n=1}^{\infty} I_n = \{a\}.$$

であって，$n \to \infty$ のとき，$b_n \to a$，$c_n \to a$ である．$b_n \leq a_n \leq c_n$ だから，$\lim_{n \to \infty} a_n$ は収束する． □

2.1.5 ボルツァーノ–ワイエルシュトラスの定理

$\{a_n\}$ を実数列とする．

$$a_1, a_2, a_3, a_4, \cdots, a_n, \cdots$$

このうちから，とびとびに抜き出した列，たとえば，

$$a_1, a_3, a_4, a_7, a_{13}, a_{15}, \cdots$$

を部分列という．部分列のとり方は無数にある．

定理 2.1.8（ボルツァーノ–ワイエルシュトラス (Bolzano-Weierstrass) の定理）**.** 有界な実数列は収束する部分列をもつ．

証明 $\{a_n\}$ を有界な実数列とする．$I = [a, b]$ をすべての n で $a_n \in I$ となるようにとる．$n_1 = 1$ とする．I を 2 等分し，無限個の a_n が入っているほうを I_1 とする．I_1 に入っている a_n のうちで，$n > n_1$ を満たすものを 1 つとり，その番号を n_2 とする．これを繰り返して，I_j と a_{n_j} を作ると，$\{a_{n_j}\}$ は，$j \to \infty$ のとき収束する． □

2.1.6 デデキントの切断

$\mathbb{R}$ の部分集合の組 (A, B) が

(1) $A, B \neq \emptyset$.

(2) $A \cap B = \emptyset$, $A \cup B = \mathbb{R}$.

(3) すべての $a \in A$ とすべての $b \in B$ に対し，$a < b$.

を満たすとき，**デデキント (Dedekind) の切断**という．

命題 2.1.9. (A, B) がデデキントの切断とすると，次のいずれかが成立．

(1) A に最大数があり，B に最小数がない．

(2) A に最大数がなく，B に最小数がある．

2.1.7 連続性の公理について

本書では，$\mathbb{N}$ が上に有界でないことを認めた上で，命題 2.1.2 を連続性の公理として認め，命題 2.1.2 $\Rightarrow$ 命題 2.1.5（上限の存在）$\Rightarrow$ 命題 2.1.9，命題 2.1.2 $\Rightarrow$ 命題 2.1.6（区間縮小法）$\Rightarrow$ 命題 2.1.7 と示したが，証明を見直すと命題 2.1.2 $\Rightarrow$ 命題 2.1.6 $\Rightarrow$ 命題 2.1.5 $\Rightarrow$ 命題 2.1.9 の順で示すことができる．

宮島静雄著「微分積分学 I」（共立出版）では，命題 2.1.9 を連続性の公理として認め，命題 2.1.9 $\Rightarrow$ 命題 2.1.5 $\Rightarrow$ 命題 2.1.2 $\Rightarrow$ 命題 2.1.6 の順で示している．

$\mathbb{N}$ が上に有界でないことを認めると，命題 2.1.2，命題 2.1.5，命題 2.1.6，定理 2.1.7，命題 2.1.9 のどれを連続性の公理としてもよい．

2.2 関数の連続性

I を区間，$a \in I$ とし，$f : I \to \mathbb{R}$ とする．

高校の数学では，x が a に限りなく近づくとき，$f(x)$ が実数 A に限りなく近づくことを

$$\lim_{x \to a} f(x) = A$$

または

$$x \to a \text{ のとき} \quad f(x) \to A$$

と表した．これを厳密に表現すると，

「任意の $\varepsilon > 0$ に対しある $\delta > 0$ があって，$0 < |x - a| \leq \delta$ を満たすすべての $x \in I$ に対し $|f(x) - A| \leq \varepsilon$ を満たす．」

となる．

これは，次のようにいい換えることができる．

「どんな小さい正数 ε をとってもそれに対応して

$\delta > 0$ を小さくとると, $x \in I$ が $0 < |x - a| \leq \delta$ を満たす限り $|f(x) - A| \leq \varepsilon$ である.」

$f(x)$ が $x = a$ で連続であることを

$$\lim_{x \to a} f(x) = f(a)$$

と定義する.

これを極限の定義に従って表現すると「任意の $\varepsilon > 0$ に対し, ある $\delta > 0$ があって $0 < |x - a| \leq \delta$ を満たすすべての $x \in I$ に対し $|f(x) - f(a)| \leq \varepsilon$ が成り立つ.」となる. この定義では x の動く範囲から $x = a$ が除かれているが, x の動く範囲を $|x - a| \leq \delta$ としても同値になる. $x = a$ のときは, $|f(x) - f(a)| = 0$ だからである.

命題 2.2.1. 次は同値である.

(1) $f(x)$ が $x = a$ で連続である.

(2) a に収束する I 内の任意の実数列 $\{x_n\}$ に対し,

$$\lim_{n \to \infty} f(x_n) = f(a)$$

が成り立つ.

[証明のヒント (1) $\Rightarrow$ (2) は, 定義から直ちにわかる. (2) $\Rightarrow$ (1) は, 対偶を示せばよい.]

命題 2.2.2. I, J を区間とし, $f : I \to J, g : J \to \mathbb{R}$ とする. $f(x)$ が $x = a$ で連続かつ $g(y)$ が $y = f(a)$ で連続であることき, $g \circ f(x) = g(f(x))$ は, $x = a$ で連続.

証明 $\{x_n\}$ を a に収束する I 内の点列とする. 命題 2.2.1 から, $f(x)$ が $x = a$ で連続であることから, $\{f(x_n)\}$ は $f(a)$ に収束する. $g(y)$ が $y = f(a)$ で連続であることから, 命題 2.2.1 を再び用いると, $\{g(f(x_n))\}$ は, $g(f(a))$ に収束する.

a に収束する任意の点列 x_n に対し, 上のことが成り立つから, 命題 2.2.1 をもう一度用いると, $g \circ f(x) = g(f(x))$ が, $x = a$ で連続であることがわかる. □

命題 2.2.3 (中間値の定理). $a < b$, $f : [a, b] \to \mathbb{R}$ とし, f は $[a, b]$ 上連続であるとする. このとき, f は, $f(a)$ と $f(b)$ の間の数をすべてとる.

[証明のヒント $f(a) < c < f(b)$ とし, $f(\alpha) = c$ となる $\alpha \in (a, b)$ があることを示せば十分である.]

証明 区間縮小法を用いる. $I_1 = [a, b]$ とし, I_1 を 2 分割する. $f\left(\frac{a+b}{2}\right) = c$ なら証明が終了. $f\left(\frac{a+b}{2}\right) < c$ なら, $a_2 = \frac{a+b}{2}, b_2 = b$, $f\left(\frac{a+b}{2}\right) > c$ なら $a_2 = a, b_2 = \frac{a+b}{2}$ とし, $I_2 = [a_2, b_2]$ とおく. 以下, これを繰り返すと, 手続

きが途中で終わらなければ, 区間の列 $\{I_n = [a_n, b_n]\}$ ができる. 区間縮小法により, すべての I_n に属する実数 α がただ 1 つある. $\lim_{n \to \infty} a_n = \alpha, \lim_{n \to \infty} b_n = \alpha$ かつ $f(a_n) < c < f(b_n)$ だから, f が $x = a$ で連続であることから, $f(\alpha) = c$ となる. □

例 2.2.1. $a > 1, n \in \mathbb{N}$ とする. $f(x) = x^n - a$ とおくと, f は $[1, a]$ で連続で, $f(1) = 1 - a < 0$, $f(a) = a^n - a = a(a^{n-1} - 1) > 0$ だから, 定理 2.2.3 から, $f(\alpha) = 0$ となる $\alpha \in (1, a)$ がある.

問 2.2.1. $0 < a < 1$ のとき, $x^n - a = 0$ の正の実数解は, 少なくとも 1 つあることを示せ.

定理 2.2.4 (ワイエルシュトラスの最大値定理). $a < b$, $f : [a, b] \to \mathbb{R}$ とし, f は $[a, b]$ 上連続であるとする. このとき, f は $[a, b]$ で最大値をとる.

[証明のヒント まず, f が上に有界であること, すなわち, ある $M \in \mathbb{R}$ があって, 任意の $x \in [a, b]$ に対して, $f(x) \leq M$ であることを示す.]

問 2.2.2. これを示せ.

次に, $\sup_{x \in I} f(x) = M$ とし, $f(a_n) \geq M - \frac{1}{n}$ となる実数列 $\{a_n\}$ をとる. この $\{a_n\}$ に対し, ボルツァーノ-ワイエルシュトラスの定理を適用すると, 収束部分列 $\{a_{n_j}\}$ がとれる. $\lim_{j \to \infty} a_{n_j} = \beta$ とすると,

$$f(\beta) = \lim_{j \to \infty} f(a_{n_j}) \geq M$$

だが, f の値は, M を超えることはないので, $f(\beta) = M$.

I を区間とし, $f : I \to \mathbb{R}$ とする. 任意の $\varepsilon > 0$ に対し, $\delta > 0$ があって $|x - y| \leq \delta$ を満たす任意の $x, y \in I$ に対し, $|f(x) - f(y)| \leq \varepsilon$ となるとき, f は I 上**一様連続** (uniformly continuous) であるという. f が I 上一様連続であることは,

$$\lim_{n \to \infty} \sup_{\substack{|x-y| \leq 1/n \\ x, y \in I}} |f(x) - f(y)| = 0$$

とも表現できる. 一様連続は I 上で連続の程度が一様という意味で, $\varepsilon > 0$ に対し, 定義中の δ が I の点 x, y に依らずにとれることからきている.

定義 2.2.5. 有界閉集合上の連続関数は一様連続である.

証明 背理法を用いる. 一様連続でないとする. ある $\varepsilon > 0$ があって, 任意の $n \in \mathbb{N}$ に対し, $|x_n - y_n| \leq 1/n$, かつ $|f(x_n) - f(y_n)| > \varepsilon$ を満たす $x_n, y_n \in I$ がある. $\{x_n\}$ は有界だから, ボルツァーノ-ワイエルシュトラスの定理から収束する部分列 $\{x_{n_j}\}$ をもつ. $\lim_{j \to \infty} x_{n_j} = a$ とすると, $|x_n - y_n| \leq 1/n$ だから $\lim_{j \to \infty} y_{n_j} = a$ である.

$$\varepsilon < |f(x_n) - f(y_n)|$$
$$\leq |f(x_n) - f(a)| + |f(y_n) - f(a)|$$

f は $x = a$ で連続だから，上の右辺は $n \to \infty$ のとき 0 に収束するので，矛盾が導かれる． $\square$

2.3 微分の定義，性質

定義 2.3.1. I を区間，$f : I \to \mathbb{R}$ とし，$a \in I$ とする．
$$\lim_{x \to a} \frac{f(x) - f(a)}{x - a}$$
が存在するとき，f は $x = a$ で微分可能 (differentiable) であるという．また，その値を $f'(a)$ または $\frac{df}{dx}(a)$ と書き，f の $x = a$ における微分係数 (differential coefficient) または導値という．

関数 $x \mapsto f'(x)$ を f の導関数 (derivative) という．

命題 2.3.2. $f, g : I \to \mathbb{R}$ とし，f, g は $x = a$ で微分可能とする．$\alpha \in \mathbb{R}$ のとき，$f + g$, αf, fg も $x = a$ で微分可能で，次が成立．

(1) $(f + g)'(a) = f'(a) + g'(a)$

(2) $(\alpha f)'(a) = \alpha f'(a)$

(3) $(fg)'(a) = f'(a)g(a) + f(a)g'(a)$

命題 2.3.3. 命題 2.3.2 の仮定に加えて，$f(a) \neq 0$ ならば，g/f は $x = a$ の近くで定義でき，かつ，$x = a$ で微分可能で
$$\left(\frac{g}{f} \right)'(a) = \frac{g'(a)f(a) - g(a)f'(a)}{f(a)^2}$$

命題 2.3.4. $f : I \to \mathbb{R}$, $a \in I$ とする．このとき，次が同値．

(1) f が $x = a$ で微分可能である．

(2) 次を満たす $F : I \to \mathbb{R}$ が存在する．

    (a) $f(x) = f(a) + F(x)(x - a)$ $\quad (\forall x \in I)$.

    (b) F は $x = a$ で連続．

このとき，$f'(a) = F(a)$．

証明 (1) $\Rightarrow$ (2) は，
$$F(x) = \begin{cases} \dfrac{f(x) - f(a)}{x - a} & (x \neq a \text{ のとき}) \\ f'(a) & (x = a \text{ のとき}) \end{cases}$$
とおけばよい．

(2) $\Rightarrow$ (1) は，F が I 上連続だから，
$$\lim_{x \to a} F(x) = \lim_{x \to a} \frac{f(x) - f(a)}{x - a}$$
が存在する． $\square$

これを用いて，次を証明する．

命題 2.3.5（合成関数の微分法）. I, J を区間，$f : I \to J$, $g : J \to \mathbb{R}$ とし，$a \in I$ とする．f が $x = a$ で微分

可能で，g が $x = f(a)$ で微分可能とすると $g \circ f(x) = g(f(x))$ は $x = a$ で微分可能で

$$(g \circ f)'(a) = g'(f(a))f'(a).$$

証明 $f(x)$ および $g(y)$ はそれぞれ $x = a$ および $y = f(a)$ で微分可能だから，命題 2.3.4 より，
$$f(x) = f(a) + F(x)(x - a),$$
$$g(y) = g(f(a)) + G(y)(y - f(a))$$
かつ，F, G はそれぞれ $x = a$, $y = f(a)$ で連続となるような $F : I \to \mathbb{R}$, $G : J \to \mathbb{R}$ がある．これを組み合わせると
$$g(f(x)) = g(f(a)) + G(f(x))(f(x) - f(a))$$
$$= g(f(a)) + G(f(x))F(x)(x - a)$$
となるが，$G(f(x))F(x)$ は $x = a$ で連続だから，再び命題 2.3.4 を用いると，$g \circ f(x) = g(f(x))$ は $x = a$ で微分可能で，
$$(g \circ f)'(a) = G(f(a))F(a)$$
となる．$G(f(a)) = g'(f(a))$, $F(a) = f'(a)$ だから
$$(g \circ f)'(a) = g'(f(a))f'(a)$$
を得る． $\square$

定理 2.3.6（ロル (Rolle) の定理）. $f : [a, b] \to \mathbb{R}$ を連続関数とし，(a, b) 上微分可能かつ $f(a) = f(b)$ とする．このとき，$f'(c) = 0$ を満たす $c \in (a, b)$ がある．

証明 $f \equiv f(a)$ のとき，すなわち，f が定数関数で $f(a)$ に等しいときは，$f'(x) \equiv 0$ だから明らか．

$f(x) \not\equiv f(a)$ とする．$f(x) - f(a)$ を考えればよいので，$f(a) = f(b) = 0$ として，一般性を失わない．$f(x) > f(a)$ となる $x \in (a, b)$ があるとしよう．このとき，ワイエルシュトラスの最大値定理（定理 2.2.4）により，f は $[a, b]$ 上で正の最大値をもつ．f が $x = c$ で正の最大値をとるとする．$h > 0, c + h \leq b$ とすると，$f(c + h) - f(c) \leq 0$ だから，
$$\frac{f(c + h) - f(c)}{h} \leq 0 \quad (0 < \forall h \leq b - c)$$
である．$h \to +0$ とすると，f は $x = c$ で微分可能だから，
$$f'(c) \leq 0 \tag{2.3.1}$$
$h > 0$ とすると，$f(c - h) - f(c) \leq 0$ $(0 < \forall h \leq c - a)$ だから，$h \to +0$ とすると，

$$f'(c) \geq 0 \tag{2.3.2}$$

である．したがって，(2.3.1) と (2.3.2) から，$f'(c) = 0$ がわかる．$f(x) < 0$ となる $x \in (a, b)$ があるときは，$-f$ を考えればよい．□

注意 2.3.1. ロルの定理の証明から，

$$f \text{ が } x = c \text{ で極値をとる} \Longrightarrow f'(c) = 0$$

がわかる．

ロルの定理を用いると，次の平均値の定理を示すことができる．

定理 2.3.7（平均値の定理）. $f : [a, b] \to \mathbb{R}$ を連続関数とし，(a, b) 上微分可能とする．このとき，

$$\frac{f(b) - f(a)}{b - a} = f'(c)$$

となる $c \in (a, b)$ がある．

証明 $F(x) = f(x) - \left\{ f(a) + \frac{f(b) - f(a)}{b - a}(x - a) \right\}$ とおくと，F は $[a, b]$ 上連続，(a, b) 上微分可能かつ $F(a) = F(b) = 0$ を満たすから，ロルの定理（定理 2.3.6）の仮定を満たす．したがって，$F'(c) = 0$ となる $c \in (a, b)$ がある．すなわち，

$$0 = F'(c) = f'(c) - \frac{f(b) - f(a)}{b - a}.$$

□

系 2.3.8. $f : [a, b] \to \mathbb{R}$ を連続関数とし，(a, b) 上微分可能かつすべての $x \in (a, b)$ に対し，$f'(x) = 0$ とすると，$f \equiv f(a)$ である．

証明 $x \in (a, b]$ とし，$[a, x]$ 上で平均値の定理を用いると，$\xi \in (a, x)$ があって，$\frac{f(x) - f(a)}{x - a} = f'(\xi) = 0$ となる．したがって，$f(x) = f(a)$. □

I を区間とし，$f : I \to \mathbb{R}$ とする．f が I 上微分可能で f' も微分可能のとき，f は2回微分可能という．f' の導関数を $f''(x)$ または $\frac{d^2 f}{dx^2}(x)$ と表し，f の2階導関数という．帰納的に $n \in \mathbb{N}$ に対し，n 回微分可能，n 階導関数が定義される．f の n 階導関数を $f^{(n)}(x)$ または $\frac{d^n f}{dx^n}(x)$ と表す．

f が I 上微分可能で f' が I 上連続のとき，f は I 上連続微分可能 (continuously differentiable) または C^1 級であるという．f が I 上 n 回微分可能で $\frac{d^n f}{dx^n}(x)$ が I 上連続のとき，f は I 上 n 回連続微分可能または C^n 級であるという．任意の $n \in \mathbb{N}$ に対し f が I 上 C^n 級であるとき，f は無限回微分可能または C^∞ 級であるという．

定理 2.3.9（テイラー (Taylor) の定理）. $f : [a, b] \to \mathbb{R}$ とし，f は $[a, b]$ 上 n 回微分可能とする．このとき，$c \in (a, b)$ があって

$$f(b) = f(a) + f'(a)(b - a) + \cdots$$
$$+ \frac{f^{n-1}(a)}{(n-1)!}(b - a)^{n-1} + \frac{f^n(c)}{n!}(b - a)^n$$

が成り立つ．

注意 2.3.2. 定理 2.3.9 の仮定のもと，$a < x \leq b$ ならば，f は $[a, x]$ 上 n 回微分可能だから，$c \in (a, x)$ があって

$$f(x) = f(a) + f'(a)(x - a) + \cdots$$
$$+ \frac{f^{n-1}(b)}{(n-1)!}(x - a)^{n-1} + \frac{f^n(c)}{n!}(x - a)^n$$

となる．ただし，c は x と n の関数であることに注意．

証明

$$K(b - a)^n = f(b) -$$
$$\left\{ f(a) + f'(a)(b - a) + \cdots + \frac{f^{n-1}(a)}{(n-1)!}(b - a)^{n-1} \right\}$$

とおいて，K を求めよう．右辺で a を x に置き換えて

$$F(x) = f(b) - \left\{ f(x) + \right.$$
$$\left. f'(x)(b - x) + \cdots + \frac{f^{n-1}(x)}{(n-1)!}(b - x)^{n-1} + K(b - x)^n \right\}$$

とおくと，$F(b) = 0$ かつ

$$F(a) = f(b) - \left\{ f(a) + f'(a)(b - a) \right.$$
$$\left. + \cdots + \frac{f^{n-1}(a)}{(n-1)!}(b - a)^{n-1} + K(b - a)^n \right\}$$
$$= f(b) - f(b) = 0$$

で，F は $[a, b]$ 上微分可能だからロルの定理から $F'(c) = 0$ となる $c \in (a, b)$ がある．$F'(x)$ を計算すると

$$F'(x) =$$

$$-\left\{ f'(x) - f'(x) + f''(x)(b-x) - f''(x)(b-x) + \right.$$

$$\frac{f'''(x)}{2!}(b-x)^2 + \cdots - \frac{f^{(n-1)}(x)}{(n-2)!}(b-x)^{n-1}$$

$$\left. + \frac{f^{(n)}(x)}{(n-1)!}(b-x)^{n-1} - nK(b-x)^{n-1} \right\}$$

$$= -\frac{f^{(n)}(x)}{(n-1)!}(b-x)^{n-1} + nK(b-x)^{n-1}$$

だから,

$$0 = F'(c) = -\frac{f^{(n)}(c)}{(n-1)!}(b-c)^{n-1} + nK(b-c)^{n-1}$$

である. $c < b$ だから $b - c \neq 0$, したがって

$$K = \frac{f^{(n)}(c)}{n!}$$

がわかる. $\qquad\square$

例 2.3.1. $\lim_{x \to 0} \dfrac{1}{x}\left(\dfrac{1}{\sin x} - \dfrac{1}{x} \right)$ を求めよ.

解答 $f(x) = \sin x$ は $\mathbb{R}$ 上 C^∞ 級で $f^{(2n)}(x) = (-1)^n \sin x$, $f^{(2n+1)}(x) = (-1)^n \cos x$ だから, $n = 3$, $a = 0$ とし b を x に変え, 定理 2.3.9 を用いると

$$f(x) = f(0) + f'(0)x + f''(0)\frac{x^2}{2!} + \cdots + \frac{f^{(4)}(c)}{4!}x^4$$

を満たす $c \in (a, b)$ がある. ここで c は x の関数であることに注意し, $r(x) = \dfrac{f^{(4)}(c)}{4!}$ とおく.

$$\sin x = \sin 0 + \cos 0\, x - \sin 0\, \frac{x^2}{2!} - \cos 0\, \frac{x^3}{3!} + r(x)x^4$$

$$= x - \frac{x^3}{3!} + r(x)x^4$$

であって, $|r(x)| \leq \dfrac{|\sin c|}{4!} \leq \dfrac{1}{24}$ だから

$$\frac{1}{x}\left(\frac{1}{\sin x} - \frac{1}{x} \right) = \frac{x - \sin x}{x^2 \sin x}$$

$$= \frac{x - \left(x - \dfrac{x^3}{6} + r(x)x^4 \right)}{x^2 \left(x - \dfrac{x^3}{6} + r(x)x^4 \right)}$$

$$= \frac{\dfrac{x^3}{6} - r(x)x^4}{x^3 - \dfrac{x^5}{6} + r(x)x^6}$$

$$= \frac{\dfrac{1}{6} - r(x)x}{1 - \dfrac{x^2}{6} + r(x)x^3}$$

$$\to \frac{1}{6} \quad (x \to 0). \qquad\square$$

$(\sin x)' = \cos x$, $(\cos x)' = -\sin x$ だから, $\sin x$, $\cos x$ は $\mathbb{R}$ 上 C^∞ 級である. $f(x) = \sin x$, $g(x) = \cos x$ とおくと, $f^{(2n)}(x) = (-1)^n \sin x$, $f^{(2n+1)}(x) = (-1)^n \cos x$, $g^{(2n)}(x) = (-1)^n \cos x$, $g^{(2n+1)}(x) = (-1)^{n+1} \sin x$ であるから, テイラーの定理において

n を $2n$, $a = 0$, b を x として, $\sin x$, $\cos x$ に適用すると, $c \in (0, x)$ があって,

$$\sin x = \sin 0 + \cos 0\, x - \frac{\sin 0}{2!}x^2 + \cdots$$

$$+ \frac{(-1)^n \cos 0}{(2n)!}x^{2n-1} + \frac{f^{(2n)}(c)}{(2n)!}x^{2n}$$

$$= x - \frac{x^3}{3!} \cdots + \frac{(-1)^n}{(2n)!}x^{2n-1} + \frac{f^{(2n)}(c)}{(2n)!}x^{2n}$$

となる. したがって, $n \to \infty$ のとき

$$\left| \sin x - \left(\sum_{k=1}^{n} \frac{(-1)^k}{(2k-1)!}x^{2k} \right) \right|$$

$$= \left| \frac{f^{(2n)}(c)}{(2n)!} \right| |x|^{2n}$$

$$= \frac{1}{(2n)!}|x|^{2n} \to 0$$

となる. $x < 0$ の場合も同様の議論ができるから, $x \in \mathbb{R}$ に対し,

$$\sin x = x - \frac{x^3}{3!} + \frac{x^5}{5!} - \cdots = \sum_{k=0}^{\infty} \frac{(-1)^k}{(2k+1)!}x^{2k+1}$$

$$\tag{2.3.3}$$

が成り立つ (無限級数の定義は, 後にある 2.6 節を参照せよ).

問 2.3.1. $x \in \mathbb{R}$ に対し

$$\cos x = 1 - \frac{x^2}{2!} + \frac{x^4}{4!} - \cdots = \sum_{k=0}^{\infty} \frac{(-1)^k}{(2k)!}x^{2k}$$

であることを示せ.

問 2.3.2. $(e^x)' = e^x$ であることを用いて,

$$e^x = 1 + x + \frac{x^2}{2!} + \cdots = \sum_{k=0}^{\infty} \frac{x^k}{k!}$$

であることを示せ. ただし, $0! = 1$ とする.

2.4 積分の定義, 性質

$I = [a, b]$ とし, $f : I \to \mathbb{R}$ は有界とする. すなわち, $f(I) = \{f(x) \in \mathbb{R} | x \in I\}$ が有界である. $x_0 = a < x_1 < x_2 < \cdots < x_n = b$ を I の分割という. Δ を I の 1 つの分割とし, $\Delta : x_0 = a < x_1 < x_2 < \cdots < x_n = b$ とする. 各 $j\,(1 \leq j \leq n)$ に対し $M_j = \sup_{x \in [x_{j-1}, x_j]} f(x)$, $m_j = \inf_{x \in [x_{j-1}, x_j]} f(x)$ とおき,

$$S(\Delta) = \sum_{j=1}^{n} M_j(x_j - x_{j-1}) \quad (\text{過剰和})$$

$$s(\Delta) = \sum_{j=1}^{n} m_j(x_j - x_{j-1}) \quad (\text{不足和})$$

と定める.

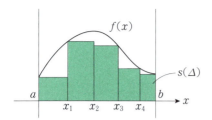

図 2.4.1 $n=5$ の場合の $s(\Delta)$ の例

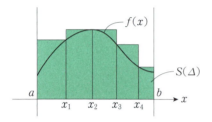

図 2.4.2 $n=5$ の場合の $S(\Delta)$ の例

定義 2.4.1.
$$\inf_{\Delta} S(\Delta) = \sup_{\Delta} s(\Delta)$$

のとき，f は I 上**積分可能** (**integrable**) といい，その値を

$$\int_a^b f(x)\,dx$$

と表す．ただし，$\inf_\Delta$, $\sup_\Delta$ はすべての I の分割に関する下限，上限である．

$\xi_j \in [x_{j-1}, x_j]\, (1 \leq j \leq n)$ に対し，

$$\Sigma_\Delta = \sum_{j=1}^n f(\xi_j)(x_j - x_{j-1})$$

を f の**リーマン和** (**Riemann sum**) という．このとき，

$$s(\Delta) \leq \Sigma_\Delta \leq S(\Delta) \quad (2.4.1)$$

が成り立つ．$|\Delta| = \max_{1 \leq j \leq n} |x_j - x_{j-1}|$ とおくと，次が成立する．

命題 2.4.2. $f : [a, b] \to \mathbb{R}$ が積分可能であることの必要十分条件は，

$$\lim_{|\Delta| \to 0} \Sigma_\Delta = \int_a^b f(x)\,dx \quad (2.4.2)$$

である．

証明には，次のダルブーの定理を用いる．

定理 2.4.3（ダルブー (**Darboux**) の定理）．
$f : [a, b] \to \mathbb{R}$ が有界のとき，

$$\lim_{|\Delta| \to 0} s(\Delta),\ \lim_{|\Delta| \to 0} S(\Delta)$$

は存在する．

定理 2.4.2 の証明 f が積分可能であるならば (2.4.2) が成り立つことは，(2.4.1) で $|\Delta| \to 0$ とするとダルブーの定理からすぐにわかる．

(2.4.2) が成り立つならば f が積分可能であることは，たとえば，f が連続であれば $s(\Delta) = \Sigma_\Delta$ となる $\xi_j\,(1 \leq j \leq n)$ がとれることからわかる． □

注意 2.4.1.
$$\lim_{|\Delta| \to 0} \Sigma_\Delta = A$$

は，次と同値である：任意の $\varepsilon > 0$ に対し，ある $\delta > 0$ があって $|\Delta| \leq \delta$ を満たすすべての分割 Δ に対し，

$$|\Sigma_\Delta - A| \leq \varepsilon.$$

問 2.4.1. 連続とは限らない f に対して，(2.4.2) が成り立つならば f が積分可能であることを示せ．

積分の基本的性質

1) $f, g : [a, b] \to \mathbb{R}$ が積分可能とし，$\alpha, \beta \in \mathbb{R}$ とすると，$\alpha f + \beta g$ は，$[a, b]$ 上積分可能で

$$\int_a^b \{\alpha f(x) + \beta g(x)\}\,dx$$
$$= \alpha \int_a^b f(x)\,dx + \beta \int_a^b g(x)\,dx \quad (2.4.3)$$

が成立する．

証明は，リーマン和を用いて行う．ほぼ明らかであるが，念のため，証明を与えておこう．

証明 $\Delta : x_0 = a < x_1 < x_2 < \cdots < x_n = b$ とし，$\xi_j \in [x_{j-1}, x_j]\,(1 \leq j \leq n)$ とすると

$$\sum_{j=1}^n (\alpha f + \beta g)(\xi_j)(x_j - x_{j-1})$$
$$= \alpha \sum_{j=1}^n f(\xi_j)(x_j - x_{j-1}) + \beta \sum_{j=1}^n g(\xi_j)(x_j - x_{j-1})$$
$$(2.4.4)$$

が成り立つ．ここで，$|\Delta| \to 0$ とすると，(2.4.4) の右辺第 1 項は (2.4.3) の右辺第 1 項に，(2.4.4) の右辺第 2 項は (2.4.3) の右辺第 2 項に収束する．したがって，(2.4.4) の左辺は (2.4.3) の左辺に収束する． □

2) $a < c < b$ とし，$f : [a, b] \to \mathbb{R}$ が積分可能とすると，f は $[a, c]$ および $[c, b]$ 上積分可能で

$$\int_a^b f(x)\,dx = \int_a^c f(x)\,dx + \int_c^b f(x)\,dx$$

が成り立つ．

証明には，$[a, c]$ 上のリーマン和と $[c, b]$ 上のリーマン和の足し算は，$[a, b]$ 上のリーマン和であることを用いる.

3) $f, g : [a, b] \to \mathbb{R}$ はどちらも積分可能とし，任意の $x \in [a, b]$ に対して $f(x) \le g(x)$ とする. このとき，
$$\int_a^b f(x)\, dx \le \int_a^b g(x)\, dx$$

$\Delta : x_0 = a < x_1 < x_2 < \cdots < x_n = b$ とし，$\xi_j \in [x_{j-1}, x_j]\,(1 \le j \le n)$ とする. $\Sigma_\Delta(f) = \sum_{j=1}^n f(\xi_j)(x_j - x_{j-1})$ とおくと
$$\Sigma_\Delta(f) \le \Sigma_\Delta(g)$$
が成り立つ. ここで，$|\Delta| \to 0$ とすればよい.

4) $a < b$; $c \in \mathbb{R}$ に対し，
$$\int_a^b c\, dx = c(b - a)$$
が成り立つ.

証明 $\Sigma_\Delta = \sum_{j=1}^n c(x_j - x_{j-1}) = c(b-a)$. $\square$

5) $f : [a, b] \to \mathbb{R}$ は $[a, b]$ 上連続ならば，$[a, b]$ 上積分可能である.

証明には，$[a, b]$ 上の連続関数 f は，$[a, b]$ 上一様連続であることを用いる.

6) $f : [a, b] \to \mathbb{R}$ が $[a, b]$ 上積分可能ならば，$|f|$ も $[a, b]$ 上積分可能で
$$\left| \int_a^b f(x)\, dx \right| \le \int_a^b |f(x)|\, dx \qquad (2.4.5)$$
が成り立つ.

証明 1) の証明と同じ分割 Δ のもとで $I_j = [x_{j-1}, x_j]$ とし，f に対する $S(\Delta)$, $s(\Delta)$ を $S(\Delta, f)$, $s(\Delta, f)$ と書くと

$$S(\Delta, |f|) - s(\Delta, |f|)$$
$$= \sum_{j=1}^n \sup_{x, y \in I_j} \big(|f(x)| - |f(y)| \big)(x_j - x_{j-1})$$
$$\le \sum_{j=1}^n \sup_{x, y \in I_j} \big(|f(x) - f(y)| \big)(x_j - x_{j-1})$$
$$= \sum_{j=1}^n \sup_{x, y \in I_j} \big(f(x) - f(y) \big)(x_j - x_{j-1})$$
$$= S(\Delta, f) - s(\Delta, f)$$

であることから，$|f|$ が $[a, b]$ 上積分可能であることがわかる.

$$\left| \sum_{j=1}^n f(\xi_j)(x_j - x_{j-1}) \right| \le \sum_{j=1}^n |f(\xi_j)|(x_j - x_{j-1})$$
において $|\Delta| \to 0$ とすると，(2.4.5) を得る. $\square$

7) （**積分の平均値の定理**）$f : [a, b] \to \mathbb{R}$ が連続ならば，
$$\int_a^b f(x)\, dx = f(\xi)(b - a) \qquad (2.4.6)$$
を満たす $a < \xi < b$ がある.

証明 f は $[a, b]$ 上連続だから，ワイエルシュトラスの最大値定理により，最大 M と最小 m をもつ. このとき，

$$m(b-a) = \int_a^b m\, dx \le \int_a^b f(x)\, dx$$
$$\le \int_a^b M\, dx = M(b-a) \quad (2.4.7)$$

だから，
$$m \le \frac{1}{b-a} \int_a^b f(x)\, dx \le M$$
である. f は $[a, b]$ 上連続であるから，中間値の定理により，
$$f(\xi) = \frac{1}{b-a} \int_a^b f(x)\, dx$$
となる $\xi \in [a, b]$ がある. $m < M$ ならば不等式 (2.4.7) は等号なしで成立するから，ξ は f が m をとる点と M をとる点の間にあり，$a < \xi < b$ ととれる. $m = M$ のときは，f は定数であり，任意の $\xi \in [a, b]$ で成立する. $\square$

定理 2.4.4 （**微積分学の基本定理**）. $f : [a, b] \to \mathbb{R}$ が連続ならば，
$$F(x) = \int_a^x f(t)\, dt \qquad (2.4.8)$$
は $[a, b]$ 上連続微分可能で，$x \in [a, b]$ に対し
$$F'(x) = f(x)$$
を満たす.

注意 2.4.2. $f : [a, b] \to \mathbb{R}$ とする. 任意の $x \in [a, b]$ に対し $F'(x) = f(x)$ を満たす $F : [a, b] \to \mathbb{R}$ を，**f の原始関数 (primitive function of f)** という. 微積分学の基本定理は，連続関数の原始関数は (2.4.8) で表されることを主張している.

証明 $x \in [a, b]$ とすると f は $[a, b]$ 上連続だから
$$F(x) = \int_a^x f(t)\, dt$$
が定義できる. $x + h \in [a, b]$ のとき，

$$\left| \frac{F(x+h) - F(x)}{h} - f(x) \right| \qquad (2.4.9)$$

$$= \left| \frac{1}{h} \int_x^{x+h} \{f(t) - f(x)\} \, dt \right| \qquad (2.4.10)$$

$$\leq \frac{1}{|h|} \left| \int_x^{x+h} |f(t) - f(x)| dt \right| \qquad (2.4.11)$$

となる. f は連続だから $x \in [a, b]$ と $\varepsilon > 0$ に対してある $\delta > 0$ があって $|t - x| \leq \delta$ を満たすすべての $t \in [a, b]$ に対して $|f(t) - f(x)| \leq \varepsilon$ が成り立つ. (2.4.11) で $|h| \leq \delta$ のとき $|t - x| \leq \delta$ だから

$$\left| \frac{F(x+h) - F(x)}{h} - f(x) \right|$$

$$\leq \frac{1}{|h|} \left| \int_x^{x+h} \varepsilon \, dt \right| = \varepsilon \frac{1}{|h|} |h| = \varepsilon.$$

すなわち, $F(x)$ は $[a, b]$ 上微分可能で $F'(x) = f(x)$ を満たす. □

系 2.4.5. f が $[a, b]$ 上 C^1 級ならば

$$\int_a^b f'(x) \, dx = f(b) - f(a) \qquad (2.4.12)$$

が成り立つ.

証明

$$F(x) = \int_a^x f'(t) \, dt$$

とおくと, 微積分学の基本定理より任意の $x \in [a, b]$ に対し $F'(x) = f'(x)$ が成り立つ. すなわち, 任意の $x \in [a, b]$ に対し $(F(x) - f(x))' = 0$ である. 平均値の定理の系により, $F(x) - f(x) = F(a) - f(a) = -f(a)$ すなわち, $F(x) = f(x) - f(a)$ が成り立つ. ここで $x = b$ とすると (2.4.12) を得る. □

系 2.4.6. F を $[a, b]$ 上の連続関数 f の原始関数とすると

$$\int_a^b f(x) \, dx = F(b) - F(a)$$

が成り立つ. $F(b) - F(a) = [F(x)]_a^b$ と表すと

$$\int_a^b f(x) \, dx = [F(x)]_a^b$$

となる.

証明 $F'(x) = f(x)$ だから, F は $[a, b]$ 上 C^1 級である. F に対し, 上の系 2.4.5 を用いると,

$$\int_a^b f(x) \, dx = \int_a^b F'(x) = F(b) - F(a)$$

となる. □

ここで, 応用上重要な部分積分の公式を紹介する.

定理 2.4.7 (部分積分 (integration by parts)).
$f : [a, b] \to \mathbb{R}$ を連続関数とし, F を f の原始関数とする. $g : [a, b] \to \mathbb{R}$ は C^1 級とすると

$$\int_a^b f(x) g(x) \, dx$$

$$= [F(x) g(x)]_a^b - \int_a^b F(x) g'(x) \, dx \qquad (2.4.13)$$

が成り立つ.

証明 仮定から Fg は $[a, b]$ 上 C^1 級だから

$$(Fg)'(x) = f(x) g(x) + F(x) g'(x)$$

である. 両辺を $[a, b]$ 上積分して, 系 2.4.6 を用いると

$$[F(x) g(x)]_a^b = \int_a^b (Fg)'(x) \, dx$$

$$= \int_a^b f(x) g(x) \, dx + \int_a^b F(x) g'(x) \, dx$$

□

例題 2.4.1. 部分積分を用いて積分

$$\int_{1/2}^1 \sqrt{1 - x^2} \, dx$$

を求めよ.

解答

$$\int_{1/2}^1 \sqrt{1 - x^2} \, dx$$

$$= \int_{1/2}^1 (x)' \sqrt{1 - x^2} \, dx$$

$$= \left[x \sqrt{1 - x^2} \right]_{1/2}^1 - \int_{1/2}^1 x \left(\frac{1}{2} \frac{-2x}{\sqrt{1 - x^2}} \right) dx$$

$$= -\frac{\sqrt{3}}{4} + \int_{1/2}^1 \frac{x^2 - 1 + 1}{\sqrt{1 - x^2}} \, dx$$

$$= -\frac{\sqrt{3}}{4} - \int_{1/2}^1 \sqrt{1 - x^2} \, dx + \int_{1/2}^1 \frac{1}{\sqrt{1 - x^2}} \, dx$$

なので,

$$\int_{1/2}^1 \sqrt{1 - x^2} \, dx = -\frac{\sqrt{3}}{8} + [\arcsin(x)]_{1/2}^1$$

$$= -\frac{\sqrt{3}}{8} + \left(\frac{\pi}{2} - \frac{\pi}{6} \right)$$

$$= \frac{\pi}{3} - \frac{\sqrt{3}}{8}$$

を得る. □

定理 2.4.8 (置換積分 (change of variables)).
$f : [a, b] \to [c, d]$ が C^1 級で, $g : [c, d] \to \mathbb{R}$ が連続のとき,

$$\int_a^b g(f(x))f'(x)\,dx = \int_{f(a)}^{f(b)} g(y)\,dy \quad (2.4.14)$$

が成り立つ.

証明 $G(x) = \displaystyle\int_{f(a)}^t g(y)\,dy$ とおくと, $F(x) = G(f(x))$ は $g(f(x))f'(x)$ の原始関数である. 実際, 合成関数の微分の公式から

$$F'(x) = G'(f(x))f'(x) = g(f(x))f'(x)$$

がわかる. したがって, 定理 2.4.5 から

$$((2.4.14)\text{ 式の左辺}) = \int_a^b F'(x)\,dx = [F(x)]_a^b$$
$$= G(f(b)) - G(f(a)) = G(f(b))$$
$$= ((2.4.14))\text{ の右辺}).$$

□

例題 2.4.2. 次の積分の値を置換積分を用いて計算せよ.

$$\int_{1/2}^1 \frac{1}{\sqrt{1-x^2}}\,dx.$$

解答 $x = \sin t$ とおくと,

$$\int_{1/2}^1 \frac{1}{\sqrt{1-x^2}}\,dx$$
$$\int_{\pi/6}^{\pi/2} \frac{1}{\sqrt{1-\sin^2 t}}\cos t\,dt$$
$$\int_{\pi/6}^{\pi/2} 1\,dt = \frac{\pi}{2} - \frac{\pi}{6} = \frac{\pi}{3}$$

である.

□

2.5 広義積分

前節では, 関数が有界な場合のみの積分を扱った. この節では, 必ずしも有界ではない関数の積分を定義しよう.

$f : (a, b] \to \mathbb{R}$ は連続であるとする. f は $x = a$ では定義されておらず, たとえば, $x \to a$ のとき, $f(x) \to \infty$ など有界ではないとする. $a < c < b$ とすると, f は $[c, b]$ 上積分可能であるが, $(a, b]$ 上では前節で定義した積分を考えることはできない.

$$\lim_{c \to a+0} \int_c^b f(x)\,dx$$

が存在するとき, f は $(a, b]$ 上 (または $[a, b]$ 上) 広義積分可能といい, 上の極限値を

$$\int_a^b f(x)\,dx$$

と表す. ただし, $F : (a, b] \to \mathbb{R}$ に対し, $\lim_{x \to a+0} F(x)$ とは, x を右から a に近づけたときの $F(x)$ の極限を表す. すなわち, $\lim_{x \to a+0} F(x)$ が存在するとは, ある $A \in \mathbb{R}$ があって, 任意の $\varepsilon > 0$ に対し, $\delta > 0$ を十分小さくとれば, $a < x < a + \delta$ を満たすすべての $x \in (a, b]$ に対し, $|F(x) - A| \le \varepsilon$ となることである.

$f : [a, +\infty) \to \mathbb{R}$ は連続であるとする.

$$\lim_{b \to +\infty} \int_a^b f(x)\,dx$$

が存在するとき, f は $[a, +\infty)$ 上広義積分可能といい, 上の極限値を

$$\int_a^{+\infty} f(x)\,dx$$

と表す.

注意 2.5.1. $F : [a, +\infty) \to \mathbb{R}$ に対し, $\lim_{x \to +\infty} F(x)$ が存在するとは, ある $A \in \mathbb{R}$ があって, 任意の $\varepsilon > 0$ に対し $R > 0$ を十分大きくとれば $x \ge R$ を満たすすべての $x \in \mathbb{R}$ に対し,

$$|F(x) - A| < \varepsilon$$

が成り立つことである.

例 2.5.1. $x^{-\alpha}$ は, $0 < \alpha < 1$ のとき, $(0, 1]$ 上広義積分可能である. $\delta \in (0, 1]$ とすると,

$$\int_\delta^1 x^{-\alpha}dx = \left[\frac{1}{1-\alpha}x^{1-\alpha}\right]_\delta^1 = \frac{1}{1-\alpha}(1 - \delta^{1-\alpha})$$

であるが, 今, $1 - \alpha > 0$ だから, $\delta \to +0$ のとき, $\delta^{1-\alpha} \to 0$ となる. したがって,

$$\int_0^1 x^{-\alpha}dx = \lim_{\delta \to +0} \int_\delta^1 x^{-\alpha}dx = \frac{1}{1-\alpha}$$

である.

例 2.5.2. $x^{-\alpha}$ は, $\alpha > 1$ のとき, $[1, +\infty)$ 上広義積分可能である. $R > 1$ とすると

$$\int_1^R x^{-\alpha}dx = \left[\frac{1}{1-\alpha}x^{1-\alpha}\right]_1^R = \frac{1}{1-\alpha}(R^{1-\alpha} - 1)$$

であるが, $1 - \alpha < 0$ であるから, $R \to \infty$ のとき $R^{1-\alpha} \to 0$ となる. したがって, $x^{-\alpha}$ は $[1, +\infty)$ 上広義積分可能で

$$\int_1^{+\infty} x^{-\alpha}dx = \lim_{R \to \infty} \int_1^R x^{-\alpha}dx = \frac{1}{\alpha-1}$$

である.

問 2.5.1. 広義積分 $\displaystyle\int_0^1 \log x\,dx$ の値を求めよ.

問 2.5.2. e^{-x} は $[0, \infty)$ 上広義積分可能であることを示し,

$$\int_0^\infty e^{-x}\,dx$$

を求めよ.

問 2.5.3. 次が広義積分可能であることを示し, その値を求めよ.

(1) $\displaystyle\int_0^1 \frac{1}{\sqrt{1-x^2}}\,dx$

(2) $\displaystyle\int_0^\infty \frac{1}{e^x + e^{-x}}\,dx$

■ 2.6 無限級数

次のような無限個の足し算

$$1 - \frac{1}{2} + \frac{1}{3} - \frac{1}{4} + \cdots \qquad (2.6.1)$$

を無限級数 (infinite series) または単に級数 (series) という. 正確にいうと次のようになる.

> $a_1,\, a_2,\, a_3,\, \ldots a_n,\, \ldots \in \mathbb{C}$ とするとき,
>
> $$a_1 + a_2 + a_3 + \cdots + a_n + \cdots = \sum_{n=1}^\infty a_n \qquad (2.6.2)$$
>
> を無限級数という. 最初の n 項の和を s_n, すなわち, $s_n = a_1 + a_2 + \cdots + a_n$ とおくとき, 複素数列 $\{s_n\}$ が収束すれば, 無限級数 $\sum_{n=1}^\infty a_n$ は収束するという. $\lim_{n\to\infty} s_n = s$ のとき, s を無限級数 $\sum_{n=1}^\infty a_n$ の和 (**sum**) といい,
>
> $$\sum_{n=1}^\infty a_n = s$$
>
> と表す.

例 2.6.1 (等比級数). $a \in \mathbb{C}$ とする. $|a| < 1$ ならば, $\sum_{n=1}^\infty a^{n-1}$ は収束する. 実際, 第 n 項までの和を s_n とおくと,

$$s_n = 1 + a + a^2 + \cdots + a^{n-1}$$
$$= \frac{1-a^n}{1-a}$$

である. $|a| < 1$ だから, $n \to \infty$ のとき $|a^n| = |a|^n \to 0$ となるので, $\{s_n\}$ は $n \to \infty$ のとき, $\frac{1}{1-a}$ に収束する. したがって,

$$\sum_{n=1}^\infty a^{n-1} = \frac{1}{1-a}$$

である.

無限級数 $\sum_{n=1}^\infty a_n$ が収束するとき, 部分和 s_n はコーシー列であるから, 次が成立する.

命題 2.6.1. 無限級数 $\sum_{n=1}^\infty a_n$ が収束するならば, $\lim_{n\to\infty} a_n = 0$ である.

この逆は成り立たない. $\sum_{n=1}^\infty \frac{1}{n} = \infty$ だからである (次の項の例 2.6.3 を参照).

例 2.6.2. 冒頭の例 (2.6.1) は収束する. 実際, $a_n = \frac{1}{n}$ とおくと, (2.6.1) は, $\sum_{n=1}^\infty (-1)^{n+1} a_n$ と表される.

$s_n = a_1 - a_2 + \cdots + (-1)^{n+1} a_n$ とおくと,

$$s_{2n+2} = s_{2n} + \left(\frac{1}{2n+1} - \frac{1}{2n+2} \right) \geq s_{2n}$$
$$s_{2n+1} = s_{2n-1} - \left(\frac{1}{2n} - \frac{1}{2n+1} \right) \leq s_{2n-1}$$

であって,

$$s_{2n} = s_{2n-1} - a_{2n} \leq s_{2n-1}$$

だから,

$$s_2 \leq s_4 \leq \cdots \leq s_{2n} \leq \cdots \leq s_{2n-1} \leq \cdots \leq s_3 \leq s_1$$

である. したがって, 命題 2.1.2 より, $\{s_{2n}\}$, $\{s_{2n-1}\}$ は収束する. $n \to \infty$ のとき,

$$|s_{2n} - s_{2n-1}| = |a_{2n}| = \frac{1}{2n} \to 0$$

だから, $\{s_{2n}\}$ と $\{s_{2n-1}\}$ の収束先は同じである. したがって, $\{s_n\}$ は収束する.

無限級数 (2.6.1) の和を A とする. この無限級数は, 和をとる順序を変えると総和が変わりうる. 以下でそれを説明しよう.

(2.6.1) を $\frac{1}{2}$ 倍すると

$$\frac{1}{2} - \frac{1}{4} + \frac{1}{6} - \frac{1}{8} + \cdots = \frac{1}{2}A$$

である. 途中に 0 を加えて

$$0 + \frac{1}{2} + 0 - \frac{1}{4} + 0 + \frac{1}{6} + 0 - \frac{1}{8} + \cdots = \frac{1}{2}A$$

とした後,

$$1 - \frac{1}{2} + \frac{1}{3} - \frac{1}{4} + \frac{1}{5} - \frac{1}{6} + \frac{1}{7} - \frac{1}{8} + \cdots = A$$

に加えると

$$1 + 0 + \frac{1}{3} - \frac{1}{2} + \frac{1}{5} + 0 + \frac{1}{7} - \frac{1}{4} + \cdots = \frac{3}{2}A$$

となる. すなわち,

$$1 + \frac{1}{3} - \frac{1}{2} + \frac{1}{5} + \frac{1}{7} - \frac{1}{4} + \cdots = \frac{3}{2}A$$

であるが, この左辺は (2.6.1) で正の数を 2 つ足した後, 負の数を 1 つ足すように並べ替えたものである. $A > a_1 - a_2 = \frac{1}{2}$ なので, $A > 0$ であるから, $A \neq \frac{3}{2}A$ である.

和の順序を変えると和が変わりうるのでは, 議論がしにくいので, 無限級数については以下を考える必要があろう.

(1) 無限級数はいつ収束するか? (収束する条件は何か?)

(2) 和の順序を変えても和が変わらない条件は何か?

(2.6.1) のように無限級数の各項に正負どちらもある

場合には，相殺されて収束することがあり，議論が難しいので，まずは，$a_n \geq 0$ の場合を考えることにする．各項が0以上の無限級数を正項級数という．

2.6.1 正項級数

すべての $n \in \mathbb{N}$ に対し $a_n \geq 0$ であるとき，無限級数 $\sum_{n=1}^{\infty} a_n$ を正項級数という．この項では，正項級数のみを扱う．

正項級数 $\sum_{n=1}^{\infty} a_n$ に対し，$s_n = a_1 + a_2 + \cdots + a_n$ とおく．$s_{n+1} = s_n + a_{n+1} \geq s_n$ であるから，$\{s_n\}$ は単調増加数列である．したがって，命題 2.1.2 から上に有界であれば収束する．このことから正項級数 $\sum_{n=1}^{\infty} a_n$ が収束するとき

$$\sum_{n=1}^{\infty} a_n < +\infty$$

と書くこともある．この記法は，収束が一瞥でわかり便利なときがある．

命題 2.6.2. 正項級数 $\sum_{n=1}^{\infty} a_n$ が収束するための必要十分条件は，部分和 $s_n = a_1 + a_2 + \cdots + a_n$ が上に有界であることである．

例 2.6.3. 無限級数 $\sum_{n=1}^{\infty} \frac{1}{n}$ は発散する．$[n, n+1]$ において，$0 \leq \frac{1}{x} \leq \frac{1}{n}$ だから，

$$\int_n^{n+1} \frac{1}{x}\,dx \leq \frac{1}{n}$$

である．したがって，$s_n = 1 + \frac{1}{2} + \frac{1}{3} + \cdots + \frac{1}{n}$ とおくと，

$$s_n \geq \int_1^{n+1} \frac{1}{x}\,dx = [\log x]_1^{n+1} = \log(n+1)$$

である．この右辺は $n \to \infty$ のとき無限大に発散するから，この無限級数は発散する．

例 2.6.4. 無限級数 $\sum_{n=1}^{\infty} \frac{1}{n^2}$ は収束する．$[n-1, n]$ において，$\frac{1}{x^2} \geq \frac{1}{n^2}$ だから，$n \geq 2$ のとき

$$\int_{n-1}^{n} \frac{1}{x^2}\,dx \geq \frac{1}{n^2}$$

が成り立つ．したがって，$s_n = 1 + \frac{1}{4} + \frac{1}{9} + \cdots + \frac{1}{n^2}$ とおくと，

$$s_n \leq 1 + \int_1^n \frac{1}{x^2}\,dx = 1 + \left[-x^{-1}\right]_1^n$$
$$= 1 + \left(-\frac{1}{n} + 1\right) = 2 - \frac{1}{n} \leq 2$$

である．すなわち，すべての $n \in \mathbb{N}$ に対し $s_n \leq 2$ が成立し，$\{s_n\}$ は上に有界となる．したがって，この無限級数は収束する．

以上の例の証明と同様に考えて，次を示すことができる．

命題 2.6.3. $[1, \infty)$ 上単調減少な関数 $f(x)$ に対し，次は同値である．

i) f が $[1, \infty)$ 上可積分であること．

ii) $\sum_{n=1}^{\infty} f(n)$ が収束すること．

問 2.6.1. この命題を示せ．

問 2.6.2. $\alpha > 1$ のとき，$\sum_{n=1}^{\infty} \frac{1}{n^\alpha}$ は収束することを示せ．

定理 2.6.4. $\sum_{n=1}^{\infty} a_n$，$\sum_{n=1}^{\infty} b_n$ を正項級数とする．ある定数 $C > 0$ に対し，ある番号から先で $a_n \leq Cb_n$ が成立するならば，次が成立する．

$\sum_{n=1}^{\infty} b_n$ が収束するならば，$\sum_{n=1}^{\infty} a_n$ が収束する．

$\sum_{n=1}^{\infty} a_n$ が発散するならば，$\sum_{n=1}^{\infty} b_n$ が発散する．

問 2.6.3. これを示せ．

定理 2.6.5. $\sum_{n=1}^{\infty} a_n$，$\sum_{n=1}^{\infty} b_n$ を正項級数とし，すべての n に対し $a_n, b_n > 0$ とする．ある番号 n_0 から先で

$$\frac{a_{n+1}}{a_n} \leq \frac{b_{n+1}}{b_n} \tag{2.6.3}$$

が成立するならば，次が成立する．

$\sum_{n=1}^{\infty} b_n$ が収束するならば，$\sum_{n=1}^{\infty} a_n$ が収束する．

$\sum_{n=1}^{\infty} a_n$ が発散するならば，$\sum_{n=1}^{\infty} b_n$ が発散する．

証明 (2.6.3) の両辺に a_n を掛けて b_{n+1} で割ると，

$$\frac{a_{n+1}}{b_{n+1}} \leq \frac{a_n}{b_n}$$

が $n \geq n_0$ に対し成立する．すなわち，$n \geq n_0$ に対し，$\frac{a_n}{b_n}$ は単調減少である．したがって，$n \geq n_0$ に対し，

$$\frac{a_n}{b_n} \leq \frac{a_{n_0}}{b_{n_0}}$$

が成立する．$C = \frac{a_{n_0}}{b_{n_0}}$ とおくと，n_0 から先で $a_n \leq Cb_n$ が成立し，定理 2.6.4 に帰着される． $\square$

これを用いると次が証明できる．

定理 2.6.6 (コーシーの判定法). $\sum_{n=1}^{\infty} a_n$ を正項級数とする．このとき，

$\limsup_{n \to \infty} \sqrt[n]{a_n} < 1$ ならば，$\sum_{n=1}^{\infty} a_n$ は収束し，

$\limsup_{n \to \infty} \sqrt[n]{a_n} > 1$ ならば，$\sum_{n=1}^{\infty} a_n$ は発散する．

証明 $\limsup_{n \to \infty} \sqrt[n]{a_n} > 1$ とする．ある番号 n_0 があって $n \geq n_0$ ならば $\sup_{k \geq n} \sqrt[k]{a_k} \geq 1$ となるから，$a_n \geq 1$ を満たす $n \geq n_0$ が無限個ある．したがって，ある部分列 $n_1 < n_2 < \cdots$ に対し $a_{n_j} \geq 1$ となるが，これより直ちに

$$\sum_{n=1}^{n_k} a_n \geq \sum_{j=1}^{k} a_{n_j} \geq k \to \infty \quad (k \to \infty)$$

となり，発散することがわかる．

$\limsup_{n \to \infty} \sqrt[n]{a_n} < r < 1$ とする．ある番号 n_0 があっ

て，$\sup_{n \geq n_0} \sqrt[n]{a_n} \leq r$ となるから，すべての $n \geq n_0$ に対し，$a_n \leq r^n$ を満たす．したがって，定理 2.6.4 からこの級数は収束する． $\square$

定理 2.6.7（ダランベール（d'Alembert）の判定法）. $\sum_{n=1}^{\infty} a_n$ を正項級数とし，すべての n に対し $a_n > 0$ とする．このとき，

$\limsup_{n \to \infty} \dfrac{a_{n+1}}{a_n} < 1$ ならば，$\sum_{n=1}^{\infty} a_n$ は収束し，

$\liminf_{n \to \infty} \dfrac{a_{n+1}}{a_n} > 1$ ならば，$\sum_{n=1}^{\infty} a_n$ は発散する．

ここで，上極限，下極限について解説しておこう．$\{a_n\}$ を有界な実数列とする．$b_n = \sup\{a_n, a_{n+1}, a_{n+2}, \dots\}$ とおくと，$\{b_n\}$ は単調減少かつ下に有界である．したがって，極限が存在するが，その極限を $\{a_n\}$ の**上極限 (upper limit)** といい，$\limsup_{n \to \infty} a_n$ または $\overline{\lim}_{n \to \infty} a_n$ と表す．同様に，$c_n = \inf\{a_n, a_{n+1}, a_{n+2}, \dots\}$ とおくと，$\{c_n\}$ は単調増加かつ上に有界である．したがって，極限が存在するが，その極限を $\{a_n\}$ の**下極限 (lower limit)** といい，$\liminf_{n \to \infty} a_n$ または $\underline{\lim}_{n \to \infty} a_n$ と表す．

定理 2.6.7 の証明 $\limsup_{n \to \infty} \dfrac{a_{n+1}}{a_n} < r < 1$ とする．ある番号 n_0 があって $\sup_{n \geq n_0} \dfrac{a_{n+1}}{a_n} \leq r$ となるから，

$$\frac{a_{n+1}}{a_n} \leq \frac{r^{n+1}}{r^n} \quad (\forall n \geq n_0)$$

が成り立つ．$0 < r < 1$ のとき $\sum_{n=1}^{\infty} r^n$ は収束するから，定理 2.6.5 から，この正項級数は収束する．

$\liminf_{n \to \infty} \dfrac{a_{n+1}}{a_n} > 1$ とする．同様に考えると，ある番号 n_0 があって，

$$\frac{a_{n+1}}{a_n} \geq \frac{1}{1} \quad (\forall n \geq n_0)$$

が成り立つ．$\sum_{n=1}^{\infty} 1$ は発散するから，定理 2.6.5 から，この正項級数は発散する． $\square$

定理 2.6.8. $\sum_{n=1}^{\infty} a_n$ を収束する正項級数とする．このとき，和の順序を変えてもその和は変わらない．

証明 数列 $\{a_n\}$ から有限個をとって和を作り，そのような和をすべて集めた集合を A とする．たとえば，a_1，$a_1 + a_3$，$a_2 + a_4 + a_7$ は A の元である．このとき，$\sum_{n=1}^{\infty} a_n = S$ とすると

$$\sup A = S \tag{2.6.4}$$

である．なぜかというと，$s_n = a_1 + a_2 + \cdots + a_n \in A$ だから，

$$S = \sum_{n=1}^{\infty} a_n = \sup_{n \in \mathbb{N}} s_n \leq \sup A \tag{2.6.5}$$

である．また，$t \in A$ とすると，$n_1 < n_2 < \cdots < n_k$ があって $t = a_{n_1} + a_{n_2} + \cdots + a_{n_k}$ となるから，$t \leq s_{n_k} \leq S$ となる．すべての $t \in A$ に対し $t \leq S$ なので，

$$\sup A \leq S \tag{2.6.6}$$

である．(2.6.5) と (2.6.6) から，(2.6.4) を得る．

(2.6.4) から，正項級数は和の順序を入れ替えても和が変わらないことがわかる．$\sum_{n=1}^{\infty} a_n$ に対し，和の順序を入れ替えた級数を $\sum_{n=1}^{\infty} a_n'$ とする．$\{a_n'\}$ から有限個をとって作った和をすべて集めた集合を A' とすると，集合として，$A = A'$ となる．したがって，$\sup A = \sup A'$ であるが，このことと (2.6.4) から，

$$\sum_{n=1}^{\infty} a_n = \sum_{n=1}^{\infty} a_n'$$

がわかる． $\square$

2.6.2 絶 対 収 束

複素数を項とする無限級数 $\sum_{n=1}^{\infty} a_n$ を考える．$\sum_{n=1}^{\infty} |a_n|$ が収束するとき，この無限級数は**絶対収束 (absolute convergence)** するという．$\sum_{n=1}^{\infty} |a_n|$ は正項級数だから，$\sum_{n=1}^{\infty} a_n$ が絶対収束することは，正項級数の判定法を用いて判定できる．

命題 2.6.9. 無限級数は，絶対収束すれば，収束する．

証明 $\sum_{n=1}^{\infty} |a_n| < \infty$ とする．$s_n = a_1 + a_2 + \cdots + a_n$，$S_n = |a_1| + |a_2| + \cdots + |a_n|$ とおく．$m > n$ のとき，

$$|s_m - s_n| \leq |a_{n+1}| + |a_{n+2}| + \cdots + |a_m|$$
$$\leq S_m - S_n$$

だから，$\{S_n\}$ がコーシー列ならば $\{s_n\}$ もコーシー列となる． $\square$

定理 2.6.10. $\sum_{n=1}^{\infty} a_n$ が絶対収束するとき，和の順序を入れ替えても和は変わらない．

証明 各項 a_n が実数のときに示す．$a_n^+ = \max(a_n, 0)$，$a_n^- = \max(-a_n, 0)$ とおくと，$a_n^+, a_n^- \leq |a_n|$ だから，正項級数 $\sum a_n^+$，$\sum a_n^-$ は収束する．$a_n = a_n^+ - a_n^-$ だから，

$$\sum_{n=1}^{\infty} a_n = \lim_{N \to \infty} \sum_{n=1}^{N} \left(a_n^+ - a_n^- \right)$$

$$= \lim_{N \to \infty} \sum_{n=1}^{N} a_n^+ - \lim_{N \to \infty} \sum_{n=1}^{N} a_n^-$$

$$= \sum_{n=1}^{\infty} a_n^+ - \sum_{n=1}^{\infty} a_n^-$$

となる. 定理 2.6.8 から正項級数は和の順序を入れ替えても和が変わらないから, $\sum_{n=1}^{\infty} a_n$ も和の順序を入れ替えても和は変わらない. □

2.6.3 条 件 収 束

2.5 節の冒頭の級数 (2.6.1) のように, 収束するが絶対収束しないとき, 条件収束 (conditional convergence) するという.

次の定理は条件収束する場合にも適用できる.

> **定理 2.6.11（ライプニッツ (Leibniz) の交代級数）.** $a_n \geq 0$ $(n = 0, 1, 2, \dots)$ とする.
>
> $$a_0 \geq a_1 \geq a_2 \geq \cdots \geq a_n \geq \cdots$$
>
> かつ
>
> $$\lim_{n \to \infty} a_n = 0$$
>
> のとき,
>
> $$\sum_{n=0}^{\infty} (-1)^n a_n = a_0 - a_1 + a_2 - a_3 + \cdots$$
>
> は収束する.

証明 $s_n = a_0 - a_1 + a_2 + \cdots + (-1)^n a_n$ とおく. $s_{2n+2} = s_{2n} - (a_{2n+1} - a_{2n+2}) \leq s_{2n}$ だから, $\{s_{2n}\}$ は単調減少である. また, $s_{2n+1} = s_{2n-1} + (a_{2n} - a_{2n+1}) \geq s_{2n-1}$ だから, $\{s_{2n+1}\}$ は単調増加である. $s_{2n+1} = s_{2n} - a_{2n+1} \leq s_{2n}$ だから,

$$s_1 \leq s_3 \leq \cdots s_{2n+1} \leq \cdots \leq s_{2n} \leq \cdots s_2 \leq s_0$$

となり, $\{s_{2n}\}$ は下に有界, $\{s_{2n+1}\}$ は上に有界となり, 収束する.

$$|s_{2n+1} - s_{2n}| = a_{2n+1} \to 0 \ (n \to \infty)$$

だから, $\{s_{2n}\}$ と $\{s_{2n+1}\}$ は同じ数に収束するため, $\{s_n\}$ は収束する. □

2.7 一 様 収 束

この節では, 関数の収束について考察する. $[a, b]$ を区間とし, $n = 1, 2, 3, \dots$ に対し

$$f_n : [a, b] \to \mathbb{C}$$

とする. すなわち, 区間 $[a, b]$ 上の複素数値関数の列

$$f_1, f_2, f_3, \dots$$

を考える.

$x \in [a, b]$ を固定するごとに数列 $\{f_n(x)\}$ ができるが, 各 $x \in [a, b]$ に対してこの数列 $\{f_n(x)\}$ が収束するとき, 関数列 f_n は各点収束 (pointwise convergence) するという. このとき, $\{f_n(x)\}$ の収束先を $f(x)$ と定めると, 関数 $f : [a, b] \to \mathbb{C}$ ができる. この関数 f を f_n の各点収束先という.

例 2.7.1（各点収束の例）. $[0, 1]$ 上の関数列 $f_n(x) = x^n$ を考える. この関数列は各点収束し, その収束先は,

$$f(x) = \begin{cases} 0 \ (x \in [0, 1)) \\ 1 \ (x = 1) \end{cases}$$

である. f_n が連続関数であるのに対し, 各点収束先 f は, 不連続である.

この例でわかるように, 各点収束は連続関数が不連続関数に収束することがあり, 関数の形を保たない.

$[a, b]$ 上の関数列 f_n と $[a, b]$ 上の関数 f に対し,

$$\sup_{x \in [a, b]} |f_n(x) - f(x)| \to 0 \ (n \to \infty)$$

が成り立つとき, f_n は $[a, b]$ 上 f に一様収束 (uniform convergence) するという.

$[a, b]$ 上で関数列 f_n が関数 f に一様収束するとき, 大きい番号の f_n と f の概形はほぼ同じである. このことを説明しよう. $\varepsilon > 0$ を小さくとると, ある番号 n_0 より先の n で

$$\sup_{x \in [a, b]} |f_n(x) - f(x)| \leq \varepsilon$$

となる. いい換えると, すべての $x \in [a, b]$ とすべての $n \geq n_0$ に対し,

$$|f_n(x) - f(x)| \leq \varepsilon$$

を満たす. このことから, f のグラフの上下 ε 以内に n_0 以上の番号の f_n のグラフがあることになる. たとえば, 黒板にチョークで $f(x)$ のグラフを描いた場合に, チョークで描かれたグラフは正確な線ではなく太さをもつが, このとき ε をこの太さの半分にとれば, この ε に対応する番号以上では, $f_n(x)$ のグラフはこのチョークで描かれた "曲線" の中にある. すなわち, 一様収束は曲線の形を保つ.

問 2.7.1. $[0, 1]$ 上で $f_n(x) = nx(1-x)^n$ のとき, f_n

32　2. 1変数の微積分

の各点収束先 f を求め，$[0, 1]$ 上 f_n が f に一様収束するかどうか調べよ.

I を区間とし，$n = 1, 2, 3, \ldots$ に対し $f_n : I \to \mathbb{C}$ とする. f_n が I 上一様収束するとは，ある関数 $f : I \to \mathbb{C}$ があって，I 上 f_n が f に一様収束するときをいう.

I を区間とし，関数列 $f_n : I \to \mathbb{C}$ $(n = 1, 2, 3, \ldots)$ とする. 関数を項とする級数 $\sum_{n=1}^{\infty} f_n$ が区間 I 上一様収束するとは，I 上の関数列

$$s_n(x) = \sum_{k=1}^{n} f_k(x)$$

が I 上一様収束するときをいう. 関数項級数の一様収束に関して，ワイエルシュトラスによる次の便利な判定法がある.

定理 2.7.1（ワイエルシュトラスの M 判定法）. 区間 I 上の関数項級数 $\sum_{n=1}^{\infty} f_n$ において，

$$\sup_{x \in I} |f_n(x)| \leq M_n \quad かつ \quad \sum_{n=1}^{\infty} M_n < +\infty$$

ならば，$\sum_{n=1}^{\infty} f_n$ は I 上一様収束する.

この定理は，ワイエルシュトラスが記号 M_n を用いたので，ワイエルシュトラスの M 判定法とよばれる.

この定理を証明するために，次の一様収束に関するコーシーの判定条件を用いる.

定理 2.7.2（一様収束に関するコーシーの判定条件）. 区間 I 上の関数列 f_n が I 上一様収束することの必要十分条件は，

任意の $\varepsilon > 0$ に対し，ある番号 n_0 があって，$m, n \geq n_0$ を満たすすべての自然数 m, n に対し，

$$\sup_{x \in I} |f_m(x) - f_n(x)| \leq \varepsilon$$

を満たすことである.

この条件を一様収束に関するコーシーの条件という.

[証明のヒント　f_n が I 上一様収束すれば，一様収束に関するコーシーの条件を満たすことは明らかである. 逆に，一様収束に関するコーシーの条件が満たされたとする. このとき，$x \in I$ を固定するごとに，$\{f_n(x)\}$ は，数列に関するコーシーの条件を満たすから，収束する. その収束先を $f(x)$ とおくと，I 上の関数 $f(x)$ が得られるが，f_n が I 上この f に一様収束することを示せばよい.]

定理 2.7.1 の証明　$s_n(x) = \sum_{k=1}^{n} f_k(x)$ とおく. $\varepsilon > 0$ を任意に固定し，この ε に対し，n_0 を $m > n \geq n_0$ ならば $\sum_{k=n+1}^{n} M_k \leq \varepsilon$ となるようにとる. このとき，

$$|s_m(x) - s_n(x)| = \left| \sum_{k=n+1}^{m} f_k(x) \right|$$
$$\leq \sum_{k=n+1}^{m} |f_k(x)|$$
$$\leq \sum_{k=n+1}^{m} M_k \leq \varepsilon$$

であるが，上式の 3 行目は x に依存しないから，

$$\sup_{x \in I} |s_m(x) - s_n(x)| \leq \sum_{k=n+1}^{m} M_k \leq \varepsilon$$

を得る. したがって，一様収束に関するコーシーの判定条件が満たされるから，$s_n(x)$ は I 上一様収束する.
　　　　　　　　　　　　　　　　　□

一様収束は定義域が $\mathbb{R}^n$ の部分集合のときでもまったく同様に考えることができる. Ω を $\mathbb{R}^n$ の部分集合とし，関数列 $f_n : \Omega \to \mathbb{C}$ $(n = 1, 2, 3, \ldots)$ とする. このとき，f_n が f に Ω 上一様収束するとは，

$$\sup_{x \in \Omega} |f_n(x) - f(x)| \to 0 \ (n \to \infty)$$

が成り立つときをいう.

この節の定理は Ω 上の関数列についても同様に成立する.

関数項級数に関しても，絶対収束を考えることができる. I 上の関数項級数 $\sum_{n=1}^{\infty} f_n$ について，任意の $x \in I$ に対し $\sum_{n=1}^{\infty} |f_n(x)|$ が収束するとき $\sum_{n=1}^{\infty} f_n$ は I 上絶対収束するといい，$\sum_{n=1}^{\infty} |f_n(x)|$ が I 上一様収束するとき $\sum_{n=1}^{\infty} f_n$ は I 上絶対一様収束するという.

$\sum_{n=1}^{\infty} f_n$ が I 上絶対収束するとき $\sum_{n=1}^{\infty} f_n$ は I 上各点収束し，$\sum_{n=1}^{\infty} f_n$ が I 上絶対一様収束するとき $\sum_{n=1}^{\infty} f_n$ は I 上一様収束する.

問 2.7.2. このことを示せ.

2.7.1　一様収束と連続性

前に述べたように，一様収束は形を保つので，連続関数列が一様収束すれば連続関数となる. これを正確に述べたものが以下の定理である.

定理 2.7.3. I を区間とし，$f_n : I \to \mathbb{C}$ $(n = 1, 2, 3, \ldots)$ はすべて I 上連続とする. このとき，
 (i) f_n が I 上 f に一様収束すれば，f は I 上で連続である.
 (ii) $\sum_{n=1}^{\infty} f_n(x) = s(x)$ が I 上一様収束するとき，$s(x)$ は I 上連続である.

証明　(i) $x \in I$ を任意に固定し，h は $x + h \in I$ となるものとする. $\varepsilon > 0$ を任意に固定する. f_n が f に I 上一様収束することから，この ε に対し，ある番号 n_0 があって，$n \geq n_0$ ならば，

$$\sup_{x \in I} |f_n(x) - f(x)| \le \frac{\varepsilon}{3}$$

となる.

$$|f(x+h) - f(x)|$$
$$\le |f(x+h) - f_{n_0}(x+h)| + |f_{n_0}(x+h) - f_{n_0}(x)|$$
$$+ |f_{n_0}(x) - f(x)|$$

であるが, f_{n_0} は I 上連続だから, ある $\delta > 0$ があって $x+h \in I$ が $|h| \le \delta$ を満たすならば $|f_{n_0}(x+h) - f_{n_0}(x)| \le \varepsilon$ となるから, $|h| \le \delta$ のとき,

$$|f(x+h) - f(x)| \le \frac{\varepsilon}{3} + \frac{\varepsilon}{3} + \frac{\varepsilon}{3} = \varepsilon$$

となる. したがって, f は I 上連続である.

(ii) $g_n(x) = \sum_{k=1}^{n} f_k(x)$ とおくと, $g_n(x)$ は I 上連続で, I 上で $s(x)$ に一様収束するから, (i) より $s(x)$ は I 上連続となる. □

問 2.7.3. 次の関数

$$f(x) = \sum_{n=1}^{\infty} \frac{1}{2^n} |\sin(\pi n! x)|$$

は $\mathbb{R}$ 上連続かどうか調べよ.

2.7.2 無限級数の微分積分

区間 I 上の複素数値関数列 f_n が f に一様収束しているとする. f_n が I 上連続ならば, 定理 2.7.3 から f も I 上連続となり, $[a, b]$ 上で積分可能となる. このとき,

$$\int_a^b f_n(x)dx \to \int_a^b f(x)dx \quad (n \to \infty)$$

となる. 実際,

$$\left| \int_a^b f_n(x)dx - \int_a^b f(x)dx \right|$$
$$\le \int_a^b |f_n(x) - f(x)|dx$$
$$\le \left(\sup_{x \in [a,b]} |f_n(x) - f(x)| \right) \int_a^b 1\, dx$$
$$= (b-a) \sup_{x \in [a,b]} |f_n(x) - f(x)| \to 0 \quad (n \to \infty)$$

となるからである. このことをまとめると次の定理を得る.

> **定理 2.7.4.** $I = [a, b]$ とし, $n = 1, 2, 3, \ldots$ に対し, $f_n : I \to \mathbb{C}$ は I 上連続とする. f_n が I 上 f に一様収束するならば,
> $$\lim_{n \to \infty} \int_a^b f_n(x)dx = \int_a^b f(x)dx$$
> が成り立つ.

この定理の無限級数のバージョンが次の定理である.

> **定理 2.7.5.** $I = [a, b]$ とし, $n = 1, 2, 3, \ldots$ に対し, $f_n : I \to \mathbb{C}$ は I 上連続とする. $\sum_{n=1}^{\infty} f_n(x)$ が I 上一様収束するならば, $[a, x] \subset I$ に対し,
> $$\int_a^x \left(\sum_{n=1}^{\infty} f_n(t) \right) dt = \sum_{n=1}^{\infty} \int_a^x f_n(t)\, dt$$
> が成り立つ. すなわち, 項別積分できる. しかも, その収束は, $x \in I$ について一様である.

証明 $s(x) = \sum_{n=1}^{\infty} f_n(x)$, $s_n(x) = \sum_{k=1}^{n} f_k(x)$ とおく. I 上, したがって, $[a, x]$ 上 $s_n(x)$ は $s(x)$ に一様収束するから, 前定理より,

$$\int_a^x s(t)\, dt = \lim_{n \to \infty} \int_a^x s_n(t)\, dt = \lim_{n \to \infty} \sum_{k=1}^{n} \int_a^x f_k(t)\, dt$$

となる. したがって,

$$\int_a^x \left(\sum_{n=1}^{\infty} f_n(x) \right) dt = \sum_{k=1}^{\infty} \int_a^x f_k(t)\, dt$$

となり, 前半が示された. 収束の一様性は,

$$\left| \int_a^x s_n(t)dt - \int_a^x s(t)dt \right|$$
$$\le \int_a^x |s_n(t) - s(t)|dt$$
$$\le \int_a^b |s_n(t) - s(t)|dt$$
$$\le (b-a) \sup_{t \in I} |s(t) - s_n(t)|$$

より,

$$\sup_{x \in I} \left| \int_a^x s(t)\, dt - \int_a^x s_n(t)\, dt \right|$$
$$\le (b-a) \sup_{t \in I} |s(t) - s_n(t)| \to 0 \quad (n \to \infty)$$

となることからわかる. □

> **定理 2.7.6.** $I = [a, b]$ とし, $n = 1, 2, 3, \ldots$ に対し, $f_n : I \to \mathbb{C}$ は I 上連続微分可能とする. $s(x) = \sum_{n=1}^{\infty} f_n(x)$ が I 上各点収束し, $\sum_{n=1}^{\infty} f_n'(x)$ が I 上一様収束するならば, $\sum_{n=1}^{\infty} f_n(x)$ は I 上連続微分可能で, すべての $x \in I$ に対し,
> $$\frac{d}{dx} \left(\sum_{n=1}^{\infty} f_n(x) \right) = \sum_{n=1}^{\infty} f_n'(x) \qquad (2.7.1)$$
> が成り立つ.

証明 $G(x) = \sum_{n=1}^{\infty} f_n'(x)$ とおく. この右辺の収束は I 上一様だから, $[a, x] \supset I$ に対し, 前定理により,

$$\int_a^x G(t)\,dt = \sum_{n=1}^\infty \int_a^x f_n'(t)\,dt$$
$$= \sum_{n=1}^\infty (f_n(x) - f_n(a))$$

となる．$s(x) = \sum_{n=1}^\infty f_n(x)$ は I 上各点収束するから，

$$\int_a^x G(t)\,dt = s(x) - s(a)$$

であり，$G(x)$ は定理 2.7.3 より $[a, b]$ 上連続だから，$s(x)$ は連続微分可能で，$s'(x) = G(x)$ となる．□

定理 2.7.7. $I = [a, b]$ とし，$n = 1, 2, 3, \ldots$ に対し，$f_n : I \to \mathbb{C}$ は I 上連続微分可能とする．f_n は I 上関数 f に一様収束し，f_n' は I 上関数 g に一様収束するならば，f は C^1 級ですべての $x \in I$ に対し $f'(x) = g(x)$ が成り立つ．

証明 微積分学の基本定理により，

$$f_n(x) = f_n(a) + \int_a^x f_n'(t)\,dt$$

が成り立つ．ここで $n \to \infty$ とすると定理 2.7.4 より

$$f(x) = f(a) + \int_a^x g(t)\,dt$$

が成り立つ．$g(x)$ は連続関数 $f_n'(x)$ の一様収束先だから I 上連続である．したがって，f は $[a, b]$ 上 C^1 級で $f'(t) = g(t)$ が成り立つ．□

2.7.3 べ き 級 数

$a_n, a \in \mathbb{C}$ $(n = 0, 1, 2, \ldots)$ とする．

$$\sum_{n=0}^\infty a_n(x-a)^n = a_0 + a_1(x-a) + a_2(x-a)^2 + \cdots$$

の形を級数を**べき級数 (power series)** という．$x - a = y$ とおくと，$\sum a_n y^n$ とできるので，以下では

$$\sum_{n=0}^\infty a_n x^n \tag{2.7.2}$$

の形のもののみを扱う．

定理 2.7.8. (2.7.2) が $x = x_0$ で収束するならば，$|x| < |x_0|$ を満たすすべての x で絶対収束し，$0 < r < |x_0|$ に対し $|x| \le r$ において (2.7.2) は一様収束する．

証明 $x_0 = 0$ のとき，この定理の成立は自明なので，$x_0 \ne 0$ とする．$\sum_{n=0}^\infty a_n x_0^n$ が収束するならば，$\lim_{n \to \infty} a_n x_0^n = 0$ だから，$a_n x_0^n$ は n に関して有界である．すなわち，$M > 0$ があって

$$|a_n x_0^n| \le M$$

がすべての $n \in \mathbb{N} \cup \{0\}$ で成り立つ．$|x| < |x_0|$ とし，$\theta = \dfrac{|x|}{|x_0|}$ とおくと，

$$|a_n x^n| = |a_n x_0^n|\left(\frac{|x|}{|x_0|}\right)^n \le M\theta^n$$

であって，$0 < \theta < 1$ だから，

$$\sum_{n=0}^\infty M\theta^n = \frac{M}{1 - \theta} < +\infty$$

となる．したがって，$\sum a_n x^n$ は絶対収束する．

後半の一様収束性を示す．$\theta = \dfrac{r}{|x_0|}$ とおくと，$0 < \theta < 1$ であり，$|x| \le r$ を満たす $x \in \mathbb{C}$ に対し

$$|a_n x^n| \le |a_n x_0^n|\left(\frac{|x|}{|x_0|}\right)^n \le M\left(\frac{|x|}{|x_0|}\right)^n \le M\theta^n$$

かつ

$$\sum_{n=0}^\infty M\theta^n = \frac{M}{1 - \theta} < +\infty$$

だから，ワイエルシュトラスの M 判定法により，$\sum a_n x^n$ は $|x| \le r$ で一様収束する．□

定理 2.7.8 の対偶をとると
「(2.7.2) が $x = x_0$ で絶対収束しないならば，$|x| > |x_0|$ を満たすすべての $x \in \mathbb{C}$ で (2.7.2) は発散する．」
となるから，(2.7.2) は "すべての $x \in \mathbb{C}$ で収束" または "$x = 0$ 以外で発散" でなければ，

$$\begin{cases} |x| < r \Rightarrow (2.7.2) \text{ は絶対収束} \\ |x| > r \Rightarrow (2.7.2) \text{ は発散} \end{cases}$$

となる $r > 0$ が存在する．

問 2.7.4. このことを示せ（ヒント：区間縮小法を用いるとよい）．

この $r > 0$ を**収束半径**といい，複素平面上の円 $\{x \in \mathbb{C} \,|\, |x| < r\}$ を**収束円**という．すべての $x \in \mathbb{C}$ で収束するときは $r = \infty$，$x = 0$ 以外で発散するときは $r = 0$ と定める．

定理 2.7.9（コーシー–アダマール (Hadamard) の公式）． べき級数 $\sum_{n=0}^\infty a_n x^n$ の収束半径 r は

$$\frac{1}{r} = \limsup_{n \to \infty} \sqrt[n]{|a_n|} \tag{2.7.3}$$

で与えられる．ただし，右辺が 0 のときは $r = \infty$，右辺が ∞ のときは $r = 0$ とする．

証明 証明には，正項級数のコーシーの判定法（定理 2.6.6）を用いる．絶対収束するかしないかのさかい目を見つければよいので，$\sum_{n=0}^\infty |a_n||x|^n$ について収束半径を求めればよい．

$$\limsup_{n \to \infty} \sqrt[n]{|a_n||x|^n} = \limsup_{n \to \infty} \sqrt[n]{|a_n|}|x|$$

だから，

$$\begin{cases} |x|\limsup_{n\to\infty}\sqrt[n]{|a_n|} < 1 \Rightarrow \sum a_n x^n \text{ は収束} \\ |x|\limsup_{n\to\infty}\sqrt[n]{|a_n|} > 1 \Rightarrow \sum a_n x^n \text{ は発散} \end{cases}$$

となる. したがって, $\limsup_{n\to\infty}\sqrt[n]{|a_n|} \neq 0, \infty$ のとき, 収束半径 r は, (2.7.3) で与えられる. $\limsup_{n\to\infty}\sqrt[n]{|a_n|} = 0, \infty$ のとき, $r = \infty, 0$ となるのは明らか. $\qquad\square$

コーシー–アダマールの公式は, すべてのべき級数に適用可能である. ダランベールの判定法を用いると, 次の有用な公式を得る.

定理 2.7.10. すべての n について $a_n \neq 0$ とする. $\lim_{n\to\infty}\left|\dfrac{a_{n+1}}{a_n}\right|$ が存在して $= l$ ならば, べき級数 $\sum_{n=0}^{\infty} a_n x^n$ の収束半径 r は

$$r = \frac{1}{l}$$

で与えられる. ただし, $l = 0$ のときは $r = \infty$, $l = \infty$ のときは $r = 0$ とする.

問 2.7.5. この定理を証明せよ (ヒント：正項級数のダランベールの判定法を用いるとよい).

例 2.7.2. $\sum_{n=0}^{\infty}\dfrac{1}{n!}x^n$ の収束半径を求めよ.

$a_n = \dfrac{1}{n!}$ とおく. $n \to \infty$ のとき

$$\left|\frac{a_{n+1}}{a_n}\right| = \frac{n!}{(n+1)!} = \frac{1}{n+1} \to 0$$

であるから, このべき級数の収束半径は ∞ である.

問 2.7.6. $\sum_{n=0}^{\infty}\dfrac{(n+1)^n}{n!}x^n$ の収束半径を求めよ.

2.7.4 積分記号下の微分

定理 2.7.11. $I = [a, b]$, $J = [c, d]$, $K = I \times J$ とする. $f(t, x)$ が K で連続ならば,

(1) $F(t) = \displaystyle\int_c^d f(t, x)\,dx$ は I 上連続.

(2) 次が成立.

$$\int_a^b\left\{\int_c^d f(t, x)\,dx\right\}dt = \int_c^d\left\{\int_a^b f(t, x)\,dt\right\}dx.$$

(3) さらに $\dfrac{\partial f}{\partial t}$ が K 上連続ならば $F(t)$ は I 上 C^1 級であって

$$F'(t) = \int_c^d \frac{\partial f}{\partial t}(t, x)\,dx.$$

証明 (1) J を n 等分した分点を $x_0, x_1, \ldots, x_n$ とする.

$$F_n(t) = \sum_{j=1}^{n} f(t, x_j)(x_j - x_{j-1}) = \sum_{j=1}^{n} f(t, x_j)\frac{d-c}{n}$$

とおくと, $n \to \infty$ のとき $F_n(t) \to F(t)$ (I 上一様) となる. なぜなら, 積分の平均値の定理により $x_{j-1} \le \xi_j \le x_j$ を満たす ξ_j ($j = 1, 2, \ldots, n$) があって

$$F(t) = \sum_{j=1}^{n}\int_{x_{j-1}}^{x_j} f(t, x)\,dx = \sum_{j=1}^{n} f(t, \xi_j)\frac{d-c}{n}$$

だから,

$$|F_n(t) - F(t)| \le \sum_{j=1}^{n} |f(t, x_j) - f(t, \xi_j)|\frac{d-c}{n}$$

である. 一方, $f(t, x)$ は K 上一様連続だから任意の $\varepsilon > 0$ に対し n_0 を十分大きくとると $n \ge n_0$ かつ $|x - y| \le \dfrac{d-c}{n}$ ならば, 任意の $t \in I$ に対し

$$|f(t, x) - f(t, y)| \le \varepsilon$$

とできる. $n \ge n_0$ に対し

$$|F_n(t) - F(t)| \le \sum_{j=1}^{n} \varepsilon\frac{d-c}{n} = \varepsilon(d-c)$$

となるから,

$$\sup_{t\in I}|F_n(t) - F(t)| \le \varepsilon(d-c)$$

である. すなわち, F_n は F に I 上一様収束する. F_n は I 上連続だから, F も I 上連続となる.

(2) (1) より F_n は I 上 $F(t)$ に一様収束するから, 定理 2.7.4 より,

$$\int_a^b F(t)\,dt = \lim_{n\to\infty}\int_a^b F_n(t)\,dt$$
$$= \lim_{n\to\infty}\sum_{j=1}^{n}\int_a^b f(t, x_j)\,dt\frac{d-c}{n}$$

であるが, $\displaystyle\int_a^b f(t, x)\,dx$ は (1) より x について連続だから積分可能で

$$\int_a^b F(t)\,dt = \int_c^d\left\{\int_a^b f(t, x)\,dt\right\}dx$$

となる. $\qquad\square$

(3) $G(t) = \displaystyle\int_c^d \frac{\partial f}{\partial t}(t, x)\,dx$ とおく. (2) から

$$\int_a^t G(s)\,ds = \int_c^d\left\{\int_a^t \frac{\partial f}{\partial t}(s, x)\,ds\right\}dx$$
$$= \int_c^d \{f(t, x) - f(a, x)\}\,dx$$
$$= F(t) - F(a).$$

すなわち,

$$F(t) = F(a) + \int_a^t G(s)\,ds$$

を得た. (1) から $G(s)$ は I 上連続だから, $F(t)$ は C^1 級かつ $t \in I$ に対し $F'(t) = G(t)$ を満たす. $\qquad\square$

2.8 ま と め

この章では, 1 変数の微分および積分の概要の解説を行った. 2.3 節では, 微分法の概要を, 2.4 節では, 積分法の概要の解説をしたが, 紙面の都合により, 微

分の計算および積分の計算の実際についてはごく簡単に紹介するのみに留まった．微分の計算および積分の計算の詳細については，たとえば，[1] を参照していただきたい．2.7 節の最後にある積分記号下の微分は，[2] を参考にしている．

参考文献

[1] 宮島静雄：微分積分学 I，共立出版 (2003).

[2] 高木貞治：解析概論，岩波書店（第一版 1938，改訂第三版 1961，現在は『定本解析概論』(2010) が手に入りやすい．）

オーギュスタン＝ルイ・コーシー

Augustin-Louis Cauchy(1789–1857)．バスティーユ襲撃の年にパリで生まれ，ナポレオンの提案で創設されたエコール・ポリテクニークで学ぶ．著書『解析学教程』において，関数の連続性の定義，数列が収束するためのコーシーの条件，連続関数に対する定積分存在の証明等を与え，解析学を厳密に構築しようと試みた．コーシーの教程にある定義の与え方や議論の方法は現在の微分積分学まで変わっておらず，現代に与えた影響は大である．複素解析の創始者の一人でもある．

3. 線 形 代 数

3.1 行 列

3.1.1 行列の定義

自然数 m, n に対して mn 個の数 $a_{ij}(i = 1, \ldots, m, j = 1, \ldots, n)$ を次のように配置したものを，$m \times n$ の行列 (matrix) または $m \times n$ 型の行列という．

$$A = \begin{bmatrix} a_{11} & \cdots & a_{1j} & \cdots & a_{1n} \\ \vdots & & \vdots & & \vdots \\ a_{i1} & \cdots & a_{ij} & \cdots & a_{in} \\ \vdots & & \vdots & & \vdots \\ a_{m1} & \cdots & a_{mj} & \cdots & a_{mn} \end{bmatrix} \quad (3.1.1)$$

このとき，a_{ij} を (i, j) 成分 (entry) または (i, j) 要素 (element) といい，混乱を生じなければ，行列 A を $A = [a_{ij}]$ と略記することもある．

成分がすべて実数である行列を実行列 (real matrix)，複素数である行列を複素行列 (complex matrix) という（本章では主として実行列を扱う）．特に $m = n$ のとき正方行列 (square matrix) とよび，$n \times n$ 型の行列を n 次正方行列という．n 次正方行列 $A = [a_{ij}]$ の $a_{11}, a_{22}, \ldots, a_{nn}$ を対角成分 (diagonal element) とよぶ．$i \neq j$ のとき $a_{ij} = 0$ であるような行列

$$A = \begin{bmatrix} a_{11} & 0 & \cdots & 0 \\ 0 & a_{22} & \cdots & 0 \\ \vdots & \vdots & \ddots & \vdots \\ 0 & 0 & \cdots & a_{nn} \end{bmatrix}$$

を対角行列 (diagonal matrix) という．また，対角行列は

$$A = \mathrm{diag}(a_{11}, a_{22}, \ldots, a_{nn})$$

と書くこともある．

式 (3.1.1) において

$$[a_{i1} \cdots a_{ij} \cdots a_{in}]$$

を第 i 行 (ith row)，

$$\begin{bmatrix} a_{1j} \\ \vdots \\ a_{ij} \\ \vdots \\ a_{mj} \end{bmatrix}$$

を第 j 列 (jth column) という．特に，$1 \times n$ 型の行列を n 次行ベクトル (row vector)，$m \times 1$ 型の行列を m 次列ベクトル (column vector) といい，本章では列ベクトルを単にベクトルということにする．さらに，次のような列ベクトル

$$\mathbf{a}_j = \begin{bmatrix} a_{1j} \\ \vdots \\ a_{ij} \\ \vdots \\ a_{mj} \end{bmatrix}$$

を定義すると，行列 A は列ベクトルを並べて

$$A = [\mathbf{a}_1\ \mathbf{a}_2 \cdots \mathbf{a}_n]$$

と表せる．成分がすべて 0 である行列を零行列 (zero matrix)，ゼロ行列という．$m \times n$ 型の零行列を $O_{m,n}$ と書くが，混乱を生じなければ単に O と書くことも多い．同様に，成分がすべて 0 であるベクトルを零ベクトル (zero vector)，ゼロベクトルという．また，対角成分がすべて 1 であるような対角行列を単位行列 (identity matrix) とよび I と表す（単位行列を E で表すこともある）．すなわち

38 3. 線 形 代 数

$$
I = \begin{bmatrix} 1 & 0 & \cdots & 0 \\ 0 & 1 & \cdots & 0 \\ \vdots & \vdots & \ddots & \vdots \\ 0 & 0 & \cdots & 1 \end{bmatrix}
$$

である．また，n 次単位行列を I_n と書くこともある．

3.1.2 行列のスカラー倍と加算

$m \times n$ 行列 $A = [a_{ij}]$, $B = [b_{ij}]$, $C = [c_{ij}]$ について以下の定義をする．

(i) $A = B$ であるとは $a_{ij} = b_{ij}(i = 1, \ldots, m, j = 1, \ldots, n)$ が成り立つことである．

(ii) 数 c に対して行列 A のスカラー倍を $cA = [ca_{ij}]$ と定義する．

(iii) 加算を $A + B = [a_{ij} + b_{ij}]$ と定義する．このとき，結合則 $(A + B) + C = A + (B + C)$（これを $A + B + C$ と表す），交換則 $A + B = B + A$ が成り立つ．任意の行列 A に対して $A + O = O + A = A$ が成り立つ．

(iv) $(-1)A$ を $-A$ と表すと，減算は $A - B = A + (-B)$ で定義する．

3.1.3 行 列 の 積

$l \times m$ 行列 $A = [a_{ik}]$, $m \times n$ 行列 $B = [b_{kj}]$ に対して，A と B の積 $AB = C = [c_{ij}]$ の (i, j) 成分を

$$
c_{ij} = \sum_{k=1}^{m} a_{ik} b_{kj} \tag{3.1.2}
$$

で定義する（行列 A の列の数と行列 B の行の数が一致していることに注意）．したがって，積 $C = AB$ は $l \times n$ 行列となる．

(i) $m \times n$ 行列 A と $n \times m$ 行列 B に対して積 AB（$m \times m$ 行列）と BA（$n \times n$ 行列）は定義できるが一般に型は異なる．また，$m = n$ であっても一般に行列の積は可換ではなく $AB \neq BA$ である（交換則は一般に成り立たないことに注意）．

(ii) $l \times m$ 行列 A, $m \times k$ 行列 B, $k \times n$ 行列 C に対して結合則 $(AB)C = A(BC)$ が成り立つ（これを ABC と表す）．

(iii) それぞれ行列の積が定義できる場合，分配則

$$
A(B + C) = AB + AC,
$$

$$
(A + B)C = AC + BC
$$

が成り立つ．

(iv) 任意の正方行列 A に対して $AI = IA = A$ が成り立つ．

例 **3.1.1.** （1）

$$
A = \begin{bmatrix} 1 & 2 & -1 \\ 3 & -2 & 1 \\ 1 & 1 & 2 \end{bmatrix}, \quad B = \begin{bmatrix} 2 & -2 & 1 \\ 1 & 5 & 2 \\ 3 & -3 & 1 \end{bmatrix}
$$

のとき，

$$
AB = \begin{bmatrix} 1 & 11 & 4 \\ 7 & -19 & 0 \\ 9 & -3 & 5 \end{bmatrix}, \quad BA = \begin{bmatrix} -3 & 9 & -2 \\ 18 & -6 & 8 \\ -5 & 13 & -4 \end{bmatrix}
$$

となる（一般に $AB \neq BA$ であることに注意せよ）．

(2)

$$
A = \begin{bmatrix} a_1 \\ a_2 \\ a_3 \\ a_4 \end{bmatrix}, \quad B = [b_1 \ b_2 \ b_3 \ b_4]
$$

のとき

$$
AB = \begin{bmatrix} a_1 b_1 & a_1 b_2 & a_1 b_3 & a_1 b_4 \\ a_2 b_1 & a_2 b_2 & a_2 b_3 & a_2 b_4 \\ a_3 b_1 & a_3 b_2 & a_3 b_3 & a_3 b_4 \\ a_4 b_1 & a_4 b_2 & a_4 b_3 & a_4 b_4 \end{bmatrix},
$$

$$
BA = b_1 a_1 + b_2 a_2 + b_3 a_3 + b_4 a_4
$$

(3) $l \times m$ 行列 A と $m \times n$ 行列 $B = [\mathbf{b}_1 \ \mathbf{b}_2 \ \cdots \ \mathbf{b}_n]$（$\mathbf{b}_j$ は B の第 j 列ベクトル）に対して

$$
AB = [A\mathbf{b}_1 \ A\mathbf{b}_2 \ \cdots \ A\mathbf{b}_n]
$$

が成り立つ．

(4) $l \times m$ 行列 $A = [\mathbf{a}_1 \ \mathbf{a}_2 \ \cdots \ \mathbf{a}_m]$（$\mathbf{a}_j$ は A の第 j 列ベクトル）と $\mathbf{b} = \begin{bmatrix} b_1 \\ b_2 \\ \vdots \\ b_m \end{bmatrix}$ に対して

$$
A\mathbf{b} = b_1 \mathbf{a}_1 + b_2 \mathbf{a}_2 + \cdots + b_m \mathbf{a}_m
$$

となる．

$l \times m$ 行列 A と $m \times n$ 行列 B がそれぞれ次のような分割行列 (**partitioned matrix**) で表されているとする．

$$
A = \begin{bmatrix} A_{11} & A_{12} & \cdots & A_{1q} \\ A_{21} & A_{22} & \cdots & A_{2q} \\ \vdots & \vdots & & \vdots \\ A_{p1} & A_{p2} & \cdots & A_{pq} \end{bmatrix},
$$

$$
B = \begin{bmatrix} B_{11} & B_{12} & \cdots & B_{1r} \\ B_{21} & B_{22} & \cdots & B_{2r} \\ \vdots & \vdots & & \vdots \\ B_{q1} & B_{q2} & \cdots & B_{qr} \end{bmatrix}
$$

ただし,

$$A_{ij} \text{ は } l_i \times m_j \text{ 行列},$$
$$B_{jk} \text{ は } m_j \times n_k \text{ 行列},$$
$$l_1 + l_2 + \cdots + l_p = l,$$
$$m_1 + m_2 + \cdots + m_q = m,$$
$$n_1 + n_2 + \cdots + n_r = n$$

である. このとき, 積 $C = AB$ は次のような分割行列で表される.

$$
C = \begin{bmatrix} C_{11} & C_{12} & \cdots & C_{1r} \\ C_{21} & C_{22} & \cdots & C_{2r} \\ \vdots & \vdots & & \vdots \\ C_{p1} & C_{p2} & \cdots & C_{pr} \end{bmatrix}
$$

ただし, C_{ik} は $l_i \times n_k$ 行列で,

$$C_{ik} = \sum_{j=1}^{q} A_{ij} B_{jk}$$

とする.

3.1.4 転 置 行 列

$m \times n$ 行列 $A = [a_{ij}]$ の行と列を入れ替えてできる $n \times m$ 行列を A の転置行列 (transpose, transposed matrix) といい, A^T と表す. すなわち,

$$
A = [a_{ij}] = \begin{bmatrix} a_{11} & a_{12} & \cdots & a_{1n} \\ a_{21} & a_{22} & \cdots & a_{2n} \\ \vdots & \vdots & & \vdots \\ a_{m1} & a_{m2} & \cdots & a_{mn} \end{bmatrix}
$$

に対して

$$
A^T = [a_{ji}] = \begin{bmatrix} a_{11} & a_{21} & \cdots & a_{m1} \\ a_{12} & a_{22} & \cdots & a_{m2} \\ \vdots & \vdots & & \vdots \\ a_{1n} & a_{2n} & \cdots & a_{mn} \end{bmatrix}
$$

注意 3.1.1. 転置行列の記号は A^T の他に ${}^tA,\ A^t,\ A'$ もよく使われる.

命題 3.1.1. 行列 A, B とスカラー a, b に対して, 以下のことが成り立つ. ただし, それぞれの演算は成り立っているとする.

(1) $(A^T)^T = A$

(2) $(aA)^T = aA^T$

(3) $(aA + bB)^T = aA^T + bB^T$

(4) $(AB)^T = B^T A^T$

$m \times n$ 複素行列 $A = [a_{ij}]$ の行と列を入れ替えてから各成分の共役複素数をとって得られる $n \times m$ 行列を A の随伴行列 (adjoint matrix) または共役転置行列 (conjugate transpose matrix) といい, A^* と表す. すなわち,

$$
A = [a_{ij}] = \begin{bmatrix} a_{11} & a_{12} & \cdots & a_{1n} \\ a_{21} & a_{22} & \cdots & a_{2n} \\ \vdots & \vdots & & \vdots \\ a_{m1} & a_{m2} & \cdots & a_{mn} \end{bmatrix}
$$

に対して

$$
A^* = [\overline{a_{ji}}] = \begin{bmatrix} \overline{a_{11}} & \overline{a_{21}} & \cdots & \overline{a_{m1}} \\ \overline{a_{12}} & \overline{a_{22}} & \cdots & \overline{a_{m2}} \\ \vdots & \vdots & & \vdots \\ \overline{a_{1n}} & \overline{a_{2n}} & \cdots & \overline{a_{mn}} \end{bmatrix}
$$

共役転置行列についても転置行列と同様の性質が成り立つ.

3.1.5 行列のトレース

n 次正方行列 $A = [a_{ij}]$ の対角成分の和をトレース (trace) あるいは跡といい $\mathrm{tr}(A)$ と表す. すなわち

$$\mathrm{tr}(A) = \sum_{i=1}^{n} a_{ii}$$

である.

命題 3.1.2. 行列 A, B, C とスカラー α に対して以下のことが成り立つ. ただし, それぞれの演算は成り立っているとする.

40   3. 線形代数

(1) n 次単位行列 I_n に対して $\mathrm{tr}(I_n) = n$

(2) $\mathrm{tr}(A^T) = \mathrm{tr}(A)$

(3) $\mathrm{tr}(\alpha A) = \alpha\mathrm{tr}(A)$

(4) $\mathrm{tr}(A + B) = \mathrm{tr}(A) + \mathrm{tr}(B)$

(5) $\mathrm{tr}(AB) = \mathrm{tr}(BA)$

(6) $m \times n$ 行列 $A = [a_{ij}]$ に対して

$$\mathrm{tr}(AA^T) = \mathrm{tr}(A^T A) = \sum_{i=1}^{m}\sum_{j=1}^{n} a_{ij}^2$$

3.1.6 対称行列と交代行列

正方行列 $A = [a_{ij}]$ に対して $A^T = A$ が成り立つとき，A を対称行列 (symmetric matrix) という．すなわち，すべての i, j に対して $a_{ij} = a_{ji}$ が成り立つとき対称行列という．

例 3.1.2. 任意の正方行列 A に対して $A + A^T$ は対称行列になる．また，任意の行列 A に対して AA^T，$A^T A$ は対称行列になる．

正方行列 A に対して $A^T = -A$ が成り立つとき，A を交代行列 (skew-symmetric matrix) という．すなわち，すべての $i, j (i \neq j)$ に対して $a_{ji} = -a_{ij}$，かつ，$a_{ii} = 0$ が成り立つとき交代行列という．

例 3.1.3. 任意の正方行列 A に対して $A - A^T$ は交代行列になる．

対称行列と交代行列について次のことが成り立つ．

定理 3.1.3. 正方行列 A は

$$A = \frac{1}{2}(A + A^T) + \frac{1}{2}(A - A^T)$$

のように対称行列と交代行列の和として一意に表される．

問 3.1.1. 定理 3.1.3 を証明せよ．

3.1.7 いろいろな行列

(1) べき等行列

正方行列 A に対して $A^2 = A$ が成り立つとき，A をべき等行列 (idempotent matrix) という．

(ⅰ) A がべき等行列であることと A^T がべき等行列であることは同値である．

(ⅱ) A がべき等行列であることと $I - A$ がべき等行列であることは同値である．

(2) 直交行列

正方な実行列 A に対して $AA^T = A^T A = I$ が成り立つとき，A を直交行列 (orthogonal matrix) という．

例 3.1.4. $A = \begin{bmatrix} \cos\theta & -\sin\theta \\ \sin\theta & \cos\theta \end{bmatrix}$ は直交行列である．

例 3.1.5. $\mathbf{v}$ を $\mathbf{v}^T\mathbf{v} = 1$ を満たすベクトルとするとき，$H = I - 2\mathbf{v}\mathbf{v}^T$ は対称な直交行列になる．このとき，H をハウスホルダー行列 (Householder matrix) という．

(3) 置換行列

単位行列の行（または列）を何回か入れ替えた行列を置換行列 (permutation matrix) という．置換行列 P に対して $P^T P = PP^T = I$ が成り立つので，置換行列は直交行列になる．

(4) エルミート行列

正方な複素行列 $A = [a_{ij}]$ に対して $A^* = A$ が成り立つとき，A をエルミート行列 (Hermitian matrix) という．すなわち，すべての i, j に対して $a_{ji} = \overline{a_{ij}}$ が成り立つときエルミート行列という．

(5) ユニタリ行列

正方な複素行列 A に対して $AA^* = A^*A = I$ が成り立つとき，A をユニタリ行列 (unitary matrix) という．

(6) $i > j$ のとき $a_{ij} = 0$ であるような n 次正方行列

$$A = \begin{bmatrix} a_{11} & a_{12} & \cdots & a_{1n} \\ & a_{22} & & \vdots \\ & & \ddots & \\ \mathbf{0} & & & a_{nn} \end{bmatrix}$$

を上三角行列 (upper triangular matrix) という．また，$i < j$ のとき $a_{ij} = 0$ であるような n 次正方行列

$$A = \begin{bmatrix} a_{11} & & & \mathbf{0} \\ a_{21} & a_{22} & & \\ \vdots & & \ddots & \\ a_{n1} & \cdots & & a_{nn} \end{bmatrix}$$

を下三角行列 (lower triangular matrix) という．

3.1.8 正則と逆行列

n 次正方行列 A に対して $AX = XA = I$ を満たす n 次正方行列 X が存在するとき，A は正則 (nonsingular) である，あるいは，A は正則行列 (nonsingular matrix) であるという．また，このような行列 X を A の逆行列 (inverse matrix) といい A^{-1} で表す．し

たがって,

$$AA^{-1} = A^{-1}A = I$$

が成り立つ. さらに, 正則な行列は可逆 (invertible) であるという. 他方, 正則でない行列を特異行列 (singular matrix) という.

例 3.1.6. (1) 単位行列 I に対して $II = I$ となるので, I は正則であり, その逆行列は I 自身である.

(2) 直交行列 A に対して $AA^T = A^TA = I$ となるので, A は正則であり, その逆行列は $A^{-1} = A^T$ である. たとえば,

$$\begin{bmatrix} \cos\theta & -\sin\theta \\ \sin\theta & \cos\theta \end{bmatrix}^{-1} = \begin{bmatrix} \cos\theta & \sin\theta \\ -\sin\theta & \cos\theta \end{bmatrix}$$

である.

(3) ユニタリ行列 A に対して $AA^* = A^*A = I$ となるので, A は正則でありその逆行列は $A^{-1} = A^*$ である.

以下に逆行列の性質を述べる.

定理 3.1.4. (1) 正則な行列の逆行列は唯一である.

(2) 正方行列 A に対して $AX = I$ となる正方行列 X が存在すれば, A は正則になり $X = A^{-1}$ が成り立つ. 他方, $YA = I$ となる正方行列 Y が存在すれば, A は正則になり $Y = A^{-1}$ が成り立つ.

(3) A と B は正則な行列とし, k は零でないスカラーとする. このとき以下が成り立つ.

(i) $(kA)^{-1} = \dfrac{1}{k}A^{-1}$

(ii) $(A^{-1})^{-1} = A$

(iii) $(A^T)^{-1} = (A^{-1})^T$

(iv) A が対称行列ならば A^{-1} も対称になる.

(v) 正則な対角行列 $D = \mathrm{diag}(d_1, d_2, \ldots, d_n)$ の逆行列は次式で与えられる.

$$D^{-1} = \mathrm{diag}\left(\frac{1}{d_1}, \frac{1}{d_2}, \ldots, \frac{1}{d_n} \right)$$

(vi) A と B の積 AB は正則であり, その逆行列は

$$(AB)^{-1} = B^{-1}A^{-1}$$

となる.

(vii) m を整数とするとき,

$$(B^{-1}AB)^m = B^{-1}A^mB$$

が成り立つ.

注意 3.1.2. 逆行列の定義では $AX = I$ と $XA = I$ の

両方が成り立つことを課したが, 定理 3.1.4 の (2) より, どちらか一方が成り立てば逆行列の存在が保証される.

問 3.1.2. 定理 3.1.4 の (3) を証明せよ.

次に, よく使われる逆行列の公式を紹介する. 次の命題で, (2) は (1) の一般化である.

命題 3.1.5. (1) (シャーマン-モリソン (Sherman-Morrison) の公式)

A を $n \times n$ の正則な行列, $\mathbf{u}$ と $\mathbf{v}$ を n 次ベクトルとする. もし $1 + \mathbf{v}^T A^{-1}\mathbf{u} \neq 0$ ならば, $A + \mathbf{u}\mathbf{v}^T$ は正則であり, その逆行列は次式で与えられる.

$$(A + \mathbf{u}\mathbf{v}^T)^{-1} = A^{-1} - \frac{A^{-1}\mathbf{u}\mathbf{v}^T A^{-1}}{1 + \mathbf{v}^T A^{-1}\mathbf{u}}$$

(2) (シャーマン-モリソン-ウッドバレー (Sherman-Morrison-Woodbury) の公式)

A を $n \times n$ の正則な行列, U を $n \times m$ 行列, V を $m \times n$ 行列とする. もし $I + VA^{-1}U$ が正則ならば, $A + UV$ は正則であり, その逆行列は次式で与えられる.

$$(A + UV)^{-1} = A^{-1} - A^{-1}U(I + VA^{-1}U)^{-1}VA^{-1}$$

本項の最後に, 分割行列の逆行列について代表的な公式を与える.

定理 3.1.6. (1) A が正則, かつ, $D - CA^{-1}B$ が正則ならば, 分割行列に関して次式が成り立つ.

$$\begin{bmatrix} A & B \\ C & D \end{bmatrix}^{-1} = \begin{bmatrix} P & Q \\ R & S \end{bmatrix}$$

ただし,

$$P = A^{-1} + A^{-1}BSCA^{-1},$$
$$Q = -A^{-1}BS,$$
$$R = -SCA^{-1},$$
$$S = (D - CA^{-1}B)^{-1}$$

である.

(2) D が正則, かつ, $A - BD^{-1}C$ が正則ならば, 分割行列に関して次式が成り立つ.

$$\begin{bmatrix} A & B \\ C & D \end{bmatrix}^{-1} = \begin{bmatrix} P & Q \\ R & S \end{bmatrix}$$

ただし,

$$P = (A - BD^{-1}C)^{-1},$$
$$Q = -PBD^{-1},$$
$$R = -D^{-1}CP,$$
$$S = D^{-1} + D^{-1}CPBD^{-1}$$

である.

3.1.9 行列の行と列に関する基本変形

次の 3 つの操作を行に関する基本変形 (elementary row operation) という.
(i) ある行に 0 でないスカラーを掛ける (第 i 行を c 倍する).
(ii) 2 つの行を入れ替える (第 i 行と第 j 行を入れ替える).
(iii) 1 つの行をスカラー倍して他の行に加える (第 i 行を c 倍して第 j 行に加える).

与えられた $m \times n$ 行列 A に対して, 上記の操作を実行する m 次正方行列は行の基本行列 (elementary matrix) とよばれており, 次のように与えられる. これらは単位行列に基本変形を施したものである.
(i) 第 i 行を c 倍する:

$$E_m(i;c) = (i)\begin{bmatrix} 1 & & & & & & \\ & \ddots & & & & & \\ & & 1 & & & & \\ & & & c & & & \\ & & & & 1 & & \\ & & & & & \ddots & \\ & & & & & & 1 \end{bmatrix}$$

を A の左から掛けて $E_m(i;c)A$ とする.
(ii) 第 i 行と第 j 行を入れ替える:

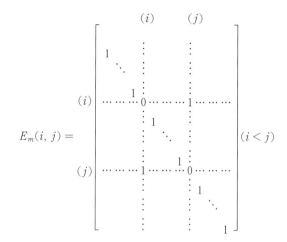

を A の左から掛けて $E_m(i,j)A$ とする. ここで, $E_m(i,j)$ は置換行列である.
(iii) 第 i 行を c 倍して第 j 行に加える:
(iii-a) $i < j$ のとき:

$$E_m(i,j;c) = \begin{matrix} \\ \\ (i) \\ \\ (j) \\ \\ \end{matrix}\begin{bmatrix} 1 & & & & & \\ & \ddots & & & & \\ & & 1 & \cdots & 0 & \\ & & & \ddots & & \\ & & c & \cdots & 1 & \\ & & & & & \ddots \\ & & & & & & 1 \end{bmatrix}$$

を A の左から掛けて $E_m(i,j;c)A$ とする.
(iii-b) $i > j$ のとき:

$$E_m(i,j;c) = \begin{matrix} \\ \\ (j) \\ \\ (i) \\ \\ \end{matrix}\begin{bmatrix} 1 & & & & & \\ & \ddots & & & & \\ & & 1 & \cdots & c & \\ & & & \ddots & & \\ & & 0 & \cdots & 1 & \\ & & & & & \ddots \\ & & & & & & 1 \end{bmatrix}$$

を A の左から掛けて $E_m(i,j;c)A$ とする.

例 3.1.7. $A = \begin{bmatrix} a_{11} & a_{12} & a_{13} & a_{14} \\ a_{21} & a_{22} & a_{23} & a_{24} \\ a_{31} & a_{32} & a_{33} & a_{34} \end{bmatrix}$ のとき行の基本変形は次のようになる.
(i) 第 2 行を c 倍する:

$$E_3(2; c) = \begin{bmatrix} 1 & 0 & 0 \\ 0 & c & 0 \\ 0 & 0 & 1 \end{bmatrix}$$

に対して

$$E_3(2; c)A = \begin{bmatrix} a_{11} & a_{12} & a_{13} & a_{14} \\ ca_{21} & ca_{22} & ca_{23} & ca_{24} \\ a_{31} & a_{32} & a_{33} & a_{34} \end{bmatrix}$$

(ii) 第1行と第3行を入れ替える:

$$E_3(1, 3) = \begin{bmatrix} 0 & 0 & 1 \\ 0 & 1 & 0 \\ 1 & 0 & 0 \end{bmatrix}$$

に対して

$$E_3(1, 3)A = \begin{bmatrix} a_{31} & a_{32} & a_{33} & a_{34} \\ a_{21} & a_{22} & a_{23} & a_{24} \\ a_{11} & a_{12} & a_{13} & a_{14} \end{bmatrix}$$

(iii) 第3行を c 倍して第2行に加える:

$$E_3(3, 2; c) = \begin{bmatrix} 1 & 0 & 0 \\ 0 & 1 & c \\ 0 & 0 & 1 \end{bmatrix}$$

に対して

$E_3(3, 2; c)A$

$$= \begin{bmatrix} a_{11} & a_{12} & a_{13} & a_{14} \\ a_{21}+ca_{31} & a_{22}+ca_{32} & a_{23}+ca_{33} & a_{24}+ca_{34} \\ a_{31} & a_{32} & a_{33} & a_{34} \end{bmatrix}$$

行の基本行列は以下のような性質をもっている.

定理3.1.7. (1) 基本行列は正則である.

(2) 基本行列の逆行列もまた基本行列である.

(3) $E_m(i; c)^{-1} = E_m\left(i; \dfrac{1}{c}\right)$

(4) $E_m(i, j)^{-1} = E_m(i, j)$

(5) $E_m(i, j; c)^{-1} = E_m(i, j; -c)$

(6) $E_m(i; c)^T = E_m(i; c)$

(7) $E_m(i, j)^T = E_m(i, j)$

(8) $E_m(i, j; c)^T = E_m(j, i; c)$

行の基本変形と同様に,3つの操作を列に対して行うことを列に関する基本変形 (elementary column operation) という.$m \times n$ 行列 A の第 i 列を c 倍して第 j 列に加える操作は,行列 A の転置行列 A^T の第 i 行を c 倍して第 j 行に加える操作に対応するので $E_n(i, j; c)A^T$ を考えればよい.よって定理 3.1.7 の (8) より,もとの行列 A に対しては $AE_n(i, j; c)^T =$

$AE_n(j, i; c)$ を計算すればよいことがわかる.

(i) 第 i 列を c 倍する:
与えられた $m \times n$ 行列 A に対して,$AE_n(i; c)$ とする.

(ii) 第 i 列と第 j 列を入れ替える:
与えられた行列 A に対して,$AE_n(i, j)$ とする.

(iii) 第 i 列を c 倍して第 j 列に加える:
与えられた行列 A に対して,$AE_n(j, i; c)$ とする.

例3.1.8. $A = \begin{bmatrix} a_{11} & a_{12} & a_{13} & a_{14} \\ a_{21} & a_{22} & a_{23} & a_{24} \\ a_{31} & a_{32} & a_{33} & a_{34} \end{bmatrix}$ のとき列の基本変形は次のようになる.

(i) 第2列を c 倍する:

$$E_4(2; c) = \begin{bmatrix} 1 & 0 & 0 & 0 \\ 0 & c & 0 & 0 \\ 0 & 0 & 1 & 0 \\ 0 & 0 & 0 & 1 \end{bmatrix}$$

に対して

$$AE_4(2; c) = \begin{bmatrix} a_{11} & ca_{12} & a_{13} & a_{14} \\ a_{21} & ca_{22} & a_{23} & a_{24} \\ a_{31} & ca_{32} & a_{33} & a_{34} \end{bmatrix}$$

(ii) 第1列と第3列を入れ替える:

$$E_4(1, 3) = \begin{bmatrix} 0 & 0 & 1 & 0 \\ 0 & 1 & 0 & 0 \\ 1 & 0 & 0 & 0 \\ 0 & 0 & 0 & 1 \end{bmatrix}$$

に対して

$$AE_4(1, 3) = \begin{bmatrix} a_{13} & a_{12} & a_{11} & a_{14} \\ a_{23} & a_{22} & a_{21} & a_{24} \\ a_{33} & a_{32} & a_{31} & a_{34} \end{bmatrix}$$

(iii) 第3列を c 倍して第2列に加える:

$$E_4(2, 3; c) = \begin{bmatrix} 1 & 0 & 0 & 0 \\ 0 & 1 & 0 & 0 \\ 0 & c & 1 & 0 \\ 0 & 0 & 0 & 1 \end{bmatrix}$$

に対して

$$AE_4(2,3;c) = \begin{bmatrix} a_{11} & a_{12}+ca_{13} & a_{13} & a_{14} \\ a_{21} & a_{22}+ca_{23} & a_{23} & a_{24} \\ a_{31} & a_{32}+ca_{33} & a_{33} & a_{34} \end{bmatrix}$$

3.1.10 階段行列と掃き出し法

次の条件を満たす $m \times n$ 行列を **階段行列 (step matrix, echelon matrix)** という．

(i) ある整数 $r (0 \le r \le \min(m,n))$ に対して (k, j_k) 成分 p_{j_k} は $p_{j_k} \ne 0 (k=1, \dots, r)$ となる．ただし，$1 \le j_1 < j_2 < \cdots < j_r \le n$ であるとする (零行列のときは $r=0$ である)．

(ii) $j_1 - 1$ 列までの列ベクトルはすべて零ベクトルである．

(iii) j_k 列から $j_{k+1} - 1$ 列までの列ベクトルにおいて，$k+1$ 行から m 行までの成分はすべて 0 である ($k=r$ のときは，j_r 列から n 列までの列ベクトルにおいて $r+1$ 行から m 行までの成分はすべて 0 である)．

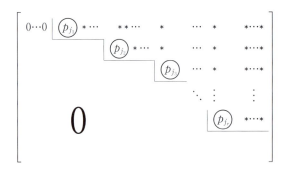

上記において * 印はスカラーである．また，$p_{j_k} (k = 1, \dots, r)$ を **ピボット (pivot)** あるいは **軸** という．特に各ピボットが 1 であるような階段行列を **行標準形 (row-echelon form)** とよぶこともある．行標準形は各 k 行を $1/p_{j_k}$ 倍すれば得られる．

定理 3.1.8. 任意の $m \times n$ 行列 A は何回かの行に関する基本変形によって (行標準形の) 階段行列にできる．

以下のような行に関する基本変形の手順を実行すれば，任意の $m \times n$ 行列 A を行標準形の階段行列に変形することができる．この手順を **掃き出し法 (sweep-out method)** とよぶ．

(Step 0) $m \times n$ 行列 $A = [a_{ij}]$ が与えられる．
(Step 1) 第 j_1 列を零ベクトルでない最初の列とする．
(Step 2) 第 j_1 列における 0 でない成分 p_{j_1} を選ぶ (これを i 行目の成分とする)．
(Step 3) 第 1 行と第 i 行を入れ替える (すなわち行列の左から $E_m(1, i)$ を掛ける)．このとき p_{j_1} がピボットになる．
(Step 4) (入れ替えてできた新しい) 第 1 行を $1/p_{j_1}$ 倍する (すなわち行列の左から $E_m(1; 1/p_{j_1})$ を掛ける) と

$$A \longrightarrow \begin{bmatrix} 0 & \cdots & 0 & ① & * & \cdots & * \\ 0 & \cdots & 0 & * & * & \cdots & * \\ \vdots & & \vdots & \vdots & \vdots & & \vdots \\ 0 & \cdots & 0 & * & * & \cdots & * \end{bmatrix}$$

となる．
(Step 5) $k \ge 2$ に対して (k, j_1) 成分の値 b が 0 でないならば，第 1 行を $-b$ 倍して第 k 行に加えて (すなわち行列の左から $E_m(1, k; -b)$ を掛けて) (k, j_1) 成分を 0 にする．このことを $k = 2, 3, \dots, m$ について行うと

$$\longrightarrow \begin{bmatrix} 0 & \cdots & 0 & ① & * & \cdots & * \\ 0 & \cdots & 0 & 0 & & & \\ \vdots & & \vdots & \vdots & & A_1 & \\ 0 & \cdots & 0 & 0 & & & \end{bmatrix}$$

となる．ここで A_1 は $(m-1) \times (n-j_1)$ 型の小行列である．
(Step 6) 小行列 A_1 について (Step 1) から (Step 5) の手順を実行すれば

$$\longrightarrow \begin{bmatrix} 0 & \cdots & 0 & ① & * & \cdots & * & * & \cdots & * \\ 0 & \cdots & 0 & 0 & 0 & \cdots & 0 & ① & * & \cdots & * \\ 0 & \cdots & 0 & 0 & 0 & \cdots & 0 & 0 & & & \\ \vdots & & \vdots & \vdots & \vdots & & \vdots & 0 & & A_2 & \\ 0 & \cdots & 0 & 0 & 0 & \cdots & 0 & 0 & & & \end{bmatrix}$$

となる．ここで A_2 は $(m-2) \times (n-j_2)$ 型の小行列である．
(Step 7) 以下，上記と同様の手順を繰り返していけば行標準形の階段行列が得られる．

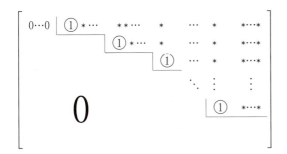

(Step 8) (Step 7) までは各ピボットの列においてピボットよりも下にある成分を 0 にしたが，(Step 5) と同様の手順をピボットよりも上にある成分に適用すれば，次のようになる．

$$\begin{bmatrix} 0\cdots 0 & ① *\cdots & 0 *\cdots & 0 & \cdots & 0 & *\cdots* \\ & & ① *\cdots & 0 & \cdots & 0 & *\cdots* \\ & & & ① & \cdots & \vdots & *\cdots* \\ & & & & \ddots & 0 & \vdots \\ & \text{\huge 0} & & & & ① & *\cdots* \end{bmatrix}$$

(Step 9) 次に列に関する基本変形として列ベクトル同士の入れ替えを繰り返していけば，次のような分割行列に変形できる．これを縮約行標準形 (**reduced row-echelon form**) という．

$$\longrightarrow \begin{bmatrix} I_r & A' \\ O_{m-r,r} & O_{m-r,n-r} \end{bmatrix}$$

ただし，A' は $r\times(n-r)$ 行列である．

(Step 10) さらに列に関する基本変形として第 1 列から第 r 列に適当な数を掛けて A' の部分を零行列にすれば，最終的に次のような分割行列に変形できる．これを標準形という．

$$\longrightarrow \begin{bmatrix} I_r & O_{r,n-r} \\ O_{m-r,r} & O_{m-r,n-r} \end{bmatrix}$$

以上のことをまとめると，任意の $m\times n$ 行列 A は何回かの行と列に関する基本変形によって縮約標準形に変形できる．すなわち，s 個の行に関する基本行列 $L_1, L_2, \ldots, L_s$ と t 個の列に関する基本行列 $R_1, R_2, \ldots, R_t$ に対して

$$L_s\cdots L_2 L_1\, A\, R_1 R_2 \cdots R_t = \begin{bmatrix} I_r & A' \\ O_{m-r,r} & O_{m-r,n-r} \end{bmatrix}$$

とすることができる．さらに列に関する基本変形を繰り返して A' の部分を零行列に変形すれば

$$L_s\cdots L_2 L_1\, A\, R_1 R_2 \cdots R_t (R_{t+1}\cdots R_u)$$
$$= \begin{bmatrix} I_r & O_{r,n-r} \\ O_{m-r,r} & O_{m-r,n-r} \end{bmatrix}$$

とすることができる．ここで

$$P = L_s\cdots L_2 L_1, \quad Q = R_1 R_2 \cdots R_t$$

もしくは

$$Q = R_1 R_2 \cdots R_t (R_{t+1}\cdots R_u)$$

とおくと，基本行列が正則であることより，次の定理が得られる．

定理 3.1.9. 任意の $m\times n$ 行列 A に対して，m 次正則行列 P と n 次正則行列 Q が存在して，縮約標準形

$$PAQ = \begin{bmatrix} I_r & A' \\ O_{m-r,r} & O_{m-r,n-r} \end{bmatrix} \quad (3.1.3)$$

または標準形

$$PAQ = \begin{bmatrix} I_r & O_{r,n-r} \\ O_{m-r,r} & O_{m-r,n-r} \end{bmatrix} \quad (3.1.4)$$

とすることができる．このとき，r は A のみによって一意に定まる．

3.1.11 行列のランク

$m\times n$ 行列 A に対して定理 3.1.9 で定まる r を行列 A の階数 (**rank**) またはランクといい，rank A もしくは $r(A)$ と表す．行列のランクを求めるには掃き出し法を適用して A を階段行列に変形してピボットの個数を求めればよい．行列のランクについて以下の定理が成り立つ．

定理 3.1.10. (1) $m\times n$ 行列 A に対して $0 \le \operatorname{rank} A \le \min(m, n)$ が成り立つ．
(2) rank A = rank A^T
(3) $m\times n$ 行列 A が与えられたとき，G が m 次正則行列，H が n 次正則行列ならば，rank (GAH) = rank A となる．
(4) n 次正方行列 A に対して，A が正則であるための必要十分条件は rank $A = n$ が成り立つことである．

例題 3.1.1. 次の行列を階段行列および標準形に変形

46 3. 線形代数

して，行列のランクを求めよ．

$$A = \begin{bmatrix} 2 & 4 & 1 & 2 & -2 \\ 1 & 2 & -1 & -2 & 1 \\ -2 & -4 & 2 & 4 & -2 \\ 1 & 2 & 3 & 6 & -3 \end{bmatrix}$$

解答 以下では，説明のために基本行列を一つ一つ記述することにする．

・第1行をピボット2で割って標準化する：

$$L_1 = \begin{bmatrix} \frac{1}{2} & 0 & 0 & 0 \\ 0 & 1 & 0 & 0 \\ 0 & 0 & 1 & 0 \\ 0 & 0 & 0 & 1 \end{bmatrix}$$

に対して

$$\tilde{A}_1 = L_1 A = \begin{bmatrix} 1 & 2 & \frac{1}{2} & 1 & -1 \\ 1 & 2 & -1 & -2 & 1 \\ -2 & -4 & 2 & 4 & -2 \\ 1 & 2 & 3 & 6 & -3 \end{bmatrix}$$

・第1列のピボットよりも下にある成分を0にする：

$$L_2 = \begin{bmatrix} 1 & 0 & 0 & 0 \\ -1 & 1 & 0 & 0 \\ 0 & 0 & 1 & 0 \\ 0 & 0 & 0 & 1 \end{bmatrix}, \quad L_3 = \begin{bmatrix} 1 & 0 & 0 & 0 \\ 0 & 1 & 0 & 0 \\ 2 & 0 & 1 & 0 \\ 0 & 0 & 0 & 1 \end{bmatrix}$$

$$L_4 = \begin{bmatrix} 1 & 0 & 0 & 0 \\ 0 & 1 & 0 & 0 \\ 0 & 0 & 1 & 0 \\ -1 & 0 & 0 & 1 \end{bmatrix}$$

に対して

$$\tilde{A}_2 = L_4 L_3 L_2 \tilde{A}_1 = \begin{bmatrix} 1 & 2 & \frac{1}{2} & 1 & -1 \\ 0 & 0 & -\frac{3}{2} & -3 & 2 \\ 0 & 0 & 3 & 6 & -4 \\ 0 & 0 & \frac{5}{2} & 5 & -2 \end{bmatrix}$$

・第2行をピボット $-\frac{3}{2}$ で割って標準化する：

$$L_5 = \begin{bmatrix} 1 & 0 & 0 & 0 \\ 0 & -\frac{2}{3} & 0 & 0 \\ 0 & 0 & 1 & 0 \\ 0 & 0 & 0 & 1 \end{bmatrix}$$

に対して

$$\tilde{A}_3 = L_5 \tilde{A}_2 = \begin{bmatrix} 1 & 2 & \frac{1}{2} & 1 & -1 \\ 0 & 0 & 1 & 2 & -\frac{4}{3} \\ 0 & 0 & 3 & 6 & -4 \\ 0 & 0 & \frac{5}{2} & 5 & -2 \end{bmatrix}$$

・第3列のピボットよりも下にある成分を0にする：

$$L_6 = \begin{bmatrix} 1 & 0 & 0 & 0 \\ 0 & 1 & 0 & 0 \\ 0 & -3 & 1 & 0 \\ 0 & 0 & 0 & 1 \end{bmatrix}, \quad L_7 = \begin{bmatrix} 1 & 0 & 0 & 0 \\ 0 & 1 & 0 & 0 \\ 0 & 0 & 1 & 0 \\ 0 & -\frac{5}{2} & 0 & 1 \end{bmatrix}$$

に対して

$$\tilde{A}_4 = L_7 L_6 \tilde{A}_3 = \begin{bmatrix} 1 & 2 & \frac{1}{2} & 1 & -1 \\ 0 & 0 & 1 & 2 & -\frac{4}{3} \\ 0 & 0 & 0 & 0 & 0 \\ 0 & 0 & 0 & 0 & \frac{4}{3} \end{bmatrix}$$

・第3行と第4行を入れ替える：

$$L_8 = \begin{bmatrix} 1 & 0 & 0 & 0 \\ 0 & 1 & 0 & 0 \\ 0 & 0 & 0 & 1 \\ 0 & 0 & 1 & 0 \end{bmatrix}$$

に対して

$$\tilde{A}_5 = L_8 \tilde{A}_4 = \begin{bmatrix} 1 & 2 & \frac{1}{2} & 1 & -1 \\ 0 & 0 & 1 & 2 & -\frac{4}{3} \\ 0 & 0 & 0 & 0 & \frac{4}{3} \\ 0 & 0 & 0 & 0 & 0 \end{bmatrix}$$

・第3行をピボット $\frac{4}{3}$ で割って標準化する：

$$L_9 = \begin{bmatrix} 1 & 0 & 0 & 0 \\ 0 & 1 & 0 & 0 \\ 0 & 0 & \frac{3}{4} & 0 \\ 0 & 0 & 0 & 1 \end{bmatrix}$$

に対して

$$\tilde{A}_6 = L_9 \tilde{A}_5 = \begin{bmatrix} ① & 2 & \frac{1}{2} & 1 & -1 \\ 0 & 0 & ① & 2 & -\frac{4}{3} \\ 0 & 0 & 0 & 0 & ① \\ 0 & 0 & 0 & 0 & 0 \end{bmatrix}$$

以上の手順をまとめれば

$$L_9 \cdots L_2 L_1\, A = \tilde{A}_6$$

となり，階段行列が得られた．このとき行列のランク

は rank $A = 3$ であることがわかる.

・次に各ピボットの列において,ピボットよりも上にある要素を 0 にしていく.この場合,第 3 列と第 5 列のどちらから処理してもかまわないが,うしろから処理していった方が計算が楽になるので,第 5 列から処理をする:

$$L_{10} = \begin{bmatrix} 1 & 0 & 0 & 0 \\ 0 & 1 & \frac{4}{3} & 0 \\ 0 & 0 & 1 & 0 \\ 0 & 0 & 0 & 1 \end{bmatrix}, \quad L_{11} = \begin{bmatrix} 1 & 0 & 1 & 0 \\ 0 & 1 & 0 & 0 \\ 0 & 0 & 1 & 0 \\ 0 & 0 & 0 & 1 \end{bmatrix}$$

に対して

$$\tilde{A}_7 = L_{11}L_{10}\tilde{A}_6 = \begin{bmatrix} 1 & 2 & \frac{1}{2} & 1 & 0 \\ 0 & 0 & 1 & 2 & 0 \\ 0 & 0 & 0 & 0 & 1 \\ 0 & 0 & 0 & 0 & 0 \end{bmatrix}$$

・第 3 列でピボットよりも上にある要素を 0 にする:

$$L_{12} = \begin{bmatrix} 1 & -\frac{1}{2} & 0 & 0 \\ 0 & 1 & 0 & 0 \\ 0 & 0 & 1 & 0 \\ 0 & 0 & 0 & 1 \end{bmatrix}$$

に対して

$$\tilde{A}_8 = L_{12}\tilde{A}_7 = \begin{bmatrix} 1 & 2 & 0 & 0 & 0 \\ 0 & 0 & 1 & 2 & 0 \\ 0 & 0 & 0 & 0 & 1 \\ 0 & 0 & 0 & 0 & 0 \end{bmatrix}$$

・ピボット列を左側に集めるために第 2 列と第 3 列を入れ替える:

$$R_1 = \begin{bmatrix} 1 & 0 & 0 & 0 & 0 \\ 0 & 0 & 1 & 0 & 0 \\ 0 & 1 & 0 & 0 & 0 \\ 0 & 0 & 0 & 1 & 0 \\ 0 & 0 & 0 & 0 & 1 \end{bmatrix}$$

に対して

$$\tilde{A}_9 = \tilde{A}_8 R_1 = \begin{bmatrix} 1 & 0 & 2 & 0 & 0 \\ 0 & 1 & 0 & 2 & 0 \\ 0 & 0 & 0 & 0 & 1 \\ 0 & 0 & 0 & 0 & 0 \end{bmatrix}$$

・第 3 列と第 5 列を入れ替える:

$$R_2 = \begin{bmatrix} 1 & 0 & 0 & 0 & 0 \\ 0 & 1 & 0 & 0 & 0 \\ 0 & 0 & 0 & 0 & 1 \\ 0 & 0 & 0 & 1 & 0 \\ 0 & 0 & 1 & 0 & 0 \end{bmatrix}$$

に対して

$$\tilde{A}_{10} = \tilde{A}_9 R_2 = \begin{bmatrix} 1 & 0 & 0 & 0 & 2 \\ 0 & 1 & 0 & 2 & 0 \\ 0 & 0 & 1 & 0 & 0 \\ 0 & 0 & 0 & 0 & 0 \end{bmatrix}$$

・第 4 列と第 5 列の成分をすべて 0 にして標準形に変形する:

$$R_3 = \begin{bmatrix} 1 & 0 & 0 & 0 & 0 \\ 0 & 1 & 0 & -2 & 0 \\ 0 & 0 & 1 & 0 & 0 \\ 0 & 0 & 0 & 1 & 0 \\ 0 & 0 & 0 & 0 & 1 \end{bmatrix}, \quad R_4 = \begin{bmatrix} 1 & 0 & 0 & 0 & -2 \\ 0 & 1 & 0 & 0 & 0 \\ 0 & 0 & 1 & 0 & 0 \\ 0 & 0 & 0 & 1 & 0 \\ 0 & 0 & 0 & 0 & 1 \end{bmatrix}$$

に対して

$$\tilde{A}_{11} = \tilde{A}_{10}R_3 R_4 = \left[\begin{array}{ccc|cc} 1 & 0 & 0 & 0 & 0 \\ 0 & 1 & 0 & 0 & 0 \\ 0 & 0 & 1 & 0 & 0 \\ \hline 0 & 0 & 0 & 0 & 0 \end{array} \right]$$

以上をまとめると

$$P = L_{12}\cdots L_2 L_1, \quad Q = R_1 R_2 R_3 R_4$$

に対して最終的に次の標準形が得られる.

$$PAQ = \begin{bmatrix} I_3 & O_{3,2} \\ O_{1,3} & O_{1,2} \end{bmatrix}$$

3.1.12 掃き出し法による逆行列の計算

定理 3.1.10 の (4) より,A が正則ならば行に関する基本行列 $L_1, L_2, \ldots, L_s$ がとれて

$$L_s\cdots L_2 L_1\, A = I$$

とすることができる(逆にこのような基本行列 $L_1, L_2, \ldots, L_s$ が選べれば A は正則になる).このとき,上式の両辺で右から A^{-1} を掛ければ

$$L_s\cdots L_2 L_1\, I = A^{-1}$$

となるので,拡大行列 $[A \mid I]$ に行に関する基本変形(掃き出し法)を施せば

48　3. 線形代数

$$L_s \cdots L_2 L_1 [A \mid I] = [I \mid A^{-1}]$$

のように A の逆行列が計算できることがわかる.

例題 3.1.2. 掃き出し法を用いて次の行列の逆行列を求めよ.

$$A = \begin{bmatrix} 1 & -1 & 0 \\ 2 & 3 & -2 \\ -2 & 0 & 1 \end{bmatrix}$$

解答　(Step 1) 拡大行列 $[A \mid I]$ を作り,ピボットの行(第1行)を標準化する(この場合は $(1,1)$ 成分が初めから1なので標準化の手順は不要).第1列のピボット以外の成分を0にする(すなわち,ピボットの行をそれぞれ -2 倍,2倍して第2行,第3行に加える).

$$\begin{bmatrix} 1 & -1 & 0 & | & 1 & 0 & 0 \\ 2 & 3 & -2 & | & 0 & 1 & 0 \\ -2 & 0 & 1 & | & 0 & 0 & 1 \end{bmatrix}$$

$$\longrightarrow \begin{bmatrix} 1 & -1 & 0 & | & 1 & 0 & 0 \\ 0 & 5 & -2 & | & -2 & 1 & 0 \\ 0 & -2 & 1 & | & 2 & 0 & 1 \end{bmatrix}$$

(Step 2) ピボットの行(第2行)を標準化する(すなわち,第2行を5で割る).第2列のピボット以外の成分を0にする(すなわち,標準化されたピボットの行をそれぞれ1倍,2倍して第1行,第3行に加える).

$$\longrightarrow \begin{bmatrix} 1 & -1 & 0 & | & 1 & 0 & 0 \\ 0 & 1 & -\frac{2}{5} & | & -\frac{2}{5} & \frac{1}{5} & 0 \\ 0 & -2 & 1 & | & 2 & 0 & 1 \end{bmatrix}$$

$$\longrightarrow \begin{bmatrix} 1 & 0 & -\frac{2}{5} & | & \frac{3}{5} & \frac{1}{5} & 0 \\ 0 & 1 & -\frac{2}{5} & | & -\frac{2}{5} & \frac{1}{5} & 0 \\ 0 & 0 & \frac{1}{5} & | & \frac{6}{5} & \frac{2}{5} & 1 \end{bmatrix}$$

(Step 3) ピボットの行(第3行)を標準化する(すなわち,第3行を $\frac{1}{5}$ で割る).第3列のピボット以外の成分を0にする(すなわち,標準化されたピボットの行をそれぞれ $\frac{2}{5}$ 倍,$\frac{2}{5}$ 倍して第1行,第2行に加える).

$$\longrightarrow \begin{bmatrix} 1 & 0 & -\frac{2}{5} & | & \frac{3}{5} & \frac{1}{5} & 0 \\ 0 & 1 & -\frac{2}{5} & | & -\frac{2}{5} & \frac{1}{5} & 0 \\ 0 & 0 & 1 & | & 6 & 2 & 5 \end{bmatrix}$$

$$\longrightarrow \begin{bmatrix} 1 & 0 & 0 & | & 3 & 1 & 2 \\ 0 & 1 & 0 & | & 2 & 1 & 2 \\ 0 & 0 & 1 & | & 6 & 2 & 5 \end{bmatrix}$$

以上の手順より,求める逆行列は

$$A^{-1} = \begin{bmatrix} 3 & 1 & 2 \\ 2 & 1 & 2 \\ 6 & 2 & 5 \end{bmatrix}$$

である.

　上記の手順では第1列,第2列,第3列の順番に掃き出して行ったが,(Step 1)で $(3,3)$ 成分が1であることを考慮して第3列から先に掃き出すと少し計算が楽になる.

(Step 2′) 第3行を2倍して第2行に加える.

$$\longrightarrow \begin{bmatrix} 1 & -1 & 0 & | & 1 & 0 & 0 \\ 0 & 1 & 0 & | & 2 & 1 & 2 \\ 0 & -2 & 1 & | & 2 & 0 & 1 \end{bmatrix}$$

(Step 3′) 第2行をそれぞれ1倍,2倍して第1行,第3行に加える.

$$\longrightarrow \begin{bmatrix} 1 & 0 & 0 & | & 3 & 1 & 2 \\ 0 & 1 & 0 & | & 2 & 1 & 2 \\ 0 & 0 & 1 & | & 6 & 2 & 5 \end{bmatrix}$$

3.2　行　列　式

3.2.1　置　換

　n を自然数としたとき,有限集合 $N = \{1, 2, \ldots, n\}$ に対して N から N への1対1写像 $\sigma : N \to N$ を N 上の**置換 (permutation)** という.ここで,$\sigma(i) = p_i (i = 1, 2, \ldots, n)$ のとき,

$$\sigma = \begin{pmatrix} 1 & \cdots & i & \cdots & n \\ \sigma(1) & \cdots & \sigma(i) & \cdots & \sigma(n) \end{pmatrix}$$

$$= \begin{pmatrix} 1 & \cdots & i & \cdots & n \\ p_1 & \cdots & p_i & \cdots & p_n \end{pmatrix}$$

と表す.この記号は上段の i を下段の $\sigma(i) = p_i$ に写すことを意味している.したがって,N 上の置換の個数は全部で $n!$ 個ある.このとき,N 上の置換全体

からなる集合を S_n で表す. 置換については第 5 章で説明があるので, ここでは最小限の解説にとどめる.

恒等写像 $\sigma(i) = i (i = 1, 2, \ldots, n)$ を恒等置換といい, e で表して

$$e = \begin{pmatrix} 1 & 2 & 3 & \cdots & n \\ 1 & 2 & 3 & \cdots & n \end{pmatrix}$$

である.

σ の逆写像 σ^{-1} を逆置換といい

$$\sigma^{-1} = \begin{pmatrix} 1 & 2 & 3 & \cdots & n \\ \sigma^{-1}(1) & \sigma^{-1}(2) & \sigma^{-1}(3) & \cdots & \sigma^{-1}(n) \end{pmatrix}$$

$$= \begin{pmatrix} \sigma(1) & \sigma(2) & \sigma(3) & \cdots & \sigma(n) \\ 1 & 2 & 3 & \cdots & n \end{pmatrix}$$

$$= \begin{pmatrix} p_1 & p_2 & p_3 & \cdots & p_n \\ 1 & 2 & 3 & \cdots & n \end{pmatrix}$$

である.

S_n の 2 つの置換

$$\sigma = \begin{pmatrix} 1 & 2 & 3 & \cdots & n \\ \sigma(1) & \sigma(2) & \sigma(3) & \cdots & \sigma(n) \end{pmatrix},$$

$$\tau = \begin{pmatrix} 1 & 2 & 3 & \cdots & n \\ \tau(1) & \tau(2) & \tau(3) & \cdots & \tau(n) \end{pmatrix}$$

に対して, その積 $\tau\sigma$ を合成写像

$$\tau\sigma = \begin{pmatrix} 1 & 2 & 3 & \cdots & n \\ \tau(\sigma(1)) & \tau(\sigma(2)) & \tau(\sigma(3)) & \cdots & \tau(\sigma(n)) \end{pmatrix}$$

として定義する.

置換に関して, 次の性質が挙げられる.

定理 3.2.1. (1) $\sigma, \tau, \rho \in S_n$ に対して $\rho(\tau\sigma) = (\rho\tau)\sigma$

(2) $\sigma \in S_n$ に対して $e\sigma = \sigma e = \sigma$

(3) $\sigma \in S_n$ に対して $\sigma^{-1}\sigma = \sigma\sigma^{-1} = e$

(4) $\sigma, \tau \in S_n$ に対して $(\tau\sigma)^{-1} = \sigma^{-1}\tau^{-1}$

(5) $\sigma_1, \sigma_2 \in S_n$ に対して, $\sigma_1 \neq \sigma_2$ ならば $\sigma_1^{-1} \neq \sigma_2^{-1}$ が成り立つ (したがって, $S_n = \{\sigma^{-1} \mid \sigma \in S_n\}$ である).

(6) 固定した $\tau \in S_n$ が与えられたとき, $\sigma_1, \sigma_2 \in S_n$ に対して, $\sigma_1 \neq \sigma_2$ ならば $\tau\sigma_1 \neq \tau\sigma_2$ および, $\sigma_1\tau \neq \sigma_2\tau$ が成り立つ (したがって, $S_n = \{\tau\sigma \mid \sigma \in S_n\} = \{\sigma\tau \mid \sigma \in S_n\}$ である).

$\{i_1, i_2, \ldots, l_k\} \subset N = \{1, 2, \ldots, n\}$ $(1 \leq k \leq n)$ に対して

$$\begin{cases} \sigma(i_1) = i_2 \\ \sigma(i_2) = i_3 \\ \quad\vdots \\ \sigma(i_{k-1}) = i_k \\ \sigma(i_k) = i_1 \end{cases}$$

となっており, $j \in N \setminus \{i_1, i_2, \ldots, l_k\}$ に対して

$$\sigma(j) = j$$

となっている置換 σ を, 長さ k の巡回置換 (cycle) またはサイクルといい, 固定された文字を省略して,

$$\sigma = (i_1, i_2, \ldots, l_k)$$

と略記する. 特に, 長さ 2 の巡回置換 (i_1, i_2) を互換 (transposition) という.

次の定理より, 任意の置換は互換の積として表すことができることがわかる.

定理 3.2.2. (1) 任意の置換は互換の積として表すことができる.

(2) 与えられた置換を互換の積で表すとき, 互換の個数の偶奇性はその置換によりきまり, 互換の積で表す表し方にはよらない.

注意 3.2.1. 巡回置換を互換の積で表す方法は一意ではない.

以上の定理に基づいて, 置換 σ が偶数個の互換の積で表されるとき, 置換 σ は偶置換 (even permutation) であるという. 同様に, 置換 σ が奇数個の互換の積で表されるとき, 置換 σ は奇置換 (odd permutation) であるという. また, 記号 sgn を

$$\mathrm{sgn}\,\sigma = \begin{cases} 1 & (\sigma \text{ が偶置換のとき}) \\ -1 & (\sigma \text{ が奇置換のとき}) \end{cases}$$

と定義し, これを σ の符号 (signature) という. 符号に関して次の性質を得る.

命題 3.2.3. (1) $\mathrm{sgn}\,e = 1$

(2) $\mathrm{sgn}\,(\tau\sigma) = (\mathrm{sgn}\,\tau)(\mathrm{sgn}\,\sigma)$

(3) $\mathrm{sgn}\,\sigma^{-1} = \mathrm{sgn}\,\sigma$

(4) $\sigma \in S_n$ を巡回置換 $(i_1, i_2, \ldots, i_m)$ であるとするとき, $\mathrm{sgn}\,\sigma = (-1)^m$ が成り立つ.

3.2.2 行列式の定義

n 次正方行列 $A = [a_{ij}]$ に対して, 次のように定義される式

50　3.　線形代数

$$\sum_{\sigma \in S_n} (\mathrm{sgn}\,\sigma) a_{\sigma(1)1} a_{\sigma(2)2} \cdots a_{\sigma(n)n}$$

または

$$\sum_{\sigma \in S_n} (\mathrm{sgn}\,\sigma) a_{1\sigma(1)} a_{2\sigma(2)} \cdots a_{n\sigma(n)}$$

を A の**行列式 (determinant)** といい

$$\det A, \quad \det(A), \quad |A|$$

あるいは，成分表示を用いて

$$\begin{vmatrix} a_{11} & a_{12} & \cdots & a_{1n} \\ a_{21} & a_{22} & \cdots & a_{2n} \\ \vdots & \vdots & \ddots & \vdots \\ a_{n1} & a_{n2} & \cdots & a_{nn} \end{vmatrix}$$

と表す．

行列式は正方行列に対してのみ定義されるもので，$\det A$ はスカラーである．以下では，状況に応じて $\det A, \det(A), |A|$ の記号を使う．

例 3.2.1. 1 次正方行列 $A = [a_{11}]$ に対して $S_1 = \{e\}$ なので，$\mathrm{sgn}\,e = 1$ より

$$|A| = a_{11}$$

である．

例 3.2.2. 2 次正方行列 $A = \begin{bmatrix} a_{11} & a_{12} \\ a_{21} & a_{22} \end{bmatrix}$ に対して $S_2 = \{e, (1,2)\}$ なので，$\mathrm{sgn}\,e = 1,\ \mathrm{sgn}\,(1,2) = -1$ より

$$|A| = a_{11}a_{22} - a_{21}a_{12}$$

である．これは，次のようにたすき掛けで計算できる．

$$|A| = \begin{vmatrix} a_{11} & a_{12} \\ a_{21} & a_{22} \end{vmatrix} = a_{11}a_{22} - a_{21}a_{12}$$

例 3.2.3. 3 次正方行列 $A = \begin{bmatrix} a_{11} & a_{12} & a_{13} \\ a_{21} & a_{22} & a_{23} \\ a_{31} & a_{32} & a_{33} \end{bmatrix}$ に対して $S_3 = \{e, (1,2,3), (1,3,2), (1,2), (1,3), (2,3)\}$ なので，

$$\mathrm{sgn}\,e = \mathrm{sgn}\,(1,2,3) = \mathrm{sgn}\,(1,3,2) = 1,$$
$$\mathrm{sgn}\,(1,2) = \mathrm{sgn}\,(1,3) = \mathrm{sgn}\,(2,3) = -1$$

より

$$|A| = a_{11}a_{22}a_{33} + a_{21}a_{32}a_{13} + a_{31}a_{12}a_{23}$$
$$- a_{21}a_{12}a_{33} - a_{31}a_{22}a_{13} - a_{11}a_{32}a_{23}$$

である．これは，次のようにたすき掛けで計算できる．

$$|A| = \begin{vmatrix} a_{11} & a_{12} & a_{13} \\ a_{21} & a_{22} & a_{23} \\ a_{31} & a_{32} & a_{33} \end{vmatrix}$$
$$= a_{11}a_{22}a_{33} + a_{21}a_{32}a_{13} + a_{31}a_{12}a_{23}$$
$$- (a_{21}a_{12}a_{33} + a_{31}a_{22}a_{13} + a_{11}a_{32}a_{23})$$

例 3.2.2，例 3.2.3 のようにたすき掛けで行列式を求める方法を**サラス (Sarrus) の方法**という．ただし，4 次以上の行列式についてはサラスの方法のようなやり方はない．

例 3.2.4（対角行列の行列式）．

対角行列については，$\sigma(i) \neq i$ のとき $a_{\sigma(i)i} = 0$ となるので

$$\begin{vmatrix} a_{11} & & & \text{\Large 0} \\ & a_{22} & & \\ & & \ddots & \\ \text{\Large 0} & & & a_{nn} \end{vmatrix} = a_{11}a_{22}\cdots a_{nn}$$

が成り立つ．

3.2.3　行列式の多重線形性と交代性

本項では n 次正方行列 $A = [\mathbf{a}_1 \cdots \mathbf{a}_j \cdots \mathbf{a}_n]$ の行列式の性質について述べる．ここで，$\mathbf{a}_j$ は行列 A の第 j 列ベクトル

$$\mathbf{a}_j = \begin{bmatrix} a_{1j} \\ a_{2j} \\ \vdots \\ a_{nj} \end{bmatrix}$$

である．

定理 3.2.4. (1) 任意のスカラー c が与えられたとき，任意の第 j 列に対して

$$\det(\mathbf{a}_1 \cdots c\mathbf{a}_j \cdots \mathbf{a}_n) = c \det(\mathbf{a}_1 \cdots \mathbf{a}_j \cdots \mathbf{a}_n)$$

(2) 第 j 列が $\mathbf{a}_j = \mathbf{b}_j + \mathbf{c}_j$ であるとき

$$\det(\mathbf{a}_1 \cdots \mathbf{b}_j + \mathbf{c}_j \cdots \mathbf{a}_n)$$
$$= \det(\mathbf{a}_1 \cdots \mathbf{b}_j \cdots \mathbf{a}_n) + \det(\mathbf{a}_1 \cdots \mathbf{c}_j \cdots \mathbf{a}_n)$$

(3) 第 i 列と第 j 列を入れ替えると符号が変わる.

$$\det(\mathbf{a}_1\cdots\mathbf{a}_j\cdots\mathbf{a}_i\cdots\mathbf{a}_n) = -\det(\mathbf{a}_1\cdots\mathbf{a}_i\cdots\mathbf{a}_j\cdots\mathbf{a}_n)$$

(4) n 次単位行列 I_n に対して

$$|I_n| = 1$$

証明 (1)

$$\det(\mathbf{a}_1\cdots c\mathbf{a}_j\cdots\mathbf{a}_n)$$
$$= \sum_{\sigma\in S_n}(\operatorname{sgn}\sigma)a_{\sigma(1)1}\cdots(ca_{\sigma(j)j})\cdots a_{\sigma(n)n}$$
$$= c\sum_{\sigma\in S_n}(\operatorname{sgn}\sigma)a_{\sigma(1)1}\cdots a_{\sigma(j)j}\cdots a_{\sigma(n)n}$$
$$= c\det(\mathbf{a}_1\cdots\mathbf{a}_j\cdots\mathbf{a}_n)$$

(2) $\mathbf{b}_j = [b_{1j}\cdots b_{nj}]^T$, $\mathbf{c}_j = [c_{1j}\cdots c_{nj}]^T$ とすると

$$\det(\mathbf{a}_1\cdots\mathbf{b}_j+\mathbf{c}_j\cdots\mathbf{a}_n)$$
$$= \sum_{\sigma\in S_n}(\operatorname{sgn}\sigma)a_{\sigma(1)1}\cdots(b_{\sigma(j)j}+c_{\sigma(j)j})\cdots a_{\sigma(n)n}$$
$$= \sum_{\sigma\in S_n}(\operatorname{sgn}\sigma)a_{\sigma(1)1}\cdots b_{\sigma(j)j}\cdots a_{\sigma(n)n}$$
$$+ \sum_{\sigma\in S_n}(\operatorname{sgn}\sigma)a_{\sigma(1)1}\cdots c_{\sigma(j)j}\cdots a_{\sigma(n)n}$$
$$= \det(\mathbf{a}_1\cdots\mathbf{b}_j\cdots\mathbf{a}_n) + \det(\mathbf{a}_1\cdots\mathbf{c}_j\cdots\mathbf{a}_n)$$

(3) 任意の置換 $\sigma\in S_n$ に対して, 互換 (i,j) を用いて $\tau = \sigma(i,j)$ とすると,

$$\tau(i) = \sigma(j), \quad \tau(j) = \sigma(i),$$
$$\tau(k) = \sigma(k)(k\neq i,j)$$

となる. このとき, 対応 $\sigma\to\tau$ が全単射であること, および, 符号が

$$\operatorname{sgn}(\tau) = \operatorname{sgn}(\sigma(i,j)) = \operatorname{sgn}(\sigma)\operatorname{sgn}((i,j))$$
$$= -\operatorname{sgn}(\sigma)$$

となることに注意すれば

$$\det(\mathbf{a}_1\cdots\overset{(i)}{\mathbf{a}_j}\cdots\overset{(j)}{\mathbf{a}_i}\cdots\mathbf{a}_n)$$
$$= \sum_{\sigma\in S_n}(\operatorname{sgn}\sigma)a_{\sigma(1)1}\cdots a_{\sigma(i)j}\cdots a_{\sigma(j)i}\cdots a_{\sigma(n)n}$$
$$= \sum_{\tau\in S_n}(-\operatorname{sgn}\tau)a_{\tau(1)1}\cdots a_{\tau(j)j}\cdots a_{\tau(i)i}\cdots a_{\tau(n)n}$$
$$= -\sum_{\tau\in S_n}(\operatorname{sgn}\tau)a_{\tau(1)1}\cdots a_{\tau(i)i}\cdots a_{\tau(j)j}\cdots a_{\tau(n)n}$$
$$= -\det(\mathbf{a}_1\cdots\mathbf{a}_i\cdots\mathbf{a}_j\cdots\mathbf{a}_n)$$

を得る.

(4) 例 3.2.4 より明らか. □

注意 3.2.2. 定理 3.2.4 において, (1), (2) をまとめて**多重線形性 (multilinear)** とよび, (3) を交代性と

いう.

上記の定理では, 行列 $A = [\mathbf{a}_1\mathbf{a}_2\cdots\mathbf{a}_n]$ の行列式 $\det A$ が 4 つの性質をもつことを述べたが, 逆に 4 つの性質から行列式を導くこともできる. すなわち, 以下のことが成り立つ.

> n 個のベクトル $\mathbf{a}_1, \mathbf{a}_2, \ldots, \mathbf{a}_n$ からスカラーへの関数 $F(\mathbf{a}_1, \mathbf{a}_2, \ldots, \mathbf{a}_n)$ が
>
> (i) 多重線形性
>
> $$F(\mathbf{a}_1, \ldots, \mathbf{b}_j+\mathbf{c}_j, \ldots, \mathbf{a}_n)$$
> $$= F(\mathbf{a}_1, \ldots, \mathbf{b}_j, \ldots, \mathbf{a}_n)$$
> $$+ F(\mathbf{a}_1, \ldots, \mathbf{c}_j, \ldots, \mathbf{a}_n)$$
> $$F(\mathbf{a}_1, \ldots, c\mathbf{a}_j, \ldots, \mathbf{a}_n) = cF(\mathbf{a}_1, \ldots, \mathbf{a}_j, \ldots, \mathbf{a}_n)$$
>
> (ii) 交代性
>
> $$F(\mathbf{a}_1, \ldots, \mathbf{a}_j, \ldots, \mathbf{a}_i, \ldots, \mathbf{a}_n)$$
> $$= -F(\mathbf{a}_1, \ldots, \mathbf{a}_i, \ldots, \mathbf{a}_j, \ldots, \mathbf{a}_n)$$
>
> を満たし, かつ, 基本ベクトル
>
> $$\mathbf{e}_j = (0\cdots010\cdots0)^T \quad (j=1, \ldots, n) \qquad (3.2.1)$$
>
> に対して
>
> $$F(\mathbf{e}_1, \ldots, \mathbf{e}_j, \ldots, \mathbf{e}_n) = 1$$
>
> を満足するならば,
>
> $$F(\mathbf{a}_1, \mathbf{a}_2, \ldots, \mathbf{a}_n) = \det(\mathbf{a}_1\mathbf{a}_2\cdots\mathbf{a}_n)$$
>
> になる.

3.2.4 行列式の性質

次の定理は, 列に関する行列式の性質が行に関しても成立することを示している.

定理 3.2.5 (行列式の転置不変性). $|A^T| = |A|$

証明 転置行列と行列式の定義から

$$|A^T| = \sum_{\sigma\in S_n}(\operatorname{sgn}\sigma)a_{1\sigma(1)}a_{2\sigma(2)}\cdots a_{n\sigma(n)}$$

となる. ここで, 各項 $a_{1\sigma(1)}a_{2\sigma(2)}\cdots a_{n\sigma(n)}$ を第 2 添字の順番に並べかえると $a_{\sigma^{-1}(1)1}a_{\sigma^{-1}(2)2}\cdots a_{\sigma^{-1}(n)n}$ となること, および, 命題 3.2.3 より, 結局,

$$|A^T| = \sum_{\sigma^{-1}\in S_n}(\operatorname{sgn}\sigma^{-1})a_{\sigma^{-1}(1)1}a_{\sigma^{-1}(2)2}\cdots a_{\sigma^{-1}(n)n}$$
$$= |A|$$

を得る. □

以下に述べる行列式の性質は, 実際に行列式の計算

52　3.　線 形 代 数

をする際に役に立つ.

定理 3.2.6. n 次正方行列 $A = [\mathbf{a}_1 \mathbf{a}_2 \cdots \mathbf{a}_n]$ に対して以下のことが成り立つ.

(1) 行ベクトルに関して多重線形性と交代性が成り立つ.

(2) スカラー c に対して,

$$|cA| = c^n|A|, \quad |-A| = (-1)^n|A|$$

(3) どれかの列ベクトルまたは行ベクトルが零ベクトルならば, $|A| = 0$ である.

(4) ある列ベクトルと他の列ベクトルが等しいならば(あるいは, ある行ベクトルと他の行ベクトルが等しいならば), $|A| = 0$ である.

(5) 下三角行列について

$$\begin{vmatrix} a_{11} & 0 & \cdots & \cdots & 0 \\ a_{21} & a_{22} & 0 & \cdots & 0 \\ \vdots & & \ddots & \ddots & \vdots \\ \vdots & & & \ddots & 0 \\ a_{n1} & \cdots & \cdots & & a_{nn} \end{vmatrix} = a_{11}a_{22}\cdots a_{nn}$$

が成り立つ. 同様に, 上三角行列について

$$\begin{vmatrix} a_{11} & a_{12} & \cdots & \cdots & a_{1n} \\ 0 & a_{22} & \cdots & \cdots & a_{2n} \\ \vdots & 0 & \ddots & & \vdots \\ \vdots & & \ddots & \ddots & \vdots \\ 0 & \cdots & \cdots & 0 & a_{nn} \end{vmatrix} = a_{11}a_{22}\cdots a_{nn}$$

が成り立つ.

(6) A の第 j 列の c 倍を第 i 列に加えても行列式の値は変わらない. すなわち,

$$\det(\mathbf{a}_1 \cdots \mathbf{a}_i + c\mathbf{a}_j \cdots \mathbf{a}_j \cdots \mathbf{a}_n) = \det(\mathbf{a}_1 \cdots \mathbf{a}_i \cdots \mathbf{a}_j \cdots \mathbf{a}_n)$$

同様に, A の第 j 行の c 倍を第 i 行に加えても行列式の値は変わらない.

証明　(1), (2), (3) は定理 3.2.5 と行列式の定義より明らか.

(4) $i \neq j$ に対して $\mathbf{a}_i = \mathbf{a}_j = \mathbf{b}$ であるとき, 第 i 列と第 j 列を入れ替えれば,

$$\begin{aligned} |A| &= \det(\mathbf{a}_1 \cdots \mathbf{b} \cdots \mathbf{b} \cdots \mathbf{a}_n) \\ &= -\det(\mathbf{a}_1 \cdots \mathbf{b} \cdots \mathbf{b} \cdots \mathbf{a}_n) \\ &= -|A| \end{aligned}$$

となるので, $|A| = 0$ を得る.

(5) 下三角行列については $a_{\sigma(i)i} = 0(\sigma(i) < i)$ となるので, 行列式の定義より明らか. 上三角行列についても同様である.

(6) 行列式の多重線形性より

$$\begin{aligned} &\det(\mathbf{a}_1 \cdots \mathbf{a}_i + c\mathbf{a}_j \cdots \mathbf{a}_j \cdots \mathbf{a}_n) \\ &= \det(\mathbf{a}_1 \cdots \mathbf{a}_i \cdots \mathbf{a}_j \cdots \mathbf{a}_n) \\ &\quad + c\det(\mathbf{a}_1 \cdots \mathbf{a}_j \cdots \mathbf{a}_j \cdots \mathbf{a}_n) \end{aligned}$$

となる. (4) より $\det(\mathbf{a}_1 \cdots \mathbf{a}_j \cdots \mathbf{a}_j \cdots \mathbf{a}_n) = 0$ なので, 結論を得る.　□

注意 3.2.3. 定理 3.2.6 の (1) と (4) を組み合わせれば, 「ある行（列）が他の行（列）のスカラー倍になっているならば $|A| = 0$ が成り立つ.」ことがいえる.

例題 3.2.1. 定理 3.2.6 の (6) を用いて上三角行列に変形してから次の行列式の値を求めよ.

$$\begin{vmatrix} 2 & 2 & 2 & -2 \\ 1 & -1 & -2 & 1 \\ -2 & 2 & 3 & -3 \\ 1 & 3 & 6 & -3 \end{vmatrix}$$

解答

$$\begin{vmatrix} 2 & 2 & 2 & -2 \\ 1 & -1 & -2 & 1 \\ -2 & 2 & 3 & -3 \\ 1 & 3 & 6 & -3 \end{vmatrix} = 2\begin{vmatrix} 1 & 1 & 1 & -1 \\ 1 & -1 & -2 & 1 \\ -2 & 2 & 3 & -3 \\ 1 & 3 & 6 & -3 \end{vmatrix}$$

$$= 2\begin{vmatrix} 1 & 1 & 1 & -1 \\ 0 & -2 & -3 & 2 \\ 0 & 4 & 5 & -5 \\ 0 & 2 & 5 & -2 \end{vmatrix}$$

$$= 2\begin{vmatrix} 1 & 1 & 1 & -1 \\ 0 & -2 & -3 & 2 \\ 0 & 0 & -1 & -1 \\ 0 & 0 & 2 & 0 \end{vmatrix}$$

$$= 2\begin{vmatrix} 1 & 1 & 1 & -1 \\ 0 & -2 & -3 & 2 \\ 0 & 0 & -1 & -1 \\ 0 & 0 & 0 & -2 \end{vmatrix}$$

$$= 2 \cdot 1 \cdot (-2) \cdot (-1) \cdot (-2)$$

$$= -8$$

3.2.5　行列式の積

行列の積の行列式に関して, 次の定理が非常に重要である.

定理 3.2.7. A, B を n 次正方行列とするとき
$$|AB| = |BA| = |A||B|$$

証明 $A = [a_{ij}] = [\mathbf{a}_1 \cdots \mathbf{a}_j \cdots \mathbf{a}_n]$, $B = [b_{ij}] = [\mathbf{b}_1 \cdots \mathbf{b}_j \cdots \mathbf{b}_n]$ とすると
$$AB = [A\mathbf{b}_1 \cdots A\mathbf{b}_j \cdots A\mathbf{b}_n]$$

となる. ここで
$$A\mathbf{b}_j = \sum_{i=1}^{n} b_{ij}\mathbf{a}_i$$

なので
$$|AB| = \det\left(\sum_{i=1}^{n} b_{i1}\mathbf{a}_i \cdots \sum_{i=1}^{n} b_{ij}\mathbf{a}_i \cdots \sum_{i=1}^{n} b_{in}\mathbf{a}_i\right)$$

となる. 右辺に多重線形性と定理 3.2.6 の (4) を用いれば
$$|AB| = \sum_{\sigma \in S_n} b_{\sigma(1)1} \cdots b_{\sigma(n)n} \det(\mathbf{a}_{\sigma(1)} \cdots \mathbf{a}_{\sigma(n)})$$
$$= \det(\mathbf{a}_1 \cdots \mathbf{a}_n) \sum_{\sigma \in S_n} (\text{sgn}\sigma) b_{\sigma(1)1} \cdots b_{\sigma(n)n}$$
$$= |A||B|$$

を得る. また,
$$|AB| = |A||B| = |B||A| = |BA|$$

が成り立つ. □

3.2.6 行列式と正則性

行列の正則性と行列式の値には次のような関係がある.

定理 3.2.8. (1) 行列 A が正則であることと $\det A \neq 0$ であることは同値である.
(2) 行列 A が正則のとき, 逆行列の行列式は
$$|A^{-1}| = \frac{1}{|A|}$$
となる.

証明 (1) 行列 A が正則ならば逆行列の定義より $A^{-1}A = I$ なので,
$$|A^{-1}||A| = |A^{-1}A| = |I| = 1 \qquad (3.2.2)$$

となる. よって, $|A| \neq 0$ が成り立つ.
次に「$|A| \neq 0 \implies A$ は正則」を示す. 定理 3.1.9 より, 適当な正則行列 P, Q に対して $PAQ = S(r)$ とできる. ここで, $S(r)$ は

$$S(r) = \begin{bmatrix} I_r & O_{r,n-r} \\ O_{m-r,r} & O_{m-r,n-r} \end{bmatrix}$$

で定義される. また, r は行列 A のランクであり $0 \leq r \leq n$ を満たす. 定理 3.2.7 より

$$|S(r)| = |P||A||Q|$$

となるが, P, Q の正則性より $|P| \neq 0$, $|Q| \neq 0$ なので, $|S(r)| \neq 0$ となる. したがって, $S(r)$ の定義より $r = n$ でなければならない. よって rank $A = n$ となり, 定理 3.1.10 の (4) より行列 A は正則になる.
(2) 行列 A が正則ならば (3.2.2) より, $|A^{-1}| = 1/|A|$ を得る. □

3.2.7 特別な行列の行列式

以下に代表的な行列の行列式を列挙する.

命題 3.2.9. (1) A がべき等行列ならば, $|A| = 0$ または 1 である.
(2) A が直交行列ならば, $|A| = 1$ または -1 である.
(3) $\mathbf{u}, \mathbf{v}$ が n 次ベクトルのとき
$$|I_n + \mathbf{u}\mathbf{v}^T| = 1 + \mathbf{v}^T\mathbf{u}$$
(4) A が正則な n 次正方行列, $\mathbf{u}, \mathbf{v}$ が n 次ベクトルのとき
$$|A + \mathbf{u}\mathbf{v}^T| = |A|(1 + \mathbf{v}^T A^{-1}\mathbf{u})$$
(5) A を m 次正方行列, C を n 次正方行列とするとき
$$\begin{vmatrix} A & B \\ 0 & C \end{vmatrix} = |A||C|$$
(6) A, D がそれぞれ m 次正方行列, n 次正方行列とするとき,
$$M = \begin{bmatrix} A & B \\ C & D \end{bmatrix}$$
について
(i) $|A| \neq 0$ ならば, $|M| = |A||D - CA^{-1}B|$
(ii) $|D| \neq 0$ ならば, $|M| = |D||A - BD^{-1}C|$

例 3.2.5. (i, j) 成分が x_j^{i-1} であるような n 次正方行列の行列式を**ヴァンデルモンド (Vandermonde) の行列式**といい, 次式で与えられる.

$$\begin{vmatrix} 1 & 1 & 1 & \cdots & 1 \\ x_1 & x_2 & x_3 & \cdots & x_n \\ x_1^2 & x_2^2 & x_3^2 & \cdots & x_n^2 \\ \vdots & \vdots & \vdots & \ddots & \vdots \\ x_1^{n-1} & x_2^{n-1} & x_3^{n-1} & \cdots & x_n^{n-1} \end{vmatrix}$$

$$= \Pi_{j=2}^{n} \Pi_{i=1}^{j-1} (x_j - x_i)$$

3.2.8 余因子展開

行列式の重要な性質として余因子展開が挙げられる．これは，行列式を計算する際にも非常に役に立つ．

n 次正方行列 A から第 i 行と第 j 列を削除して得られる $(n-1)$ 次行列を A の小行列 (submatrix) といい A_{ij} で表す．このとき，その行列式 $|A_{ij}|$ を (i, j) 成分 a_{ij} の小行列式 (minor) という．また，

$$\tilde{a}_{ij} = (-1)^{i+j}|A_{ij}|$$

を (i, j) 成分 a_{ij} の余因子 (cofactor) という．

次の定理は，行列式が余因子で表されることを示したもので，余因子展開 (cofactor expansion) とよばれる．

定理 3.2.10. (1) 第 i 行に関する余因子展開 ($i = 1, 2, \ldots, n$)：

$$|A| = \sum_{j=1}^{n} a_{ij}\tilde{a}_{ij} = \sum_{j=1}^{n} a_{ij}(-1)^{i+j}|A_{ij}|$$

(2) 第 j 列に関する余因子展開 ($j = 1, 2, \ldots, n$)：

$$|A| = \sum_{i=1}^{n} a_{ij}\tilde{a}_{ij} = \sum_{i=1}^{n} a_{ij}(-1)^{i+j}|A_{ij}|$$

証明 (2) を証明する．$A = [\mathbf{a}_1 \cdots \mathbf{a}_j \cdots \mathbf{a}_n]$ としたとき，(3.2.1) で定義した基本ベクトル $\mathbf{e}_i$ を用いて $\mathbf{a}_j = \sum_{i=1}^{n} a_{ij}\mathbf{e}_i$ と書けるので，行列式の多重線形性より

$$|A| = \det(\mathbf{a}_1 \cdots \sum_{i=1}^{n} a_{ij}\mathbf{e}_i \cdots \mathbf{a}_n)$$

$$= \sum_{i=1}^{n} a_{ij} \det(\mathbf{a}_1 \cdots \mathbf{e}_i \cdots \mathbf{a}_n)$$

となる．ここで，行列 $[\mathbf{a}_1 \cdots \mathbf{e}_i \cdots \mathbf{a}_n]$ の第 j 列が $\mathbf{e}_i$ であることに注意して，(i, j) 成分 1 を $(1, 1)$ 成分の場所に移動するために $i-1$ 回の行の交換と $j-1$ 回の列の交換を行えば

$$\det(\mathbf{a}_1 \cdots \mathbf{e}_i \cdots \mathbf{a}_n) = (-1)^{i-1+j-1} \begin{vmatrix} 1 & * & \cdots & * \\ 0 & & & \\ \vdots & & A_{ij} & \\ 0 & & & \end{vmatrix}$$

$$= (-1)^{i+j}|A_{ij}|$$

となるので（最後の式変形は命題 3.2.9 の (5) を用いた），結局，第 j 列に関する余因子展開が得られる． $\square$

注意 3.2.4. 余因子展開を拡張したものとしてラプラス展開 (Laplace expansion) がある．

ここで，次式で定義される記号 δ_{ij} を導入する．

$$\delta_{ij} \equiv \begin{cases} 1 & (i = j) \\ 0 & (i \neq j) \end{cases}$$

この記号をクロネッカーのデルタ (Kronecker's delta) という．クロネッカーのデルタを用いると，余因子展開を特別な場合として含んだ形で次の定理が得られる．

定理 3.2.11. (1) 第 i 行に関する展開 ($i = 1, 2, \ldots, n, k = 1, 2, \ldots, n$)：

$$\sum_{j=1}^{n} a_{ij}\tilde{a}_{kj} = \delta_{ik}|A|$$

特に $k = i$ のときが第 i 行に関する余因子展開になる．

(2) 第 j 列に関する展開 ($j = 1, 2, \ldots, n, k = 1, 2, \ldots, n$)：

$$\sum_{i=1}^{n} a_{ij}\tilde{a}_{ik} = \delta_{jk}|A|$$

特に $k = j$ のときが第 j 列に関する余因子展開になる．

問 3.2.1. 定理 3.2.11 を証明せよ．

例 3.2.6. 3 次の正方行列 $A = [a_{ij}]$ に対して，第 2 行に関する余因子展開を行うと

$$\begin{vmatrix} a_{11} & a_{12} & a_{13} \\ a_{21} & a_{22} & a_{23} \\ a_{31} & a_{32} & a_{33} \end{vmatrix}$$

$$= (-1)^{2+1}a_{21}\begin{vmatrix} a_{12} & a_{13} \\ a_{32} & a_{33} \end{vmatrix} + (-1)^{2+2}a_{22}\begin{vmatrix} a_{11} & a_{13} \\ a_{31} & a_{33} \end{vmatrix}$$

$$+ (-1)^{2+3}a_{23}\begin{vmatrix} a_{11} & a_{12} \\ a_{31} & a_{32} \end{vmatrix}$$

$$= -a_{21}(a_{12}a_{33} - a_{13}a_{32}) + a_{22}(a_{11}a_{33} - a_{13}a_{31})$$
$$\quad - a_{23}(a_{11}a_{32} - a_{12}a_{31})$$
$$= a_{11}a_{22}a_{33} + a_{12}a_{23}a_{31} + a_{13}a_{21}a_{32}$$
$$\quad - a_{13}a_{22}a_{31} - a_{12}a_{21}a_{33} - a_{11}a_{23}a_{32}$$

問 3.2.2. 第 3 列に関する余因子展開を利用して次の行列式の値を求めよ. なお, 3 次の行列式についてはサラスの展開式を利用せよ.

$$\begin{vmatrix} 2 & 2 & 2 & -2 \\ 1 & -1 & -2 & 1 \\ -2 & 2 & 3 & -3 \\ 1 & 3 & 6 & -3 \end{vmatrix}$$

3.2.9 余因子行列と逆行列

n 次正方行列 $A = [a_{ij}]$ に対して, a_{ij} の余因子 $\tilde{a}_{ij}$ を (j, i) 成分とする行列 $\tilde{A} = [\tilde{a}_{ji}]$ を A の**余因子行列 (cofactor matrix)** という (余因子行列を $\mathrm{adj}(A)$ で表すこともある). このとき, 行列 A と余因子行列 $\tilde{A}$ との間に次の関係がある.

> **定理 3.2.12.** 次の式が成り立つ.
> $$A\,\tilde{A} = \tilde{A}\,A = |A|\,I$$

証明 A と $\tilde{A}$ の積

$$A\,\tilde{A}$$
$$= \begin{bmatrix} a_{11} & a_{12} & \cdots & a_{1n} \\ a_{21} & a_{22} & \cdots & a_{2n} \\ \vdots & \vdots & \ddots & \vdots \\ a_{n1} & a_{n2} & \cdots & a_{nn} \end{bmatrix} \begin{bmatrix} \tilde{a}_{11} & \tilde{a}_{21} & \cdots & \tilde{a}_{n1} \\ \tilde{a}_{12} & \tilde{a}_{22} & \cdots & \tilde{a}_{n2} \\ \vdots & \vdots & \ddots & \vdots \\ \tilde{a}_{1n} & \tilde{a}_{2n} & \cdots & \tilde{a}_{nn} \end{bmatrix}$$

の (i, j) 成分は, 定理 3.2.11 より

$$a_{i1}\tilde{a}_{j1} + a_{i2}\tilde{a}_{j2} + \cdots + a_{in}\tilde{a}_{jn} = \delta_{ij}|A|$$

となる. したがって,

$$A\,\tilde{A} = \begin{bmatrix} |A| & 0 & \cdots & 0 \\ 0 & |A| & \cdots & 0 \\ \vdots & \vdots & \ddots & \vdots \\ 0 & 0 & \cdots & |A| \end{bmatrix}$$
$$= |A|I$$

を得る. $\tilde{A}\,A$ についても同様に得られる. $\qquad\square$

この定理を利用すれば, 逆行列について次の定理が

得られる.

> **定理 3.2.13.** 行列 A が正則ならば, その逆行列は次式で与えられる.
> $$A^{-1} = \frac{1}{|A|}\tilde{A}$$

例題 3.2.2. 次の行列の逆行列を求めよ.

$$A = \begin{bmatrix} 2 & -1 & 0 \\ 0 & 3 & -2 \\ -2 & 0 & 1 \end{bmatrix}$$

解答 $|A| = 2$ および

$$\tilde{A} = \begin{bmatrix} \begin{vmatrix} 3 & -2 \\ 0 & 1 \end{vmatrix} & -\begin{vmatrix} 0 & -2 \\ -2 & 1 \end{vmatrix} & \begin{vmatrix} 0 & 3 \\ -2 & 0 \end{vmatrix} \\[2ex] -\begin{vmatrix} -1 & 0 \\ 0 & 1 \end{vmatrix} & \begin{vmatrix} 2 & 0 \\ -2 & 1 \end{vmatrix} & -\begin{vmatrix} 2 & -1 \\ -2 & 0 \end{vmatrix} \\[2ex] \begin{vmatrix} -1 & 0 \\ 3 & -2 \end{vmatrix} & -\begin{vmatrix} 2 & 0 \\ 0 & -2 \end{vmatrix} & \begin{vmatrix} 2 & -1 \\ 0 & 3 \end{vmatrix} \end{bmatrix}^{T}$$

なので, 定理 3.2.13 より

$$A^{-1} = \frac{1}{|A|}\tilde{A} = \frac{1}{2}\begin{bmatrix} 3 & 1 & 2 \\ 4 & 2 & 4 \\ 6 & 2 & 6 \end{bmatrix}$$

3.3 連立 1 次方程式

3.3.1 連立 1 次方程式

n 個の未知数 $x_1, \ldots, x_n$ に関する m 個の 1 次方程式で表される**連立 1 次方程式 (system of linear equations, simultaneous linear equations, linear system)**

$$\begin{cases} a_{11}x_1 + a_{12}x_2 + \cdots + a_{1n}x_n = b_1 \\ a_{21}x_1 + a_{22}x_2 + \cdots + a_{2n}x_n = b_2 \\ \qquad\qquad\vdots \\ a_{m1}x_1 + a_{m2}x_2 + \cdots + a_{mn}x_n = b_m \end{cases}$$

は, 係数 a_{ij} を成分にもつ $m \times n$ 型の**係数行列 (coefficient matrix)**

$$
A = \begin{bmatrix} a_{11} & a_{12} & \cdots & a_{1n} \\ a_{21} & a_{22} & \cdots & a_{2n} \\ \vdots & \vdots & & \vdots \\ a_{m1} & a_{m2} & \cdots & a_{mn} \end{bmatrix}
$$

および定数 b_i を成分とする右辺ベクトル $\mathbf{b}$，未知数 x_j を成分とする変数ベクトル $\mathbf{x}$

$$
\mathbf{b} = \begin{bmatrix} b_1 \\ b_2 \\ \vdots \\ b_m \end{bmatrix}, \quad \mathbf{x} = \begin{bmatrix} x_1 \\ x_2 \\ \vdots \\ x_n \end{bmatrix}
$$

を用いて

$$
A\mathbf{x} = \mathbf{b} \tag{3.3.1}
$$

と書くことができる．

特に右辺ベクトルが零ベクトルであるとき，

$$
A\mathbf{x} = \mathbf{0} \tag{3.3.2}
$$

を同次連立 1 次方程式 (homogeneous system of linear equations)，斉次連立 1 次方程式または単に同次方程式という．このとき，零ベクトル $\mathbf{0}$ は明らかに解になるので，これを自明な解 (trivial solution) という．

3.3.2 連立 1 次方程式の基本変形

係数行列 A を (3.1.4) のような標準形に変形する m 次の行基本行列 P と n 次の列基本行列 Q に対して，連立 1 次方程式 (3.3.1) は

$$
(PAQ)(Q^{-1}\mathbf{x}) = P\mathbf{b}
$$

となるので，

$$
\mathbf{b}' = P\mathbf{b} = \begin{bmatrix} b_1' \\ b_2' \\ \vdots \\ b_m' \end{bmatrix}, \quad \mathbf{x}' = Q^{-1}\mathbf{x} = \begin{bmatrix} x_1' \\ x_2' \\ \vdots \\ x_n' \end{bmatrix}
$$

とおけば

$$
\begin{bmatrix} I_r & O_{r,n-r} \\ O_{m-r,r} & O_{m-r,n-r} \end{bmatrix} \mathbf{x}' = \mathbf{b}' \tag{3.3.3}
$$

が得られる．基本行列 P と Q は正則なので，連立 1 次方程式 (3.3.1) を解くことと連立 1 次方程式 (3.3.3) を解くことは同値である．このとき，連立 1 次方程式 (3.3.3) が解をもつことは

$$
x_1' = b_1', \, x_2' = b_2', \, \ldots, \, x_r' = b_r',
$$
$$
0 = b_{r+1}', \, 0 = b_{r+2}', \, \ldots, \, 0 = b_m'
$$

が成り立つことと同値である．ただし，r は係数行列 A のランクである．したがって，もし $[b_{r+1}', b_{r+2}', \ldots, b_m'] \neq [0, 0, \ldots, 0]$ ならば連立 1 次方程式 (3.3.3) は解をもたない（この場合，解は不能である）．このことを考慮すれば次の定理が得られる．

> **定理 3.3.1.** 連立 1 次方程式 (3.3.1) が解をもつための必要十分条件は
> $$\mathrm{rank}\, A = \mathrm{rank}\, (A \mid \mathbf{b})$$
> が成り立つことである．

3.3.3 連立 1 次方程式の一般解と特殊解

以下では，連立 1 次方程式が解をもつ場合を考える．このとき，定理 3.1.9 で与えた標準形 (3.1.4) の代わりに (3.1.3) を用いれば，(3.3.3) と同様に次の連立 1 次方程式を得る．

$$
\begin{bmatrix} 1 & & 0 & a_{1r+1}' & \cdots & a_{1n}' \\ & \ddots & & \vdots & & \vdots \\ 0 & & 1 & a_{rr+1}' & \cdots & a_{rn}' \\ \hline 0 & \cdots & 0 & 0 & \cdots & 0 \\ \vdots & & \vdots & \vdots & & \vdots \\ 0 & \cdots & 0 & 0 & \cdots & 0 \end{bmatrix} \begin{bmatrix} x_1' \\ \vdots \\ x_r' \\ \hline x_{r+1}' \\ \vdots \\ x_n' \end{bmatrix} = \begin{bmatrix} b_1' \\ \vdots \\ b_r' \\ \hline 0 \\ \vdots \\ 0 \end{bmatrix}
$$

(i) $r < n$ のとき：

未知数 $x_1', \ldots, x_r'$ は残りの未知数 $x_{r+1}', \ldots, x_n'$ を用いて

$$
\begin{bmatrix} x_1' \\ \vdots \\ x_r' \end{bmatrix} = \begin{bmatrix} b_1' \\ \vdots \\ b_r' \end{bmatrix} - x_{r+1}' \begin{bmatrix} a_{1r+1}' \\ \vdots \\ a_{rr+1}' \end{bmatrix}
$$
$$
- \cdots - x_n' \begin{bmatrix} a_{1n}' \\ \vdots \\ a_{rn}' \end{bmatrix}
$$

と表すことができる．ここで，$x_{r+1}', \ldots, x_n'$ は任意の数が選べるので，この連立 1 次方程式

の解の自由度は $(n-r)$ であることがわかる. したがって,改めて $j=1,\ldots,n-r$ に対して $-x'_{r+j}=c_j$ および

$$\mathbf{u}_j=[a'_{1r+j}\cdots a'_{rr+j}\mid 0\cdots 0\,1\,0\cdots 0]^T$$

とおけば,連立 1 次方程式 (3.3.1) の一般解は次のように表される.

$$\begin{bmatrix} x'_1 \\ \vdots \\ x'_r \\ \hline x'_{r+1} \\ \vdots \\ x'_n \end{bmatrix} = \begin{bmatrix} b'_1 \\ \vdots \\ b'_r \\ \hline 0 \\ \vdots \\ 0 \end{bmatrix} + c_1\mathbf{u}_1 + c_2\mathbf{u}_2 + \cdots + c_{n-r}\mathbf{u}_{n-r} \tag{3.3.4}$$

ここで,$c_1,\ldots,c_{n-r}$ は任意定数であり,

$$[b'_1\cdots b'_r\mid 0\cdots 0]^T$$

は特殊解(解のひとつ)である.この場合,解は無数に多く存在する(すなわち,解は不定である).

(ii) $r=n$ のとき:
連立 1 次方程式は一意解

$$\mathbf{x}'=[b'_1\,b'_2\cdots b'_n]^T$$

をもつ.

特に $m=n=r$ のとき,n 次正方行列 A に対して rank $A=n$ なので,定理 3.1.10 の (4) より行列 A は正則になる.したがって,連立 1 次方程式 (3.3.1) は一意解 $\mathbf{x}=A^{-1}\mathbf{b}$ をもつ.具体的に解くには,拡大行列 $[A\mid\mathbf{b}]$ に行に関する基本変形を施して $[I\mid A^{-1}\mathbf{b}]$ を求めればよい.

例題 3.3.1. 掃き出し法を用いて次の連立 1 次方程式を解け.

$$\begin{bmatrix} 1 & -1 & 0 \\ 2 & 3 & -2 \\ -2 & 0 & 1 \end{bmatrix}\begin{bmatrix} x_1 \\ x_2 \\ x_3 \end{bmatrix}=\begin{bmatrix} -3 \\ -7 \\ 7 \end{bmatrix}$$

解答 拡大行列は以下の通りである.

$$\left[\begin{array}{ccc|c} 1 & -1 & 0 & -3 \\ 2 & 3 & -2 & -7 \\ -2 & 0 & 1 & 7 \end{array}\right]$$

この拡大行列に行に関する基本変形を施していくと

$$\left[\begin{array}{ccc|c} 1 & -1 & 0 & -3 \\ 2 & 3 & -2 & -7 \\ -2 & 0 & 1 & 7 \end{array}\right]$$

$$\longrightarrow \left[\begin{array}{ccc|c} 1 & -1 & 0 & -3 \\ 0 & 5 & -2 & -1 \\ 0 & -2 & 1 & 1 \end{array}\right]$$

$$\longrightarrow \left[\begin{array}{ccc|c} 1 & -1 & 0 & -3 \\ 0 & 1 & -\frac{2}{5} & -\frac{1}{5} \\ 0 & -2 & 1 & 1 \end{array}\right]$$

$$\longrightarrow \left[\begin{array}{ccc|c} 1 & 0 & -\frac{2}{5} & -\frac{16}{5} \\ 0 & 1 & -\frac{2}{5} & -\frac{1}{5} \\ 0 & 0 & \frac{1}{5} & \frac{3}{5} \end{array}\right]$$

$$\longrightarrow \left[\begin{array}{ccc|c} 1 & 0 & -\frac{2}{5} & -\frac{16}{5} \\ 0 & 1 & -\frac{2}{5} & -\frac{1}{5} \\ 0 & 0 & 1 & 3 \end{array}\right]$$

$$\longrightarrow \left[\begin{array}{ccc|c} 1 & 0 & 0 & -2 \\ 0 & 1 & 0 & 1 \\ 0 & 0 & 1 & 3 \end{array}\right]$$

となるので,求める解は

$$x_1=-2,\ x_2=1,\ x_3=3$$

である. □

同次連立 1 次方程式 (3.3.2) に対しては,$r<n$ のとき,(3.3.4) より一般解は

$$\mathbf{x}=c_1\mathbf{u}_1+c_2\mathbf{u}_2+\cdots+c_{n-r}\mathbf{u}_{n-r}$$

と表されるので,$\mathbf{x}=\mathbf{0}$ でない解,すなわち,自明でない解 (nontrivial solution) が存在する.このことを考慮すれば,$m=n$ のとき次の定理が得られる.

定理 3.3.2. 正方行列 A を係数行列とする同次連立 1 次方程式 $A\mathbf{x}=\mathbf{0}$ が自明でない解をもつための必要十分条件は,A が特異であること(すなわち $|A|=0$ が成り立つこと)である.

3.3.4 ガウスの消去法と行列の LU 分解

A が正則の場合,前項では掃き出し法による連立 1 次方程式の解法を説明したが,ここでは変数を一つ一つ消去していくガウスの消去法 (Gaussian elimination) について説明する(第 II 巻第 9 章参照).ピボット列の標準化をせずにピボットよりも下にある成分を 0 にすることを考える.拡大行列 $[A\mid\mathbf{b}]$ に対して行

58　3. 線形代数

に関する基本行列 $L_1, L_2, \ldots, L_s$ を順次掛けて以下のように変形する.

$$L_s \cdots L_2 L_1 [A \mid \mathbf{b}] = [U \mid \mathbf{b}']$$

ここで U は次のような上三角行列である.

$$U = \begin{bmatrix} u_{11} & u_{12} & u_{13} & \cdots & u_{1n} \\ 0 & u_{22} & u_{23} & \cdots & u_{2n} \\ 0 & 0 & u_{33} & \cdots & u_{3n} \\ \vdots & & \ddots & \ddots & \vdots \\ 0 & \cdots & & 0 & u_{nn} \end{bmatrix}$$

このとき, もとの連立 1 次方程式 $A\mathbf{x} = \mathbf{b}$ の代わりに連立 1 次方程式 $U\mathbf{x} = \mathbf{b}'$, すなわち,

$$\begin{bmatrix} u_{11} & u_{12} & \cdots & u_{1n} \\ 0 & u_{22} & \cdots & u_{2n} \\ \vdots & & \ddots & \vdots \\ 0 & \cdots & 0 & u_{nn} \end{bmatrix} \begin{bmatrix} x_1 \\ x_2 \\ \vdots \\ x_n \end{bmatrix} = \begin{bmatrix} b'_1 \\ b'_2 \\ \vdots \\ b'_n \end{bmatrix}$$

を解けばよいので,

$$x_n = \frac{b'_n}{u_{nn}}$$
$$x_i = \frac{1}{u_{ii}} \left[b'_i - \sum_{j=i+1}^{n} u_{ij} x_j \right], \quad i = n-1, \ldots, 2, 1$$

のように $x_n, x_{n-1}, \ldots, x_2, x_1$ の順に解が得られる. この手順を後退代入 (backward substitution) という.

　上記の議論において, もし行の入れ替えをする必要がないならば, 各 L_i はピボット列においてピボットよりも下にある成分を 0 にする基本行列なので下三角行列である. このとき, $L_s \cdots L_2 L_1 A = U$ より $A = L_1^{-1} L_2^{-1} \cdots L_s^{-1} U$ となるが, ここで改めて $L = L_1^{-1} L_2^{-1} \cdots L_s^{-1}$ とおくと, 基本行列の性質より L は対角成分がすべて 1 であるような下三角行列

$$L = \begin{bmatrix} 1 & & & & & \\ l_{21} & 1 & & & \mathbf{0} & \\ l_{31} & l_{32} & 1 & & & \\ \vdots & \vdots & & \ddots & & \\ & & & & \ddots & 1 \\ l_{n-11} & l_{n-12} & & & 1 & \\ l_{n1} & l_{n2} & \cdots & l_{nn-1} & 1 \end{bmatrix}$$

になり, 結局, 行列 A は次のように表される.

$$A = LU$$

これを A の **LU 分解 (LU decomposition)** という. 他方, 順々に 0 でないピボットが選べない場合には行と行の入れ替えをする必要があるので, この場合には適当な置換行列 P を用いて

$$PA = LU$$

のように LU 分解することができる.

例 3.3.1. 例題 3.3.1 で扱った拡大行列

$$\begin{bmatrix} 1 & -1 & 0 & -3 \\ 2 & 3 & -2 & -7 \\ -2 & 0 & 1 & 7 \end{bmatrix}$$

に行に関する基本変形

$$L_1 = \begin{bmatrix} 1 & 0 & 0 \\ -2 & 1 & 0 \\ 2 & 0 & 1 \end{bmatrix}, \quad L_2 = \begin{bmatrix} 1 & 0 & 0 \\ 0 & 1 & 0 \\ 0 & \frac{2}{5} & 1 \end{bmatrix}$$

を施していくと

$$L_1[A|b] = \begin{bmatrix} 1 & -1 & 0 & -3 \\ 0 & 5 & -2 & -1 \\ 0 & -2 & 1 & 1 \end{bmatrix}$$

$$L_2 L_1[A|b] = \begin{bmatrix} 1 & -1 & 0 & -3 \\ 0 & 5 & -2 & -1 \\ 0 & 0 & \frac{1}{5} & \frac{3}{5} \end{bmatrix}$$

より

$$U = \begin{bmatrix} 1 & -1 & 0 \\ 0 & 5 & -2 \\ 0 & 0 & \frac{1}{5} \end{bmatrix}, \quad b' = \begin{bmatrix} -3 \\ -1 \\ \frac{3}{5} \end{bmatrix}$$

となるので, 連立 1 次方程式 $Ux = b'$ を下から順番に解いていけば

$$x_3 = 3, \; x_2 = 1, \; x_1 = -2$$

が得られる. さらに $L_2 L_1 A = U$ であることと

$$L_1^{-1} = \begin{bmatrix} 1 & 0 & 0 \\ 2 & 1 & 0 \\ -2 & 0 & 1 \end{bmatrix}, \quad L_2^{-1} = \begin{bmatrix} 1 & 0 & 0 \\ 0 & 1 & 0 \\ 0 & -\frac{2}{5} & 1 \end{bmatrix}$$

であることに注意すれば

$$L = L_1^{-1} L_2^{-1} = \begin{bmatrix} 1 & 0 & 0 \\ 2 & 1 & 0 \\ -2 & -\dfrac{2}{5} & 1 \end{bmatrix}$$

に対して，行列 A は $A = LU$ に分解できる.

注意 3.3.1. 上記ではガウスの消去法を説明する都合上，連立 1 次方程式の右辺も変形しながら上三角行列 U を生成したが，通常は，まず行列 A のみを変形して $A = LU$ と分解して $LU\mathbf{x} = \mathbf{b}$ を次の 2 段階で解く.

（i）$L\mathbf{y} = \mathbf{b}$ を前進代入で解いて $\mathbf{y}$ を求める.

（ii）$U\mathbf{x} = \mathbf{y}$ を後退代入で解いて $\mathbf{x}$ を求める.

注意 3.3.2. 行列の LU 分解を利用して行列式の値を求めることもできる. A が $A = LU$ のように LU 分解されているとき，$|A| = |L||U|$ となる. このとき，$|L| = 1, |U| = u_{11} \cdots u_{nn}$ となるので，

$$|A| = u_{11} \cdots u_{nn}$$

を得る. たとえば，例 3.3.1 の LU 分解に対して

$$|A| = |U| = 1 \cdot 5 \cdot \frac{1}{5} = 1$$

となる.

3.3.5 クラメルの公式

本項では，n 次正方行列 $A = [a_{ij}] = [\mathbf{a}_1 \mathbf{a}_2 \cdots \mathbf{a}_n]$ と未知数ベクトル $\mathbf{x}$，右辺ベクトル $\mathbf{b}$

$$\mathbf{x} = \begin{bmatrix} x_1 \\ x_2 \\ \vdots \\ x_n \end{bmatrix}, \quad \mathbf{b} = \begin{bmatrix} b_1 \\ b_2 \\ \vdots \\ b_n \end{bmatrix}$$

に関する連立 1 次方程式

$$A\mathbf{x} = \mathbf{b} \tag{3.3.5}$$

の解を行列式を利用して求めるためのクラメル (Cramer) の公式を紹介する.

定理 3.3.3. 係数行列 A が正則ならば，連立 1 次方程式 (3.3.5) の解は次式で与えられる.

$$x_i = \frac{\det A_i}{\det A} \quad (i = 1, 2, \ldots, n)$$

ただし，A_i は係数行列 $A = [\mathbf{a}_1 \cdots \mathbf{a}_i \cdots \mathbf{a}_n]$ の第 i 列を右辺ベクトル $\mathbf{b}$ で置き換えた行列

$$A_i = [\mathbf{a}_1 \cdots \mathbf{b} \cdots \mathbf{a}_n]$$

である.

証明 定理 3.2.13 より

$$\mathbf{x} = A^{-1}\mathbf{b} = \frac{1}{|A|} \tilde{A}\mathbf{b}$$

となる. $\tilde{A} = [\tilde{a}_{ij}]^T$ であることに注意すれば

$$x_i = \frac{\sum_{j=1}^n b_j \tilde{a}_{ji}}{|A|}$$

である. ここで，$\sum_{j=1}^n b_j \tilde{a}_{ji}$ は

$$\det A_i = \det(\mathbf{a}_1 \cdots \overset{(i)}{\mathbf{b}} \cdots \mathbf{a}_n)$$

を第 i 列に関して余因子展開したものである. したがって，クラメルの公式が示された. $\qquad \square$

例 3.3.2.

$$A = \begin{bmatrix} 2 & -1 & 0 \\ 0 & 3 & -2 \\ -2 & 0 & 1 \end{bmatrix}, \quad \mathbf{b} = \begin{bmatrix} 1 \\ 0 \\ 1 \end{bmatrix}$$

のとき，$|A| = 2$ であることに注意して連立 1 次方程式 $A\mathbf{x} = \mathbf{b}$ にクラメルの公式を適用すると

$$x_1 = \frac{1}{2} \begin{vmatrix} 1 & -1 & 0 \\ 0 & 3 & -2 \\ 1 & 0 & 1 \end{vmatrix} = \frac{5}{2}$$

$$x_2 = \frac{1}{2} \begin{vmatrix} 2 & 1 & 0 \\ 0 & 0 & -2 \\ -2 & 1 & 1 \end{vmatrix} = 4$$

$$x_3 = \frac{1}{2} \begin{vmatrix} 2 & -1 & 1 \\ 0 & 3 & 0 \\ -2 & 0 & 1 \end{vmatrix} = 6$$

を得る.

▎3.4 線 形 空 間

3.4.1 線形空間（ベクトル空間）

V を空でない集合とし，V の要素 $\mathbf{u}, \mathbf{v}$ およびスカラー α に対して，

$$\text{和} \quad \mathbf{u} + \mathbf{v} \in V$$
$$\text{スカラー倍} \quad \alpha\mathbf{u} \in V$$

が定義されているとする. このとき次の条件を満たすならば，V を線形空間 (linear space) またはベクトル空間 (vector space) といい，V の要素をベクトル (vector) という.

(i) すべての $\mathbf{u}, \mathbf{v} \in V$ について，$\mathbf{u}+\mathbf{v}=\mathbf{v}+\mathbf{u}$ が成り立つ．

(ii) すべての $\mathbf{u}, \mathbf{v}, \mathbf{w} \in V$ について，$(\mathbf{u}+\mathbf{v})+\mathbf{w}=\mathbf{u}+(\mathbf{v}+\mathbf{w})$ が成り立つ．

(iii) 零ベクトル，ゼロベクトル (zero vector) とよばれるベクトル $\mathbf{0} \in V$ が存在して，すべての $\mathbf{u} \in V$ について $\mathbf{u}+\mathbf{0}=\mathbf{u}$ が成り立つ．

(iv) すべての $\mathbf{u} \in V$ について，$\mathbf{u}+(-\mathbf{u})=\mathbf{0}$ となるベクトル $-\mathbf{u} \in V$ が存在する．このような $-\mathbf{u}$ を $\mathbf{u}$ の逆ベクトル (inverse vector) という．

(v) すべての $\mathbf{u} \in V$ とスカラー α, β について，$\alpha(\beta\mathbf{u})=(\alpha\beta)\mathbf{u}$ が成り立つ．

(vi) すべての $\mathbf{u} \in V$ とスカラー α, β について，$(\alpha+\beta)\mathbf{u}=\alpha\mathbf{u}+\beta\mathbf{u}$ が成り立つ．

(vii) すべての $\mathbf{u}, \mathbf{v} \in V$ とスカラー α について，$\alpha(\mathbf{u}+\mathbf{v})=\alpha\mathbf{u}+\alpha\mathbf{v}$ が成り立つ．

(viii) すべての $\mathbf{u} \in V$ について，$1\mathbf{u}=\mathbf{u}$ が成り立つ．

上記のベクトル空間において，スカラーが実数であるとき実ベクトル空間 (real vector space)，スカラーが複素数であるとき複素ベクトル空間 (complex vector space) という．

例 3.4.1. n 次実ベクトルの集合 $\mathbb{R}^n$ において，

$$\mathbf{u}=\begin{bmatrix} u_1 \\ u_2 \\ \vdots \\ u_n \end{bmatrix}, \quad \mathbf{v}=\begin{bmatrix} v_1 \\ v_2 \\ \vdots \\ v_n \end{bmatrix}$$

と実数 α に対して，和とスカラー倍を次のように定義する．

$$\mathbf{u}+\mathbf{v}=\begin{bmatrix} u_1+v_1 \\ u_2+v_2 \\ \vdots \\ u_n+v_n \end{bmatrix}$$

$$\alpha\mathbf{u}=\begin{bmatrix} \alpha u_1 \\ \alpha u_2 \\ \vdots \\ \alpha u_n \end{bmatrix}$$

このとき，$\mathbb{R}^n$ は線形空間になる．ただし，零ベクトルは

$$\mathbf{0}=\begin{bmatrix} 0 \\ 0 \\ \vdots \\ 0 \end{bmatrix} \in \mathbb{R}^n$$

で定義される．

例 3.4.2. $m \times n$ 行列の集合 $\mathbb{R}^{m \times n}$ において，

$$A=\begin{bmatrix} a_{11} & a_{12} & \cdots & a_{1n} \\ a_{21} & a_{22} & \cdots & a_{2n} \\ \vdots & \vdots & & \vdots \\ a_{m1} & a_{m2} & \cdots & a_{mn} \end{bmatrix}$$

$$B=\begin{bmatrix} b_{11} & b_{12} & \cdots & b_{1n} \\ b_{21} & b_{22} & \cdots & b_{2n} \\ \vdots & \vdots & & \vdots \\ b_{m1} & b_{m2} & \cdots & b_{mn} \end{bmatrix}$$

と実数 α に対して，和とスカラー倍を次のように定義する．

$$A+B=\begin{bmatrix} a_{11}+b_{11} & \cdots & a_{1n}+b_{1n} \\ \vdots & & \vdots \\ a_{m1}+b_{m1} & \cdots & a_{mn}+b_{mn} \end{bmatrix}$$

$$\alpha A=\begin{bmatrix} \alpha a_{11} & \cdots & \alpha a_{1n} \\ \vdots & & \vdots \\ \alpha a_{m1} & \cdots & \alpha a_{mn} \end{bmatrix}$$

このとき，$\mathbb{R}^{m \times n}$ は線形空間になる．

線形部分空間

V を線形空間とし，V の空でない部分集合 $S(S \subset V)$ が次の条件を満たすとき，S を V の線形部分空間 (linear subspace)，または単に部分空間 (subspace) という．

(i) すべての $\mathbf{u}, \mathbf{v} \in S$ について，$\mathbf{u}+\mathbf{v} \in S$ が成り立つ．

(ii) すべての $\mathbf{u} \in S$ とスカラー α について，$\alpha\mathbf{u} \in S$ が成り立つ．

注意 3.4.1. 上記の条件は，すべての $\mathbf{u}, \mathbf{v} \in S$ とスカラー α, β について

$$\alpha\mathbf{u}+\beta\mathbf{v} \in S$$

と書き換えてもよい．

注意 3.4.2. スカラーを $\alpha = 0$ とおけば $0\mathbf{u} = \mathbf{0} \in S$ となるので，線形部分空間は必ず零ベクトル $\mathbf{0}$ を含んでいる．

3.4.2 線形独立と線形従属

線形空間 V において，ベクトル $\mathbf{v}_1, \mathbf{v}_2, \ldots, \mathbf{v}_k \in V$ とスカラー $c_1, c_2, \ldots, c_k$ に対して

$$c_1\mathbf{v}_1 + c_2\mathbf{v}_2 + \cdots + c_k\mathbf{v}_k \qquad (3.4.1)$$

をベクトル $\mathbf{v}_1, \mathbf{v}_2, \ldots, \mathbf{v}_k$ の線形結合 (linear combination)，または，1 次結合という．特に実ベクトル空間において，$c_i \geq 0 (i = 1, \ldots, k)$ のとき (3.4.1) を非負結合 (nonnegative combination) という．さらに，スカラー $c_1, c_2, \ldots, c_k$ が

$$\sum_{i=1}^{k} c_i = 1, \quad c_i \geq 0 \quad (i = 1, \ldots, k)$$

を満たすとき，(3.4.1) を凸結合 (convex combination) という．

次の定理は，ベクトル $\mathbf{v}_1, \mathbf{v}_2, \ldots, \mathbf{v}_k \in V$ の線形結合全体の集合が線形部分空間になることを示している．

定理 3.4.1. 線形空間 V において，ベクトル $\mathbf{v}_1, \mathbf{v}_2, \ldots, \mathbf{v}_k \in V$ の線形結合全体の集合

$$W = \left\{ \mathbf{x} \mid \mathbf{x} = \sum_{i=1}^{k} c_i\mathbf{v}_i, \ c_i はスカラー \right\} \qquad (3.4.2)$$

は V の線形部分空間である．

証明 $W \subset V$ は明らかである．任意の $\mathbf{a} = \sum_{i=1}^{k} a_i\mathbf{v}_i$, $\mathbf{b} = \sum_{i=1}^{k} b_i\mathbf{v}_i \in W$ とスカラー α, β に対して

$$\alpha\mathbf{a} + \beta\mathbf{b} = \alpha \sum_{i=1}^{k} a_i\mathbf{v}_i + \beta \sum_{i=1}^{k} b_i\mathbf{v}_i$$
$$= \sum_{i=1}^{k} (\alpha a_i + \beta b_i)\mathbf{v}_i \in W$$

が成り立つので，W は V の線形部分空間になる． $\square$

式 (3.4.2) で定義された線形部分空間 W を $\mathbf{v}_1, \mathbf{v}_2, \ldots, \mathbf{v}_k$ によって張られる (spanned) 部分空間，または，生成される (generated) 部分空間といい

$$\mathrm{span}\{\mathbf{v}_1, \mathbf{v}_2, \ldots, \mathbf{v}_k\}$$

で表す．また，$\{\mathbf{v}_1, \mathbf{v}_2, \ldots, \mathbf{v}_k\}$ を生成系という．

例 3.4.3.

$$\mathbf{e}_1 = \begin{bmatrix} 1 \\ 0 \\ 0 \end{bmatrix}, \mathbf{e}_2 = \begin{bmatrix} 0 \\ 1 \\ 0 \end{bmatrix}, \mathbf{e}_3 = \begin{bmatrix} 0 \\ 0 \\ 1 \end{bmatrix}$$

に対して $\begin{bmatrix} a_1 \\ a_2 \\ a_3 \end{bmatrix} \in \mathbb{R}^3$ は

$$\begin{bmatrix} a_1 \\ a_2 \\ a_3 \end{bmatrix} = a_1\mathbf{e}_1 + a_2\mathbf{e}_2 + a_3\mathbf{e}_3$$

と表せる．

線形空間 V において，ベクトル $\mathbf{v}_1, \mathbf{v}_2, \ldots, \mathbf{v}_k \in V$ に対して

$$c_1\mathbf{v}_1 + c_2\mathbf{v}_2 + \cdots + c_k\mathbf{v}_k = \mathbf{0} \qquad (3.4.3)$$

を満たすスカラーが $c_1 = c_2 = \cdots = c_k = 0$ のときに限る場合，ベクトル $\mathbf{v}_1, \mathbf{v}_2, \ldots, \mathbf{v}_k \in V$ は線形独立 (linear independent)，または，1 次独立であるという．また，線形独立でないとき，ベクトル $\mathbf{v}_1, \mathbf{v}_2, \ldots, \mathbf{v}_k \in V$ は線形従属 (linear dependent)，または，1 次従属であるという．すなわち，ベクトル $\mathbf{v}_1, \mathbf{v}_2, \ldots, \mathbf{v}_k \in V$ が線形従属であるとは，少なくとも 1 つは 0 でないスカラー $c_1, c_2, \ldots, c_k$ が存在して (3.4.3) が成り立つことである．

注意 3.4.3.

(1) ベクトル $\mathbf{v}$ が線形独立 $\Longleftrightarrow \mathbf{v} \neq \mathbf{0}$

(2) $\mathbf{v}_1, \ldots, \mathbf{v}_k$ が線形独立 $\Longrightarrow \mathbf{v}_i \neq \mathbf{0}$ $(i = 1, \ldots, k)$

定理 3.4.2. 線形空間 V のベクトル $\mathbf{v}_1, \mathbf{v}_2, \ldots, \mathbf{v}_k$ が線形従属であるための必要十分条件は，ベクトル $\mathbf{v}_1, \mathbf{v}_2, \ldots, \mathbf{v}_k$ の中の少なくとも 1 つのベクトルが他のベクトルの線形結合で表すことができることである．

証明 $\mathbf{v}_1, \mathbf{v}_2, \ldots, \mathbf{v}_k$ が線形従属であるとすると，少なくとも 1 つは 0 でないスカラー $c_1, c_2, \ldots, c_k$ が存在して

$$c_1\mathbf{v}_1 + c_2\mathbf{v}_2 + \cdots + c_k\mathbf{v}_k = \mathbf{0}$$

が成り立つ．ここで，一般性を失うことなく $c_1 \neq 0$ とすると

$$\mathbf{v}_1 = \left[-\frac{c_2}{c_1} \right]\mathbf{v}_2 + \cdots + \left[-\frac{c_k}{c_1} \right]\mathbf{v}_k$$

となるので，$\mathbf{v}_1$ は他のベクトルの線形結合で表される．

逆に，少なくとも 1 つのベクトルが他のベクトルの線形結合で表すことができるとする．たとえば，

$$\mathbf{v}_1 = a_2\mathbf{v}_2 + \cdots + a_k\mathbf{v}_k$$

ならば,

$$\mathbf{v}_1 - a_2\mathbf{v}_2 - \cdots - a_k\mathbf{v}_k = \mathbf{0}$$

となるので, ベクトル $\mathbf{v}_1, \mathbf{v}_2, \ldots, \mathbf{v}_k$ は線形従属である. $\square$

定理 3.4.3. ベクトル $\mathbf{v}_1, \mathbf{v}_2, \ldots, \mathbf{v}_k$ が線形独立であるとき,

$$\mathbf{w} \in \mathrm{span}\{\mathbf{v}_1, \mathbf{v}_2, \ldots, \mathbf{v}_k\}$$

を $\mathbf{v}_1, \mathbf{v}_2, \ldots, \mathbf{v}_k$ の線形結合で一意に表すことができる.

証明

$$\mathbf{w} = x_1\mathbf{v}_1 + x_2\mathbf{v}_2 + \cdots + x_k\mathbf{v}_k$$
$$= y_1\mathbf{v}_1 + y_2\mathbf{v}_2 + \cdots + y_k\mathbf{v}_k$$

と表せたとすると

$$(x_1 - y_1)\mathbf{v}_1 + (x_2 - y_2)\mathbf{v}_2 + \cdots + (x_k - y_k)\mathbf{v}_k = \mathbf{0}$$

となる. ベクトル $\mathbf{v}_1, \mathbf{v}_2, \ldots, \mathbf{v}_k$ は線形独立なので, $x_i - y_i = 0$ すなわち $x_i = y_i (i = 1, \ldots, k)$ を得る. $\square$

定理 3.4.4. (1) 線形空間 V のベクトル $\mathbf{v}_1, \mathbf{v}_2, \ldots, \mathbf{v}_k$ について, $\mathbf{v}_1, \mathbf{v}_2, \ldots, \mathbf{v}_p (p < k)$ が線形従属ならば, $\mathbf{v}_1, \mathbf{v}_2, \ldots, \mathbf{v}_k$ も線形従属である.

(2) 線形空間 V のベクトル $\mathbf{v}_1, \mathbf{v}_2, \ldots, \mathbf{v}_k$ が線形独立ならば, $\mathbf{v}_1, \mathbf{v}_2, \ldots, \mathbf{v}_p (p < k)$ も線形独立である.

(3) 行列 A の階数 $\mathrm{rank}\, A$ は, A を構成する行ベクトルのうち線形独立なベクトルの最大個数に等しい.

(4) 行列 A の階数 $\mathrm{rank}\, A$ は, A を構成する列ベクトルのうち線形独立なベクトルの最大個数に等しい.

(5) n 次正方行列 A について, 以下のことは同値である.

(i) A は正則である.

(ii) $|A| \neq 0$

(iii) $\mathrm{rank}\, A = n$

(iv) 同次連立 1 次方程式 $A\mathbf{x} = \mathbf{0}$ は自明な解しかもたない.

(v) A の n 個の行ベクトルは線形独立である.

(vi) A の n 個の列ベクトルは線形独立である.

3.4.3 基底と次元

定理 3.4.1 ではベクトルによって張られる空間につ

いて述べたが, 本項では張るベクトルに関連した基底と次元について説明する.

線形空間 V のベクトル $\{\mathbf{v}_1, \mathbf{v}_2, \ldots, \mathbf{v}_n\}$ が次の条件

(i) $\mathbf{v}_1, \mathbf{v}_2, \ldots, \mathbf{v}_n$ は線形独立である.

(ii) $\mathbf{v}_1, \mathbf{v}_2, \ldots, \mathbf{v}_n$ は線形空間 V を生成する.

を満たすとき, $\{\mathbf{v}_1, \mathbf{v}_2, \ldots, \mathbf{v}_n\}$ を V の**基底 (basis)** であるという. 基底の選び方は一意ではない. また, 零ベクトルのみからなる零ベクトル空間は基底をもたない.

次の定理は, V の基底となるベクトルの個数について述べたものである.

定理 3.4.5. (1) V を線形空間とし, $\{\mathbf{v}_1, \mathbf{v}_2, \ldots, \mathbf{v}_n\}$ を V の基底とする. このとき, $\mathbf{u}_1, \mathbf{u}_2, \ldots, \mathbf{u}_m$ が V の線形独立なベクトルとすると, $m \leq n$ となる.

(2) V を線形空間とし, $\{\mathbf{u}_1, \mathbf{u}_2, \ldots, \mathbf{u}_m\}$ と $\{\mathbf{v}_1, \mathbf{v}_2, \ldots, \mathbf{v}_n\}$ が V の基底ならば, $m = n$ である.

この定理より, 基底に含まれるベクトルの個数が一意に定まる. 線形空間 V の基底に含まれるベクトルの個数を V の**次元 (dimension)** といい, $\dim(V)$ で表す. 有限個のベクトルからなる基底が存在する場合, V を有限次元線形空間 (finite dimensional linear space) または有限次元ベクトル空間 (finite dimensional vector space) という. そうでないとき, V を無限次元線形空間 (infinite dimensional linear space) または無限次元ベクトル空間 (infinite dimensional vector space) という. 特に $V = \{\mathbf{0}\}$ のとき, V には基底は存在しないが $\dim(V) = 0$ と定義し, $V = \{\mathbf{0}\}$ も有限次元線形空間であるとする. 本章では主として有限次元線形空間を扱う.

例 3.4.4. $\mathbb{R}^3$ の任意ベクトル $\mathbf{v} = (v_1 v_2 v_3)^T$ は

$$\mathbf{e}_1 = \begin{bmatrix} 1 \\ 0 \\ 0 \end{bmatrix}, \mathbf{e}_2 = \begin{bmatrix} 0 \\ 1 \\ 0 \end{bmatrix}, \mathbf{e}_3 = \begin{bmatrix} 0 \\ 0 \\ 1 \end{bmatrix}$$

に対して,

$$\mathbf{v} = v_1\mathbf{e}_1 + v_2\mathbf{e}_2 + v_3\mathbf{e}_3$$

と表せて, かつ, $\mathbf{e}_1, \mathbf{e}_2, \mathbf{e}_3$ は線形独立なので, $\{\mathbf{e}_1, \mathbf{e}_2, \mathbf{e}_3\}$ は線形空間 $\mathbb{R}^3$ の基底となり

$$\dim(\mathbb{R}^3) = 3, \mathrm{span}\{\mathbf{e}_1, \mathbf{e}_2, \mathbf{e}_3\} = \mathbb{R}^3$$

である. $\{\mathbf{e}_1, \mathbf{e}_2, \mathbf{e}_3\}$ を**標準基底 (standard basis)** という.

例 3.4.5. 次の 3 次正方行列

$$A = \begin{bmatrix} 1 & -1 & 0 \\ 2 & 3 & -2 \\ -2 & 0 & 1 \end{bmatrix}$$

に対して $|A| = 1$ なので，行列 A は正則である．したがって，列ベクトルは線形独立なので，

$$\mathbf{a}_1 = \begin{bmatrix} 1 \\ 2 \\ -2 \end{bmatrix}, \mathbf{a}_2 = \begin{bmatrix} -1 \\ 3 \\ 0 \end{bmatrix}, \mathbf{a}_3 = \begin{bmatrix} 0 \\ -2 \\ 1 \end{bmatrix}$$

も $\mathbb{R}^3$ の基底ベクトルになる（基底の選び方は一意ではない）．

例 3.4.6. 区間 $[a, b]$ で連続な関数 $f(t)$ の集合 $C[a, b]$ において，$f, g \in C[a, b], \alpha \in \mathbb{R}$ に対して加法 $f + g$ とスカラー倍 αf を

$$(f + g)(t) \equiv f(t) + g(t), \quad (\alpha f)(t) \equiv \alpha f(t)$$

で定義すれば，$C[a, b]$ は線形空間になる．$C[a, b]$ は無限次元線形空間である．

次の定理は基底と次元に関する基本性質について述べている．

定理 3.4.6. V を n 次元線形空間とするとき，以下のことが成り立つ．

(1) $\{\mathbf{v}_1, \mathbf{v}_2, \ldots, \mathbf{v}_k\}$ $(k \leq n)$ を V の線形独立なベクトルの集合とする．このとき，適当な $(n-k)$ 個のベクトル $\mathbf{u}_{k+1}, \mathbf{u}_{k+2}, \ldots, \mathbf{u}_n \in V$ を付け加えて

$$\{\mathbf{v}_1, \ldots, \mathbf{v}_k, \mathbf{u}_{k+1}, \ldots, \mathbf{u}_n\}$$

を V の基底にすることができる．

(2) V のベクトル $\mathbf{v}_1, \mathbf{v}_2, \ldots, \mathbf{v}_k$ が V を張るならば，これらのベクトルから適当な n 個のベクトルを取り出して V の基底とすることができる．

(3) W を V の部分空間とするとき以下のことが成り立つ．

(i) $\dim(W) \leq \dim(V)$

(ii) $\dim(W) = \dim(V) \iff W = V$

(4) V の基底 $\{\mathbf{a}_1, \mathbf{a}_2, \ldots, \mathbf{a}_n\}$ に対して

$$A = [\mathbf{a}_1 \ \mathbf{a}_2 \ \cdots \ \mathbf{a}_n]$$

とおく．このとき，任意の n 次正則行列 M に対して

$$AM = [\mathbf{b}_1 \ \mathbf{b}_2 \ \cdots \ \mathbf{b}_n]$$

とすると，$\{\mathbf{b}_1, \mathbf{b}_2, \ldots, \mathbf{b}_n\}$ も V の基底になる．

3.4.4 列空間と零空間

$m \times n$ 行列 $A = [\mathbf{a}_1 \mathbf{a}_2 \cdots \mathbf{a}_n]$ の n 個の m 次元列ベクトルで張られる空間 span$\{\mathbf{a}_1, \mathbf{a}_2, \ldots, \mathbf{a}_n\}$ を行列 A の列空間（column space）または像空間（range space）といい，$R(A)$, Range(A), I_A などと表す．すなわち，

$$R(A) = \{\mathbf{y} \in \mathbb{R}^m \mid \mathbf{y} = A\mathbf{x}, \ \mathbf{x} \in \mathbb{R}^n\} \subset \mathbb{R}^m$$

である．

$m \times n$ 行列 A に対して，$A\mathbf{x} = \mathbf{0}$ を満たす n 次元ベクトル $\mathbf{x}$ の集合を行列 A の零空間（null space），零化空間，核（kernel）といい，$N(A)$, $Null(A)$, K_A などと表す．すなわち，

$$N(A) = \{\mathbf{x} \in \mathbb{R}^n \mid A\mathbf{x} = \mathbf{0}\} \subset \mathbb{R}^n$$

である．

次の定理から，$R(A)$, $N(A)$ が線形部分空間になることがわかる．

定理 3.4.7. $m \times n$ 行列 A に対して以下のことが成り立つ．

(1) 列空間 $R(A)$ は $\mathbb{R}^m$ の部分空間である．

(2) 零空間 $N(A)$ は $\mathbb{R}^n$ の部分空間である．

証明 (1) $\mathbf{y}_1, \mathbf{y}_2 \in R(A)$ を任意のベクトル，α, β を任意の実数とする．このとき，$\mathbf{y}_1 = A\mathbf{x}_1, \mathbf{y}_2 = A\mathbf{x}_2$ となる $\mathbf{x}_1, \mathbf{x}_2 \in \mathbb{R}^n$ が存在する．よって，

$$\alpha\mathbf{y}_1 + \beta\mathbf{y}_2 = \alpha A\mathbf{x}_1 + \beta A\mathbf{x}_2$$
$$= A(\alpha\mathbf{x}_1 + \beta\mathbf{x}_2)$$

となるので，$\alpha\mathbf{y}_1 + \beta\mathbf{y}_2 \in R(A)$ が成り立つ．したがって，列空間 $R(A)$ は $\mathbb{R}^m$ の部分空間である．

(2) $\mathbf{x}_1, \mathbf{x}_2 \in N(A)$ を任意のベクトル，α, β を任意の実数とする．このとき，$A\mathbf{x}_1 = \mathbf{0}, A\mathbf{x}_2 = \mathbf{0}$ が成り立つので，

$$A(\alpha\mathbf{x}_1 + \beta\mathbf{x}_2) = \alpha A\mathbf{x}_1 + \beta A\mathbf{x}_2 = \mathbf{0}$$

となり，$\alpha\mathbf{x}_1 + \beta\mathbf{x}_2 \in N(A)$ が成り立つ．したがって，零空間 $N(A)$ は $\mathbb{R}^n$ の部分空間である． $\square$

列空間の次元と零空間の次元の間には次のような関係がある．

定理 3.4.8. $m \times n$ 行列 A に対して

$$\dim(R(A)) + \dim(N(A)) = n$$

言い換えれば

64　3. 線形代数

$$\text{rank } A + \dim(N(A)) = n$$

が成り立つ.

　証明　$\dim(R(A))$ は行列 A の線形独立な列ベクトルの個数に等しいので

$$\dim(R(A)) = \text{rank } A$$

である.　一方, $N(A)$ は同次連立 1 次方程式 $A\mathbf{x} = \mathbf{0}$ の解集合なので, 3.3.3 項で示したように, $n - \text{rank}(A)$ 個の基底ベクトルをもつ.　したがって

$$\dim(N(A)) = n - \text{rank}(A)$$

である.　以上より,

$$\dim(R(A)) + \dim(N(A))$$
$$= \text{rank } A + (n - \text{rank } A) = n$$

が成り立つ.　　　　　　　　　　　　　□

　また, 行列 $A^T A$ の正則性と A のランクとの間には次のような関係がある.

定理 3.4.9. $m \times n$ 行列 A に対して以下のことが成り立つ.

(1) $\text{rank } A = \text{rank } A^T A$

(2) $m \geq n$ かつ $\text{rank } A = n$ ならば $A^T A$ は正則である.

(3) $m < n$ ならば $A^T A$ は正則ではない（すなわち特異である）.

　証明

(1) まず $N(A) = N(A^T A)$ が成り立つことを示す. $\mathbf{x} \in N(A)$ に対して $A^T A\mathbf{x} = A^T(A\mathbf{x}) = \mathbf{0}$ となるので, $\mathbf{x} \in N(A^T A)$ がいえる.　よって, $N(A) \subset N(A^T A)$ である.　逆に, $\mathbf{x} \in N(A^T A)$ に対して $A^T A\mathbf{x} = \mathbf{0}$ なので, $\mathbf{x}^T A^T A\mathbf{x} = 0$ となる.　ここで, $A\mathbf{x} = \mathbf{y} = [y_1 y_2 \cdots y_m]^T$ とおくと

$$\mathbf{x}^T A^T A\mathbf{x} = \sum_{i=1}^{m} y_i^2 = 0$$

となるので, $y_i = 0 (i = 1, \ldots, m)$ である.　すなわち, $A\mathbf{x} = \mathbf{y} = \mathbf{0}$ より, $\mathbf{x} \in N(A)$ を得る.　よって, $N(A^T A) \subset N(A)$ である.　以上より, $N(A) = N(A^T A)$ が示された.　したがって定理 3.4.8 より

$$\text{rank } A = n - \dim(N(A))$$
$$= n - \dim(N(A^T A))$$
$$= \text{rank } A^T A$$

が成り立つ.　　　　　　　　　　　　　□

問 3.4.1. 定理 3.4.9 の (2), (3) を証明せよ.

■ 3.5　線 形 写 像

3.5.1　線形写像・線形変換・同型写像

　V と W を線形空間とし, T を V から W への写像とする.　T が次の条件を満たすとき, T を V から W への線形写像（linear mapping）, 1 次写像という.

(i) すべてのベクトル $\mathbf{x}, \mathbf{y} \in V$ に対して

$$T(\mathbf{x} + \mathbf{y}) = T(\mathbf{x}) + T(\mathbf{y})$$

(ii) すべてのベクトル $\mathbf{x} \in V$ とスカラー α に対して

$$T(\alpha\mathbf{x}) = \alpha T(\mathbf{x})$$

　また, 線形写像 $T (T : V \to W)$ が全単射であるとき, T を V から W への同型写像（isomorphism）という.　そして, V から W への同型写像が存在するとき, V は W に同型（isomorphic）であるといい

$$V \cong W$$

と表す.

注意 3.5.1. 線形空間 V から V への線形写像を, 線形変換（linear transformation）または 1 次変換とよぶこともある.

注意 3.5.2. 写像 $T (T : V \to W)$ が線形写像であることと, すべてのベクトル $\mathbf{x}, \mathbf{y} \in V$ とすべてのスカラー α, β に対して

$$T(\alpha\mathbf{x} + \beta\mathbf{y}) = \alpha T(\mathbf{x}) + \beta T(\mathbf{y})$$

が成り立つことは同値である.

　線形写像について以下の性質が挙げられる.

命題 3.5.1. V と W を線形空間とし, T を V から W への線形写像とする.

(1) $T(\mathbf{0}) = \mathbf{0}$（原点は原点に写像される）

(2) すべての $\mathbf{v}_1, \mathbf{v}_2, \ldots, \mathbf{v}_k \in V$ とスカラー $c_1, c_2, \ldots, c_k$ に対して

$$T(c_1\mathbf{v}_1 + \cdots + c_k\mathbf{v}_k) = c_1 T(\mathbf{v}_1) + \cdots + c_k T(\mathbf{v}_k)$$

(3) $\mathbf{v}_1, \mathbf{v}_2, \ldots, \mathbf{v}_k \in V$ に対して, $T(\mathbf{v}_1), T(\mathbf{v}_2), \ldots, T(\mathbf{v}_k)$ が線形独立ならば $\mathbf{v}_1, \mathbf{v}_2, \ldots, \mathbf{v}_k$ も線形独立になる.

　証明　(1) と (2) は線形写像の定義を用いれば示せる.

(3) $c_1\mathbf{v}_1 + c_2\mathbf{v}_2 + \cdots + c_k\mathbf{v}_k = \mathbf{0}$ とおくと

$$\begin{aligned}
\mathbf{0} &= T(\mathbf{0}) \\
&= T(c_1\mathbf{v}_1 + c_2\mathbf{v}_2 + \cdots + c_k\mathbf{v}_k) \\
&= c_1 T(\mathbf{v}_1) + c_2 T(\mathbf{v}_2) + \cdots + c_k T(\mathbf{v}_k)
\end{aligned}$$

となる．仮定より，$T(\mathbf{v}_1), T(\mathbf{v}_2), \ldots, T(\mathbf{v}_k)$ が線形独立なので，

$$c_1 = c_2 = \cdots = c_k = 0$$

を得る．よって，$\mathbf{v}_1, \mathbf{v}_2, \ldots, \mathbf{v}_k$ も線形独立になることが示された． □

以下に線形写像の例を与える．

例 3.5.1. (1) V と W を線形空間とするとき，すべての $\mathbf{x} \in V$ に対して $O(\mathbf{x}) = \mathbf{0}$ となる写像 $O : V \to W$ は線形写像である．これを零写像 (zero mapping) という．

(2) V を線形空間とするとき，すべての $\mathbf{x} \in V$ に対して $I(\mathbf{x}) = \mathbf{x}$ となる写像 $I : V \to V$ は線形写像である．これを恒等写像 (identity mapping) という．

(3) $T : \mathbb{R}^n \to \mathbb{R}^m$, $A \in \mathbb{R}^{m \times n}$ とするとき，すべての $\mathbf{x} \in \mathbb{R}^n$ に対して $T(\mathbf{x}) = A\mathbf{x}$ となる写像 T は線形写像である．

3.5.2 線形写像の合成写像と逆写像

U, V, W を線形空間とし，$S : U \to V$, $T : V \to W$ を線形写像とする．このとき，S と T の合成写像 $T \circ S : U \to W$ は

$$(T \circ S)(\mathbf{x}) = T(S(\mathbf{x})), \quad \mathbf{x} \in U$$

で定義される．合成写像について次の定理が成り立つ．

定理 3.5.2. U, V, W を線形空間とし，$S : U \to V$, $T : V \to W$ を線形写像とするとき，合成写像 $T \circ S : U \to W$ も線形写像になる．

証明 $\mathbf{x}, \mathbf{y} \in U$ とスカラー α に対して

$$\begin{aligned}
(T \circ S)(\mathbf{x} + \mathbf{y}) &= T(S(\mathbf{x} + \mathbf{y})) \\
&= T(S(\mathbf{x}) + S(\mathbf{y})) \\
&= T(S(\mathbf{x})) + T(S(\mathbf{y})) \\
&= (T \circ S)(\mathbf{x}) + (T \circ S)(\mathbf{y}) \\
(T \circ S)(\alpha\mathbf{x}) &= T(S(\alpha\mathbf{x})) = T(\alpha S(\mathbf{x})) \\
&= \alpha T(S(\mathbf{x})) = \alpha(T \circ S)(\mathbf{x}))
\end{aligned}$$

が成り立つので，合成写像 $T \circ S$ は線形写像になる． □

例 3.5.2. 行列 $A \in \mathbb{R}^{l \times m}$, $B \in \mathbb{R}^{m \times n}$ に対して，線形写像 $S : \mathbb{R}^n \to \mathbb{R}^m$, $T : \mathbb{R}^m \to \mathbb{R}^l$ をそれぞれ

$$S(\mathbf{x}) = B\mathbf{x}, \quad \mathbf{x} \in \mathbb{R}^n$$

$$T(\mathbf{y}) = A\mathbf{y}, \quad \mathbf{y} \in \mathbb{R}^m$$

で定義したとき，合成写像 $T \circ S : \mathbb{R}^n \to \mathbb{R}^l$ は

$$(T \circ S)(\mathbf{x}) = T(B\mathbf{x}) = AB\mathbf{x}$$

のように行列 A, B の積で表される．このとき，$\mathbf{y} = B\mathbf{x}$ を $\mathbf{z} = A\mathbf{y}$ に代入して $z_i = \sum_{j=1}^{n} c_{ij}x_j$ と表せば，c_{ij} が式 (3.1.2) で与えられる．ただし，z_i, x_j はそれぞれベクトル $\mathbf{z}$ の第 i 成分，$\mathbf{x}$ の第 j 成分である．

V と W を線形空間とし，T を V から W への（一般の）写像とする．もし W から V への写像 $\hat{T}$ が存在して

$$T \circ \hat{T} = I, \quad \hat{T} \circ T = I \ (I \text{ は恒等写像})$$

が成り立つとき，T は可逆 (invertible) であるといい，$\hat{T}$ を T の逆写像 (inverse) とよんで T^{-1} で表す．特に線形写像の可逆については次の性質が挙げられる．

定理 3.5.3. V と W を線形空間とし，T を V から W への線形写像とする．このとき

$$T \text{ が全単射（すなわち同型写像）} \iff T \text{ は可逆}$$

さらに，逆写像 T^{-1} は線形写像になり，$(T^{-1})^{-1} = T$ が成り立つ．

例 3.5.3. n 次正則行列 A に対して線形写像 $T : \mathbb{R}^n \to \mathbb{R}^n$ を

$$T(\mathbf{x}) = A\mathbf{x}, \quad \mathbf{x} \in \mathbb{R}^n$$

で定義すると，その逆写像は

$$T^{-1}(\mathbf{x}) = A^{-1}\mathbf{x}, \quad \mathbf{x} \in \mathbb{R}^n$$

となる．

3.5.3 表現行列

本項では，線形空間 $\mathbb{R}^n$ から線形空間 $\mathbb{R}^m$ への線形写像 $T : \mathbb{R}^n \to \mathbb{R}^m$ が，適当な行列 $A \in \mathbb{R}^{m \times n}$ を用いて $T(\mathbf{x}) = A\mathbf{x}$ $(\mathbf{x} \in \mathbb{R}^n)$ と表せることを示す．このとき A を T の表現行列 (representation matrix) という．

定理 3.5.4. 線形空間 $\mathbb{R}^n$, $\mathbb{R}^m$ の（任意に決めた）基底をそれぞれ

66   3. 線 形 代 数

$$\mathbf{p}_1, \ldots, \mathbf{p}_n \in \mathbb{R}^n$$

$$\mathbf{q}_1, \ldots, \mathbf{q}_m \in \mathbb{R}^m$$

とし，基底を列ベクトルにもつ行列をそれぞれ

$$P = [\mathbf{p}_1 \cdots \mathbf{p}_n] \in \mathbb{R}^{n \times n}$$

$$Q = [\mathbf{q}_1 \cdots \mathbf{q}_m] \in \mathbb{R}^{m \times m}$$

とする（行列 P, Q が正則であることに注意）．このとき線形写像 $T : \mathbb{R}^n \to \mathbb{R}^m$ は，任意のベクトル $\mathbf{x} \in \mathbb{R}^n$ に対して

$$T(\mathbf{x}) = A\mathbf{x}$$

と表せる．ここで

$$T(\mathbf{p}_j) = Q\mathbf{b}_j \quad (j = 1, \ldots, n)$$

で定まる $\mathbf{b}_j \in \mathbb{R}^m$ に対して

$$B = [\mathbf{b}_1 \mathbf{b}_2 \cdots \mathbf{b}_n]$$

$$= \begin{bmatrix} b_{11} & b_{12} & \cdots & b_{1n} \\ b_{21} & b_{22} & \cdots & b_{2n} \\ \vdots & \vdots & & \vdots \\ b_{m1} & b_{m2} & \cdots & b_{mn} \end{bmatrix}$$

とおけば，表現行列 A は

$$A = QBP^{-1}$$

で与えられる．

特に $m = n$ のとき，すなわち，T が線形変換であるとき

$$A = PBP^{-1}$$

で与えられる．

さらに $\mathbb{R}^n$ の基底として標準基底 $\{\mathbf{e}_1, \ldots, \mathbf{e}_n\}$ を用いれば，表現行列は

$$A = B$$

となる．

証明　$T(\mathbf{p}_j) \in \mathbb{R}^m (j = 1, \ldots, n)$ であることに注意すれば

$$T(\mathbf{p}_j) = b_{1j}\mathbf{q}_1 + b_{2j}\mathbf{q}_2 + \cdots + b_{mj}\mathbf{q}_m$$

と一意に表せる．他方，任意のベクトル $\mathbf{x} \in \mathbb{R}^n$ も

$$\mathbf{x} = y_1\mathbf{p}_1 + y_2\mathbf{p}_2 + \cdots + y_n\mathbf{p}_n = P\mathbf{y}$$

と一意に表せる．ただし，$\mathbf{y} = [y_1 \cdots y_n]^T$ である．よって，

$$\begin{aligned} T(\mathbf{x}) &= T\left(\sum_{j=1}^{n} y_j \mathbf{p}_j\right) \\ &= \sum_{j=1}^{n} y_j T(\mathbf{p}_j) \\ &= \sum_{j=1}^{n} y_j \left(\sum_{i=1}^{m} b_{ij} \mathbf{q}_i\right) \\ &= \sum_{i=1}^{m} \left(\sum_{j=1}^{n} b_{ij} y_j\right) \mathbf{q}_i \\ &= QB\mathbf{y} \\ &= QBP^{-1}\mathbf{x} \end{aligned}$$

を得るので，表現行列は $A = QBP^{-1}$ となる．

$m = n$ のとき $P = Q$ と選べるので，$A = PBP^{-1}$ となる．さらに標準基底を選んだ場合 $P = I$ となるので，$A = B$ を得る．　　　□

注意 3.5.3. 表現行列は基底の選び方に依存して決まることに注意せよ．

3.6　内積・ノルム・直交性

3.6.1　内積とノルム

本項では，まず内積を定義し，その内積から誘導されるノルムについて説明する．また，ベクトルの直交性についても触れる．

V を実線形空間とする．V の任意のベクトル $\mathbf{x}, \mathbf{y}$ に対して，次の 4 つの条件を満足する実数 $(\mathbf{x}, \mathbf{y})$ が定まるとき，$(\mathbf{x}, \mathbf{y})$ をベクトル $\mathbf{x}, \mathbf{y}$ の**内積**（inner product）という．

> ベクトル $\mathbf{x}, \mathbf{y}, \mathbf{z} \in V$ とスカラー α に対して，
> (1) $(\mathbf{x}, \mathbf{x}) \geq 0$
> 　　特に，$(\mathbf{x}, \mathbf{x}) = 0 \iff \mathbf{x} = \mathbf{0}$
> (2) $(\mathbf{x}, \mathbf{y}) = (\mathbf{y}, \mathbf{x})$
> (3) $(\alpha\mathbf{x}, \mathbf{y}) = \alpha(\mathbf{x}, \mathbf{y})$
> (4) $(\mathbf{x} + \mathbf{y}, \mathbf{z}) = (\mathbf{x}, \mathbf{z}) + (\mathbf{y}, \mathbf{z})$

内積が定義された線形空間を**内積空間**（inner product space）という．内積の記号として，$(\mathbf{x}, \mathbf{y})$ の代わりに $\langle \mathbf{x}, \mathbf{y} \rangle$，$\mathbf{x} \cdot \mathbf{y}$ を使うこともある．

注意 3.6.1. 複素線形空間の場合は，共役複素数を用いて，(2) と (3) をそれぞれ

$$(2) \quad (\mathbf{x}, \mathbf{y}) = \overline{(\mathbf{y}, \mathbf{x})}$$

$$(3) \quad (\mathbf{x}, \alpha\mathbf{y}) = \bar{\alpha}(\mathbf{x}, \mathbf{y})$$

とすることで，内積を定義する．

内積空間 V において,ベクトル $\mathbf{x} \in V$ に対して

$$\|\mathbf{x}\| = \sqrt{(\mathbf{x}, \mathbf{x})}$$

をベクトル $\mathbf{x}$ のノルム (norm) という(あるいは内積から誘導されるノルムという).また,ベクトル $\mathbf{x}, \mathbf{y} \in V$ について

$$d(\mathbf{x}, \mathbf{y}) = \|\mathbf{x} - \mathbf{y}\|$$

を $\mathbf{x}, \mathbf{y}$ の距離 (distance) という.

例 3.6.1. ベクトル $\mathbf{x} = [x_1 x_2 \cdots x_n]^T, \mathbf{y} = [y_1 y_2 \cdots y_n]^T \in \mathbb{R}^n$ に対して

$$(\mathbf{x}, \mathbf{y}) = \mathbf{x}^T \mathbf{y} = \sum_{i=1}^n x_i y_i$$

を定義すると,$(\mathbf{x}, \mathbf{y})$ は内積になる.これをユークリッド内積 (Euclidean inner product) といい,この内積空間 $\mathbb{R}^n$ をユークリッド空間 (Euclidean space) という.このときノルムと距離はそれぞれ

$$\|\mathbf{x}\| = \sqrt{\mathbf{x}^T \mathbf{x}} = \sqrt{\sum_{i=1}^n x_i^2}$$

$$\|\mathbf{x} - \mathbf{y}\| = \sqrt{\sum_{i=1}^n (x_i - y_i)^2}$$

となり,それぞれ,ユークリッド・ノルム (Euclidean norm),ユークリッド距離 (Euclidean distance) という.以下では,特に断らない限り $\mathbb{R}^n$ はユークリッド空間であるとする.

例 3.6.2. ベクトル $\mathbf{x} = [x_1 x_2 \cdots x_n]^T, \mathbf{y} = [y_1 y_2 \cdots y_n]^T \in \mathbb{C}^n$ に対して

$$(\mathbf{x}, \mathbf{y}) = \mathbf{x}^T \overline{\mathbf{y}} = \sum_{i=1}^n x_i \overline{y_i}$$

を定義すると,$(\mathbf{x}, \mathbf{y})$ は内積になる.ここで内積は,共役転置 $\mathbf{y}^* = \overline{\mathbf{y}}^T$ の記号を用いれば,$(\mathbf{x}, \mathbf{y}) = \mathbf{y}^* \mathbf{x}$ と表せる.このとき $\mathbf{x}$ のノルムは

$$\|\mathbf{x}\| = \sqrt{\mathbf{x}^* \mathbf{x}} = \sqrt{\sum_{i=1}^n |x_i|^2}$$

となる.

例 3.6.3. 例 3.4.2 で定義した線形空間 $\mathbb{R}^{m \times n}$ において,$A, B \in \mathbb{R}^{m \times n}$ に対して

$$(A, B) = \mathrm{tr}(AB^T)$$

を定義すると,(A, B) は内積になる.このとき,$A = [a_{ij}] \in \mathbb{R}^{m \times n}$ に対してノルムは

$$\|A\| = \sqrt{\mathrm{tr}(AA^T)} = \sqrt{\sum_{i=1}^m \sum_{j=1}^n a_{ij}^2}$$

となる.これをフロベニウス・ノルム (Frobenius

norm) といい $\|A\|_F$ で表す.

例 3.6.4. 例 3.4.6 で定義した線形空間 $C[a, b]$ において,$f, g \in C[a, b]$ に対して

$$(f, g) = \int_a^b f(t)g(t)dt$$

を定義すると,(f, g) は内積になる.このとき f のノルムは

$$\|f\| = \sqrt{\int_a^b |f(t)|^2 dt}$$

である.

内積と(内積から誘導される)ノルムとの間には次のような重要な関係がある.この不等式をコーシー–シュワルツの不等式 (Cauchy-Schwarz inequality) という.

> **定理 3.6.1.** V を内積空間とし,$\mathbf{x}, \mathbf{y} \in V$ とするとき,
>
> $$|(\mathbf{x}, \mathbf{y})| \leq \|\mathbf{x}\| \|\mathbf{y}\| \qquad (3.6.1)$$
>
> が成り立つ.ただし,等号が成り立つのは $\mathbf{x}$ と $\mathbf{y}$ が線形従属の場合に限る.

証明
(i) $\mathbf{x} = \mathbf{0}$ または $\mathbf{y} = \mathbf{0}$ のときは明らかに成り立つ.
(ii) $\mathbf{x} \neq \mathbf{0}$ のとき,任意の実数 t に対して

$$0 \leq (t\mathbf{x} - \mathbf{y}, t\mathbf{x} - \mathbf{y})$$
$$= (\mathbf{x}, \mathbf{x})t^2 - 2(\mathbf{x}, \mathbf{y})t + (\mathbf{y}, \mathbf{y})$$

が成り立つ.この 2 次不等式が成立するためには判別式が 0 以下でなければならない.よって

$$(\mathbf{x}, \mathbf{y})^2 - (\mathbf{x}, \mathbf{x})(\mathbf{y}, \mathbf{y}) \leq 0$$

が成り立つので不等式 (3.6.1) を得る(等号成立については問 3.6.1 参照). □

問 3.6.1. コーシー–シュワルツの不等式 (3.6.1) で等号が成立する場合を証明せよ.

例 3.6.5. ユークリッド空間 $\mathbb{R}^n$ におけるコーシー–シュワルツの不等式は

$$\left(\sum_{i=1}^n x_i y_i \right)^2 \leq \left(\sum_{i=1}^n x_i^2 \right) \left(\sum_{i=1}^n y_i^2 \right)$$

で表される.

例 3.6.6. 内積空間 $C[a, b]$ におけるコーシー–シュワルツの不等式は

$$\left(\int_a^b f(t)g(t)dt\right)^2 \le \left(\int_a^b f(t)^2 dt\right)\left(\int_a^b g(t)^2 dt\right)$$

で表される.

（内積から誘導された）ノルムについては次の性質が挙げられる.

定理 3.6.2. V を内積空間とし, $\mathbf{x}, \mathbf{y} \in V$, α をスカラーとする.

(1) $\|\mathbf{x}\| \ge 0$

　　ただし, $\|\mathbf{x}\| = 0 \iff \mathbf{x} = \mathbf{0}$

(2) $\|\alpha\mathbf{x}\| = |\alpha|\|\mathbf{x}\|$

(3) $\|\mathbf{x} + \mathbf{y}\| \le \|\mathbf{x}\| + \|\mathbf{y}\|$

　　（これを三角不等式 (triangle inequality) という.）

証明　(3) コーシー–シュワルツの不等式を用いると

$$\begin{aligned}
\|\mathbf{x} + \mathbf{y}\|^2 &= (\mathbf{x} + \mathbf{y}, \mathbf{x} + \mathbf{y}) \\
&= \|\mathbf{x}\|^2 + 2(\mathbf{x}, \mathbf{y}) + \|\mathbf{y}\|^2 \\
&\le \|\mathbf{x}\|^2 + 2\|\mathbf{x}\|\|\mathbf{y}\| + \|\mathbf{y}\|^2 \\
&= (\|\mathbf{x}\| + \|\mathbf{y}\|)^2
\end{aligned}$$

となるので, 三角不等式が示された. $\qquad\square$

同様に距離についても次の性質が挙げられる.

定理 3.6.3. V を内積空間とし, $\mathbf{x}, \mathbf{y}, \mathbf{z} \in V$ とする.

(1) $d(\mathbf{x}, \mathbf{y}) \ge 0$

　　ただし, $d(\mathbf{x}, \mathbf{y}) = 0 \iff \mathbf{x} = \mathbf{y}$

(2) $d(\mathbf{x}, \mathbf{y}) = d(\mathbf{y}, \mathbf{x})$

(3) $d(\mathbf{x}, \mathbf{y}) \le d(\mathbf{x}, \mathbf{z}) + d(\mathbf{z}, \mathbf{y})$

　　（これを三角不等式という.）

問 3.6.2. 定理 3.6.2 の (1), (2) および, 定理 3.6.3 を証明せよ.

注意 3.6.2. 定理 3.6.2 では内積から誘導されたノルムの性質を述べたが, 一般に, 線形空間 V のベクトル $\mathbf{x}, \mathbf{y}$ とスカラー α に対して定義された実数 $\|\cdot\|$ が

(1) $\|\mathbf{x}\| \ge 0$

　　ただし, $\|\mathbf{x}\| = 0 \iff \mathbf{x} = \mathbf{0}$

(2) $\|\alpha\mathbf{x}\| = |\alpha|\|\mathbf{x}\|$

(3) $\|\mathbf{x} + \mathbf{y}\| \le \|\mathbf{x}\| + \|\mathbf{y}\|$

を満たすとき, $\|\cdot\|$ をノルムという. ノルムが定義された線形空間をノルム空間 (normed space) という.

内積から誘導されたノルム以外にも

1ノルム：$\|\mathbf{x}\|_1 = \sum_{i=1}^n |x_i|$

無限大ノルム：$\|\mathbf{x}\|_\infty = \max\{|x_1|, \dots, |x_n|\}$

など, いろいろなノルムがある.

内積とノルムに関する次の関係式もよく使われる. これを平行四辺形の法則 (parallelogram law) もしくは中線定理という.

命題 3.6.4. V を内積空間とし, $\mathbf{x}, \mathbf{y} \in V$ とする. このとき次式が成り立つ.

$$\|\mathbf{x} + \mathbf{y}\|^2 + \|\mathbf{x} - \mathbf{y}\|^2 = 2\|\mathbf{x}\|^2 + 2\|\mathbf{y}\|^2$$

3.6.2　直交と正規直交系

本項では内積空間におけるベクトルの直交性の概念を説明する. V を内積空間とするとき, コーシー–シュワルツの不等式 (3.6.1) より, 非零ベクトル $\mathbf{x}, \mathbf{y} \in V$ に対して

$$-1 \le \frac{(\mathbf{x}, \mathbf{y})}{\|\mathbf{x}\|\|\mathbf{y}\|} \le 1$$

が成り立つ. よって

$$\cos\theta = \frac{(\mathbf{x}, \mathbf{y})}{\|\mathbf{x}\|\|\mathbf{y}\|}$$

を満たす θ $(0 \le \theta \le \pi)$ が一意に定まる. このとき, θ をベクトル $\mathbf{x}$ と $\mathbf{y}$ のなす角という. $(\mathbf{x}, \mathbf{y}) = 0$ のとき, ベクトル $\mathbf{x}$ と $\mathbf{y}$ は直交する (orthogonal) といい, $\mathbf{x} \perp \mathbf{y}$ と表す. 零ベクトル $\mathbf{0}$ は任意のベクトルに対して $(\mathbf{x}, \mathbf{0}) = 0$ を満たすので, すべてのベクトルと直交している.

定理 3.6.5（ピタゴラスの定理 (Pythagoras theorem)）.

内積空間 V のベクトル $\mathbf{x}, \mathbf{y}$ に対して次のことが成り立つ.

$$\mathbf{x} \text{ と } \mathbf{y} \text{ が直交する.} \iff \|\mathbf{x} + \mathbf{y}\|^2 = \|\mathbf{x}\|^2 + \|\mathbf{y}\|^2$$

内積空間上で互いに直交しているベクトルの集合を直交系 (orthogonal set) といい, 特にそれぞれのベクトルのノルム（すなわち長さ）が 1 であるとき正規直交系 (orthonormal set) という. また, 非零ベクトル $\mathbf{x}$ に対して $\dfrac{\mathbf{x}}{\|\mathbf{x}\|}$ を正規化されたベクトル (normalized vector) という. 正規化されたベクトルの長さは 1 である.

定理 3.6.6. 互いに直交している非零ベクトル $\mathbf{v}_1, \mathbf{v}_2, \dots, \mathbf{v}_k$ は線形独立である.

証明

$$c_1\mathbf{v}_1 + c_2\mathbf{v}_2 + \dots + c_k\mathbf{v}_k = \mathbf{0}$$

とおく. このとき, $\mathbf{v}_i (i = 1, 2, \dots, k)$ に対して

$$0 = (\mathbf{v}_i, \mathbf{0})$$
$$= (\mathbf{v}_i, c_1\mathbf{v}_1 + \cdots + c_i\mathbf{v}_i + \cdots + c_k\mathbf{v}_k)$$
$$= c_1(\mathbf{v}_i, \mathbf{v}_1) + \cdots + c_i(\mathbf{v}_i, \mathbf{v}_i) + \cdots + c_k(\mathbf{v}_i, \mathbf{v}_k)$$

となるので, 互いに直交することから

$$c_i\|\mathbf{v}_i\|^2 = 0 \quad (i = 1, 2, \ldots, k)$$

となる. よって, $\mathbf{v}_i \neq \mathbf{0}$ より $c_i = 0 (i = 1, 2, \ldots, k)$ が成り立つ. したがって, $\mathbf{v}_1, \mathbf{v}_2, \ldots, \mathbf{v}_k$ は線形独立である. □

内積空間において, その基底が直交系であるとき直交基底 (orthogonal basis) という. さらに基底が正規直交系であるとき, 正規直交基底 (orthonormal basis) という. 正規直交系 $\mathbf{v}_1, \mathbf{v}_2, \ldots, \mathbf{v}_k$ に対して

$$(\mathbf{v}_i, \mathbf{v}_j) = \delta_{ij}$$

が成り立つ. ただし, 記号 δ_{ij} はクロネッカーのデルタである.

注意 3.6.3. $\mathbb{R}^n$ の標準基底 $\{\mathbf{e}_1, \ldots, \mathbf{e}_n\}$ は正規直交基底である.

定理 3.6.7. $\mathbf{v}_1, \mathbf{v}_2, \ldots, \mathbf{v}_k$ を内積空間 V の正規直交基底であるとする. このとき, 任意のベクトル $\mathbf{a} \in V$ について次式が成り立つ.

$$\mathbf{a} = (\mathbf{a}, \mathbf{v}_1)\mathbf{v}_1 + (\mathbf{a}, \mathbf{v}_2)\mathbf{v}_2 + \cdots + (\mathbf{a}, \mathbf{v}_k)\mathbf{v}_k$$

注意 3.6.4. 定理 3.6.7 において

$$(\mathbf{a}, \mathbf{v}_1), (\mathbf{a}, \mathbf{v}_2), \ldots, (\mathbf{a}, \mathbf{v}_k)$$

はベクトル $\mathbf{a}$ の正規直交基底 $\{\mathbf{v}_1, \mathbf{v}_2, \ldots, \mathbf{v}_k\}$ に関する座標を意味する.

3.6.3 グラム–シュミットの直交化法

次の定理は正規直交基底の存在性を保証するものである.

定理 3.6.8. 内積空間 V の任意の部分空間 W には正規直交基底が存在する.

証明 部分空間 W の次元を $\dim(W) = n$ とし, 基底を $\mathbf{a}_1, \mathbf{a}_2, \ldots, \mathbf{a}_n$ とする. このとき, W の基底から次のようにして直交基底 $\tilde{\mathbf{v}}_1, \tilde{\mathbf{v}}_2, \ldots, \tilde{\mathbf{v}}_n$, もしくは, 正規直交基底 $\mathbf{v}_1, \mathbf{v}_2, \ldots, \mathbf{v}_n$ を求めることができる. この手順をグラム–シュミットの直交化法 (Gram-Schmidt orthogonalization process) という.

$$
\begin{aligned}
&\tilde{\mathbf{v}}_1 = \mathbf{a}_1, \\
&\tilde{\mathbf{v}}_k = \mathbf{a}_k - \sum_{i=1}^{k-1}\left(\frac{(\tilde{\mathbf{v}}_i, \mathbf{a}_k)}{\|\tilde{\mathbf{v}}_i\|^2}\right)\tilde{\mathbf{v}}_i \quad (3.6.2)\\
&\qquad (k = 2, 3, \ldots, n) \\
&\mathbf{v}_k = \frac{\tilde{\mathbf{v}}_k}{\|\tilde{\mathbf{v}}_k\|} \quad (k = 1, 2, \ldots, n)
\end{aligned}
$$

n についての帰納法で証明する.

(i) $n = 1$ のときは明らか.

(ii) $n = 2$ のとき,

$$\mathrm{span}\{\mathbf{a}_1, \mathbf{a}_2\} = \mathrm{span}\{\tilde{\mathbf{v}}_1, \tilde{\mathbf{v}}_2\}$$

となる. また, $\mathbf{a}_1, \mathbf{a}_2$ は線形独立なので $\tilde{\mathbf{v}}_2 \neq \mathbf{0}$ である. このとき

$$
\begin{aligned}
(\tilde{\mathbf{v}}_1, \tilde{\mathbf{v}}_2) &= (\tilde{\mathbf{v}}_1, \mathbf{a}_2) - \left(\frac{(\tilde{\mathbf{v}}_1, \mathbf{a}_2)}{\|\tilde{\mathbf{v}}_1\|^2}\right)(\tilde{\mathbf{v}}_1, \tilde{\mathbf{v}}_1) \\
&= 0
\end{aligned}
$$

が成り立つので, $\tilde{\mathbf{v}}_1$ と $\tilde{\mathbf{v}}_2$ は互いに直交する.

(iii) $n = l-1$ のときに

$$\mathrm{span}\{\mathbf{a}_1, \ldots, \mathbf{a}_{l-1}\} = \mathrm{span}\{\tilde{\mathbf{v}}_1, \ldots, \tilde{\mathbf{v}}_{l-1}\}$$

が成り立ち, $\tilde{\mathbf{v}}_1, \ldots, \tilde{\mathbf{v}}_{l-1}$ が互いに直交すると仮定する.

(iv) $n = l$ のときを考える. $\mathbf{a}_1, \ldots, \mathbf{a}_{l-1}, \mathbf{a}_l$ は線形独立なので

$$\mathbf{a}_l \notin \mathrm{span}\{\tilde{\mathbf{v}}_1, \ldots, \tilde{\mathbf{v}}_{l-1}\}$$

である. よって, $\tilde{\mathbf{v}}_l \neq \mathbf{0}$ である. このとき, $j = 1, \ldots, l-1$ に対して

$$
\begin{aligned}
(\tilde{\mathbf{v}}_j, \tilde{\mathbf{v}}_l) &= (\tilde{\mathbf{v}}_j, \mathbf{a}_l) - \sum_{i=1}^{l-1}\left(\frac{(\tilde{\mathbf{v}}_i, \mathbf{a}_l)}{\|\tilde{\mathbf{v}}_i\|^2}\right)(\tilde{\mathbf{v}}_j, \tilde{\mathbf{v}}_i) \\
&= (\tilde{\mathbf{v}}_j, \mathbf{a}_l) - (\tilde{\mathbf{v}}_j, \mathbf{a}_l) \\
&= 0
\end{aligned}
$$

が成り立つ. ただし, 式変形において $(\tilde{\mathbf{v}}_j, \tilde{\mathbf{v}}_i) = 0 \ (i \neq j)$ を用いた. したがって, $\tilde{\mathbf{v}}_1, \ldots, \tilde{\mathbf{v}}_{l-1}, \tilde{\mathbf{v}}_l$ は互いに直交することが示された. また, 式の形より

$$\mathrm{span}\{\mathbf{a}_1, \ldots, \mathbf{a}_l\} = \mathrm{span}\{\tilde{\mathbf{v}}_1, \ldots, \tilde{\mathbf{v}}_l\}$$

も明らかに成り立つ. さらに, $\mathbf{v}_k$ は $\tilde{\mathbf{v}}_k$ を正規化したベクトルであるので, $\{\mathbf{v}_1, \ldots, \mathbf{v}_n\}$ が W の正規直交基底になる. 以上より定理が証明された. □

注意 3.6.5. 式 (3.6.2) では, まず直交基底を生成してから正規化する手順を述べたが, 逐次, 正規直交基底

70　3. 線 形 代 数

を生成していく次のグラム–シュミット直交化手順も
よく使われる.

$$
\begin{aligned}
\mathbf{v}_1 &= \frac{\mathbf{a}_1}{\|\mathbf{a}_1\|}, \\
\tilde{\mathbf{v}}_k &= \mathbf{a}_k - \sum_{i=1}^{k-1} (\mathbf{v}_i, \mathbf{a}_k)\mathbf{v}_i \qquad (3.6.3)\\
\mathbf{v}_k &= \frac{\tilde{\mathbf{v}}_k}{\|\tilde{\mathbf{v}}_k\|} \; (k = 2, \ldots, n)
\end{aligned}
$$

例題 3.6.1. 次の線形独立なベクトルを用いて, $W = \mathrm{span}\{\mathbf{a}_1, \mathbf{a}_2, \mathbf{a}_3\}$ の正規直交基底を生成せよ.

$$
\mathbf{a}_1 = \begin{bmatrix} 1 \\ 0 \\ 1 \\ 0 \end{bmatrix}, \quad
\mathbf{a}_2 = \begin{bmatrix} 1 \\ 1 \\ 0 \\ 1 \end{bmatrix}, \quad
\mathbf{a}_3 = \begin{bmatrix} 0 \\ 1 \\ 1 \\ 0 \end{bmatrix}
$$

解答　$V = \mathbb{R}^4$ として手順 (3.6.3) を適用する:
・$\|\mathbf{a}_1\| = \sqrt{2}$ なので

$$
\mathbf{v}_1 = \frac{\mathbf{a}_1}{\|\mathbf{a}_1\|} = \frac{1}{\sqrt{2}} \begin{bmatrix} 1 \\ 0 \\ 1 \\ 0 \end{bmatrix}
$$

・$(\mathbf{v}_1, \mathbf{a}_2) = \frac{1}{\sqrt{2}}$ なので

$$
\tilde{\mathbf{v}}_2 = \mathbf{a}_2 - (\mathbf{v}_1, \mathbf{a}_2)\mathbf{v}_1 = \frac{1}{2} \begin{bmatrix} 1 \\ 2 \\ -1 \\ 2 \end{bmatrix}
$$

・$\|\tilde{\mathbf{v}}_2\| = \frac{\sqrt{10}}{2}$ なので

$$
\mathbf{v}_2 = \frac{\tilde{\mathbf{v}}_2}{\|\tilde{\mathbf{v}}_2\|} = \frac{1}{\sqrt{10}} \begin{bmatrix} 1 \\ 2 \\ -1 \\ 2 \end{bmatrix}
$$

・$(\mathbf{v}_1, \mathbf{a}_3) = \frac{1}{\sqrt{2}}$, $(\mathbf{v}_2, \mathbf{a}_3) = \frac{1}{\sqrt{10}}$ なので

$$
\tilde{\mathbf{v}}_3 = \mathbf{a}_3 - (\mathbf{v}_1, \mathbf{a}_3)\mathbf{v}_1 - (\mathbf{v}_2, \mathbf{a}_3)\mathbf{v}_2
$$

$$
= \frac{1}{5} \begin{bmatrix} -3 \\ 4 \\ 3 \\ -1 \end{bmatrix}
$$

・$\|\tilde{\mathbf{v}}_3\| = \frac{\sqrt{35}}{5}$ なので

$$
\mathbf{v}_3 = \frac{\tilde{\mathbf{v}}_3}{\|\tilde{\mathbf{v}}_3\|} = \frac{1}{\sqrt{35}} \begin{bmatrix} -3 \\ 4 \\ 3 \\ -1 \end{bmatrix}
$$

以上より, $\{\mathbf{v}_1, \mathbf{v}_2, \mathbf{v}_3\}$ が求める正規直交基底である.
□

例題 3.6.2. 内積空間 $C[0, 1]$（例 3.6.4 参照）において, 次の線形独立なベクトルを用いて正規直交基底を生成せよ.

$$
\mathbf{a}_1 = 1, \; \mathbf{a}_2 = t, \; \mathbf{a}_3 = t^2
$$

解答　$V = C[0, 1]$, $W = \mathrm{span}\{\mathbf{a}_1, \mathbf{a}_2, \mathbf{a}_3\}$ として手順 (3.6.3) を適用する:
・$\|\mathbf{a}_1\| = \sqrt{\int_0^1 1^2 dt} = 1$ なので

$$
\mathbf{v}_1 = \frac{\mathbf{a}_1}{\|\mathbf{a}_1\|} = 1
$$

・$(\mathbf{v}_1, \mathbf{a}_2) = \int_0^1 t\, dt = \frac{1}{2}$ なので

$$
\tilde{\mathbf{v}}_2 = \mathbf{a}_2 - (\mathbf{v}_1, \mathbf{a}_2)\mathbf{v}_1 = t - \frac{1}{2}
$$

・$\|\tilde{\mathbf{v}}_2\| = \sqrt{\int_0^1 \left(t - \frac{1}{2}\right)^2 dt} = \frac{1}{2\sqrt{3}}$ なので

$$
\mathbf{v}_2 = \frac{\tilde{\mathbf{v}}_2}{\|\tilde{\mathbf{v}}_2\|} = 2\sqrt{3}\left(t - \frac{1}{2}\right)
$$

・$(\mathbf{v}_1, \mathbf{a}_3) = \frac{1}{3}$, $(\mathbf{v}_2, \mathbf{a}_3) = \frac{\sqrt{3}}{6}$ なので

$$
\tilde{\mathbf{v}}_3 = \mathbf{a}_3 - (\mathbf{v}_1, \mathbf{a}_3)\mathbf{v}_1 - (\mathbf{v}_2, \mathbf{a}_3)\mathbf{v}_2
$$

$$
= t^2 - t + \frac{1}{6}
$$

・$\|\tilde{\mathbf{v}}_3\| = \frac{1}{6\sqrt{5}}$ なので

$$
\mathbf{v}_3 = \frac{\tilde{\mathbf{v}}_3}{\|\tilde{\mathbf{v}}_3\|} = 6\sqrt{5}\left(t^2 - t + \frac{1}{6}\right)
$$

以上より, $\{\mathbf{v}_1, \mathbf{v}_2, \mathbf{v}_3\}$ が求める正規直交基底である.
□

グラム–シュミットの直交化法の手順より, 次の定理で示すような行列の分解が得られる.

定理 3.6.9. A を $m \times n$ 行列とし, A のすべての列ベクトルは線形独立であるとする. このとき,

$$
A = QR
$$

と表すことができる（これを行列 A の **QR 分解**（**QR factorization**）という）. ただし, Q は各列ベクトルが A の列空間 $R(A)$ の正規直交基底である $m \times n$ 行列, R は対角成分がすべて正であるような正則な $n \times n$ 上三角行列である.

証明　行列 $A = [\mathbf{a}_1 \mathbf{a}_2 \cdots \mathbf{a}_n]$ $(\mathbf{a}_j \in \mathbb{R}^m)$ の列ベクト

ル $\mathbf{a}_1, \mathbf{a}_2, \ldots, \mathbf{a}_n$ にグラム–シュミットの直交化法を適用して得られた正規直交基底を $\mathbf{v}_1, \mathbf{v}_2, \ldots, \mathbf{v}_n$ とする．このとき，式 (3.6.3) から次の関係式が得られる．

$$\mathbf{a}_1 = r_{11}\mathbf{v}_1$$
$$\mathbf{a}_2 = r_{12}\mathbf{v}_1 + r_{22}\mathbf{v}_2$$
$$\cdots$$
$$\mathbf{a}_n = r_{1n}\mathbf{v}_1 + r_{2n}\mathbf{v}_2 + \cdots + r_{nn}\mathbf{v}_n$$

ただし，

$$r_{ii} = \|\tilde{\mathbf{v}}_i\| > 0$$
$$r_{ij} = (\mathbf{v}_i, \mathbf{a}_j)$$

である．したがって，

$$Q = [\mathbf{v}_1 \mathbf{v}_2 \cdots \mathbf{v}_n]$$

$$R = \begin{bmatrix} r_{11} & r_{12} & \cdots & r_{1n} \\ 0 & r_{22} & \cdots & r_{2n} \\ \vdots & \vdots & \ddots & \vdots \\ 0 & 0 & \cdots & r_{nn} \end{bmatrix}$$

とおくと

$$A = [\mathbf{a}_1 \mathbf{a}_2 \cdots \mathbf{a}_n] = QR$$

と表すことができる． $\square$

注意 3.6.6. 線形独立な列ベクトルの個数 n は線形空間 $\mathbb{R}^m$ の次元よりも多くは存在しないので，$m \geq n$ である．また，A の QR 分解で得られる行列 Q は $Q^T Q = I$ を満たす．もし $m = n$ ならば Q は直交行列になる．

例題 3.6.3. 列ベクトルが次式で与えられている行列 $A = [\mathbf{a}_1 \mathbf{a}_2 \mathbf{a}_3]$ を QR 分解せよ．

$$\mathbf{a}_1 = \begin{bmatrix} 1 \\ 0 \\ 1 \\ 0 \end{bmatrix}, \quad \mathbf{a}_2 = \begin{bmatrix} 1 \\ 1 \\ 0 \\ 1 \end{bmatrix}, \quad \mathbf{a}_3 = \begin{bmatrix} 0 \\ 1 \\ 1 \\ 0 \end{bmatrix}$$

解答 例題 3.6.1 の結果を利用すれば

$$Q = [\mathbf{v}_1 \mathbf{v}_2 \mathbf{v}_3]$$

$$= \begin{bmatrix} \frac{1}{\sqrt{2}} & \frac{1}{\sqrt{10}} & -\frac{3}{\sqrt{35}} \\ 0 & \frac{2}{\sqrt{10}} & \frac{4}{\sqrt{35}} \\ \frac{1}{\sqrt{2}} & -\frac{1}{\sqrt{10}} & \frac{3}{\sqrt{35}} \\ 0 & \frac{2}{\sqrt{10}} & -\frac{1}{\sqrt{35}} \end{bmatrix}$$

$$R = \begin{bmatrix} \sqrt{2} & \frac{1}{\sqrt{2}} & \frac{1}{\sqrt{2}} \\ 0 & \frac{\sqrt{10}}{2} & \frac{1}{\sqrt{10}} \\ 0 & 0 & \frac{\sqrt{35}}{5} \end{bmatrix}$$

が得られ，$A = QR$ になる． $\square$

3.6.4 直 交 行 列

3.1.7 項で述べたように，n 次実正方行列 Q が

$$Q^T Q = QQ^T = I$$

を満たすとき Q を直交行列という．このとき $Q^{-1} = Q^T$ となる．本項では直交行列の性質について述べるとともに，正規直交系との関連性を説明する．

定理 3.6.10. P, Q を n 次の直交行列とするとき，次のことが成り立つ．

(1) $|Q| = \pm 1$

(2) 転置 Q^T および積 PQ も直交行列である．

問 3.6.3. 定理 3.6.10 を証明せよ．

次の定理は，直交行列の列ベクトルおよび行ベクトルが正規直交系をなすことを示している．

定理 3.6.11. Q を n 次正方行列とするとき，以下のことは同値である．

(1) Q は直交行列である．

(2) Q の列ベクトルは $\mathbb{R}^n$ の正規直交系である．

(3) Q の行ベクトル（すなわち Q^T の列ベクトル）は $\mathbb{R}^n$ の正規直交系である．

証明 $Q = [\mathbf{q}_1 \mathbf{q}_2 \cdots \mathbf{q}_n]$ としたとき

$$Q^T Q = \begin{bmatrix} \mathbf{q}_1^T \\ \mathbf{q}_2^T \\ \vdots \\ \mathbf{q}_n^T \end{bmatrix} [\mathbf{q}_1 \mathbf{q}_2 \cdots \mathbf{q}_n]$$

$$= \begin{bmatrix} \mathbf{q}_1^T \mathbf{q}_1 & \mathbf{q}_1^T \mathbf{q}_2 & \cdots & \mathbf{q}_1^T \mathbf{q}_n \\ \mathbf{q}_2^T \mathbf{q}_1 & \mathbf{q}_2^T \mathbf{q}_2 & \cdots & \mathbf{q}_2^T \mathbf{q}_n \\ \vdots & \vdots & \ddots & \vdots \\ \mathbf{q}_n^T \mathbf{q}_1 & \mathbf{q}_n^T \mathbf{q}_2 & \cdots & \mathbf{q}_n^T \mathbf{q}_n \end{bmatrix}$$

となる．このとき，$Q^T Q = I$（すなわち $Q^{-1} = Q^T$）であることと $\mathbf{q}_i^T \mathbf{q}_j = \delta_{ij}$ が成り立つことは同値である．したがって，(1) と (2) が同値であることが示される．また Q が直交行列であることと Q^T が直交行列であることも同値なので，(1) と (3) が同値であることも示される． $\square$

内積とノルムに関する直交行列の重要な性質として次の定理がある.

定理 3.6.12. Q を n 次正方行列としたとき，以下のことは同値である.
(1) Q は直交行列である.
(2) すべてのベクトル $\mathbf{x}, \mathbf{y} \in \mathbb{R}^n$ に対して
$$(Q\mathbf{x}, Q\mathbf{y}) = (\mathbf{x}, \mathbf{y})$$
(3) すべてのベクトル $\mathbf{x} \in \mathbb{R}^n$ に対して
$$\|Q\mathbf{x}\| = \|\mathbf{x}\|$$

証明 (1) $\Longrightarrow$ (2) を示す：
$Q^T Q = I$ なので
$$(Q\mathbf{x}, Q\mathbf{y}) = \mathbf{x}^T Q^T Q\mathbf{y} = \mathbf{x}^T \mathbf{y} = (\mathbf{x}, \mathbf{y})$$

(2) $\Longrightarrow$ (1) を示す：
行列 Q の第 i 列ベクトル $\mathbf{q}_i$ と基本ベクトル $\mathbf{e}_i$ に対して $Q\mathbf{e}_i = \mathbf{q}_i$ が成り立つので
$$(\mathbf{q}_i, \mathbf{q}_j) = (Q\mathbf{e}_i, Q\mathbf{e}_j)$$
$$= (\mathbf{e}_i, \mathbf{e}_j) = \delta_{ij}$$

となる．よって，定理 3.6.11 より Q は直交行列である.
(2) $\Longrightarrow$ (3) はノルムの定義から明らか.
(3) $\Longrightarrow$ (2) を示す：
$$\|\mathbf{x} + \mathbf{y}\|^2 - \|\mathbf{x} - \mathbf{y}\|^2 = 4(\mathbf{x}, \mathbf{y})$$
が成り立つことと，
$$\|Q(\mathbf{x} + \mathbf{y})\| = \|\mathbf{x} + \mathbf{y}\|$$
$$\|Q(\mathbf{x} - \mathbf{y})\| = \|\mathbf{x} - \mathbf{y}\|$$
を用いれば，
$$(\mathbf{x}, \mathbf{y}) = \frac{1}{4}(\|Q\mathbf{x} + Q\mathbf{y}\|^2 - \|Q\mathbf{x} - Q\mathbf{y}\|^2)$$
$$= (Q\mathbf{x}, Q\mathbf{y}) \qquad \square$$

注意 3.6.7. 直交行列 Q に対して，$\mathbf{y} = Q\mathbf{x}$ を直交変換 (orthogonal transformation) という．定理 3.6.12 より，直交変換に対して内積やノルムが不変であることがわかる．すなわち長さが変わらないので，直交変換を等長変換 (isometric transformation) ともいう.

3.6.5 直和分解と直交補空間

本項では，まず線形部分空間の和，共通部分を定義し，つづいて直和，補空間を定義する．そして特別な場合として，直交補空間について説明する.

線形空間 V の部分空間 U, W に対して，U と W の和 (sum) を
$$U + W = \{\mathbf{u} + \mathbf{w} \mid \mathbf{u} \in U, \mathbf{w} \in W\}$$
で定義し，U と W の共通部分 (intersection) を
$$U \cap W = \{\mathbf{v} \in V \mid \mathbf{v} \in U \text{ かつ } \mathbf{v} \in W\}$$
で定義する．このとき次のことが成り立つ.

命題 3.6.13. U と W は線形空間 V の部分空間とする.
(1) 和 $U + W$ と共通部分 $U \cap W$ も部分空間になる.
(2) $\dim(U + W) + \dim(U \cap W) = \dim(U) + \dim(W)$
特に V の任意のベクトル $\mathbf{v}$ が
$$\mathbf{v} = \mathbf{u} + \mathbf{w}, \ (\mathbf{u} \in U, \mathbf{w} \in W)$$
と一意に表されるとき，V は U と W の直和 (direct sum) であるといい
$$V = U \oplus W$$
と表す．これを V の直和分解 (direct sum decomposition) という．また，U と W は互いに補空間 (complement) の関係にあるという．このとき，
$$U \cap W = \{\mathbf{0}\}, \quad \dim(U) + \dim(W) = \dim(V)$$
が成り立つ.

内積空間 V の部分空間 W に対して，W のすべてのベクトルと直交するようなベクトル全体の集合を W の直交補空間 (orthogonal complement) といい，$W^\perp$ と表す．すなわち，
$$W^\perp = \{\mathbf{v} \in V \mid \text{すべての } \mathbf{w} \in W \text{ に対して } (\mathbf{v}, \mathbf{w}) = 0\}$$
である．直交補空間については次の性質がある.

定理 3.6.14. W を内積空間 V の部分空間とする.
(1) $W^\perp$ は部分空間である.
(2) $W \cap W^\perp = \{\mathbf{0}\}$
(3) $V = W \oplus W^\perp$ である．すなわち，$\mathbf{v} \in V$ は $\mathbf{v} = \mathbf{w} + \mathbf{z}$ $(\mathbf{w} \in W, \mathbf{z} \in W^\perp)$ と一意に表すことができる.
(4) $\dim(V) = \dim(W) + \dim(W^\perp)$
(5) $(W^\perp)^\perp = W$

証明 (1) $\mathbf{x}, \mathbf{y} \in W^\perp, \mathbf{w} \in W$ に対して，$(\mathbf{x}, \mathbf{w}) = 0, (\mathbf{y}, \mathbf{w}) = 0$ なので
$$(\mathbf{x} + \mathbf{y}, \mathbf{w}) = (\mathbf{x}, \mathbf{w}) + (\mathbf{y}, \mathbf{w}) = 0$$
となる．よって，$\mathbf{x} + \mathbf{y} \in W^\perp$ である．また，ス

カラー α に対して

$$(\alpha\mathbf{x}, \mathbf{w}) = \alpha(\mathbf{x}, \mathbf{w}) = 0$$

となるので $\alpha\mathbf{x} \in W^\perp$ である．したがって，$W^\perp$ は部分空間である．

(2) $\mathbf{v} \in W \cap W^\perp$ に対して $(\mathbf{v}, \mathbf{v}) = 0$ が成り立つので，内積の定義より $\mathbf{v} = \mathbf{0}$ が成り立つ．

(3) $\{\mathbf{w}_1, \mathbf{w}_2, \ldots, \mathbf{w}_k\}$ を W の正規直交基底とする．任意の $\mathbf{v} \in V$ に対して

$$\mathbf{w} = (\mathbf{v}, \mathbf{w}_1)\mathbf{w}_1 + \cdots + (\mathbf{v}, \mathbf{w}_k)\mathbf{w}_k$$

とおくと $\mathbf{w} \in W$ である．ここで，$\mathbf{z} = \mathbf{v} - \mathbf{w}$ とおくと，$\mathbf{w}_i\,(i = 1, 2, \ldots, k)$ に対して

$$
\begin{aligned}
(\mathbf{z}, \mathbf{w}_i) &= (\mathbf{v} - \mathbf{w}, \mathbf{w}_i) \\
&= (\mathbf{v}, \mathbf{w}_i) - (\mathbf{w}, \mathbf{w}_i) \\
&= (\mathbf{v}, \mathbf{w}_i) - (\mathbf{v}, \mathbf{w}_i) \\
&= 0
\end{aligned}
$$

が成り立つので，$\mathbf{z} \in W^\perp$ となる．したがって，

$$\mathbf{v} = \mathbf{w} + \mathbf{z}, \quad \mathbf{w} \in W, \ \mathbf{z} \in W^\perp$$

と表される．

次に分解の一意性を示す．$\mathbf{v} \in V$ が

$$
\begin{aligned}
\mathbf{v} &= \mathbf{w} + \mathbf{z} \quad (\mathbf{w} \in W, \ \mathbf{z} \in W^\perp) \\
&= \mathbf{w}' + \mathbf{z}' \quad (\mathbf{w}' \in W, \ \mathbf{z}' \in W^\perp)
\end{aligned}
$$

と表せたとすると，

$$\mathbf{w}' - \mathbf{w} = \mathbf{z} - \mathbf{z}'$$

となる．このとき，$\mathbf{w}' - \mathbf{w} \in W$ かつ $\mathbf{z} - \mathbf{z}' \in W^\perp$ であり，また (2) より $W \cap W^\perp = \{\mathbf{0}\}$ なので

$$\mathbf{w}' - \mathbf{w} = \mathbf{z} - \mathbf{z}' = \mathbf{0}$$

を得る．したがって，$\mathbf{w}' = \mathbf{w}, \mathbf{z}' = \mathbf{z}$ となるので一意性が示された．

(4) 命題 3.6.13 および上記の (2),(3) より結論を得る．

(5) $W^\perp$ の定義より $W \subset (W^\perp)^\perp$ は明らかである．(4) の結果より，

$$
\begin{aligned}
\dim(V) &= \dim(W) + \dim(W^\perp) \\
&= \dim(W^\perp) + \dim((W^\perp)^\perp)
\end{aligned}
$$

が成り立つので，$\dim(W) = \dim((W^\perp)^\perp)$ となる．したがって，定理 3.4.6 の (3) より $W = (W^\perp)^\perp$ を得る． $\square$

次に列空間と零空間の間に直交補空間の関係がある

ことを述べる．

> **定理 3.6.15.** A を $m \times n$ 行列とするとき，A の列空間と A^T の零空間は互いに直交補空間になる．すなわち，
>
> $$R(A)^\perp = N(A^T)$$
>
> が成り立つ．

証明 $A = [\mathbf{a}_1 \mathbf{a}_2 \cdots \mathbf{a}_n]\,(\mathbf{a}_j \in \mathbb{R}^m)$ とおく．$R(A) = \mathrm{span}\{\mathbf{a}_1, \mathbf{a}_2, \ldots, \mathbf{a}_n\}$ なので，$\mathbf{x} \in R(A)^\perp$ に対して $(\mathbf{a}_i, \mathbf{x}) = \mathbf{a}_i^T \mathbf{x} = 0\,(i = 1, 2, \ldots, n)$ となる．よって，

$$A^T \mathbf{x} = \begin{bmatrix} \mathbf{a}_1^T \mathbf{x} \\ \mathbf{a}_2^T \mathbf{x} \\ \vdots \\ \mathbf{a}_n^T \mathbf{x} \end{bmatrix} = \mathbf{0}$$

となり，$\mathbf{x} \in N(A^T)$ がいえる．したがって，$R(A)^\perp \subset N(A^T)$ が成り立つ．

逆に，$\mathbf{x} \in N(A^T)$ ならば $\mathbf{a}_i^T \mathbf{x} = 0\,(i = 1, 2, \ldots, n)$ となる．また，任意のベクトル $\mathbf{y} \in R(A)$ は $\mathbf{y} = c_1 \mathbf{a}_1 + \cdots + c_n \mathbf{a}_n$ と表せるので

$$(\mathbf{y}, \mathbf{x}) = c_1 \mathbf{a}_1^T \mathbf{x} + \cdots + c_n \mathbf{a}_n^T \mathbf{x} = 0$$

となり，$\mathbf{x} \in R(A)^\perp$ がいえる．したがって，$N(A^T) \subset R(A)^\perp$ が成り立つ．以上より $R(A)^\perp = N(A^T)$ が示された． $\square$

3.6.6 　正射影と射影行列

n 次元ユークリッド空間 $\mathbb{R}^n$ の部分空間 W が与えられたとき，任意のベクトル $\mathbf{x} \in \mathbb{R}^n$ を

$$\mathbf{x} = \mathbf{x}^p + \mathbf{y}, \quad \mathbf{x}^p \in W, \ \mathbf{y} \in W^\perp$$

に分解することを考える．このようなベクトル $\mathbf{x}^p$ をベクトル $\mathbf{x}$ の部分空間 W への**正射影** (orthogonal projection) という．定理 3.6.14 の (3) より，正射影は一意に定まる．

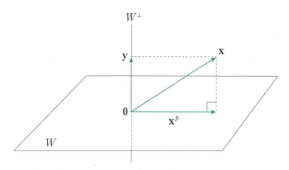

正射影について以下の定理が知られている．

定理 3.6.16. W を $\mathbb{R}^n$ の部分空間とし，任意のベクトル $\mathbf{x} \in \mathbb{R}^n$ の W への正射影を $\mathbf{x}^p$ とする．このとき，すべての $\mathbf{w} \in W$ に対して

$$\|\mathbf{x} - \mathbf{x}^p\| \leq \|\mathbf{x} - \mathbf{w}\|$$

が成り立つ．

証明

$$\|\mathbf{x} - \mathbf{w}\|^2 = \|(\mathbf{x} - \mathbf{x}^p) + (\mathbf{x}^p - \mathbf{w})\|^2$$
$$= \|\mathbf{x} - \mathbf{x}^p\|^2 + \|\mathbf{x}^p - \mathbf{w}\|^2$$
$$+ 2(\mathbf{x} - \mathbf{x}^p, \mathbf{x}^p - \mathbf{w})$$

において，$\mathbf{x} - \mathbf{x}^p \in W^\perp$，$\mathbf{x}^p - \mathbf{w} \in W$ に注意すれば $(\mathbf{x} - \mathbf{x}^p, \mathbf{x}^p - \mathbf{w}) = 0$ なので，

$$\|\mathbf{x} - \mathbf{w}\|^2 = \|\mathbf{x} - \mathbf{x}^p\|^2 + \|\mathbf{x}^p - \mathbf{w}\|^2$$
$$\geq \|\mathbf{x} - \mathbf{x}^p\|^2$$

を得る． □

例 3.6.7. 与えられた非零ベクトル $\mathbf{u} \in \mathbb{R}^n$ に対して $W = \mathrm{span}\{\mathbf{u}\}$ とおいたとき，任意のベクトル $\mathbf{x} \in \mathbb{R}^n$ の部分空間 W への正射影を求めることを考える．

$$\mathbf{x} = \mathbf{x}^p + \mathbf{y}, \quad \mathbf{x}^p \in W, \quad \mathbf{y} \in W^\perp$$

と分解したとき，$\mathbf{x}^p \in W$ より $\mathbf{x}^p = c\mathbf{u}$ と書けるので，$(\mathbf{x} - \mathbf{x}^p, \mathbf{u}) = 0$ を考慮すれば

$$0 = (\mathbf{x} - c\mathbf{u}, \mathbf{u}) = (\mathbf{x}, \mathbf{u}) - c(\mathbf{u}, \mathbf{u})$$

となる．したがって $c = \dfrac{(\mathbf{x}, \mathbf{u})}{(\mathbf{u}, \mathbf{u})}$ を得るので，正射影の具体的な式は

$$\mathbf{x}^p = \frac{(\mathbf{x}, \mathbf{u})}{(\mathbf{u}, \mathbf{u})}\mathbf{u} = \frac{\mathbf{x}^T \mathbf{u}}{\|\mathbf{u}\|^2}\mathbf{u}$$

で与えられる．

一般に部分空間 $W \subset \mathbb{R}^n$ の直交基底を用いれば，正射影は次の定理で与えられる．

定理 3.6.17. W を $\mathbb{R}^n$ の k 次元部分空間とする．

(1) $\{\mathbf{u}_1, \mathbf{u}_2, \ldots, \mathbf{u}_k\}$ を W の直交基底とするとき，任意のベクトル $\mathbf{x} \in \mathbb{R}^n$ の部分空間 W への正射影 $\mathbf{x}^p$ は次式で与えられる．

$$\mathbf{x}^p = \left(\frac{(\mathbf{x}, \mathbf{u}_1)}{\|\mathbf{u}_1\|^2}\right)\mathbf{u}_1 + \cdots + \left(\frac{(\mathbf{x}, \mathbf{u}_k)}{\|\mathbf{u}_k\|^2}\right)\mathbf{u}_k \quad (3.6.4)$$

(2) さらに W の正規直交基底 $\{\mathbf{v}_1, \mathbf{v}_2, \ldots, \mathbf{v}_k\}$ を用いれば，正射影 $\mathbf{x}^p$ は

$$\mathbf{x}^p = (\mathbf{x}, \mathbf{v}_1)\mathbf{v}_1 + (\mathbf{x}, \mathbf{v}_2)\mathbf{v}_2 + \cdots + (\mathbf{x}, \mathbf{v}_k)\mathbf{v}_k \quad (3.6.5)$$

で与えられる．また，このとき次式が成り立つ．

$$\|\mathbf{x}\|^2 = \|\mathbf{x}^p\|^2 + \|\mathbf{x} - \mathbf{x}^p\|^2$$
$$\|\mathbf{x}^p\|^2 = (\mathbf{x}, \mathbf{v}_1)^2 + \cdots + (\mathbf{x}, \mathbf{v}_k)^2$$

証明 (1) $\mathbf{x}^p \in W$ より

$$\mathbf{x}^p = c_1\mathbf{u}_1 + c_2\mathbf{u}_2 + \cdots + c_k\mathbf{u}_k$$

と書けるので，$(\mathbf{x} - \mathbf{x}^p, \mathbf{u}_j) = 0 \ (j = 1, 2, \ldots, k)$ を考慮すれば

$$0 = \left(\mathbf{x} - \sum_{i=1}^{k} c_i \mathbf{u}_i, \mathbf{u}_j\right)$$
$$= (\mathbf{x}, \mathbf{u}_j) - \sum_{i=1}^{k} c_i(\mathbf{u}_i, \mathbf{u}_j)$$
$$= (\mathbf{x}, \mathbf{u}_j) - c_j(\mathbf{u}_j, \mathbf{u}_j)$$

となる．したがって $c_j = \dfrac{(\mathbf{x}, \mathbf{u}_j)}{(\mathbf{u}_j, \mathbf{u}_j)}$ を得るので，正射影は (3.6.4) で与えられる． □

問 3.6.4. 定理 3.6.17 の (2) を示せ．

注意 3.6.8. 式 (3.6.3) より，グラム–シュミットの直交化法では

$$\tilde{\mathbf{v}}_k = \mathbf{a}_k - \sum_{i=1}^{k-1}(\mathbf{a}_k, \mathbf{v}_i)\mathbf{v}_i$$

の手順によって直交基底が生成されていた．式 (3.6.5) からわかるように，この手順は $\mathbf{a}_k$ を $\mathbf{v}_1, \ldots, \mathbf{v}_{k-1}$ が張る空間 W へ正射影して

$$(\mathbf{a}_k)^p = \sum_{i=1}^{k-1}(\mathbf{a}_k, \mathbf{v}_i)\mathbf{v}_i$$

を求め，

$$\tilde{\mathbf{v}}_k = \mathbf{a}_k - (\mathbf{a}_k)^p \in W^\perp$$

によって新しい直交基底ベクトルを生成していることに他ならない．

$\mathbf{x} \in \mathbb{R}^n$ を部分空間 $W \subset \mathbb{R}^n$ へ正射影する写像を $T : \mathbb{R}^n \to \mathbb{R}^n$ としたとき，$T(\mathbf{x}) = \mathbf{x}^p$ は線形変換になる．したがって，表現行列が存在する．$\{\mathbf{v}_1, \mathbf{v}_2, \ldots, \mathbf{v}_k\}$

を W の正規直交基底とし，以下では $\mathbb{R}^n$ の標準基底 $\{\mathbf{e}_1, \mathbf{e}_2, \ldots, \mathbf{e}_n\}$ がどのように変換されるかを調べる．定理 3.6.17 より，$j = 1, 2, \ldots, n$ に対して

$$\begin{aligned} f(\mathbf{e}_j) &= (\mathbf{e}_j)^p \\ &= (\mathbf{e}_j, \mathbf{v}_1)\mathbf{v}_1 + (\mathbf{e}_j, \mathbf{v}_2)\mathbf{v}_2 + \cdots + (\mathbf{e}_j, \mathbf{v}_k)\mathbf{v}_k \\ &= (\mathbf{v}_1^T \mathbf{e}_j)\mathbf{v}_1 + (\mathbf{v}_2^T \mathbf{e}_j)\mathbf{v}_2 + \cdots + (\mathbf{v}_k^T \mathbf{e}_j)\mathbf{v}_k \\ &= [\mathbf{v}_1 \mathbf{v}_2 \cdots \mathbf{v}_k] \begin{bmatrix} \mathbf{v}_1^T \mathbf{e}_j \\ \mathbf{v}_2^T \mathbf{e}_j \\ \vdots \\ \mathbf{v}_k^T \mathbf{e}_j \end{bmatrix} \\ &= [\mathbf{v}_1 \mathbf{v}_2 \cdots \mathbf{v}_k] \begin{bmatrix} \mathbf{v}_1^T \\ \mathbf{v}_2^T \\ \vdots \\ \mathbf{v}_k^T \end{bmatrix} \mathbf{e}_j \end{aligned}$$

となる．ここで，

$$Q = [\mathbf{v}_1 \mathbf{v}_2 \cdots \mathbf{v}_k] \in \mathbb{R}^{n \times k}$$

とおけば

$$f(\mathbf{e}_j) = QQ^T \mathbf{e}_j \quad (j = 1, 2, \ldots, n)$$

が成り立つ．したがって，正射影を表現する行列は

$$P = QQ^T$$

である．ここで $Q^T Q = I_k$ であることに注意すれば，正射影行列 P は

$$P^T = P, \quad P^2 = P$$

を満たす．一般に変換行列 P が $P^2 = P$ を満たすとき，すなわち，P がべき等であるとき，P を**射影行列 (projection matrix)** という．

注意 3.6.9. P を $\mathbb{R}^n$ から部分空間 W への射影行列とすると，任意のベクトル $\mathbf{x} \in \mathbb{R}^n$ に対して $P\mathbf{x} \in W$ となるので，

$$P^2 \mathbf{x} = P(P\mathbf{x}) = P\mathbf{x}$$

が成り立つ．このことより $P^2 = P$ を満たす行列を射影行列とよぶことが自然であることがわかる．ただし，正射影行列であるためにはべき等に加えて対称性も課される．

例 3.6.8. 非零ベクトル $\mathbf{u} \in \mathbb{R}^n$ に対して $P = \dfrac{\mathbf{u}\mathbf{u}^T}{\|\mathbf{u}\|^2}$ は対称行列であり，かつ，

$$P^2 = \frac{\mathbf{u}\mathbf{u}^T}{\|\mathbf{u}\|^2} \frac{\mathbf{u}\mathbf{u}^T}{\|\mathbf{u}\|^2} = \left(\frac{\mathbf{u}^T \mathbf{u}}{\|\mathbf{u}\|^4}\right) \mathbf{u}\mathbf{u}^T = P$$

となる．また，任意のベクトル $\mathbf{x} \in \mathbb{R}^n$ に対して

$$P\mathbf{x} = \left(\frac{\mathbf{u}^T \mathbf{x}}{\|\mathbf{u}\|^2}\right) \mathbf{u} \in \operatorname{span}\{\mathbf{u}\}$$

となる．したがって，P は $\mathbb{R}^n$ のベクトルを $\operatorname{span}\{\mathbf{u}\}$ に正射影する射影行列である．他方，$I - P$ は $\mathbb{R}^n$ のベクトルを $(\operatorname{span}\{\mathbf{u}\})^\perp$ に正射影する射影行列である．

例 3.6.9. 例 3.1.5 で与えられたベクトル $\mathbf{v}$ に対して $P = \mathbf{v}\mathbf{v}^T$ とおくと，ハウスホルダー行列は

$$H = (I - P) - P$$

と書ける．例 3.6.8 より，P と $I - P$ はそれぞれ $\operatorname{span}\{\mathbf{v}\}$ と $(\operatorname{span}\{\mathbf{v}\})^\perp$ への正射影行列なので，任意のベクトル $\mathbf{x} \in \mathbb{R}^n$ に対して

$$H\mathbf{x} = (I - P)\mathbf{x} - P\mathbf{x}$$

は $(\operatorname{span}\{\mathbf{v}\})^\perp$ について対称な位置に移される．したがって，ハウスホルダー行列は $(\operatorname{span}\{\mathbf{v}\})^\perp$ に関する**鏡影変換行列 (reflection matrix)** ともよばれる．

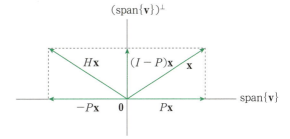

3.7 固有値と固有ベクトル

3.7.1 固有値・固有ベクトル・固有方程式

n 次正方行列 $A = [a_{ij}]$ が与えられたとき，スカラー λ と非零ベクトル $\mathbf{x}$ について

$$A\mathbf{x} = \lambda \mathbf{x} \tag{3.7.1}$$

となるとき，スカラー λ を行列 A の**固有値 (eigenvalue, characteristic root, latent root)** といい，$\mathbf{x}$ を固有値 λ に対する**固有ベクトル (eigenvector, characteristic vector, latent vector)**，または，固有値 λ に属する固有ベクトルという．

注意 3.7.1. 明らかに零ベクトル $\mathbf{0}$ は式 (3.7.1) を満たすが，$\mathbf{0}$ を固有ベクトルには含めない．

式 (3.7.1) は同次連立 1 次方程式

$$(A - \lambda I)\mathbf{x} = \mathbf{0} \qquad (3.7.2)$$

と書きなおせるが，これが $\mathbf{0}$ 以外の解（すなわち自明でない解）をもつということは，定理 3.3.2 より

$$\det(A - \lambda I) = \begin{vmatrix} a_{11} - \lambda & a_{12} & \cdots & a_{1n} \\ a_{21} & a_{22} - \lambda & \cdots & a_{2n} \\ \vdots & \vdots & \ddots & \vdots \\ a_{n1} & a_{n2} & \cdots & a_{nn} - \lambda \end{vmatrix}$$
$$= 0 \qquad (3.7.3)$$

が成り立つことである．これを行列 A の固有方程式 (characteristic equation) または特性方程式という．ここで，λ を変数とみなして

$$\varphi_A(\lambda) = \det(A - \lambda I) \qquad (3.7.4)$$

とおくと，固有方程式は $\varphi_A(\lambda) = 0$ と表せる．また，$\varphi_A(\lambda)$ は

$$\varphi_A(\lambda) = (-1)^n (\lambda^n + c_1 \lambda^{n-1} + \cdots + c_{n-1}\lambda + c_n)$$

のように λ の n 次多項式で書けるので，$\varphi_A(\lambda)$ を固有多項式 (characteristic polynomial) または特性多項式という．したがって固有方程式 (3.7.3) は n 次代数方程式になるので，代数学の基本定理より，複素数の範囲で（重根も含めて）n 個の根（解）をもつ．したがって，固有方程式の異なる根を $\lambda_1, \lambda_2, \ldots, \lambda_s$ とし，それぞれが m_k 重根 $(k = 1, 2, \ldots, s)$ であるとき，

$$\varphi_A(\lambda) = (-1)^n (\lambda - \lambda_1)^{m_1} (\lambda - \lambda_2)^{m_2} \cdots (\lambda - \lambda_s)^{m_s}$$
$$(3.7.5)$$

と書ける．ここで，m_k を固有値 λ_k の重複度 (multiplicity) または代数的重複度 (algebraic multiplicity) といい，

$$m_1 + m_2 + \cdots + m_s = n$$

が成り立つ．固有方程式を解いて得られる固有値 λ に対応する固有ベクトル $\mathbf{x}$ を求める場合には，同次連立 1 次方程式 (3.7.2) を解けばよい．ただし，$\mathbf{x}$ が固有ベクトルのとき，そのスカラー倍 $c\mathbf{x}\ (c \neq 0)$ に対して

$$A(c\mathbf{x}) = c(A\mathbf{x}) = \lambda(c\mathbf{x})$$

が成り立つので，$c\mathbf{x}$ も固有ベクトルになることに注意せよ．

固有値，トレース，行列式には以下のような関係が

ある．

定理 3.7.1. (1) $\mathrm{tr}(A) = m_1\lambda_1 + m_2\lambda_2 + \cdots + m_s\lambda_s$ （すべての固有値の和）

(2) $|A| = \lambda_1^{m_1} \lambda_2^{m_2} \cdots \lambda_s^{m_s}$ （すべての固有値の積）

証明 (1) 式 (3.7.3)，(3.7.5) で λ^{n-1} の係数を比較すれば結論を得る．

(2) 式 (3.7.5) で $\lambda = 0$ とおくと

$$|A| = (-1)^n (-1)^{m_1 + \cdots + m_t} \lambda_1^{m_1} \cdots \lambda_s^{m_s}$$

となるので結論を得る． □

例 3.7.1. $A = \begin{bmatrix} a & b \\ c & d \end{bmatrix}$ の固有方程式は

$$\det(A - \lambda I) = \begin{vmatrix} a - \lambda & b \\ c & d - \lambda \end{vmatrix}$$
$$= \lambda^2 - (a + d)\lambda + (ad - bc) = 0$$

となる．解（すなわち固有値）を λ_1, λ_2 とすれば，根（解）と係数の関係より

$$\lambda_1 + \lambda_2 = a + d = \mathrm{tr}(A)$$
$$\lambda_1 \lambda_2 = ad - bc = |A|$$

を得る．

例 3.7.2. $A = \begin{bmatrix} 5 & -1 & 3 \\ 0 & -2 & 4 \\ 0 & 0 & 5 \end{bmatrix}$ の固有方程式は

$$\det(A - \lambda I) = \begin{vmatrix} 5 - \lambda & -1 & 3 \\ 0 & -2 - \lambda & 4 \\ 0 & 0 & 5 - \lambda \end{vmatrix}$$
$$= (5 - \lambda)^2 (-2 - \lambda) = 0$$

となるので，固有値は 5（代数的重複度は 2）と -2（代数的重複度は 1）である．

固有値については次の性質がある．

定理 3.7.2. $A = [a_{ij}]$ を n 次正方行列とし，λ を固有値，$\mathbf{x}$ を対応する固有ベクトルとする．

(1) A^T の固有値は A の固有値と等しい．

(2) A が正則 $\iff$ すべての固有値は非零である

(3) A が正則のとき，λ^{-1} は A^{-1} の固有値であり，$\mathbf{x}$ は対応する固有ベクトルである．

(4) A が三角行列（上三角行列または下三角行列）ならば，A の固有値はその対角要素であ

る.

(5) 任意のスカラー c に対して，$\lambda + c$ は $A + cI$ の固有値であり，$\mathbf{x}$ は対応する固有ベクトルである．

(6) 正の整数 m に対して，λ^m は A^m の固有値であり，$\mathbf{x}$ は対応する固有ベクトルである．

証明 (1) 行列式の性質より，

$$\det(A - \lambda I) = \det((A - \lambda I)^T) = \det(A^T - \lambda I)$$

が成り立つので，結論を得る．

(2) 定理 3.7.1 の (2) より

$$A \text{ が正則} \iff |A| \neq 0 \iff \lambda \neq 0$$

となる．

(3) $A\mathbf{x} = \lambda\mathbf{x}$ の両辺に左から A^{-1} を掛けると $\mathbf{x} = A^{-1}A\mathbf{x} = \lambda A^{-1}\mathbf{x}$ となる．(2) より $\lambda \neq 0$ なので，

$$A^{-1}\mathbf{x} = \frac{1}{\lambda}\mathbf{x}$$

を得る．

(4) 定理 3.2.6 の (5) より，固有方程式は

$$(a_{11} - \lambda)(a_{22} - \lambda)\cdots(a_{nn} - \lambda) = 0$$

となるので，結論を得る．

(5) $A\mathbf{x} = \lambda\mathbf{x}$ なので，

$$(A + cI)\mathbf{x} = A\mathbf{x} + c\mathbf{x} = (\lambda + c)\mathbf{x}$$

となる．

(6) 数学的帰納法で証明する．$A\mathbf{x} = \lambda\mathbf{x}$ なので $m = 1$ のときは明らかに成り立つ．$m = k-1$ のときに成り立つと仮定する．すなわち，$A^{k-1}\mathbf{x} = \lambda^{k-1}\mathbf{x}$ が成り立つと仮定する．このとき，

$$A^k\mathbf{x} = A(A^{k-1}\mathbf{x}) = \lambda^{k-1}A\mathbf{x} = \lambda^k\mathbf{x}$$

が成り立つ．よって結論を得る． □

正則行列 P に対して正方行列 A, B が

$$P^{-1}AP = B$$

という関係にあるとき，A と B は相似（similar）であるといい，$P^{-1}AP$ を相似変換（similar transformation）という．相似の関係について以下のことがいえる．

定理 3.7.3. A と B が互いに相似な正方行列であるとする．

(1) $|A| = |B|$

(2) rank A = rank B

(3) A と B の固有方程式と固有値は同じである（すなわち，相似変換に対して固有値は不変である）．

証明 正則行列 P に対して $P^{-1}AP = B$ が成り立つとする．

(1) 行列式の性質から

$$|B| = |P^{-1}AP| = |P^{-1}||A||P| = |A|$$

(2) P は正則行列なので，定理 3.1.10 の (3) より rank A = rank B となる．

(3) (1) の証明と同様に

$$\begin{aligned}
\det(B - \lambda I) &= \det(P^{-1}AP - \lambda I) \\
&= \det(P^{-1}(A - \lambda I)P) \\
&= \det P^{-1} \det(A - \lambda I) \det P \\
&= \det(A - \lambda I)
\end{aligned}$$

が成り立つので，結論を得る． □

例題 3.7.1. (1) 直交行列の固有値は 1 または -1 であることを示せ．

(2) べき等行列の固有値は 1 または 0 であることを示せ．

解答 正方行列 A の固有値と対応する固有ベクトルを λ，$\mathbf{x}(\neq \mathbf{0})$ とする．

(1) A が直交行列であるとき $A^T A = I$ を満たすので，$A\mathbf{x} = \lambda\mathbf{x}$ より

$$\begin{aligned}
\mathbf{x}^T\mathbf{x} = \mathbf{x}^T A^T A\mathbf{x} &= (A\mathbf{x})^T(A\mathbf{x}) \\
&= (\lambda\mathbf{x})^T(\lambda\mathbf{x}) = \lambda^2(\mathbf{x}^T\mathbf{x})
\end{aligned}$$

となる．ここで両辺を $\mathbf{x}^T\mathbf{x}(\neq 0)$ で割ると，$\lambda^2 = 1$，すなわち，$\lambda = 1, -1$ を得る．

(2) A がべき等行列であるとき $A^2 = A$ を満たすので，$A\mathbf{x} = \lambda\mathbf{x}$ より

$$\lambda\mathbf{x} = A\mathbf{x} = A^2\mathbf{x} = \lambda^2\mathbf{x}$$

となる．よって，$\lambda = \lambda^2$ より $\lambda = 1, 0$ を得る．

注意 3.7.2. 実正方行列 $A = [a_{ij}]$ において $\lambda = a + bi$ を複素固有値，$\mathbf{z}$ を対応する（複素）固有ベクトルとする．このとき，$\overline{A} = [\overline{a_{ij}}] = [a_{ij}] = A$ より

$$\begin{aligned}
A\overline{\mathbf{z}} = \overline{A}\,\overline{\mathbf{z}} &= \overline{A\mathbf{z}} \\
&= \overline{\lambda\mathbf{z}} = \overline{\lambda}\,\overline{\mathbf{z}}
\end{aligned}$$

となるので，共役複素数 $\overline{\lambda} = a - bi$ も A の固有値になり，対応する固有ベクトルは $\overline{\mathbf{z}}$ である．

$p(t)$ を t の k 次多項式

$$p(t) = c_0 t^k + c_1 t^{k-1} + \cdots + c_{k-1} t + c_k$$

とするとき，n 次正方行列 A に対して

$$p(A) = c_0 A^k + c_1 A^{k-1} + \cdots + c_{k-1} A + c_k I$$

を行列 A の多項式とよぶ．行列の多項式について次のケーリー–ハミルトン（Cayley-Hamilton）の定理が知られている．

定理 3.7.4（ケーリー–ハミルトンの定理）. n 次正方行列 A の固有多項式を $\varphi_A(\lambda)$ とするとき，

$$\varphi_A(A) = \mathbf{O}$$

が成り立つ．

例 3.7.3. 例 3.7.1 より $A = \begin{bmatrix} a & b \\ c & d \end{bmatrix}$ の固有方程式は

$\varphi_A(\lambda) = \lambda^2 - (a+d)\lambda + (ad - bc) = 0$ なので

$$\varphi_A(A) = A^2 - (a+d)A + (ad - bc)I = \mathbf{O}$$

が成り立つ．

3.7.2 固有空間

固有値，固有ベクトルの定義から導かれた同次連立 1 次方程式 (3.7.2) に関連して，$A - \lambda I$ の零空間 $N(A - \lambda I)$ を固有値 λ の固有空間（eigenspace）といい $\Lambda_A(\lambda)$ と表す．

$$\Lambda_A(\lambda) \equiv N(A - \lambda I) = \{ \mathbf{v} \in V \mid A\mathbf{v} = \lambda \mathbf{v} \}$$

ただし，V は $V = \mathbb{R}^n$ または $V = \mathbb{C}^n$ である．

定理 3.7.5. 固有空間 $\Lambda_A(\lambda)$ は V の部分空間である．

証明 $\mathbf{u}, \mathbf{v} \in \Lambda_A(\lambda)$ に対して $A\mathbf{u} = \lambda \mathbf{u}$, $A\mathbf{v} = \lambda \mathbf{v}$ が成り立つので，$A(\mathbf{u} + \mathbf{v}) = A\mathbf{u} + A\mathbf{v} = \lambda(\mathbf{u} + \mathbf{v})$ となる．よって，$\mathbf{u} + \mathbf{v} \in \Lambda_A(\lambda)$ である．また，$\mathbf{u} \in \Lambda_A(\lambda)$ と任意のスカラー c に対して $c\mathbf{u} \in \Lambda_A(\lambda)$ となることは明らかである．したがって，固有空間は V の部分空間になる． $\square$

注意 3.7.3. 固有ベクトルは零ベクトルを除くが，固有空間には零ベクトルが含まれることに注意．

異なる固有値に対応する固有空間について以下のことが成り立つ．

定理 3.7.6. $\lambda_1, \lambda_2, \ldots, \lambda_s$ を A の異なる固有値とする．

(1) $i \neq j$ のとき，

$$\Lambda_A(\lambda_i) \cap \Lambda_A(\lambda_j) = \{ \mathbf{0} \}$$

である．

(2) $k = 1, 2, \ldots, s$ に 対 し て，$\mathbf{v}_k \in \Lambda_A(\lambda_k)$ $(\mathbf{v}_k \neq \mathbf{0})$ ならば，$\mathbf{v}_1, \mathbf{v}_2, \ldots, \mathbf{v}_s$ は線形独立である．

問 3.7.1. 定理 3.7.6 を示せ．なお，(2) は数学的帰納法で証明すること．

固有空間の次元 $\dim(\Lambda_A(\lambda))$ を固有値 λ の幾何的重複度（geometric multiplicity）という．代数的重複度と幾何的重複度の関係は次の定理で示される．

定理 3.7.7. $\hat{\lambda}$ を n 次正方行列 A の固有値とし $\hat{m}$ をその代数的重複度とする．このとき，次式が成り立つ．

$$1 \le \dim(\Lambda_A(\hat{\lambda})) \le \hat{m}$$

証明 固有値 $\hat{\lambda}$ に対応する固有ベクトルは同次連立 1 次方程式の自明でない解として少なくとも一つは存在するので，$1 \le \dim(\Lambda_A(\hat{\lambda}))$ は明らかである．

$\hat{d} = \dim(\Lambda_A(\hat{\lambda}))$ としたとき，$\hat{\lambda}$ の固有空間 $\Lambda_A(\hat{\lambda})$ の基底ベクトルを $\mathbf{z}_1, \mathbf{z}_2, \ldots, \mathbf{z}_{\hat{d}}$ とする（すなわち，$A\mathbf{z}_i = \hat{\lambda} \mathbf{z}_i, i = 1, \ldots, \hat{d}$ を満たす）．このとき，適当な $n - \hat{d}$ 個のベクトル $\mathbf{z}_{\hat{d}+1}, \ldots, \mathbf{z}_n$ を選んで

$$\mathbf{z}_1, \ldots, \mathbf{z}_{\hat{d}}, \mathbf{z}_{\hat{d}+1}, \ldots, \mathbf{z}_n$$

が線形独立になるようにできる（たとえば，$\mathbf{z}_{\hat{d}+1}, \ldots, \mathbf{z}_n$ として $\Lambda_A(\hat{\lambda})^\perp$ の基底ベクトルを選ぶ）．このとき，

$$Z = [\mathbf{z}_1 \cdots \mathbf{z}_{\hat{d}} \mathbf{z}_{\hat{d}+1} \cdots \mathbf{z}_n]$$

とおくと，

$$AZ = [A\mathbf{z}_1 \cdots A\mathbf{z}_{\hat{d}} A\mathbf{z}_{\hat{d}+1} \cdots A\mathbf{z}_n]$$
$$= [\hat{\lambda}\mathbf{z}_1 \cdots \hat{\lambda}\mathbf{z}_{\hat{d}} A\mathbf{z}_{\hat{d}+1} \cdots A\mathbf{z}_n]$$

となる．ただし，$Z \in \mathbb{R}^{n \times n}$ または $Z \in \mathbb{C}^{n \times n}$ である．ここで，$A\mathbf{z}_j, j = \hat{d}+1, \ldots, n$ は $\mathbf{z}_1, \ldots, \mathbf{z}_n$ の線形結合で表せるので，

$$[A\mathbf{z}_{\hat{d}+1} \cdots A\mathbf{z}_n] = [\mathbf{z}_1 \cdots \mathbf{z}_n] \begin{bmatrix} B \\ \hline C \end{bmatrix}$$

となる．ただし，B は $\hat{d} \times (n - \hat{d})$ 行列，C は $(n - \hat{d}) \times (n - \hat{d})$ 行列である．したがって，$\hat{d}$ 次対角行列

$$\hat{\Lambda} = \mathrm{diag}(\hat{\lambda}, \ldots, \hat{\lambda})$$

を定義すれば

$$AZ = [\mathbf{z}_1 \cdots \mathbf{z}_n] \left[\begin{array}{c|c} \hat{\Lambda} & B \\ \hline O & C \end{array}\right]$$

$$= Z \left[\begin{array}{c|c} \hat{\Lambda} & B \\ \hline O & C \end{array}\right]$$

と表せる．Z は正則行列なので，

$$Z^{-1}AZ = \left[\begin{array}{c|c} \hat{\Lambda} & B \\ \hline O & C \end{array}\right]$$

となる．よって A の固有多項式を求めれば，命題 3.2.9 の (5) と定理 3.7.3 の (3) より

$$\begin{aligned} \det(A - \lambda I) &= \det(Z^{-1}AZ - \lambda I) \\ &= \det(\hat{\Lambda} - \lambda I_{\hat{d}}) \det(C - \lambda I_{n-\hat{d}}) \\ &= (\hat{\lambda} - \lambda)^{\hat{d}} \det(C - \lambda I_{n-\hat{d}}) \end{aligned}$$

となる．ただし，$I_{\hat{d}}$ と $I_{n-\hat{d}}$ はそれぞれ $\hat{d}$ 次単位行列，$(n-\hat{d})$ 次単位行列である．したがって，固有多項式は $(\hat{\lambda} - \lambda)^{\hat{d}}$ を因子にもっているので，$\hat{d} \le \hat{m}$ でなければならない． $\square$

例題 3.7.2. 次の行列の固有値と固有ベクトルを求めよ．

(1) $A = \begin{bmatrix} 2 & 1 & 1 \\ 1 & 2 & -1 \\ 1 & -1 & 0 \end{bmatrix}$

(2) $A = \begin{bmatrix} 2 & 1 & 0 & 0 \\ 0 & 2 & 0 & 0 \\ 0 & 0 & -3 & 0 \\ 0 & 0 & 0 & -3 \end{bmatrix}$

解答 (1)

$$\begin{aligned} \det(A - \lambda I) &= \begin{vmatrix} 2-\lambda & 1 & 1 \\ 1 & 2-\lambda & -1 \\ 1 & -1 & -\lambda \end{vmatrix} \\ &= -(\lambda - 3)(\lambda - 2)(\lambda + 1) = 0 \end{aligned}$$

より，固有値は

$$\lambda_1 = 3, \ \lambda_2 = 2, \ \lambda_3 = -1$$

である．次に固有ベクトルを求める．

(i) $\lambda_1 = 3$ のとき：

同次連立 1 次方程式 $(A - 3I)\mathbf{x} = \mathbf{0}$，すなわち，

$$\begin{bmatrix} -1 & 1 & 1 \\ 1 & -1 & -1 \\ 1 & -1 & -3 \end{bmatrix} \begin{bmatrix} x_1 \\ x_2 \\ x_3 \end{bmatrix} = \begin{bmatrix} 0 \\ 0 \\ 0 \end{bmatrix}$$

を解いて固有ベクトル $\mathbf{x}$ を求めればよい．この同次連立 1 次方程式は

$$\begin{cases} x_1 - x_2 - x_3 &= 0 \\ x_1 - x_2 - 3x_3 &= 0 \end{cases}$$

と同値なので，求める固有ベクトルは

$$\mathbf{v}_1 = c_1 [1\ 1\ 0]^T$$

である．ただし，c_1 は零でない任意定数である．また，$\lambda_1 = 3$ の固有空間は

$$\Lambda_A(3) = \left\{ c_1 \begin{bmatrix} 1 \\ 1 \\ 0 \end{bmatrix} \ \middle|\ c_1 \in \mathbb{R} \right\}$$

である．このとき，代数的重複度と幾何的重複度はともに 1 である．

(ii) $\lambda_2 = 2$ のとき：

同次連立 1 次方程式 $(A - 2I)\mathbf{x} = \mathbf{0}$，すなわち，

$$\begin{bmatrix} 0 & 1 & 1 \\ 1 & 0 & -1 \\ 1 & -1 & -2 \end{bmatrix} \begin{bmatrix} x_1 \\ x_2 \\ x_3 \end{bmatrix} = \begin{bmatrix} 0 \\ 0 \\ 0 \end{bmatrix}$$

を解いて固有ベクトルを求めれば，

$$\mathbf{v}_2 = c_2 [1\ -1\ 1]^T$$

である．ただし，c_2 は零でない任意定数である．また，$\lambda_2 = 2$ の固有空間は

$$\Lambda_A(2) = \left\{ c_2 \begin{bmatrix} 1 \\ -1 \\ 1 \end{bmatrix} \ \middle|\ c_2 \in \mathbb{R} \right\}$$

である．このとき，代数的重複度と幾何的重複度はともに 1 である．

(iii) $\lambda_3 = -1$ のとき：

同次連立 1 次方程式 $(A + I)\mathbf{x} = \mathbf{0}$，すなわち，

$$\begin{bmatrix} 3 & 1 & 1 \\ 1 & 3 & -1 \\ 1 & -1 & 1 \end{bmatrix} \begin{bmatrix} x_1 \\ x_2 \\ x_3 \end{bmatrix} = \begin{bmatrix} 0 \\ 0 \\ 0 \end{bmatrix}$$

を解いて固有ベクトルを求めれば，

$$\mathbf{v}_3 = c_3 [1\ -1\ -2]^T$$

である．ただし，c_3 は零でない任意定数である．また，$\lambda_3 = -1$ の固有空間は

$$\Lambda_A(-1) = \left\{ c_3 \begin{bmatrix} 1 \\ -1 \\ -2 \end{bmatrix} \middle| c_3 \in \mathbb{R} \right\}$$

である．このとき，代数的重複度と幾何的重複度はともに1である．

(2)

$$\det(A - \lambda I) = \begin{vmatrix} 2-\lambda & 1 & 0 & 0 \\ 0 & 2-\lambda & 0 & 0 \\ 0 & 0 & -3-\lambda & 0 \\ 0 & 0 & 0 & -3-\lambda \end{vmatrix}$$

$$= (2-\lambda)^2(-3-\lambda)^2 = 0$$

より，固有値は

$$\lambda_1 = 2 \text{（代数的重複度は2）}$$

$$\lambda_2 = -3 \text{（代数的重複度は2）}$$

である．次に固有ベクトルを求める．

(i) $\lambda_1 = 2$ のとき：

同次連立1次方程式 $(A - 2I)\mathbf{x} = \mathbf{0}$，すなわち，

$$\begin{bmatrix} 0 & 1 & 0 & 0 \\ 0 & 0 & 0 & 0 \\ 0 & 0 & -5 & 0 \\ 0 & 0 & 0 & -5 \end{bmatrix} \begin{bmatrix} x_1 \\ x_2 \\ x_3 \\ x_4 \end{bmatrix} = \begin{bmatrix} 0 \\ 0 \\ 0 \\ 0 \end{bmatrix}$$

を解いて固有ベクトルを求めれば，

$$\mathbf{v}_1 = c_1[1\ 0\ 0\ 0]^T$$

である．ただし，c_1 は零でない任意定数である．また，$\lambda_1 = 2$ の固有空間は

$$\Lambda_A(2) = \left\{ c_1 \begin{bmatrix} 1 \\ 0 \\ 0 \\ 0 \end{bmatrix} \middle| c_1 \in \mathbb{R} \right\}$$

である．このとき，幾何的重複度は1である（代数的重複度と異なることに注意）．

(ii) $\lambda_2 = -3$ のとき：

同次連立1次方程式 $(A + 3I)\mathbf{x} = \mathbf{0}$，すなわち，

$$\begin{bmatrix} 5 & 1 & 0 & 0 \\ 0 & 5 & 0 & 0 \\ 0 & 0 & 0 & 0 \\ 0 & 0 & 0 & 0 \end{bmatrix} \begin{bmatrix} x_1 \\ x_2 \\ x_3 \\ x_4 \end{bmatrix} = \begin{bmatrix} 0 \\ 0 \\ 0 \\ 0 \end{bmatrix}$$

を解いて固有ベクトルを求めれば，

$$\mathbf{v}_2 = [0\ 0\ c_2\ c_3]^T$$

である．ただし，c_2, c_3 は同時に零にならない任意定数である．また，$\lambda_2 = -3$ の固有空間は

$$\Lambda_A(-3) = \left\{ c_2 \begin{bmatrix} 0 \\ 0 \\ 1 \\ 0 \end{bmatrix} + c_3 \begin{bmatrix} 0 \\ 0 \\ 0 \\ 1 \end{bmatrix} \middle| c_2, c_3 \in \mathbb{R} \right\}$$

である．このとき，幾何的重複度は2である（代数的重複度と等しい）． □

3.7.3　行列の対角化

n 次正方行列 A は重複度も考慮すれば複素数の範囲で n 個の固有値

$$\lambda_1, \lambda_2, \ldots, \lambda_n$$

をもつ．それぞれに対応する固有ベクトルを

$$\mathbf{x}_1, \mathbf{x}_2, \ldots, \mathbf{x}_n$$

とすれば

$$A[\mathbf{x}_1\ \mathbf{x}_2\ \cdots\ \mathbf{x}_n] = [A\mathbf{x}_1\ A\mathbf{x}_2\ \cdots\ A\mathbf{x}_n]$$

$$= [\lambda_1\mathbf{x}_1\ \lambda_2\mathbf{x}_2\ \cdots\ \lambda_n\mathbf{x}_n]$$

$$= [\mathbf{x}_1\ \mathbf{x}_2\ \cdots\ \mathbf{x}_n] \begin{bmatrix} \lambda_1 & & & \\ & \lambda_2 & & \\ & & \ddots & \\ & & & \lambda_n \end{bmatrix}$$

となる．ここで，

$$P = [\mathbf{x}_1\ \mathbf{x}_2\ \cdots\ \mathbf{x}_n]$$

$$D = \mathrm{diag}\,(\lambda_1, \lambda_2, \ldots, \lambda_n)$$

とおけば，上式は

$$AP = PD \qquad (3.7.6)$$

となる．もし P が正則ならば

$$P^{-1}AP = D \qquad (3.7.7)$$

が成り立つ．このとき，行列 A は対角化可能 (diagonalizable) であるという．また，式 (3.7.7) を行列の対角化という．さらに，

$$A = PDP^{-1}$$

と変形すれば，自然数 m に対して

$$A^m = (PDP^{-1})^m$$
$$= (PDP^{-1})(PDP^{-1})\cdots(PDP^{-1})$$
$$= PD^m P^{-1}$$

と表されるので，

$$A^m = P \operatorname{diag}(\lambda_1^m, \lambda_2^m, \ldots, \lambda_n^m) P^{-1} \qquad (3.7.8)$$

を得る．

P の正則性と n 個の固有ベクトル $\mathbf{x}_1, \mathbf{x}_2, \ldots, \mathbf{x}_n$ の線形独立性が同値であること，および，定理 3.7.6 より，次の定理を得る．

> **定理 3.7.8.** A を n 次正方行列とする．
> (1) n 個の線形独立な固有ベクトルが存在する．
> $\iff A$ は対角化可能である．
> (2) A の固有値がすべて異なるならば，A は対角化可能である．

例 3.7.4. 例題 3.7.2(1) の行列 $A = \begin{bmatrix} 2 & 1 & 1 \\ 1 & 2 & -1 \\ 1 & -1 & 0 \end{bmatrix}$ は異なる固有値 $\lambda_1 = 3, \lambda_2 = 2, \lambda_3 = -1$ をもつので，固有ベクトル $\mathbf{v}_1, \mathbf{v}_2, \mathbf{v}_3$ は線形独立である．したがって，

$$P = [\mathbf{v}_1\ \mathbf{v}_2\ \mathbf{v}_3] = \begin{bmatrix} 1 & 1 & 1 \\ 1 & -1 & -1 \\ 0 & 1 & -2 \end{bmatrix}$$

とおけば，次のように対角化できる．

$$P^{-1}AP = \begin{bmatrix} 3 & 0 & 0 \\ 0 & 2 & 0 \\ 0 & 0 & -1 \end{bmatrix}$$

また，式 (3.7.8) を用いれば，自然数 m に対して

$$A^m = P \begin{bmatrix} 3^m & 0 & 0 \\ 0 & 2^m & 0 \\ 0 & 0 & (-1)^m \end{bmatrix} P^{-1}$$

となる．

注意 3.7.4. 行列 P を作る際に固有ベクトルの順番を変えれば対角行列の固有値の並ぶ順番も変わる．したがって，行列の対角化の表現は一意ではない．

固有値がすべて異なる場合には対角化可能である

ことを述べたが，重根の固有値が存在する場合には必ずしも対角化可能とは限らない．たとえば，例題 3.7.2(2) の 4 次行列 A は固有値 2（2 重根）と -3（2 重根）をもっているが，固有値 2 の固有空間が 1 次元であるので，全体として 4 個の線形独立な固有ベクトルは存在しない．したがって対角化可能ではない．

次の定理は行列が対角化可能であるための必要十分条件を与えている．

> **定理 3.7.9.** n 次正方行列 A が対角化可能であるための必要十分条件は，A のそれぞれの固有値の代数的重複度が対応する固有空間の次元（幾何的重複度）と等しくなることである．

証明 $\lambda_k (k = 1, 2, \ldots, s)$ を A の異なる固有値とし，m_k をその代数的重複度とする．ただし，$m_1 + \cdots + m_s = n$ である．

十分性の証明：$\dim(\Lambda_A(\lambda_k)) = m_k$ とすると，λ_k の固有空間 $\Lambda_A(\lambda_k) (\subset \mathbb{C}^n)$ には $A\mathbf{p}_j^{(k)} = \lambda_k \mathbf{p}_j^{(k)}$ を満たす m_k 個の基底ベクトル $\mathbf{p}_1^{(k)}, \ldots, \mathbf{p}_{m_k}^{(k)}$ が存在する．また，定理 3.7.6 の (2) より異なる固有値に対する固有ベクトルは線形独立なので，n 次正方行列

$$P = [\underbrace{\mathbf{p}_1^{(1)} \cdots \mathbf{p}_{m_1}^{(1)}}\ \cdots\ \underbrace{\mathbf{p}_1^{(s)} \cdots \mathbf{p}_{m_s}^{(s)}}]$$

は正則行列になる．したがって，n 次対角行列

$$D = \operatorname{diag}(\underbrace{\lambda_1, \ldots, \lambda_1}, \ldots, \underbrace{\lambda_s, \ldots, \lambda_s})$$

を定義すれば，式 (3.7.6) より $AP = PD$ が成り立つので，$P^{-1}AP = D$ を得る．

必要性の証明：n 次正則行列

$$P = [\mathbf{p}_1 \cdots \mathbf{p}_n]$$

と n 次対角行列

$$D = \operatorname{diag}(\mu_1, \ldots, \mu_n)$$

に対して $P^{-1}AP = D$，すなわち，$AP = PD$ が成り立つとする．このとき，$A\mathbf{p}_j = \mu_j \mathbf{p}_j (j = 1, \ldots, n)$ となるので，μ_j は A の固有値，$\mathbf{p}_j$ は対応する固有ベクトルになる．ここで，$\mu_1, \ldots, \mu_n$ は A のすべての固有値を含んでいる．なぜならば，$\mu_1, \ldots, \mu_n$ と異なる固有値が存在すれば対応する固有ベクトルが n 個のベクトル $\mathbf{p}_1, \ldots, \mathbf{p}_n$ と線形独立になり，$n+1$ 個の線形独立なベクトルが存在する．これは n 次元線形空間であることに矛盾する．

$\mu_j = \lambda_i$ となる μ_j が l_i 個あるとすると，λ_i に対応する線形独立な固有ベクトルが l_i 個存在することになる．よって，定理 3.7.7 より $l_i \leq \dim(\Lambda_A(\lambda_i)) \leq m_i$

となる．一方，

$$l_1 + l_2 + \cdots + l_s = n = m_1 + m_2 + \cdots + m_s$$

なので，$\dim(\Lambda_A(\lambda_i)) = m_i (i = 1, 2, \ldots, s)$ が成り立つ． $\square$

3.7.4 実対称行列の固有値と対角化

本項では実対称行列の固有値・固有ベクトルに関連した性質について説明する．以下では，A を n 次実対称行列とする．

定理 3.7.10. (1) 実対称行列の固有値はすべて実数になり，対応する実固有ベクトルが存在する．

(2) 異なる固有値の固有空間は互いに直交する．

証明 (1) A の任意の固有値を $\lambda \in \mathbb{C}$ とし，それに対応する固有ベクトル（の一つ）を $\mathbf{z} \in \mathbb{C}^n$ とすると $A\mathbf{z} = \lambda\mathbf{z}$ ($\mathbf{z} \neq \mathbf{0}$) が成り立つので

$$\begin{aligned}
\lambda\mathbf{z}^T\overline{\mathbf{z}} &= (\lambda\mathbf{z})^T\overline{\mathbf{z}} \\
&= (A\mathbf{z})^T\overline{\mathbf{z}} \\
&= \mathbf{z}^T A^T\overline{\mathbf{z}} \\
&= \mathbf{z}^T A\overline{\mathbf{z}} \quad (A \text{ は対称行列なので}) \\
&= \mathbf{z}^T \overline{A\mathbf{z}} \quad (A \text{ は実行列なので}) \\
&= \mathbf{z}^T \overline{\lambda\mathbf{z}} \\
&= \overline{\lambda}\mathbf{z}^T\overline{\mathbf{z}}
\end{aligned}$$

となる．$\mathbf{z} \neq \mathbf{0}$ なので，$\mathbf{z}^T\overline{\mathbf{z}} = \sum_{i=1}^{n} |z_i|^2 > 0$ となり，$\lambda = \overline{\lambda}$ を得る．したがって，固有値 λ は実数である．このとき，実係数の同次連立 1 次方程式 $(A - \lambda I)\mathbf{x} = \mathbf{0}$ は実数解をもつので，対応する実固有ベクトルが存在する．

(2) $\lambda_1 \in \mathbb{R}$ と $\lambda_2 \in \mathbb{R}$ を A の異なる固有値とし，対応する固有ベクトルをそれぞれ $\mathbf{z}_1 \in \Lambda_A(\lambda_1) \subset \mathbb{C}^n$, $\mathbf{z}_2 \in \Lambda_A(\lambda_2) \subset \mathbb{C}^n$ とする．このとき，

$$\begin{aligned}
\lambda_1\mathbf{z}_1^T\overline{\mathbf{z}_2} &= (\lambda_1\mathbf{z}_1)^T\overline{\mathbf{z}_2} \\
&= (A\mathbf{z}_1)^T\overline{\mathbf{z}_2} \\
&= \mathbf{z}_1^T A\overline{\mathbf{z}_2} \\
&= \mathbf{z}_1^T \overline{A\mathbf{z}_2} \\
&= \mathbf{z}_1^T \overline{\lambda_2\mathbf{z}_2} \\
&= \lambda_2\mathbf{z}_1^T\overline{\mathbf{z}_2}
\end{aligned}$$

となる．したがって，$\lambda_1 \neq \lambda_2$ より $\mathbf{z}_1^T\overline{\mathbf{z}_2} = 0$ を得るので，$\Lambda_A(\lambda_1)$ と $\Lambda_A(\lambda_2)$ は互いに直交する（$\mathbb{C}^n$ の内積については例 3.6.2 を参照せよ）． $\square$

前述の定理で実対称行列が実固有ベクトルをもつことを示したので，以下では実対称行列の固有ベクトルは実ベクトルを扱うことにする．次の定理は，実対称行列の別の特徴として対角化可能性について述べている．

定理 3.7.11. 実対称行列は対角化可能である．

証明 実対称行列 A の次数 n に関する帰納法で証明する．$n = 1$ のときは明らかである．$n = k$ のときに成り立つと仮定して，$k + 1$ 次実対称行列 A について考える．λ_1 を A の固有値とし対応する固有ベクトルを $\mathbf{q}_1$（ただし $\|\mathbf{q}_1\| = 1$）としたとき，適当な $n - 1$ 個のベクトルを加えて，$\mathbf{q}_1, \mathbf{q}_2, \ldots, \mathbf{q}_n$ が $\mathbb{R}^n$ の正規直交基底になるようにできる．このとき $Q = [\mathbf{q}_1 \, \mathbf{q}_2 \, \cdots \, \mathbf{q}_n]$ とおくと，適当な k 次実ベクトル $\mathbf{b}$ と k 次実正方行列 A_1 に対して $AQ = Q \begin{bmatrix} \lambda_1 & \mathbf{b}^T \\ \mathbf{0} & A_1 \end{bmatrix}$ が成り立つので，

$$Q^{-1}AQ = \begin{bmatrix} \lambda_1 & \mathbf{b}^T \\ \mathbf{0} & A_1 \end{bmatrix}$$

となる．Q は直交行列なので $Q^{-1} = Q^T$ となるので，$Q^{-1}AQ$ は対称行列である．よって，$\mathbf{b} = \mathbf{0}$ となり，A_1 は k 次実対称行列である．帰納法の仮定より，適当な k 次正則行列 Q_1 と k 次対角行列 D_1 を用いて $Q_1^{-1}A_1Q_1 = D_1$（すなわち $A_1 = Q_1 D_1 Q_1^{-1}$）とすることができるので，

$$P = Q \begin{bmatrix} 1 & \mathbf{0}^T \\ \mathbf{0} & Q_1 \end{bmatrix}$$

とおけば

$$\begin{aligned}
P^{-1}AP &= \begin{bmatrix} 1 & \mathbf{0}^T \\ \mathbf{0} & Q_1^{-1} \end{bmatrix} Q^{-1}AQ \begin{bmatrix} 1 & \mathbf{0}^T \\ \mathbf{0} & Q_1 \end{bmatrix} \\
&= \begin{bmatrix} 1 & \mathbf{0}^T \\ \mathbf{0} & Q_1^{-1} \end{bmatrix} \begin{bmatrix} \lambda_1 & \mathbf{0}^T \\ \mathbf{0} & A_1 \end{bmatrix} \begin{bmatrix} 1 & \mathbf{0}^T \\ \mathbf{0} & Q_1 \end{bmatrix} \\
&= \begin{bmatrix} \lambda_1 & \mathbf{0}^T \\ \mathbf{0} & D_1 \end{bmatrix}
\end{aligned}$$

を得る．したがって $n = k + 1$ のとき対角化可能なので，定理が証明された． $\square$

さらに，実対称行列は直交行列を用いて対角化することができる．

定理 3.7.12. n 次実対称行列は n 次直交行列 P を用いて

$$P^T AP = D \qquad (D \text{ は } n \text{ 次対角行列}) \qquad (3.7.9)$$

と対角化することができる.

証明 定理 3.7.9 と定理 3.7.11 より, A の異なる固有値 $\lambda_1, \ldots, \lambda_s$ に対するそれぞれの固有空間 $\Lambda_A(\lambda_k)$ で m_k 個の正規直交基底ベクトル $\mathbf{p}_1^{(k)}, \mathbf{p}_2^{(k)}, \ldots, \mathbf{p}_{m_k}^{(k)}$ がとれることがわかる. ただし, m_k は代数的重複度 (この場合, 固有空間の次元に等しい) である. そして定理 3.7.10 の (2) を用いれば, 結局, n 次実対称行列 A に対して n 個の正規直交系の固有ベクトル

$$\underbrace{\mathbf{p}_1^{(1)}, \ldots, \mathbf{p}_{m_1}^{(1)}}, \ldots, \underbrace{\mathbf{p}_1^{(s)}, \ldots, \mathbf{p}_{m_s}^{(s)}}$$

を選ぶことができる. これらのベクトルを列ベクトルに並べた行列を P とすれば, P は直交行列になり, かつ,

$$P^T A P = \mathrm{diag}(\underbrace{\lambda_1, \ldots, \lambda_1}, \ldots, \underbrace{\lambda_s, \ldots, \lambda_s})$$

となる. □

注意 3.7.5. 定理 3.7.11 あるいは定理 3.7.12 より, $\mathbb{R}^n$ は異なる固有値に対応する固有空間の直和として表すことができる. すなわち,

$$\mathbb{R}^n = \Lambda_A(\lambda_1) \oplus \Lambda_A(\lambda_2) \oplus \cdots \oplus \Lambda_A(\lambda_s)$$

である.

注意 3.7.6. 各固有空間 $\Lambda_A(\lambda_k)$ の正規直交基底を求めるには, λ_k に対応する m_k 個の線形独立な固有ベクトルにグラム–シュミットの直交化法を適用すればよい.

n 次実対称行列 A の n 個の固有値 (重複も考慮する) を $\lambda_1, \lambda_2, \ldots, \lambda_n$ とし, 対応する正規直交系の固有ベクトルを $\mathbf{p}_1, \mathbf{p}_2, \ldots, \mathbf{p}_n$ とする. ここで

$$P = [\mathbf{p}_1 \ \mathbf{p}_2 \ \cdots \ \mathbf{p}_n]$$
$$D = \mathrm{diag}(\lambda_1, \lambda_2, \ldots, \lambda_n)$$

とおけば, 式 (3.7.9) より

$$A = PDP^T$$

$$= [\mathbf{p}_1 \ \mathbf{p}_2 \ \cdots \ \mathbf{p}_n]
\begin{bmatrix}
\lambda_1 & & & \\
& \lambda_2 & & \\
& & \ddots & \\
& & & \lambda_n
\end{bmatrix}
\begin{bmatrix}
\mathbf{p}_1^T \\
\mathbf{p}_2^T \\
\vdots \\
\mathbf{p}_n^T
\end{bmatrix}$$

となるので,

$$A = \lambda_1 \mathbf{p}_1 \mathbf{p}_1^T + \cdots + \lambda_n \mathbf{p}_n \mathbf{p}_n^T$$

が得られる. これを行列 A の**スペクトル分解 (spectral decomposition)** という. ここで, $\mathbf{p}_k \mathbf{p}_k^T$ はそれぞ

れの固有空間への正射影行列である.

問 3.7.2. 次の実対称行列の固有値・固有ベクトルを求めよ. また, 直交行列を用いて対角化し, さらに, スペクトル分解を求めよ.

$$(1)\ A = \begin{bmatrix} 2 & 1 & 1 \\ 1 & 2 & -1 \\ 1 & -1 & 0 \end{bmatrix} \quad (2)\ A = \begin{bmatrix} 1 & 2 & 4 \\ 2 & -2 & 2 \\ 4 & 2 & 1 \end{bmatrix}$$

3.8 2次形式と正定値行列

3.8.1 2 次 形 式

$A = [a_{ij}]$ を n 次実正方行列としたとき, $\mathbf{x} \in \mathbb{R}^n$ に対して

$$\mathbf{x}^T A \mathbf{x} = \sum_{i=1}^{n} \sum_{j=1}^{n} a_{ij} x_i x_j$$

を ($\mathbf{x}$ に関する) **2次形式 (quadratic form)** という. A は対称行列でなくてもよいが,

$$\mathbf{x}^T A \mathbf{x} = \frac{1}{2} \mathbf{x}^T (A + A^T) \mathbf{x}$$

と変形すれば, 2次形式の行列は対称行列 $\dfrac{A + A^T}{2}$ で表される. したがって, 対称行列に対して2次形式を考えることが多い. なお, 複素行列の場合はエルミート行列 A に対して $\mathbf{x}^* A \mathbf{x}$ を2次形式という.

注意 3.8.1. $m \times n$ 行列 $A = [a_{ij}]$ が与えられたとき, $\mathbf{x} \in \mathbb{R}^m$, $\mathbf{y} \in \mathbb{R}^n$ に対して

$$\mathbf{x}^T A \mathbf{y} = \sum_{i=1}^{m} \sum_{j=1}^{n} a_{ij} x_i y_j$$

を**双線形形式 (bilinear form)** または双1次形式という.

定理 3.7.12 より, n 次実対称行列 A は n 次直交行列 P を用いて $P^T A P = D$ と対角化することができる. ただし, $D = \mathrm{diag}(\lambda_1, \lambda_2, \ldots, \lambda_n)$ は n 次対角行列であり, $\lambda_i \ (i = 1, 2, \ldots, n)$ は A の固有値である. このとき, $\mathbf{x} = P\mathbf{y}$ とおけば

$$\mathbf{x}^T A \mathbf{x} = \mathbf{y}^T (P^T A P) \mathbf{y} = \mathbf{y}^T D \mathbf{y} = \sum_{i=1}^{n} \lambda_i y_i^2 \quad (3.8.1)$$

と表される. このように2次形式 $\mathbf{x}^T A \mathbf{x}$ を $\sum_{i=1}^{n} \lambda_i y_i^2$ の形に変換する問題を**主軸問題 (problem of principal axis)** といい, 変換に使われた直交行列 P の列ベクトルを**主軸 (principal axis)** という.

注意 3.8.2. 主軸問題は2次曲線や2次曲面の分類と密接な関係がある.

n 次実対称行列 A の固有値をその符号に合わせて

$\lambda_1, \ldots, \lambda_p > 0$（正の固有値が p 個）

$\lambda_{p+1}, \ldots, \lambda_{p+q} < 0$（負の固有値が q 個）

$\lambda_{p+q+1} = \cdots = \lambda_n = 0$（零固有値が $n-(p+q)$ 個）

とし，対応する正規直交系の固有ベクトルを列ベクトルとして並べた直交行列を P とする．さらに固有値の符号に対応して

$$
\mu_i = \begin{cases} \dfrac{1}{\sqrt{\lambda_i}} & (i = 1, \ldots, p) \\ \dfrac{1}{\sqrt{|\lambda_i|}} & (i = p+1, \ldots, p+q) \\ 1 & (i = p+q+1, \ldots, n) \end{cases}
$$

とおいて，$Q = P\mathrm{diag}(\mu_1, \mu_2, \ldots, \mu_n)$ を定義する．このとき $\mathbf{x} = Q\mathbf{z}$ の変換を行えば，式 (3.8.1) より

$$
\mathbf{x}^T A \mathbf{x} = z_1^2 + \cdots + z_p^2 - z_{p+1}^2 - \cdots - z_{p+q}^2
$$

が得られる．この形を 2 次形式の**標準形 (canonical form)** という．

一般に標準形について，次の**シルベスターの慣性法則 (Sylvester's law of inertia)** が知られている．

定理 3.8.1（シルベスターの慣性法則）.
2 次形式 $\mathbf{x}^T A \mathbf{x}$ において，n 次正則行列 P, Q による変換 $\mathbf{x} = P\mathbf{y}$, $\mathbf{x} = Q\mathbf{z}$ で標準形がそれぞれ

$$
\mathbf{x}^T A \mathbf{x} = y_1^2 + \cdots + y_p^2 - y_{p+1}^2 - \cdots - y_{p+q}^2
$$
$$
\mathbf{x}^T A \mathbf{x} = z_1^2 + \cdots + z_{p'}^2 - z_{p'+1}^2 - \cdots - z_{p'+q'}^2
$$

となるとき，$p = p'$, $q = q'$ が成り立つ．すなわち，標準形における正負の項の数は変換によらず一定である（この不変な個数 (p, q) を **2 次形式の符号**とよぶ）．

3.8.2 正定値行列と負定値行列

A を実対称行列とするとき，2 次形式や行列 A に対して以下のように定義する．

(i) すべての非零ベクトル $\mathbf{x}$ に対して

$$
\mathbf{x}^T A \mathbf{x} > 0
$$

が成り立つとき，2 次形式および行列 A は**正定値 (positive definite)** または**正値**であるという．そして A は**正定値行列 (positive definite matrix)** とよばれる．

(ii) すべてのベクトル $\mathbf{x}$（零ベクトルを含む）に対して

$$
\mathbf{x}^T A \mathbf{x} \geq 0
$$

が成り立つとき，2 次形式および行列 A は**半正定値 (positive semidefinite)** または**半正値**であるという．そして A は**半正定値行列 (positive semidefinite matrix)** とよばれる．

(iii) すべての非零ベクトル $\mathbf{x}$ に対して

$$
\mathbf{x}^T A \mathbf{x} < 0
$$

が成り立つとき，2 次形式および行列 A は**負定値 (negative definite)** または**負値**であるという．そして A は**負定値行列 (negative definite matrix)** とよばれる．

(iv) すべてのベクトル $\mathbf{x}$（零ベクトルを含む）に対して

$$
\mathbf{x}^T A \mathbf{x} \leq 0
$$

が成り立つとき，2 次形式および行列 A は**半負定値 (negative semidefinite)** または**半負値**であるという．そして A は**半負定値行列 (negative semidefinite matrix)** とよばれる．

(v) 定値でないとき，すなわち，$\mathbf{x}$ によって $\mathbf{x}^T A \mathbf{x} > 0$ となったり $\mathbf{x}^T A \mathbf{x} < 0$ となったりするとき，2 次形式および行列 A は**不定値 (indefinite)** または**不定**であるという．そして A は**不定値行列 (indefinite matrix)** とよばれる．

注意 3.8.3. 上記の正定値，負定値などの定義は対称行列でなくても定義できるが，$\mathbf{x}^T A \mathbf{x} = \dfrac{1}{2}\mathbf{x}^T(A + A^T)\mathbf{x}$ と変形できるので，通常は実対称行列が扱われている．

正定値行列，半正定値行列は次のような性質をもっている．

定理 3.8.2. (1) A が正定値（半正定値）ならば，定数 $c > 0$ に対して cA は正定値（半正定値）である．

(2) A と B が半正定値ならば $A + B$ も半正定値である．特にどちらか一方が正定値ならば $A + B$ は正定値になる．

固有値，行列式について次のような性質がある．

定理 3.8.3. n 次実対称行列 A に対して次のことが成り立つ．

(1) A が正定値である．$\iff$ すべての固有値は正である．

(2) A が半正定値である．$\iff$ すべての固有値

は非負である.

(3) A が負定値である. $\iff$ すべての固有値は負である.

(4) A が半負定値である. $\iff$ すべての固有値は非正である.

(5) A が不定値である. $\iff$ 正と負の固有値がある.

(6) $A = [a_{ij}]$ が正定値である. $\iff$
すべての**首座小行列式 (principal minor)**が正になる. すなわち,

$$a_{11} > 0, \quad \begin{vmatrix} a_{11} & a_{12} \\ a_{21} & a_{22} \end{vmatrix} > 0,$$

$$\begin{vmatrix} a_{11} & a_{12} & a_{13} \\ a_{21} & a_{22} & a_{23} \\ a_{31} & a_{32} & a_{33} \end{vmatrix} > 0, \quad \ldots, \quad |A| > 0$$

(7) A が負定値である. $\iff$
首座小行列式が次式を満たす:

$$a_{11} < 0, \quad \begin{vmatrix} a_{11} & a_{12} \\ a_{21} & a_{22} \end{vmatrix} > 0, \quad \begin{vmatrix} a_{11} & a_{12} & a_{13} \\ a_{21} & a_{22} & a_{23} \\ a_{31} & a_{32} & a_{33} \end{vmatrix} < 0,$$

$$\begin{vmatrix} a_{11} & a_{12} & a_{13} & a_{14} \\ a_{21} & a_{22} & a_{23} & a_{24} \\ a_{31} & a_{32} & a_{33} & a_{34} \\ a_{41} & a_{42} & a_{43} & a_{44} \end{vmatrix} > 0, \quad \ldots, \quad (-1)^n |A| > 0$$

(8) A が正定値である. $\iff$ n 次正則行列 L が存在して, $A = LL^T$ と分解できる.

さらに, 正定値行列については以下の性質がある.

定理 3.8.4. n 次実対称行列 $A = [a_{ij}]$ が正定値であるとき, 以下が成り立つ.

(1) $a_{ii} > 0 \ (i = 1, 2, \ldots, n)$

(2) $|A| > 0$ である (したがって, A は正則である).

(3) 逆行列 A^{-1} は正定値である.

(4) 任意の n 次正則行列 P に対して $P^T A P$ は正定値である.

正の実数 a の正の平方根 $\sqrt{a}$ に対応して, 正定値行列 A に対して対称行列 $A^{\frac{1}{2}}$ を考えることができる. 実対称行列 A の対角化より

$$A = PDP^T, \quad D = \mathrm{diag}(\lambda_1, \ldots, \lambda_n)$$

となる (P は直交行列). もし A が正定値ならば固有値 λ_i は正なので, それらの正の平方根を対角に並べた行列を

$$D^{\frac{1}{2}} = \mathrm{diag}(\sqrt{\lambda_1}, \ldots, \sqrt{\lambda_n})$$

と定義すれば $(D^{\frac{1}{2}})^2 = D^{\frac{1}{2}} D^{\frac{1}{2}} = D$ を満たす. よって

$$A = PDP^T = (PD^{\frac{1}{2}}P^T)(PD^{\frac{1}{2}}P^T) = (PD^{\frac{1}{2}}P^T)^2$$

と表せるので, このとき

$$A^{\frac{1}{2}} = PD^{\frac{1}{2}}P^T$$

とおけば, $A^{\frac{1}{2}}$ は対称行列で $(A^{\frac{1}{2}})^2 = A$ を満たす.

▌ 3.9 その他の話題

3.9.1 一般化逆行列

3.1.8 項では正方かつ正則な行列に対して逆行列を定義した. したがって, 正則ではない正方行列や行と列の数が合わない矩形行列に対しては逆行列が定義できないが, 本項ではその概念を一般化した**一般化逆行列 (generalized inverse)** について説明する. 一般化逆行列についてはいくつかの定義が考えられているが, ここではムーア–ペンローズの一般化逆行列を紹介する.

$m \times n$ 実行列 A に対して, 次の 4 つの条件を満足するような $n \times m$ 行列を**ムーア–ペンローズの一般化逆行列 (Moore-Penrose generalized inverse)** といい, $A^{\dagger}$ で表す.

(i) $AA^{\dagger}A = A$

(ii) $A^{\dagger}AA^{\dagger} = A^{\dagger}$

(iii) $(AA^{\dagger})^T = AA^{\dagger}$ ($AA^{\dagger}$ は対称行列)

(iv) $(A^{\dagger}A)^T = A^{\dagger}A$ ($A^{\dagger}A$ は対称行列)

A が正則ならば逆行列 A^{-1} は $AA^{-1}A = A$, $A^{-1}AA^{-1} = A^{-1}$, $AA^{-1} = A^{-1}A = I$ を満たすので, 上記の定義より $A^{\dagger} = A^{-1}$ が成り立つ. また, 任意の $m \times n$ 零行列 O については, $O^{\dagger}$ は $n \times m$ 零行列になる. 特に $m = n = 1$ のとき

$$a^{\dagger} = \begin{cases} \dfrac{1}{a} & (a \neq 0) \\ 0 & (a = 0) \end{cases}$$

である.

注意 3.9.1. 上記の 4 つの条件のうち条件 (i) を満たしているものを A の **{1}** 型一般化逆行列, 条件 (i), (ii) を満たしているものを A の **{1, 2}** 型一般化逆行列などということもある.

ムーア–ペンローズの一般化逆行列の存在性と一意

86 3. 線 形 代 数

性については，次の定理が知られている.

定理 3.9.1. 任意の $m \times n$ 行列 A に対してムーア-ペンローズの一般化逆行列が一意に存在する.

ムーア-ペンローズの一般化逆行列の性質として次のようなものがある.

命題 3.9.2. A を $m \times n$ 行列，$c (\neq 0)$ をスカラーとする.

(1) $(cA)^\dagger = \dfrac{1}{c} A^\dagger$

(2) $(A^T)^\dagger = (A^\dagger)^T$

(3) $(A^\dagger)^\dagger = A$

(4) $\operatorname{rank} A = \operatorname{rank} A^\dagger = \operatorname{rank}(AA^\dagger) = \operatorname{rank}(A^\dagger A)$

例 3.9.1. n 次対角行列 $D = \operatorname{diag}(d_1, d_2, \ldots, d_n)$ に対して

$$D^\dagger = \operatorname{diag}(d_1^\dagger, d_2^\dagger, \ldots, d_n^\dagger)$$

となる. ただし，$d_i = 0$ ならば $d_i^\dagger = 0$ である. たとえば，

$$\begin{bmatrix} 5 & & & \\ & -2 & & \\ & & 0 & \\ & & & 3 \end{bmatrix}^\dagger = \begin{bmatrix} \frac{1}{5} & & & \\ & -\frac{1}{2} & & \\ & & 0 & \\ & & & \frac{1}{3} \end{bmatrix}$$

である.

例 3.9.2. $m \times n$ 行列 A で $\operatorname{rank} A = m$ のとき，AA^T は正則なので

$$A^\dagger = A^T (AA^T)^{-1}$$

となる. たとえば，$A = [a_1 a_2 a_3 a_4] \neq \mathbf{0}$ のとき

$$A^\dagger = A^T (AA^T)^{-1} = \frac{1}{\sum_{i=1}^{4} a_i^2} \begin{bmatrix} a_1 \\ a_2 \\ a_3 \\ a_4 \end{bmatrix}$$

である.

例 3.9.3. $m \times n$ 行列 B で $\operatorname{rank} B = n$ のとき，$B^T B$ は正則なので

$$B^\dagger = (B^T B)^{-1} B^T$$

となる. たとえば，

$$B = \begin{bmatrix} b_1 \\ b_2 \\ b_3 \\ b_4 \end{bmatrix} \neq \mathbf{0}$$

のとき，

$$B^\dagger = (B^T B)^{-1} B^T$$

$$= \frac{1}{\sum_{i=1}^{4} b_i^2} [b_1 b_2 b_3 b_4]$$

である.

3.9.2 マトロイド

最後に，補足として，線形空間の有限部分集合が満たす性質を考えることにより，マトロイド (matroid) という概念を導入する. 一般に，有限集合 X に対し，X の濃度（X の元の個数）を $|X|$ で表す. まず，線形空間の有限部分集合のどのような性質に着目するのかということを例として述べる.

例 3.9.4. V を実数体または複素数体上の線形空間とする. E を V の有限部分集合とし，E の部分集合で，V において線形独立であるようなもの全体がなす集合を $\mathcal{I}$ とおくと，次の (1), (2), (3) が成立する.

(1) $\emptyset \in \mathcal{I}$；

(2) $I \in \mathcal{I}$ かつ $J \subseteq I$ であれば，$J \in \mathcal{I}$；

(3) $I, J \in \mathcal{I}$ かつ $|I| < |J|$ であれば，ある $x \in J - I$ が存在して，$I \cup \{x\} \in \mathcal{I}$ となる.

さて，マトロイドの定義であるが，一般に，有限集合 E と，E のいくつかの部分集合からなる集合 $\mathcal{I}$ が与えられていて，(1), (2), (3) が成立するとき，E と $\mathcal{I}$ の対 $M = (E, \mathcal{I})$ を E 上のマトロイドとよび，$\mathcal{I}$ に属する集合を M の独立集合 (independent set) とよぶ. 例 3.9.4 における $E, \mathcal{I}$ に対する $(E, \mathcal{I})$ はマトロイドの例になっている. 第 5 章で学ぶように，実数体や複素数体以外の体もあり，一般の体上の線形空間においても，同様の例を考えることができる. また，体上の線形空間における線形独立な集合を独立集合とするという方法では得られないようなマトロイドも存在する. 以下，マトロイドにおいて，線形空間における，基底，次元，部分空間などの概念がどのように一般化されるのかを，みていくことにする.

$M = (E, \mathcal{I})$ をマトロイドとする. M の独立集合のなかで包含関係に関して極大なもの B ($B \subseteq B'$ となる $B' \in \mathcal{I}$ が存在しないような $B \in \mathcal{I}$) を，M の基 (base) とよぶ. M の基全体がなす集合を $\mathcal{B}$ とおくと，次の (4), (5) が成立する.

(4) $\mathcal{B} \neq \emptyset$；

(5) $B, B' \in \mathcal{B}$ かつ $x \in B - B'$ であれば，ある $x \in B' - B$ が存在して，$(B - \{x\}) \cup \{x'\} \in \mathcal{B}$ となる.

逆に，有限集合 E と，E のいくつかの部分集合からなる集合 $\mathcal{B}$ が与えられていて，(4), (5) が成立するとき，$\mathcal{I} = \{I \subseteq E \mid$

ある $B \in \mathcal{B}$ が存在して，$I \subseteq B$ となる $\}$ とおくと，$M = (E, \mathcal{I})$ はマトロイドになり，M の基全体がなす集合は $\mathcal{B}$ と一致することがわかる．なお，例 3.9.4 においては，$B \subseteq E$ に対し，B が $(E, \mathcal{I})$ の基であることは，B が，E で生成される V の部分空間の基底であることと，同値である．

M を有限集合 E 上のマトロイドとする．各 $X \subseteq E$ に対し，X に含まれる独立集合の濃度の最大値を $\rho(X)$ と定めるとき，ρ を M の 階数関数 (rank function) という．このとき，次の (6), (7), (8) が成立する．

(6) $X \subseteq E$ であれば，$0 \leq \rho(X) \leq |X|$；
(7) $X \subseteq Y \subseteq E$ であれば，$\rho(X) \leq \rho(Y)$；
(8) $X, Y \subseteq E$ であれば，$\rho(X \cup Y) + \rho(X \cap Y) \leq \rho(X) + \rho(Y)$．

逆に，有限集合 E が与えられ，各 $X \subseteq E$ に対して整数 $\rho(X)$ が定められていて，(6), (7), (8) が成立するとき，$\mathcal{I} = \{I \subseteq E \mid \rho(I) = |I|\}$ とおくと，$M = (E, \mathcal{I})$ はマトロイドになり，ρ は M の階数関数と一致することがわかる．なお，例 3.9.4 においては，ρ を $(E, \mathcal{I})$ の階数関数とするとき，$X \subseteq E$ に対し，$\rho(X)$ は，X で生成される V の部分空間の次元を表している．

部分空間の一般化について考える前に，双対マトロイド (dual matroid) という概念を導入しておく．M を有限集合 E 上のマトロイドとし，$\mathcal{B}^* = \{X \subseteq E \mid E - X$ は M の基 $\}$ とおくと，$\mathcal{B}^*$ は (4), (5) を満たし，したがって，E 上のマトロイド M^* で，M^* の基全体がなす集合が $\mathcal{B}^*$ と一致するようなものがただ一つ存在する．この M^* を M の双対マトロイドという．

M を有限集合 E 上のマトロイド，ρ を M の階数関数とする．E の部分集合 X で，任意の $x \in E - X$ に対して $\rho(X \cup \{x\}) > \rho(X)$ であるようなものを，M の フラット (flat) とよぶ．E は M のフラットである．M のフラット H で，$\rho(H) = \rho(E) - 1$ であるようなものを，M の 超平面 (hyperplane) とよぶ．M の超平面全体がなす集合を $\mathcal{H}$ とおくと，次の (9), (10), (11) が成立する．

(9) $E \notin \mathcal{H}$；
(10) $H_1, H_2 \in \mathcal{H}$ かつ $H_1 \subseteq H_2$ であれば，$H_1 = H_2$；
(11) $H_1, H_2 \in \mathcal{H}$ ($H_1 \neq H_2$) かつ $x \in E - (H_1 \cup H_2)$ であれば，ある $H_3 \in \mathcal{H}$ が存在して，$H_3 \supseteq (H_1 \cap H_2) \cup x$ となる．

逆に，有限集合 E と，E のいくつかの部分集合からなる集合 $\mathcal{H}$ が与えられていて，(9), (10), (11) が成立するとき，$\mathcal{I}^* = \{X \subseteq E \mid$ 任意の $H \in \mathcal{H}$ に対し，$X \cup H \neq E\}$ とおくと，$M^* = (E, \mathcal{I}^*)$ はマトロイドになり，M^* の双対マトロイドの超平面全体がなす集合は $\mathcal{H}$ と一致することがわかる．なお，例 3.9.4 においては，$X \subseteq E$ に対し，X が $(E, \mathcal{I})$ のフラットであることは，X で生成される V の部分空間と E の共通部分が X になることと，同値である．

さて，列ベクトルにおける演算が満たす性質を考えることにより，線形空間という抽象的な概念が得られ，3.4 節，3.5 節におけるような理論が展開されたのであった．ここでは，線形独立な集合が満たす性質を考えることにより，マトロイドという，より抽象的な概念を得た．マトロイドについても，さらなる理論が形成されているが，マトロイドは，線形空間のように数学全般で用いられるものではないので，ここでは深入りしないことにする．抽象化が数学の発展において重要であることを示す一例として，マトロイドについて述べたのである．

アーサー・ケーリー

Arthur Cayley (1821-1895). イングランドで生まれたイギリスの数学者，弁護士．ケンブリッジ大学トリニティ・カレッジで数学を学ぶ．大学卒業後は弁護士になるが，その後，ケンブリッジ大学で数学の教授になる．行列論，群論，幾何学，不変式論などに関する研究で多くの業績を残し，960 編以上の論文を書いた．行列の発明者とも言われている．ケーリーの八元数やケーリー–ハミルトンの定理はよく知られている．ちなみにハミルトンは四元数の発見者である．

参考文献

[1] 池辺八洲彦，池辺淑子，浅井信吉，宮崎佳典：現代線形代数――分解定理を中心として――，共立出版 (2009)．
[2] 川久保勝夫：線形代数学（新装版），日本評論社 (2010)．
[3] 中田義元，矢部博：新しい線形代数（新訂版），東京教学社 (1989)．
[4] 堀部安一：ベクトルと行列―線形の代数・幾何入門―，東京理科大学理学部第一部応用数学科（旧数理情報科学科）．
[5] 宮岡悦良，眞田克典：応用線形代数，共立出版 (2007)．

4. 解 析 学

4.1 多変数の微分

4.1.1 $\mathbb{R}^N$ の位相

この節では，$\mathbb{R}^N$ または $\mathbb{R}^N$ 内の部分集合で微分および積分を議論するために，$\mathbb{R}^N$ の開集合，閉集合，境界，コンパクト集合などの位相的な概念について解説する．

$\mathbb{R}^2$ の場合は図で書くことができ，直観的な理解がしやすいことや記述が簡単であることから，詳細の紹介は $\mathbb{R}^2$ 上で行う．後でコメントするが，$\mathbb{R}^N$ の場合への拡張は容易である．

この節では $\mathbb{R}^2$ の点を $z = (x, y)$ と書くことにする．$\mathbb{R}^2$ 内の2点 $z_1 = (x_1, y_1)$, $z_2 = (x_2, y_2)$ の距離は，ピタゴラスの定理から，

$$\sqrt{(x_1 - x_2)^2 + (y_1 - y_2)^2}$$

である．これを $|z_1 - z_2|$ と書くことにする．

$\mathbb{R}^2$ 内の点列 $\{z_n\}$ が $z \in \mathbb{R}^2$ に収束するとは，

$$\lim_{n \to \infty} |z_n - z| = 0$$

となるときをいう．このとき，

$$\lim_{n \to \infty} z_n = z$$

と表す．また，

$$\lim_{m, n \to \infty} |z_m - z_n| = 0$$

のとき，$\{z_n\}$ を $\mathbb{R}^2$ 内のコーシー列であるという．

定理 4.1.1. $\mathbb{R}^2$ 内のコーシー列は，収束列である．すなわち，$z \in \mathbb{R}^2$ があって，

$$\lim_{n \to \infty} z_n = z$$

となる．

証明 $z_n = (x_n, y_n)$ とする．

$$|x_m - x_n| \leq \sqrt{(x_m - x_n)^2 + (y_m - y_n)^2}$$

だから，$\{x_n\}$ は，実数列としてコーシー列である．

したがって，定理 2.1.7 より，収束列であるから，$x \in \mathbb{R}$ があって，$\lim_{n \to \infty} x_n = x$ となる．まったく同様に，$\{y_n\}$ も実数列としてコーシー列となるから，$y \in \mathbb{R}$ があって，$\lim_{n \to \infty} y_n = y$ となる．$z = (x, y)$ とおくと，

$$\lim_{n \to \infty} z_n = z$$

を満たす． □

$K \subset \mathbb{R}^2$ とする（以下，この節では K は $\mathbb{R}^2$ の部分集合とする）．$z_0 \in K$ に対し，

$$\{z \in \mathbb{R}^2 \mid |z - z_0| < \delta\} \subset K \qquad (4.1.1)$$

を満たす $\delta > 0$ があるとき，z_0 は K の内点であるという．以下では，(4.1.1) の左辺を $B(z_0, \delta)$ と書き，z_0 の δ 近傍という．以下は，開集合，閉集合，境界等の定義をまとめたものである．

> **開集合** K の各点が内点であるとき，K は開集合 (open set) であるという．
>
> **閉集合** $z_0 \in \mathbb{R}^2$ について，任意の $\delta > 0$ に対し $B(z_0, \delta) \cap K \neq \emptyset$ のとき z_0 を K の触点という．K の触点全体を $\overline{K}$ と書き，K の閉包 (closure) という．$K = \overline{K}$ のとき，K は閉集合 (closed set) であるという．
>
> **境界** K の内点全体を K の内部 (interior) といい，K° と書く．$\overline{K} \backslash K^\circ$ を K の境界 (boundary) といい，∂K と書く．

連結 $\mathbb{R}^2$ の開集合 O は，

i) $O_1 \cap O_2 = \emptyset$

ii) $O_1 \cup O_2 = O$

を満たす空でない開集合 O_1, O_2 があるとき，連結でないという．上の i), ii) を満たす O_1, O_2 が存在しないとき，O は連結 (connected) であるという．連結な開集合を領域 (domain) という．

> **点列コンパクト** K 内の任意の点列 $\{z_n\}$ が K 内に収束する部分列をもつとき，K は点列コンパクト (sequentialy compact) であるという．

ボルツァーノ-ワイエルシュトラスの定理（定理 2.1.8）を用いると次がわかる.

定理 4.1.2. $\mathbb{R}^2$ の部分集合 K が点列コンパクトであるための必要十分条件は, K が有界閉集合であることである.

K が開集合の族 $\{O_\lambda\}_{\lambda\in\Lambda}$ を用いて,

$$K \subset \bigcup_{\lambda\in\Lambda} O_\lambda$$

となるとき, この開集合の族を K の**開被覆 (open covering)** という.

被覆コンパクト (コンパクト)　　K の任意の開被覆 $\{O_\lambda\}$ に対し, 有限個の開集合 $O_{\lambda_1}, \ldots, O_{\lambda_N}$ を選んで,

$$K \subset \bigcup_{j=1}^{N} O_{\lambda_j}$$

とできるとき, K は**被覆コンパクト**あるいは**コンパクト (compact)** であるという.

定理 4.1.3. $\mathbb{R}^2$ の部分集合 K に対し, K がコンパクトであるための必要十分条件は, K が点列コンパクトであることである.

$\mathbb{R}^N$ の位相については, $z = (x_1, x_2) \in \mathbb{R}^2$ を $x = (x_1, x_2, \ldots, x_N)$ と変更し, $\mathbb{R}^n$ の 2 点 x と y の距離

$$|x - y|$$
$$= \sqrt{(x_1 - y_1)^2 + (x_2 - y_2)^2 + \cdots + (x_N - y_N)^2}$$

を考えればよい.

4.1.2 偏　微　分

A を $\mathbb{R}^2$ の領域とし, 関数 $f : A \to \mathbb{R}$ を考える. $z_0 = (x_0, y_0) \in A$ とする.

$$\lim_{x\to x_0} \frac{f(x, y_0) - f(x_0, y_0)}{x - x_0}$$

が存在するとき, f は (x_0, y_0) において $\boldsymbol{x}$ **方向に偏微分可能**であるといい, その極限値を

$$\frac{\partial f}{\partial x}(x_0, y_0), \partial_x f(x_0, y_0) \text{ または } f_x(x_0, y_0)$$

と表し, x 方向の**偏微分係数 (partial diffential coefficient)** という.

f が A の各点で x 方向に偏微分可能のとき, f は A 上 x 方向に偏微分可能という.

関数 $f_x : (x, y) \mapsto f_x(x, y)$ を f の x についての**偏導関数 (partial derivative)** という. f から f_x を求めることを, x について偏微分するということがある. f_x を x について偏微分した関数を

$$f_{xx}, \partial_x^2 f, \frac{\partial^2}{\partial x^2} f$$

と表す. また, f_x を y について偏微分した関数を

$$f_{xy}, \partial_y\partial_x f, \frac{\partial^2}{\partial y\partial x} f$$

と表す.

問 4.1.1. $f(x, y) = x^2 + xy + y^2$ のとき, f_x, f_y, f_{xy}, f_{yx} を求めよ.

偏微分に関しても, 和, スカラー倍, 積, 商の微分の法則が成立する.

命題 4.1.4. $f, g : A \to \mathbb{R}$ とし, $(a, b) \in A$ で f, g は x 方向に偏微分可能であるとする. $\alpha \in \mathbb{R}$ に対し $f + g$, αf, fg は (a, b) で x 方向に偏微分可能で, 次を満たす.

(1) $\partial_x(f + g)(a, b) = \partial_x f(a, b) + \partial_x g(a, b)$.

(2) $\partial_x(\alpha f)(a, b) = \alpha\partial_x f(a, b)$.

(3) $\partial_x(fg)(a, b)$
$$= \partial_x f(a, b)g(a, b) + f(a, b)\partial_x g(a, b).$$

(4) (a, b) の近傍で $f(x, y) \neq 0$ ならば, $\dfrac{1}{f}$ も (a, b) で x 方向に偏微分可能で

$$\frac{\partial}{\partial x}\left(\frac{1}{f}\right)(a, b) = -\frac{\partial_x f(a, b)}{f(a, b)^2}$$

が成り立つ.

証明　1 変数のときの証明と同様である.　　□

$(a, b) \in \mathbb{R}^2$ とする. (a, b) を内点とする $\mathbb{R}^2$ の部分集合を点 (a, b) の**近傍 (neighborhood)** という.

定理 4.1.5. A を $\mathbb{R}^2$ の領域とし, $(a, b) \in A$ とする. $f : A \to \mathbb{R}$ に対し, (a, b) の近傍で $\partial_y\partial_x f$ が存在して連続かつ (a, b) の近傍で $\partial_y f$ が存在するならば, $\partial_x\partial_y f(a, b)$ も存在し,

$$\partial_y\partial_x f(a, b) = \partial_x\partial_y f(a, b)$$

が成り立つ.

証明　平均値の定理を用いる.

$$\Delta(h, k) = f(a + h, b + k) - f(a, b + k)$$
$$- f(a + h, b) + f(a, b)$$

とおく. $F(x) = f(x, b + k) - f(x, b)$ とおくと, $\Delta(h, k) = F(a + h) - F(a)$ であるが, 平均値の定理からある $\theta \in [0, 1]$ があって

$$\Delta(h, k) = F'(a + \theta h)h$$
$$= (\partial_x f(a + \theta h, b + k) - \partial_x f(a + \theta h, b))h$$
$$= \partial_y\partial_x f(a + \theta h, b + \theta' k)hk$$

最後の式で, $0 < \theta' < 1$ であり, $\partial_x f$ の第 2 変数につ

いて，再び平均値の定理を用いている．したがって，$\partial_y\partial_x f$ は (a, b) の近傍で連続だから，

$$\lim_{h\to 0}\left(\lim_{k\to 0}\frac{\Delta(h, k)}{hk}\right)$$
$$= \lim_{h\to 0}\left(\lim_{k\to 0}\partial_y\partial_x f(a+\theta h, b+\theta' k)\right)$$

$$= \lim_{h\to 0}\partial_y\partial_x f(a+\theta h, b)$$

$$= \partial_y\partial_x f(a, b)$$

となる．

一方，

$$\lim_{h\to 0}\left(\lim_{k\to 0}\frac{\Delta(h, k)}{hk}\right)$$
$$= \lim_{h\to 0}\frac{1}{h}\left(\lim_{k\to 0}\left\{\frac{f(a+h, b+k)-f(a+h, b)}{k}\right.\right.$$
$$\left.\left.-\frac{f(a, b+k)-f(a, b)}{k}\right\}\right)$$
$$= \lim_{h\to 0}\frac{1}{h}\left\{f_y(a+h, b)-f_y(a, b)\right\}$$

前半の計算より，この極限は存在して $\partial_y\partial_x f(a, b)$ に等しいから，

$$\partial_x\partial_y f(a, b) = \partial_y\partial_x f(a, b)$$

を得る． □

注意 4.1.1. 無条件で $f_{xy} = f_{yx}$ が成り立つわけではない．$f_{xy} \neq f_{yx}$ となる例がある．

D を $\mathbb{R}^2$ の領域とし，$f : D \to \mathbb{R}$ とする．f_x, f_y を **1 階偏導関数**，$f_{xx}, f_{xy}, f_{yx}, f_{yy}$ を **2 階偏導関数**という．r を自然数とし，f の r 階以下の偏導関数が存在してすべて D 上で連続となるとき，f は D 上 C^r 級であるという．f のすべての偏導関数が存在して D 上連続であるとき，f は D 上 C^∞ 級であるという．f が D 上 C^2 級であれば，定理 4.1.5 から D 上で $f_{xy} = f_{yx}$ が成り立つ．一般に次が成り立つ．

> **定理 4.1.6.** D を $\mathbb{R}^2$ の領域とし，$f : D \to \mathbb{R}$ が D 上 C^r 級あるとき，f の r 階以下の偏導関数は偏微分の順序に依らない．

証明 定理 4.1.5 を繰り返し用いればよい． □

定理 4.1.7（合成関数の微分）. I を区間とし，$D \subset \mathbb{R}^2$ を領域とする．$\varphi_1, \varphi_2 : I \to \mathbb{R}$ は $t = t_0 \in I$ で微分可能で，$f : D \to \mathbb{R}$ は C^1 級かつすべての $t \in I$ に対して $(\varphi_1(t), \varphi_2(t)) \in D$ とする．このとき，$f(\varphi_1(t), \varphi_2(t))$ も $t = t_0$ で微分可能で

$$\frac{d}{dt}\left[f(\varphi_1(t), \varphi_2(t))\right]\big|_{t=t_0}$$
$$= \varphi_1'(t_0)f_x(\varphi_1(t_0), \varphi_2(t_0))$$
$$\qquad + \varphi_2'(t_0)f_y(\varphi_1(t_0), \varphi_2(t_0))$$

が成り立つ．

問 4.1.2. これを示せ．

4.1.3 多変数関数の微分

多変数関数の微分を考える前に，第 2 章で学んだ 1 変数関数の微分を復習しよう．I を区間とし，$f : I \to \mathbb{R}$ とする．f が $x = a$ で微分可能とは，

$$\lim_{x\to a}\frac{f(x)-f(a)}{x-a} \qquad (4.1.2)$$

が存在することと定義した．このことは，第 2 章の命題 2.3.4 から，ある $F : I \to \mathbb{R}$ があって，f は $f(x) = f(a) + F(x)(x-a)$ と表され，F が $x = a$ で連続となることと同値である．さらにいい換えると，

$$f(x) = f(a) + A(x-a) + g(x) \qquad (4.1.3)$$

と表され，g が

$$\lim_{x\to a}\frac{g(x)}{x-a} = 0$$

であることと同値である．これを示すには，$g(x) = (F(x)-F(a))(x-a)$ とおけばよい．このとき，$A = F(a) = f'(a)$ となる．

あるいは，第 2 章の命題 2.3.4 を経由しないで

$$g(x) = f(x) - f(a) - f'(a)(x-a)$$

とおくと，

$$f(x) = f(a) + f'(a)(x-a) + g(x)$$

であり，このとき，

$$\frac{g(x)}{x-a} = \frac{f(x)-f(a)}{x-a} - f'(a)$$

となるから，$x \to a$ のとき，$\dfrac{g(x)}{x-a} \to 0$ となる．

すなわち，f が $x = a$ で微分可能とは，$f(x)$ が $x = a$ の近くにおいて一次式 $f(a) + A(x-a)$ により (4.1.3) の意味で近似できることである．

$D \subset \mathbb{R}^2$ を開集合とし，$f : D \to \mathbb{R}$ とする．f が $(a, b) \in D$ において微分可能とは，どのように定義すればよいだろうか．

2 変数関数 f に対して，(4.1.2) の形を考えることはできないので，(4.1.3) の形で定義するとよいように思われる．f は $\mathbb{R}^2$ の部分集合から $\mathbb{R}$ への関数であるから，$\mathbb{R}^2$ から $\mathbb{R}$ への一次関数で近似できればよい．$\mathbb{R}^2$ から $\mathbb{R}$ への一次関数とは，

$$Ax + By + C$$

の形の関数である．したがって，f が (a, b) で微分可能 (differentiable) であることを，ある $\mathbb{R}$ の組 (A, B) があって

$$f(x, y) = f(a, b) + A(x-a) + B(y-b) + g(x, y) \tag{4.1.4}$$

と表され，

$$\lim_{(x,y) \to (a,b)} \frac{g(x, y)}{|(x, y) - (a, b)|} = 0$$

となることと定義する．ここで，$|(x, y) - (a, b)| = \sqrt{(x-a)^2 + (y-b)^2}$ である．このような $g(t)$ を $\mathrm{o}(|(x, y) - (a, b)|)$ と書く．

(4.1.4) において，$y = b$ とおいた後で，$x \to a$ とすると，$A = f_x(a, b)$ を得る．また，$x = a$ とおいた後で，$y \to b$ とすると $B = f_y(a, b)$ を得る．

(x, y) が (a, b) に近いところでは，$f(x, y)$ は

$$f(a, b) + f_x(a, b)(x-a) + f_y(a, b)(y-b)$$

で近似できる．また，$z = f(x, y)$ のグラフの (a, b) における接平面の方程式は

$$z = f(a, b) + f_x(a, b)(x-a) + f_y(a, b)(y-b)$$

となる．

$U \subset \mathbb{R}^N$ を領域とし，$f : U \to \mathbb{R}^M$ とする．$x \in U$ に対し，$f(x) = {}^t(f_1(x), f_2(x), \ldots, f_N(x))$ とする．

定義 4.1.8. f が $a = {}^t(a_1, a_2, \ldots, a_N) \in U$ で微分可能であるとは，ある M 行 N 列の行列 $A = (a_{ij})$ があって

$$\left| f(x) - \begin{pmatrix} f_1(a) \\ f_2(a) \\ \vdots \\ f_M(a) \end{pmatrix} - A \begin{pmatrix} x_1 - a_1 \\ x_2 - a_2 \\ \vdots \\ x_N - a_N \end{pmatrix} \right|$$
$$= \mathrm{o}(|x - a|) \tag{4.1.5}$$

と表されることである．ただし，$\mathrm{o}(|x - a|)$ は，$|x - a|$ で割って，$x \to a$ としたとき 0 に収束する項を表す．すなわち，$|x - a|$ より速く 0 に収束する項である．

例 4.1.1. f が $x = a$ で微分可能であるとは，f が a の近くでは，一次関数 $f(a) + A(x-a)$ で近似できるということである．

この A を $f'(a)$ または $Df(a)$ と書くことがある．

$f'(a)$ は，

$$\begin{pmatrix} \dfrac{\partial f_1}{\partial x_1}(a) & \cdots & \dfrac{\partial f_1}{\partial x_N}(a) \\ \vdots & \ddots & \vdots \\ \dfrac{\partial f_M}{\partial x_1}(a) & \cdots & \dfrac{\partial f_M}{\partial x_N}(a) \end{pmatrix} \tag{4.1.6}$$

である．A の 11 成分 a_{11} が $\dfrac{\partial f_1}{\partial x_1}(a)$ であることを示してみよう．(4.1.5) の左辺の絶対値内において $x = (x_1, a_2, \ldots, a_N)$ とおき，第 1 成分をとり，$x_1 - a_1$ で割ると，

$$\left| \frac{f_1(x_1, a_2, \ldots, a_N) - f_1(a)}{x_1 - a_1} - a_{11} \right|$$
$$\leq \frac{((4.1.5) \text{ の左辺の第 1 成分})}{|x_1 - a_1|}$$
$$= \frac{g(x_1, a_2, \ldots, a_N)}{|x_1 - a_1|}$$

となる．ただし，$g(x) = \mathrm{o}(|x - a|)$ である．ここで $x_1 \to a_1$ とすると

$$\frac{g(x_1, a_2, \ldots, a_N)}{|x_1 - a_1|} \to 0$$

であるから，$a_{11} = \dfrac{\partial f_1}{\partial x_1}(a)$ とわかる．a_{ij} を求めるには，$x = (a_1, \ldots, a_{j-1}, x_j, a_{j+1}, \ldots, a_N)$ とおき，第 i 成分をとり，$x_j - a_j$ で割ればよい．

行列 (4.1.6) を f の $x = a$ における**ヤコビ行列 (Jacobian matrix)** という．

ヤコビ行列は，$y = f(x)$ の $x = a$ の付近での挙動を表している．f の $x = a$ におけるヤコビ行列を A とすると，関数 $y = f(x)$ は，$x = a$ の近くで一次関数

$$y = A(x - a)$$

すなわち，

$$y = \begin{pmatrix} y_1 \\ y_2 \\ \vdots \\ y_M \end{pmatrix} = \begin{pmatrix} a_{11} & \cdots & a_{1N} \\ a_{21} & \cdots & a_{2N} \\ \vdots & \ddots & \vdots \\ a_{M1} & \cdots & a_{MN} \end{pmatrix} \begin{pmatrix} x_1 - a_1 \\ x_2 - a_2 \\ \vdots \\ x_N - a_N \end{pmatrix}$$

に近い．したがって，第 3 章で学ぶ線形代数を用いて，$f(x)$ の $x = a$ の近くでの挙動を調べることができる．

上記の f が $x = a$ で微分可能となる十分条件は C^1 級であることである．

定理 4.1.9. U を $\mathbb{R}^N$ の領域とし $f : U \to \mathbb{R}^M$，$a \in U$ とする．f が $x = a$ の近傍で C^1 級ならば，f は $x = a$

で微分可能で $Df(a)$ は (4.1.6) で与えられる.

証明 簡単のため, $N = 2$, $M = 1$ のときのみ示す. すなわち, U は $\mathbb{R}^2$ の領域とし, $f : U \to \mathbb{R}$ とする. f は $(x, y) \in U$ に対し, $f(x, y) \in \mathbb{R}$ という関数とし, $(x, y) = (a, b)$ の近傍で C^1 級とする. このとき, f が $(x, y) = (a, b)$ で微分可能であることを示す.

この証明では, (x, y) は (a, b) に十分近いもののみを考えればよいので, f は以下で出てくる (x, y) の近くで C^1 級としてよい. f は, (x, b), (a, b) で y, x に関し偏微分可能だから,

$$f(x, y) - f(x, b)$$
$$= f_y(x, b)(y - b) + \mathrm{o}(|y - b|)$$
$$= f_y(a, b)(y - b) + (f_y(x, b) - f_y(a, b))(y - b)$$
$$+ \mathrm{o}(|y - b|)$$

を満たす. また,

$$f(x, b) - f(a, b) = f_x(a, b)(x - a) + \mathrm{o}(|x - a|)$$

であるから,

$$f(x, y) - f(a, b) = f_x(a, b)(x - a)$$
$$+ f_y(a, b)(y - b) + \mathrm{o}(|(x, y) - (a, b)|)$$

である. したがって, f は $(x, y) = (a, b)$ で微分可能で, 上述の議論により

$$Df(a, b) = {}^t(f_x(a, b), f_y(a, b))$$

を満たす. $\qquad\square$

問 4.1.3. N, M が一般のときに, 上の定理を示せ.

4.1.4 ヤコビ行列, ヤコビ行列式

行列 (4.1.6) を f の $x = a$ におけるヤコビ行列とよび, $f'(a)$ または $Df(a)$ と表した. 前項で解説したように, $y = f(x)$ は, $x = a$ の近くで, 一次関数 $y = Df(a)(x - a)$ に近い. この項では, $f : U(\subset \mathbb{R}^N) \to \mathbb{R}^N$ の場合を考察する.

このとき, ヤコビ行列は, N 次正方行列

$$Df(a) = \begin{pmatrix} \dfrac{\partial f_1}{\partial x_1}(a) & \cdots & \dfrac{\partial f_1}{\partial x_N}(a) \\ \vdots & \ddots & \vdots \\ \dfrac{\partial f_N}{\partial x_1}(a) & \cdots & \dfrac{\partial f_N}{\partial x_N}(a) \end{pmatrix}$$

となるから, この行列の行列式を考えることができる. この行列式をヤコビ行列式 (**Jacobian**) ま

たはヤコビアンといい,

$$Jf(a) = \frac{\partial(f_1, f_2, \ldots, f_N)}{\partial(x_1, x_2, \ldots, x_N)}(a) = \det Df(a)$$

と表す.

$\mathbb{R}^N \to \mathbb{R}^N$ の 1 次変換 $y = Ax$ は, $\det A \neq 0$ のとき全単射, $\det A = 0$ のとき全単射でないのと同じく, $Jf(a) \neq 0$ か $Jf(a) = 0$ かで a のまわりでの f の挙動が異なる.

4.1.5 逆関数定理と陰関数定理

f を $x_0 \in \mathbb{R}^N$ の近傍から $\mathbb{R}^N$ への C^1 級関数とすると, $Jf(x_0) \neq 0$ ならば, $x = x_0$ の近くでは, f は 1 対 1 となる. それを正確に述べたものが次の定理である.

定理 4.1.10（逆関数定理）**.** U を $\mathbb{R}^N$ の開集合とし, $f : U \to \mathbb{R}^N$ は C^1 級とする. $x_0 \in U$ に対し, $Jf(x_0) \neq 0$ ならば, x_0 のある開近傍 V（x_0 を含む開集合）と $f(x_0)$ のある開近傍 W があって次が成り立つ.
(1) $f : V \to W$ は全単射である.
(2) $g = f^{-1}$（f の逆関数）とすると, $g : W \to U$ は C^1 級であり,

$$Dg(y) = [(Df)(g(y))]^{-1} \quad ((Df)(g(y)) \text{ の逆行列})$$

である. また, f が C^r 級のときは, g も C^r 級となる.

注意 4.1.2. f の定義域を V に制限した関数を $f|_V$ と書くことがある.

［**証明の方針** f は U 上 C^1 級であるから, $x = x_0$ で微分可能である. したがって,

$$|f(x) - f(x_0) - Df(x_0)(x - x_0)| = \mathrm{o}(|x - x_0|)$$

である. $y = Df(x_0)(x - x_0) + f(x_0)$ を考えよう.

$$\det(Df(x_0)) = Jf(x_0) \neq 0$$

だから, $(Df(x_0))^{-1}$ が存在する. したがって, $x = x_0 + (Df(x_0))^{-1}(y - f(x_0))$ として, 逆写像 $y \mapsto x$ を $\mathbb{R}^N$ 全体で構成できる. 証明ではこれをきちんと示す必要がある.］

定理 4.1.11（陰関数定理）**.** 開集合 $U \subset \mathbb{R}^N \times \mathbb{R}^M$ に対し, $f : U \to \mathbb{R}^M$ を $U \ni (x, y) \mapsto f(x, y) \in \mathbb{R}^M$ とし, C^r 級とする. $(x_0, y_0) \in U$ に対し, $f(x_0, y_0) = 0$ とし,

$$D_y f(x_0, y_0)$$

$$= \begin{pmatrix} \dfrac{\partial f_1}{\partial y_1}(x_0, y_0) & \cdots & \dfrac{\partial f_1}{\partial y_M}(x_0, y_0) \\ \vdots & & \vdots \\ \dfrac{\partial f_M}{\partial y_1}(x_0, y_0) & \cdots & \dfrac{\partial f_M}{\partial y_M}(x_0, y_0) \end{pmatrix}$$

が正則行列とする. このとき, x_0 の開近傍 V と y_0 の開近傍 W があって, $g(x_0) = y_0$ かつ任意の $x \in V$ に対し $f(x, g(x)) = 0$ を満たす関数 $g : V \to W$ がただ1つ存在する. この g は C^r 級で

$$Dg(x) = -\left[D_y f(x, g(x))\right]^{-1} (D_x f)(x, g(x))$$

である.

陰関数定理と逆関数定理は双子の関係にある. 片方が示されれば, もう片方は直ちに従う.

証明 逆関数定理から陰関数定理を示すには, $U \ni (x, y) \mapsto (x, f(x, y)) \in \mathbb{R}^N \times \mathbb{R}^M$ を F と定めると,

$$DF(x_0, y_0) = \begin{pmatrix} I & 0 \\ D_x f(x_0, y_0) & D_y f(x_0, y_0) \end{pmatrix}$$

だから,

$$JF(x_0, y_0) = \det\left(D_y f(x_0, y_0)\right) \neq 0$$

である. したがって, 逆関数定理から, x_0 の開近傍 V と $(x_0, f(x_0, y_0) = 0)$ の開近傍 W があって $F : V \to W$ (全単射かつ C^r 級) かつ $F^{-1} : W \to V$ (C^r 級) で $F^{-1} : W \ni (x, z) \mapsto (x, G(x, y))$ とすると $f(x, G(x, z)) = z$ である. $g(x) = G(x, 0)$ とおくと $f(x, g(x)) = f(x, G(x, 0)) = 0$ を満たす.

次に, 陰関数定理から逆関数定理を示す. $F(y, x) = f(x) - y$ とおく. $y_0 = f(x_0)$ とおくと $F(y_0, x_0) = 0$ であり,

$$D_x F(y_0, x_0) = Df(x_0)$$

である. $\det Df(x_0) \neq 0$ だから, 陰関数定理から y_0 の開近傍 V と x_0 の開近傍 W があって, $g : V \to W$ は C^1 級で, $F(y, g(y)) = 0$ を満たす. すなわち, $f(g(y)) - y = 0$. □

4.2 複素関数

4.2.1 複素数と複素数平面

複素数 (**complex number**) と複素数平面 (**complex**

plane) については高校で学んでいるので, 特に重要な性質のみ復習しよう. 複素数全体の集合を $\mathbb{C}$ で表す. すなわち, i を虚数単位とすると,

$$\mathbb{C} = \{x + iy : (x, y) \in \mathbb{R}^2\}.$$

複素数 $z = x + iy$ $(x, y \in \mathbb{R})$ に対して,

- x を z の**実部** (**real part**) といい, $\mathrm{Re}\, z$ で表す.
- y を z の**虚部** (**imaginary part**) といい, $\mathrm{Im}\, z$ で表す.
- $x - iy$ を z の**共役複素数**といい, $\overline{z}$ で表す.

座標平面上の点 $(x, y) \in \mathbb{R}^2$ は極座標 (r, θ) を用いて

$$x = r\cos\theta, \quad y = r\sin\theta \quad (r \geq 0, \ \theta \in \mathbb{R})$$

と表される. これから, 複素数 $z = x + iy$ を

$$z = r(\cos\theta + i\sin\theta)$$

と表すことができる. これを z の**極形式**[*1]という.

このとき, $r = \sqrt{x^2 + y^2}$ を z の**絶対値**といい, $|z|$ で表す. また, θ を z の**偏角**という. $z \in \mathbb{C} \setminus \{0\}$ に対して, θ_0 を z の偏角の1つとすると, z の偏角全体は $\{\theta_0 + 2n\pi : n \in \mathbb{Z}\}$ であることに注意する.

命題 4.2.1. $r_1, r_2 \geq 0$, $\theta_1, \theta_2 \in \mathbb{R}$ とし,

$$z_1 = r_1(\cos\theta_1 + i\sin\theta_1), \ z_2 = r_2(\cos\theta_2 + i\sin\theta_2)$$

とする. このとき,

$$z_1 z_2 = r_1 r_2 \{\cos(\theta_1 + \theta_2) + i\sin(\theta_1 + \theta_2)\}.$$

証明 三角関数の加法定理より,

$$\begin{aligned} z_1 z_2 &= r_1 r_2 (\cos\theta_1 + i\sin\theta_1)(\cos\theta_2 + i\sin\theta_2) \\ &= r_1 r_2 \{(\cos\theta_1 \cos\theta_2 - \sin\theta_1 \sin\theta_2) \\ &\quad + i(\sin\theta_1 \cos\theta_2 + \cos\theta_1 \sin\theta_2)\} \\ &= r_1 r_2 \{\cos(\theta_1 + \theta_2) + i\sin(\theta_1 + \theta_2)\} \end{aligned}$$

となる. □

命題 4.2.2. $z_1, z_2 \in \mathbb{C}$ に対して,

$$|z_1 z_2| = |z_1||z_2|, \quad |z_1 + z_2| \leq |z_1| + |z_2|.$$

証明 まず, 命題 4.2.1 より, $|z_1 z_2| = |z_1||z_2|$ がわかる. また,

[*1] オイラーの公式 (4.2.1) を示した後は, $z = re^{i\theta}$ と書くことが多い.

$$|z_1 + z_2|^2 = |z_1|^2 + 2\mathrm{Re}\,(z_1\overline{z_2}) + |z_2|^2$$
$$\leq |z_1|^2 + 2|z_1||z_2| + |z_2|^2 = (|z_1| + |z_2|)^2$$

より，$|z_1 + z_2| \leq |z_1| + |z_2|$ が従う． $\qquad\square$

問 4.2.1. $z = \sqrt{3} + i$ とするとき，複素数

$$z, \quad \bar{z}, \quad -z, \quad 2z, \quad iz, \quad z^2, \quad \frac{2}{z}$$

を複素数平面上に図示せよ．

4.2.2 複素数列と級数

自然数全体の集合を $\mathbb{N}$ で表し，0 以上の整数全体の集合を $\mathbb{Z}_+$ で表す．

$$\mathbb{N} = \{1, 2, \cdots\}, \quad \mathbb{Z}_+ = \{0, 1, 2, \cdots\}.$$

複素数を一般項とする数列や級数の収束の定義は，実数の場合（2.6 節参照）と同じである．

定義 4.2.3. $\{z_n\}_{n\in\mathbb{N}}$ は複素数列とし，$a \in \mathbb{C}$ とする．$\lim_{n\to\infty} |z_n - a| = 0$ が成り立つとき，$\{z_n\}$ は a に収束するといい，$\lim_{n\to\infty} z_n = a$ または $z_n \to a$ $(n \to \infty)$ と書く．

定義 4.2.4. $\{a_k\}_{k\in\mathbb{Z}_+}$ は複素数列とする．

$$S_n = \sum_{k=0}^{n} a_k \quad (n \in \mathbb{N})$$

によって定義される複素数列 $\{S_n\}_{n\in\mathbb{N}}$ が収束するとき，級数 $\sum_{k=0}^{\infty} a_k$ は収束するという．

例題 4.2.1. $z \in \mathbb{C}$, $|z| < 1$ のとき，等比級数 $\sum_{k=0}^{\infty} z^k$ は $\dfrac{1}{1-z}$ に収束することを示せ．

解答 $z \neq 1$, $n \in \mathbb{N}$ に対して，

$$\sum_{k=0}^{n} z^k = \frac{1 - z^{n+1}}{1 - z}.$$

また，$|z| < 1$ のとき，$|z|^{n+1} \to 0$ $(n \to \infty)$ だから

$$\left| \sum_{k=0}^{n} z^k - \frac{1}{1-z} \right| = \frac{|z|^{n+1}}{|1-z|} \to 0 \quad (n \to \infty).$$

よって，$\sum_{k=0}^{\infty} z^k = \lim_{n\to\infty} \sum_{k=0}^{n} z^k = \dfrac{1}{1-z}$. $\quad\square$

以下，実数の場合と同様に示すことができる定理や命題の証明は省略する．

命題 4.2.5. $\sum_{k=0}^{\infty} a_k$ が収束するならば，$\lim_{k\to\infty} a_k = 0$.

例題 4.2.2. $z \in \mathbb{C}$, $|z| \geq 1$ のとき，$\sum_{k=0}^{\infty} z^k$ は収束しないことを示せ．

解答 $|z| \geq 1$ より，$|z^k| = |z|^k \geq 1$ $(k \in \mathbb{Z}_+)$ だから，数列 $\{z^k\}$ は 0 に収束しない．よって，命題 4.2.5 より，$\sum_{k=0}^{\infty} z^k$ は収束しない． $\quad\square$

定義 4.2.6. $\sum_{k=0}^{\infty} |a_k|$ が収束するとき，$\sum_{k=0}^{\infty} a_k$ は絶対収束するという．

$S_n = \sum_{k=0}^{n} |a_k|$ で定義される実数列 $\{S_n\}_{n\in\mathbb{N}}$ は単調

増加数列だから，上に有界ならば収束し，そうでなければ ∞ に発散する．そこで，$\sum_{k=0}^{\infty} |a_k|$ が収束することを $\sum_{k=0}^{\infty} |a_k| < \infty$ で表す．

定理 4.2.7. 絶対収束する級数は収束する．

定理 4.2.8（ダランベール (d'Alembert) の判定法）．
$\{a_k\}_{k\in\mathbb{Z}_+}$ は複素数列とし，極限 $\lim_{k\to\infty} \left| \dfrac{a_{k+1}}{a_k} \right| = \ell$ が存在すると仮定する．このとき，
(1) $\ell < 1$ ならば，$\sum_{k=0}^{\infty} a_k$ は絶対収束する．
(2) $\ell > 1$ ならば，$\sum_{k=0}^{\infty} a_k$ は収束しない．

例題 4.2.3. 任意の $z \in \mathbb{C}$ に対して，$\sum_{k=0}^{\infty} \dfrac{z^k}{k!}$ は絶対収束することを示せ．

解答 $z = 0$ のときは明らかだから，$z \neq 0$ とする．
$a_k = \dfrac{z^k}{k!}$ とおくと，$\left| \dfrac{a_{k+1}}{a_k} \right| = \dfrac{|z|}{k+1} \to 0$ $(k \to \infty)$

だから，定理 4.2.8 より，$\sum_{k=0}^{\infty} \dfrac{z^k}{k!}$ は絶対収束する．
$\qquad\square$

例題 4.2.4. 任意の $z \in \mathbb{C}$ に対して，

$$\sum_{k=0}^{\infty} \frac{(-1)^k}{(2k)!} z^{2k}, \quad \sum_{k=0}^{\infty} \frac{(-1)^k}{(2k+1)!} z^{2k+1}$$

は絶対収束することを示せ．

解答 $z \in \mathbb{C}$ に対して，

$$\sum_{k=0}^{\infty} \left| \frac{(-1)^k}{(2k)!} z^{2k} \right| = \sum_{k=0}^{\infty} \frac{|z|^{2k}}{(2k)!} \leq \sum_{n=0}^{\infty} \frac{|z|^n}{n!} < \infty$$

だから，$\sum_{k=0}^{\infty} \dfrac{(-1)^k}{(2k)!} z^{2k}$ は絶対収束する．

同様に，$\sum_{k=0}^{\infty} \dfrac{(-1)^k}{(2k+1)!} z^{2k+1}$ も絶対収束する． $\square$

定義 4.2.9. $z \in \mathbb{C}$ に対して，$\exp z, \cos z, \sin z$ を

$$\exp z = \sum_{n=0}^{\infty} \frac{z^n}{n!}, \quad \cos z = \sum_{k=0}^{\infty} \frac{(-1)^k}{(2k)!} z^{2k},$$
$$\sin z = \sum_{k=0}^{\infty} \frac{(-1)^k}{(2k+1)!} z^{2k+1}$$

により定義する．$\exp z$ は e^z と書くことが多い．

z が実数のとき，定義 4.2.9 の等式が成り立つことは 2.3 節（テイラー展開）で学んだ．このことから，複素変数の関数 $\exp z, \cos z, \sin z$ の定義は自然なものと考えられる．さらに，定義 4.2.9 から，オイラーの公式 (Euler's formula) が自然に導かれる．

例題 4.2.5. $z \in \mathbb{C}$ に対して，次を示せ．

$$e^{iz} = \cos z + i \sin z. \tag{4.2.1}$$

解答 $z \in \mathbb{C}$ に対して，

$$e^{iz} = \sum_{k=0}^{\infty} \frac{(iz)^k}{k!} = \lim_{n\to\infty} \sum_{k=0}^{2n+1} \frac{(iz)^k}{k!}$$

$$= \lim_{n\to\infty}\left\{\sum_{k=0}^{n}\frac{(-1)^k}{(2k)!}z^{2k} + i\sum_{k=0}^{n}\frac{(-1)^k}{(2k+1)!}z^{2k+1}\right\}$$

$$= \sum_{k=0}^{\infty}\frac{(-1)^k}{(2k)!}z^{2k} + i\sum_{k=0}^{\infty}\frac{(-1)^k}{(2k+1)!}z^{2k+1}$$

$$= \cos z + i\sin z$$

となり，望みの等式を得る． □

問 4.2.2. $z \in \mathbb{C}$ に対して，次を示せ．

$$\cos z = \frac{e^{iz}+e^{-iz}}{2}, \quad \sin z = \frac{e^{iz}-e^{-iz}}{2i}.$$

複素変数の指数関数に対しても，指数法則が成り立つことを確かめよう．

命題 4.2.10. $\sum_{j=0}^{\infty} a_j$ と $\sum_{k=0}^{\infty} b_k$ はともに絶対収束すると仮定する．このとき，

$$c_n = \sum_{j+k=n} a_j b_k \quad (n \in \mathbb{Z}_+)$$

と定めると，$\sum_{n=0}^{\infty} c_n$ は絶対収束し，

$$\left(\sum_{j=0}^{\infty} a_j\right)\left(\sum_{k=0}^{\infty} b_k\right) = \sum_{n=0}^{\infty} c_n.$$

証明 $\alpha = \sum_{j=0}^{\infty}|a_j|$，$\beta = \sum_{k=0}^{\infty}|b_k|$ とおく． $m \in \mathbb{N}$ に対して，

$$\sum_{n=0}^{m}|c_n| \leq \sum_{n=0}^{m}\sum_{j+k=n}|a_j b_k| \leq \sum_{j=0}^{m}\sum_{k=0}^{m}|a_j||b_k|$$

$$= \left(\sum_{j=0}^{m}|a_j|\right)\left(\sum_{k=0}^{m}|b_k|\right) \leq \alpha\beta$$

だから，$\sum_{n=0}^{\infty} c_n$ は絶対収束する．

また，$m \in \mathbb{N}$ に対して，

$$\left|\sum_{n=0}^{2m}c_n - \left(\sum_{j=0}^{m}a_j\right)\left(\sum_{k=0}^{m}b_k\right)\right|$$

$$= \left|\sum_{n=0}^{2m}\sum_{j+k=n}a_j b_k - \left(\sum_{j=0}^{m}a_j\right)\left(\sum_{k=0}^{m}b_k\right)\right|$$

$$\leq \sum_{j=m+1}^{2m}\sum_{k=0}^{m}|a_j||b_k| + \sum_{k=m+1}^{2m}\sum_{j=0}^{m}|a_j||b_k|$$

$$\leq \beta\sum_{j=m+1}^{2m}|a_j| + \alpha\sum_{k=m+1}^{2m}|b_k| \to 0 \quad (m\to\infty)$$

だから，

$$\sum_{n=0}^{\infty}c_n = \lim_{m\to\infty}\sum_{n=0}^{2m}c_n = \lim_{m\to\infty}\left(\sum_{j=0}^{m}a_j\right)\left(\sum_{k=0}^{m}b_k\right)$$

$$= \left(\sum_{j=0}^{\infty}a_j\right)\left(\sum_{k=0}^{\infty}b_k\right)$$

となり，望みの等式を得る． □

例題 4.2.6. $z, w \in \mathbb{C}$ に対して，$e^z e^w = e^{z+w}$ を示せ．

解答 $e^z = \sum_{n=0}^{\infty}\frac{z^n}{n!}$，$e^w = \sum_{n=0}^{\infty}\frac{w^n}{n!}$ はともに絶対収束するから，命題 4.2.10 より，

$$e^z e^w = \left(\sum_{j=0}^{\infty}\frac{z^j}{j!}\right)\left(\sum_{k=0}^{\infty}\frac{w^k}{k!}\right)$$

$$= \sum_{n=0}^{\infty}\left(\sum_{j+k=n}\frac{z^j w^k}{j!k!}\right) = \sum_{n=0}^{\infty}\frac{(z+w)^n}{n!} = e^{z+w}$$

を得る． □

例題 4.2.5 と例題 4.2.6 より，$z = x+iy\,(x, y \in \mathbb{R})$ に対して，

$$e^z = e^x e^{iy} = e^x(\cos y + i\sin y)$$

が成り立つことがわかる．

問 4.2.3. 次を示せ．

$$\{z \in \mathbb{C} : e^z = 1\} = \{2n\pi i : n \in \mathbb{Z}\},$$

$$\{z \in \mathbb{C} : \sin z = 0\} = \{n\pi : n \in \mathbb{Z}\}.$$

問 4.2.4. $z, w \in \mathbb{C}$ に対して，次を示せ．

$$\cos(z+w) = \cos z\cos w - \sin z\sin w,$$

$$\sin(z+w) = \sin z\cos w + \cos z\sin w.$$

4.2.3 複素関数の微分

$a \in \mathbb{C}$, $r > 0$ に対して，

$$D(a, r) = \{z \in \mathbb{C} : |z-a| < r\},$$

$$\overline{D}(a, r) = \{z \in \mathbb{C} : |z-a| \leq r\}$$

と定める．$D(a, r)$ は a を中心とする半径 r の開円板 (open disk)，$\overline{D}(a, r)$ は閉円板 (closed disk) である．

定義 4.2.11. $U \subset \mathbb{C}$ とする．任意の $a \in U$ に対して，$D(a, r) \subset U$ を満たす $r > 0$ が存在するとき，U は開集合であるという．

例題 4.2.7. $U = \{z \in \mathbb{C} : \mathrm{Re}\, z > 0\}$ は開集合であることを示せ．

解答 $a \in U$ に対して，$r = \mathrm{Re}\, a$ ととれば，$r > 0$ であり，$D(a, r) \subset U$ が成り立つ． □

複素変数の関数の連続性と微分可能性の定義は実変数の場合と同じである．

定義 4.2.12. $U \subset \mathbb{C}$, $f : U \to \mathbb{C}$ とする．$a \in U$ に対して，

$$\lim_{z\to a} f(z) = f(a)$$

が成り立つとき，f は a で連続であるという[*2]．

定義 4.2.13. U は $\mathbb{C}$ の開集合とし，$f : U \to \mathbb{C}$ とする．$a \in U$ に対して，

[*2] ε-δ 式に書けば，$\forall \varepsilon > 0, \exists \delta > 0; z \in U, |z-a| < \delta \Rightarrow |f(z)-f(a)| < \varepsilon.$

$$\lim_{z \to a} \frac{f(z) - f(a)}{z - a} = b$$

を満たす $b \in \mathbb{C}$ が存在するとき，f は a で微分可能であるという[*3]．また，b を $f'(a)$ と書く．

実変数の場合と同様に，次が成り立つ．

命題 4.2.14. U は $\mathbb{C}$ の開集合，$a \in U$ とし，関数 $f, g : U \to \mathbb{C}$ は a で微分可能であるとする．このとき，和 $f + g$ と積 fg は a で微分可能であり，

$$(f + g)'(a) = f'(a) + g'(a),$$
$$(fg)'(a) = f'(a)g(a) + f(a)g'(a).$$

さらに，$g(a) \neq 0$ ならば，商 $\dfrac{f}{g}$ も a で微分可能であり，

$$\left(\frac{f}{g} \right)'(a) = \frac{f'(a)g(a) - f(a)g'(a)}{g(a)^2}.$$

命題 4.2.15. U は $\mathbb{R}^2$ の開集合とし，$D = \{x + iy : (x, y) \in U\}$ とする．また，$u, v : U \to \mathbb{R}$ とし，

$$f(z) = u(x, y) + iv(x, y), \quad z = x + iy \in D$$

とする．このとき，$z_0 = x_0 + iy_0 \in D$ に対して，$f(z)$ が $z = z_0$ で微分可能ならば，$u(x, y)$，$v(x, y)$ は $(x, y) = (x_0, y_0)$ で偏微分可能であり，**コーシー–リーマンの関係式 (Cauchy-Riemann equations)**

$$\frac{\partial u}{\partial x}(x_0, y_0) = \frac{\partial v}{\partial y}(x_0, y_0), \tag{4.2.2}$$

$$\frac{\partial v}{\partial x}(x_0, y_0) = -\frac{\partial u}{\partial y}(x_0, y_0) \tag{4.2.3}$$

が成り立つ．

証明 t を実数とし，$t \to 0$ とすると，$z_0 + t$ は実軸に平行な直線に沿って z_0 に近づく．このとき，

$$f'(z_0) = \lim_{t \to 0} \frac{f(z_0 + t) - f(z_0)}{t}$$
$$= \lim_{t \to 0} \left\{ \frac{u(x_0 + t, y_0) - u(x_0, y_0)}{t} + i \frac{v(x_0 + t, y_0) - v(x_0, y_0)}{t} \right\}$$
$$= \frac{\partial u}{\partial x}(x_0, y_0) + i \frac{\partial v}{\partial x}(x_0, y_0).$$

また，虚軸に平行な直線に沿って z_0 に近づけると，

$$f'(z_0) = \lim_{t \to 0} \frac{f(z_0 + it) - f(z_0)}{it}$$
$$= \frac{1}{i} \lim_{t \to 0} \left\{ \frac{u(x_0, y_0 + t) - u(x_0, y_0)}{t} + i \frac{v(x_0, y_0 + t) - v(x_0, y_0)}{t} \right\}$$
$$= \frac{\partial v}{\partial y}(x_0, y_0) - i \frac{\partial u}{\partial y}(x_0, y_0)$$

だから，(4.2.2)-(4.2.3) が成り立つ． $\square$

例題 4.2.8. $f(z) = |z|^2$ は $z = 0$ 以外では微分可能でないことを示せ．

解答 $f(z) = |z|^2 = x^2 + y^2$ の実部は $u(x, y) = x^2 + y^2$，虚部は $v(x, y) = 0$ である．

$z_0 = x_0 + iy_0 \in \mathbb{C}$ に対して，

$$\frac{\partial u}{\partial x}(x_0, y_0) = 2x_0^2, \quad \frac{\partial u}{\partial y}(x_0, y_0) = 2y_0^2,$$
$$\frac{\partial v}{\partial x}(x_0, y_0) = \frac{\partial v}{\partial y}(x_0, y_0) = 0$$

だから，コーシー–リーマンの関係式が成り立つのは，$(x_0, y_0) = (0, 0)$ のときのみである．よって，命題 4.2.15 より，$z_0 \in \mathbb{C} \setminus \{0\}$ のとき，$f(z)$ は $z = z_0$ で微分可能でない．一方，

$$\lim_{z \to 0} \frac{f(z) - f(0)}{z - 0} = \lim_{z \to 0} \frac{|z|^2}{z} = 0$$

だから，$f(z)$ は $z = 0$ で微分可能で，$f'(0) = 0$． $\square$

定義 4.2.16. U は $\mathbb{C}$ の開集合とし，$f : U \to \mathbb{C}$ とする．f が U で微分可能であり，かつ導関数 f' が U で連続であるとき，f は U で**正則 (holomorphic)** であるという．

注意 4.2.1. f が開集合 U で微分可能ならば，f' は U で連続であることが知られている．本書では，このグルサ (Goursat) の定理は証明しないので，f の正則性の定義において，f' の連続性を仮定する[*4]．

例 4.2.1. 多項式 $P(z) = a_0 + a_1 z + \cdots + a_m z^m$ $(a_0, a_1, \ldots, a_m \in \mathbb{C})$ は $\mathbb{C}$ で正則である．また，$Q(z)$ も多項式とし，$S = \{z \in \mathbb{C} : Q(z) = 0\}$ とおくと，有理関数 $\dfrac{P(z)}{Q(z)}$ は $\mathbb{C} \setminus S$ で正則である．

定理 4.2.17 (コーシー–リーマンの定理). U は $\mathbb{R}^2$ の開集合とし，$D = \{x + iy : (x, y) \in U\}$ とする．また，$u, v : U \to \mathbb{R}$ とし，

[*3] ε-δ 式に書けば，$\forall \varepsilon > 0, \exists \delta > 0; z \in U, 0 < |z - a| < \delta \Rightarrow \left| \dfrac{f(z) - f(a)}{z - a} - b \right| < \varepsilon.$

[*4] グルサの定理の証明については，たとえば，小平邦彦著「複素解析」（岩波書店）1991 年の §2.4 を参照のこと．なお，同書の正則関数の定義も定義 4.2.16 と同じである．

$$f(z) = u(x, y) + iv(x, y), \quad z = x + iy \in D$$

とする．このとき，次の (1) と (2) は同値である．

(1) $f(z)$ は D で正則である．

(2) $u(x, y), v(x, y)$ は U において C^1 級であり，

$$\frac{\partial u}{\partial x} = \frac{\partial v}{\partial y}, \quad \frac{\partial v}{\partial x} = -\frac{\partial u}{\partial y} \qquad (4.2.4)$$

を満たす．

また，このとき，$z \in D$ に対して，次が成り立つ．

$$f'(z) = \frac{\partial u}{\partial x}(x, y) + i\frac{\partial v}{\partial x}(x, y). \qquad (4.2.5)$$

証明 (1) $\Rightarrow$ (2) は命題 4.2.15 から直ちに従うので，(2) $\Rightarrow$ (1) を示せばよい．

$z_0 = x_0 + iy_0 \in D$ を任意にとり，$f(z)$ は $z = z_0$ で微分可能であることを示そう．$\varepsilon > 0$ を任意にとる．$\frac{\partial u}{\partial x}, \frac{\partial v}{\partial x}$ は (x_0, y_0) で連続だから，$\delta > 0$ が存在し，$|(x, y) - (x_0, y_0)| < \delta$ ならば，

$$\left| \frac{\partial u}{\partial x}(x, y) - \frac{\partial u}{\partial x}(x_0, y_0) \right| < \frac{\varepsilon}{2},$$
$$\left| \frac{\partial v}{\partial x}(x, y) - \frac{\partial v}{\partial x}(x_0, y_0) \right| < \frac{\varepsilon}{2}.$$

このとき，$z \in D(z_0, \delta)$ とし，$h = x - x_0$, $k = y - y_0$ とおくと，

$$u(x, y) - u(x_0, y_0)$$
$$= \int_0^1 \frac{d}{dt} u(x_0 + th, y_0 + tk)\, dt$$
$$= \int_0^1 \left\{ \frac{\partial u}{\partial x}(x_0 + th, y_0 + tk)h \right.$$
$$\left. + \frac{\partial u}{\partial y}(x_0 + th, y_0 + tk)k \right\} dt$$
$$= \int_0^1 \left\{ \frac{\partial u}{\partial x}(x_0 + th, y_0 + tk)h \right.$$
$$\left. - \frac{\partial v}{\partial x}(x_0 + th, y_0 + tk)k \right\} dt.$$

最後の等式で (4.2.4) を用いた．同様に，

$$v(x, y) - v(x_0, y_0)$$
$$= \int_0^1 \left\{ \frac{\partial v}{\partial x}(x_0 + th, y_0 + tk)h \right.$$
$$\left. + \frac{\partial u}{\partial x}(x_0 + th, y_0 + tk)k \right\} dt$$

だから，$w(t; x_0, y_0, h, k)$

$$= \frac{\partial u}{\partial x}(x_0 + th, y_0 + tk) + i\frac{\partial v}{\partial x}(x_0 + th, y_0 + tk)$$

とおくと，

$$f(z) - f(z_0)$$
$$= \{u(x, y) - u(x_0, y_0)\} + i\{v(x, y) - v(x_0, y_0)\}$$
$$= \int_0^1 w(t; x_0, y_0, h, k)\, dt\, (z - z_0).$$

これから，$0 < |z - z_0| < \delta$ のとき，

$$\left| \frac{f(z) - f(z_0)}{z - z_0} - \left\{ \frac{\partial u}{\partial x}(x_0, y_0) + i\frac{\partial v}{\partial x}(x_0, y_0) \right\} \right|$$
$$\leq \int_0^1 |w(t; x_0, y_0, h, k) - w(0; x_0, y_0, h, k)|\, dt$$
$$\leq \int_0^1 \left| \frac{\partial u}{\partial x}(x_0 + th, y_0 + tk) - \frac{\partial u}{\partial x}(x_0, y_0) \right| dt$$
$$+ \int_0^1 \left| \frac{\partial v}{\partial x}(x_0 + th, y_0 + tk) - \frac{\partial v}{\partial x}(x_0, y_0) \right| dt$$
$$< \frac{\varepsilon}{2} + \frac{\varepsilon}{2} = \varepsilon.$$

よって，$f(z)$ は $z = z_0$ で微分可能であり，

$$f'(z_0) = \frac{\partial u}{\partial x}(x_0, y_0) + i\frac{\partial v}{\partial x}(x_0, y_0).$$

ここで，z_0 は D の任意の点だから，f は D で微分可能であり，f の導関数は (4.2.5) で与えられる．

さらに，$\frac{\partial u}{\partial x}, \frac{\partial v}{\partial x}$ は U で連続だから，f' は D で連続であり，f は D で正則である． $\square$

例題 4.2.9. $v(x, y)$ は $\mathbb{R}^2$ で C^1 級の実数値関数とし，$f(x + iy) = e^x \cos y + iv(x, y)$ は $\mathbb{C}$ で正則とする．このとき，$v(x, y)$ を求めよ．

解答 $u(x, y) = e^x \cos y$ とおくと，定理 4.2.17 より，$(x, y) \in \mathbb{R}^2$ に対して，

$$\frac{\partial v}{\partial x}(x, y) = -\frac{\partial u}{\partial y}(x, y) = e^x \sin y, \qquad (4.2.6)$$
$$\frac{\partial v}{\partial y}(x, y) = \frac{\partial u}{\partial x}(x, y) = e^x \cos y. \qquad (4.2.7)$$

(4.2.6) を x について積分すると，

$$v(x, y) = e^x \sin y + w(y).$$

ここで，$w(y)$ は x に依らない y だけの関数である．これを (4.2.7) に代入すると，

$$e^x \cos y + w'(y) = e^x \cos y$$

だから，$w'(y) = 0$ $(y \in \mathbb{R})$．

よって，$w(y)$ は y にも依らない定数だから，$v(x, y) = e^x \sin y + C$ (C は実数) となる． $\square$

問 4.2.5. 実部が e^x であるような正則関数は存在しないことを示せ．

4.2.4 べき級数

$\{c_n\}_{n \in \mathbb{Z}_+}$ を複素数列，$z \in \mathbb{C}$ とするとき，$\sum_{n=0}^{\infty} c_n z^n$

という形の級数を**べき級数 (power series)** という. べき級数の基本的な性質をまとめておこう.

命題 4.2.18. $z_0 \in \mathbb{C} \setminus \{0\}$ に対して, $\sum_{n=0}^{\infty} c_n z_0^n$ が収束すると仮定する. このとき, $0 \leq r < |z_0|$ を満たす任意の r に対して, $\sum_{n=1}^{\infty} n|c_n|r^n < \infty$.

証明 $\sum_{n=0}^{\infty} c_n z_0^n$ は収束するから, 数列 $\{c_n z_0^n\}$ は 0 に収束し, 有界である. よって, $M > 0$ が存在し, すべての $n \in \mathbb{N}$ に対して $|c_n z_0^n| \leq M$.

このとき, $0 < r < |z_0|$ に対して,

$$\sum_{n=1}^{\infty} n|c_n|r^n$$
$$= \sum_{n=1}^{\infty} n|c_n z_0^n| \left(\frac{r}{|z_0|}\right)^n \leq M \sum_{n=1}^{\infty} n \left(\frac{r}{|z_0|}\right)^n.$$

ここで, $a_n = n\left(\frac{r}{|z_0|}\right)^n$ とおくと,

$$\frac{a_{n+1}}{a_n} = \frac{n+1}{n}\frac{r}{|z_0|} \to \frac{r}{|z_0|} \quad (n \to \infty).$$

さらに, $\frac{r}{|z_0|} < 1$ だから, ダランベールの判定法 (定理 4.2.8) より, $\sum_{n=1}^{\infty} a_n < \infty$.

よって, $\sum_{n=1}^{\infty} n|c_n|r^n < \infty$ が成り立つ. □

定理 4.2.19. 複素数列 $\{c_n\}_{n \in \mathbb{Z}_+}$ に対して,

$$\rho = \sup \left\{ r \in [0, \infty) : \sum_{n=0}^{\infty} |c_n|r^n < \infty \right\}$$

と定める.

(1) $\rho = \infty$ のとき, すべての $z \in \mathbb{C}$ に対して, $\sum_{n=0}^{\infty} c_n z^n$ は絶対収束する.

(2) $\rho = 0$ のとき, すべての $z \in \mathbb{C} \setminus \{0\}$ に対して, $\sum_{n=0}^{\infty} c_n z^n$ は収束しない.

(3) $0 < \rho < \infty$ のとき, $\sum_{n=0}^{\infty} c_n z^n$ は, $|z| < \rho$ ならば絶対収束し, $|z| > \rho$ ならば収束しない.

証明 $|z| < \rho$ ならば, ρ の定義より, $\sum_{n=0}^{\infty} |c_n||z|^n < \infty$ だから, $\sum_{n=0}^{\infty} c_n z^n$ は絶対収束する.

一方, $z_0 \in \mathbb{C} \setminus \{0\}$ に対して, $\sum_{n=0}^{\infty} c_n z_0^n$ が収束したとすると, 命題 4.2.18 より, $0 \leq r < |z_0|$ を満たす任意の r に対して,

$$\sum_{n=0}^{\infty} |c_n|r^n \leq |c_0| + \sum_{n=1}^{\infty} n|c_n|r^n < \infty$$

となるから, $|z_0| \leq \rho$ である. すなわち, $|z| > \rho$ ならば, $\sum_{n=0}^{\infty} c_n z^n$ は収束しない. □

定理 4.2.19 の ρ をべき級数 $\sum_{n=0}^{\infty} c_n z^n$ の**収束半径 (radius of convergence)** という.

例 4.2.2. $\sum_{n=0}^{\infty} z^n$ の収束半径は 1 である. また, $\sum_{n=0}^{\infty} \frac{z^n}{n!}$ の収束半径は ∞ である.

問 4.2.6. $\sum_{n=0}^{\infty} n!z^n$ の収束半径は 0 であることを示せ.

命題 4.2.20. $\sum_{n=0}^{\infty} c_n z^n$ の収束半径と $\sum_{n=1}^{\infty} nc_n z^{n-1}$ の収束半径は等しい.

証明 $\sum_{n=0}^{\infty} c_n z^n$ の収束半径を ρ とし, $\sum_{n=1}^{\infty} nc_n z^{n-1}$ の収束半径を ρ_1 とする. まず,

$$\sum_{n=0}^{\infty} |c_n|r^n \leq |c_0| + r \sum_{n=1}^{\infty} n|c_n|r^{n-1}$$

だから, 収束半径の定義より, $\rho_1 \leq \rho$ である.

次に, 任意の $r \in [0, \rho)$ に対して, $r < r_1 < \rho$ を満たす r_1 をとると, $\sum_{n=0}^{\infty} |c_n|r_1^n < \infty$ だから, 命題 4.2.18 より, $\sum_{n=1}^{\infty} n|c_n|r^{n-1} < \infty$.

よって, $\rho \leq \rho_1$ であり, $\rho_1 = \rho$ が示された. □

次の定理は**ワイエルシュトラスの M 判定法 (Weierstrass M-test)** とよばれる.

定理 4.2.21. $U \subset \mathbb{C}$ とし, $\{f_k\}_{k \in \mathbb{Z}_+}$ は U 上の連続関数列とする. また, 次の (I), (II) を満たす実数列 $\{M_k\}_{k \in \mathbb{Z}_+}$ が存在すると仮定する.

(I) 任意の $k \in \mathbb{Z}_+$, $z \in U$ に対して $|f_k(z)| \leq M_k$.

(II) $\sum_{k=0}^{\infty} M_k < \infty$.

このとき, $z \in U$ に対して, $\sum_{k=0}^{\infty} f_k(z)$ は絶対収束し, $f(z) = \sum_{k=0}^{\infty} f_k(z)$ と定めると, f は U で連続である.

証明 まず, $z \in U$ に対して,

$$\sum_{k=0}^{\infty} |f_k(z)| \leq \sum_{k=0}^{\infty} M_k < \infty$$

だから, $\sum_{k=0}^{\infty} f_k(z)$ は絶対収束する.

次に, f が U で連続であることを示そう. $a \in U$ を任意にとり, f が a で連続であることを示せばよい. $\varepsilon > 0$ を任意にとる.

仮定 (II) より, $p \in \mathbb{N}$ が存在し, $m > n \geq p$ ならば, $\sum_{k=n+1}^{m} M_k < \frac{\varepsilon}{3}$.

また, $S_n(z) = \sum_{k=0}^{n} f_k(z)$ とおくと, 仮定 (I) より, $m > n \geq p$ ならば, 任意の $z \in U$ に対して,

$$|S_m(z) - S_n(z)| \leq \sum_{k=n+1}^{m} |f_k(z)| \leq \sum_{k=n+1}^{m} M_k < \frac{\varepsilon}{3}.$$

ここで, $n = p$ とし, $m \to \infty$ とすると, 任意の $z \in U$ に対して, $|f(z) - S_p(z)| \leq \frac{\varepsilon}{3}$ が成り立つ.

さらに, S_p は a で連続だから, $\delta > 0$ が存在し, $|z - a| < \delta$ ならば, $|S_p(z) - S_p(a)| < \frac{\varepsilon}{3}$.

よって, $|z - a| < \delta$ のとき,

$$|f(z) - f(a)| \leq |f(z) - S_p(z)|$$
$$+ |S_p(z) - S_p(a)| + |S_p(a) - f(a)| < \varepsilon$$

となり, f が a で連続であることが示された. □

命題 4.2.22. $\sum_{n=0}^{\infty} c_n z^n$ の収束半径を $\rho > 0$ とする. このとき, $z \in D(0, \rho)$ に対して, $f(z) = \sum_{n=0}^{\infty} c_n z^n$ と定めると, f は $D(0, \rho)$ で連続である.

証明 $r \in (0, \rho)$ を任意にとる. このとき, 収束半径の定義より, $\sum_{n=0}^{\infty} |c_n|r^n < \infty$. また, $n \in \mathbb{Z}_+$,

100 4. 解 析 学

$|z| \leq r$ に対して，$|c_n z^n| = |c_n||z|^n \leq |c_n|r^n$．さらに，$n \in \mathbb{Z}_+$ に対して，$c_n z^n$ は $\mathbb{C}$ で連続だから，定理 4.2.21 より，f は $\overline{D}(0, r)$ で連続である．ここで，$r \in (0, \rho)$ は任意だから，f は $D(0, \rho)$ で連続である．$\qquad\square$

定理 4.2.23. $\sum_{n=0}^{\infty} c_n z^n$ の収束半径を $\rho > 0$ とする．このとき，$z \in D(0, \rho)$ に対して，$f(z) = \sum_{n=0}^{\infty} c_n z^n$ と定めると，f は $D(0, \rho)$ で正則であり，

$$f'(z) = \sum_{n=1}^{\infty} n c_n z^{n-1}. \qquad (4.2.8)$$

さらに，f は $D(0, \rho)$ で何回でも項別微分可能である．

証明 まず，f は $D(0, \rho)$ で微分可能で (4.2.8) が成り立つことを示そう．$a \in D(0, \rho)$ を任意にとる．f は a で微分可能で，$z = a$ に対して，(4.2.8) が成り立つことを示せばよい．

$0 < r_1 < \rho - |a|$ を満たす r_1 をとり，$r = |a| + r_1$ とおく．このとき，$z \in D(a, r_1)$ に対して，

$$g_n(z) = \sum_{k=0}^{n-1} a^{n-k-1} z^k, \quad g(z) = \sum_{n=1}^{\infty} c_n g_n(z)$$

と定めると，$z^n - a^n = (z - a)g_n(z)$ だから，

$$f(z) - f(a) = \sum_{n=1}^{\infty} c_n(z^n - a^n) = (z - a)g(z).$$

また，$z \in D(a, r_1)$ に対し，$|z| \leq r$，$|a| \leq r$ だから，

$$|c_n g_n(z)| \leq |c_n| \sum_{k=0}^{n-1} |a|^{n-k-1} |z|^k \leq n|c_n| r^{n-1}.$$

さらに，$0 < r < \rho$ だから，命題 4.2.20 より，$\sum_{n=1}^{\infty} n|c_n| r^{n-1} < \infty$．よって，定理 4.2.21 より，$g$ は $D(a, r_1)$ で連続であり，

$$\lim_{z \to a} \frac{f(z) - f(a)}{z - a} = \lim_{z \to a} g(z) = g(a) = \sum_{n=1}^{\infty} n c_n a^{n-1}.$$

すなわち，f は a で微分可能であり，$z = a$ に対して，(4.2.8) が成り立つことが示された．

次に，命題 4.2.20 より，$\sum_{n=1}^{\infty} n c_n z^{n-1}$ の収束半径は ρ だから，(4.2.8) に対して，前半で示したことを適用すれば，f' は $D(0, \rho)$ で微分可能であり，$z \in D(0, \rho)$ に対して，

$$f''(z) = \sum_{n=2}^{\infty} n(n-1) c_n z^{n-2}$$

が成り立つ．これを繰り返せば，f は $D(0, \rho)$ で何回でも項別微分可能であることがわかる．$\qquad\square$

例 4.2.3. $e^z = \sum_{n=0}^{\infty} \dfrac{z^n}{n!}$ の収束半径は ∞ だから，e^z は $\mathbb{C}$ で正則である．また，$z \in \mathbb{C}$ に対して，

$$(e^z)' = \sum_{n=1}^{\infty} \frac{1}{(n-1)!} z^{n-1} = \sum_{n=0}^{\infty} \frac{1}{n!} z^n = e^z.$$

問 4.2.7. $\cos z$，$\sin z$ は $\mathbb{C}$ で正則であり，$z \in \mathbb{C}$ に対して，$(\cos z)' = -\sin z$，$(\sin z)' = \cos z$ が成り立つことを示せ．

べき級数によりさまざまな関数が定義される．

例題 4.2.10. $n \in \mathbb{Z}_+$，$z \in \mathbb{C}$ に対して，

$$J_n(z) = \sum_{k=0}^{\infty} \frac{(-1)^k}{k!(n+k)!} \left(\frac{z}{2}\right)^{n+2k} \qquad (4.2.9)$$

と定め，n 次のベッセル関数 (Bessel function) という．このとき，次を示せ．

(1) (4.2.9) のべき級数の収束半径は ∞ である．

(2) $z \in \mathbb{C}$ に対して，次が成り立つ．

$$z^2 J_n''(z) + z J_n'(z) + (z^2 - n^2) J_n(z) = 0. \qquad (4.2.10)$$

解答 (1) $c_k = \dfrac{(-1)^k}{k!(n+k)!}$ とおくと，

$$\left|\frac{c_{k+1}}{c_k}\right| = \frac{k!(n+k)!}{(k+1)!(n+k+1)!}$$
$$= \frac{1}{(k+1)(n+k+1)} \to 0 \quad (k \to \infty)$$

だから，ダランベールの判定法 (定理 4.2.8) より，(4.2.9) のべき級数の収束半径は ∞ である．

(2) 定理 4.2.23 より，$J_n(z)$ は $\mathbb{C}$ で何回でも項別微分可能だから，

$$J_n'(z) = \sum_{k=0}^{\infty} \frac{(-1)^k(n+2k)}{k!(n+k)!2} \left(\frac{z}{2}\right)^{n+2k-1},$$

$$J_n''(z)$$
$$= \sum_{k=0}^{\infty} \frac{(-1)^k(n+2k)(n+2k-1)}{k!(n+k)!2^2} \left(\frac{z}{2}\right)^{n+2k-2}.$$

これから，$z \in \mathbb{C}$ に対して，

$$z^2 J_n''(z) + z J_n'(z)$$
$$= \sum_{k=0}^{\infty} \frac{(-1)^k}{k!(n+k)!} (n+2k)^2 \left(\frac{z}{2}\right)^{n+2k}$$
$$= n^2 \sum_{k=0}^{\infty} \frac{(-1)^k}{k!(n+k)!} \left(\frac{z}{2}\right)^{n+2k}$$
$$\quad + 4 \sum_{k=0}^{\infty} \frac{(-1)^k}{k!(n+k)!} k(n+k) \left(\frac{z}{2}\right)^{n+2k}$$
$$= n^2 J_n(z) + 4 \sum_{k=1}^{\infty} \frac{(-1)^k}{(k-1)!(n+k-1)!} \left(\frac{z}{2}\right)^{n+2k}$$
$$= n^2 J_n(z) - 4 \sum_{l=0}^{\infty} \frac{(-1)^l}{l!(n+l)!} \left(\frac{z}{2}\right)^{n+2l+2}$$
$$= (n^2 - z^2) J_n(z)$$

となり，$J_n(z)$ は (4.2.10) を満たすことが示された．$\qquad\square$

4.2.5 複 素 積 分

定義 4.2.24. 有界閉区間 $[\alpha, \beta]$ 上で定義された連続写像 $\gamma : [\alpha, \beta] \to \mathbb{C}$ を複素平面 $\mathbb{C}$ 上の曲線 (curve) と

いう．また，γ の像 $\{\gamma(t) : t \in [\alpha, \beta]\}$ を γ^* で表す．

(1) $U \subset \mathbb{C}$ に対して，$\gamma^* \subset U$ であるとき，γ は U 内の曲線であるという．

(2) $\gamma(\alpha)$ を γ の始点 (initial point) といい，$i(\gamma)$ で表す．また，$\gamma(\beta)$ を γ の終点 (end point) といい，$e(\gamma)$ で表す．また，$e(\gamma) = i(\gamma)$ であるとき，γ は閉曲線であるという．

(3) $\gamma : [\alpha, \beta] \to \mathbb{C}$ が C^1 級であるとき，γ を C^1 級曲線という．

例 4.2.4. $a, b \in \mathbb{C}$ に対して，

$$[0, 1] \ni t \mapsto (1 - t)a + tb$$

で定義される曲線を $[a, b]$ で表す．これは a と b を結ぶ線分である．

例 4.2.5. $a \in \mathbb{C}, r > 0$ に対して，

$$[0, 2\pi] \ni \theta \mapsto a + re^{i\theta}$$

で定義される曲線を $C(a, r)$ で表す．これは a を中心とする半径 r の円周である．

定義 4.2.25. $U \subset \mathbb{C}$ とし，$\gamma : [\alpha, \beta] \to \mathbb{C}$ は U 内の C^1 級曲線，$f : U \to \mathbb{C}$ は連続とする．このとき，

$$\int_\gamma f(z)\,dz = \int_\alpha^\beta f(\gamma(t))\gamma'(t)\,dt$$

と定義する．

例題 4.2.11. $a \in \mathbb{C}, r > 0, n \in \mathbb{N}$ に対して，

$$\int_{C(a,r)} \frac{1}{(z - a)^n}\,dz$$

を求めよ．

解答 まず，$n = 1$ のとき，

$$\int_{C(a,r)} \frac{1}{z - a}\,dz = \int_0^{2\pi} \frac{ire^{i\theta}}{re^{i\theta}}\,d\theta = \int_0^{2\pi} i\,d\theta = 2\pi i.$$

次に，$n \geq 2$ のとき，

$$\int_{C(a,r)} \frac{1}{(z - a)^n}\,dz = \int_0^{2\pi} \frac{ire^{i\theta}}{r^n e^{in\theta}}\,d\theta$$

$$= \frac{i}{r^{n-1}} \int_0^{2\pi} e^{-i(n-1)\theta}\,d\theta$$

$$= \frac{i}{r^{n-1}} \left[\frac{-1}{i(n-1)} e^{-i(n-1)\theta} \right]_0^{2\pi} = 0$$

となる． □

命題 4.2.26. $U \subset \mathbb{C}$ とし，$\gamma : [\alpha, \beta] \to \mathbb{C}$ は U 内の C^1 級曲線，$f : U \to \mathbb{C}$ は連続とする．

(1) $\gamma_1(t) = \gamma\big((1 - t)\alpha + t\beta\big)$ $(0 \leq t \leq 1)$ と定めると，

$$\int_{\gamma_1} f(z)\,dz = \int_\gamma f(z)\,dz.$$

(2) $\gamma_2(t) = \gamma\big((1 - t)\beta + t\alpha\big)$ $(0 \leq t \leq 1)$ と定めると，

$$\int_{\gamma_2} f(z)\,dz = -\int_\gamma f(z)\,dz.$$

証明 (1) $\varphi_1(t) = (1 - t)\alpha + t\beta$ $(0 \leq t \leq 1)$ と定めると，$\varphi_1(0) = \alpha$, $\varphi_1(1) = \beta$ であり，$\gamma_1(t) = \gamma(\varphi_1(t))$ だから，

$$\int_{\gamma_1} f(z)\,dz = \int_0^1 f(\gamma_1(t))\gamma_1'(t)\,dt$$

$$= \int_0^1 f(\gamma(\varphi_1(t)))\gamma'(\varphi_1(t))\varphi_1'(t)\,dt$$

$$= \int_\alpha^\beta f(\gamma(s))\gamma'(s)\,ds = \int_\gamma f(z)\,dz.$$

(2) $\varphi_2(t) = (1 - t)\beta + t\alpha$ $(0 \leq t \leq 1)$ と定めると，(1) と同様に，

$$\int_{\gamma_2} f(z)\,dz = \int_0^1 f(\gamma_2(t))\gamma_2'(t)\,dt$$

$$= \int_0^1 f(\gamma(\varphi_2(t)))\gamma'(\varphi_2(t))\varphi_2'(t)\,dt$$

$$= -\int_\alpha^\beta f(\gamma(s))\gamma'(s)\,ds = -\int_\gamma f(z)\,dz$$

となり，望みの等式を得る． □

命題 4.2.26 (1) より，曲線 γ と γ_1 は本質的に同じものと考えてよい．そこで，必要に応じて，曲線の定義域を $[0, 1]$ とする．また，命題 4.2.26 (2) で定義した曲線 γ_2 は曲線 γ の向きを逆にした曲線である．これを $-\gamma$ で表す．

定義 4.2.27. 有限個の C^1 級曲線 $\gamma_1, ..., \gamma_m$ をつないだ曲線 $\gamma_1 \vee \cdots \vee \gamma_m$ を経路 (path) という．また，閉じた経路を閉路 (closed path) という．すなわち，次の (1), (2) が成り立つとき，$\gamma_1 \vee \cdots \vee \gamma_m$ は経路であるといい，さらに (3) も成り立つとき，閉路であるという．

(1) $\gamma_1, ..., \gamma_m$ は C^1 級曲線である．

(2) $m \geq 2$ のとき，$j = 1, ..., m - 1$ に対して，
$$e(\gamma_j) = i(\gamma_{j+1}).$$

(3) $e(\gamma_m) = i(\gamma_1)$.

定義 4.2.27 において，$m = 1$ のときは，条件 (2) は考えなくてもよい．すなわち，C^1 級曲線は経路である．

例 4.2.6. 線分 $[a, b]$ は経路である．また，円周 $C(a, r)$ は閉路である．

例 4.2.7. 有限個の線分をつないだ曲線

$$[a_1, a_2] \vee [a_2, a_3] \vee \cdots \vee [a_{m-1}, a_m]$$

を $[a_1, a_2, \cdots, a_m]$ で表す．これは点 $a_1, a_2, ..., a_m$ を順につないだ折線である．

定義 4.2.28. U 内の経路 $\gamma = \gamma_1 \vee \cdots \vee \gamma_m$ と連続関数 $f : U \to \mathbb{C}$ に対して,

$$\int_\gamma f(z)\,dz = \sum_{k=1}^m \int_{\gamma_k} f(z)\,dz$$

と定義する.

定義 4.2.29. U は $\mathbb{C}$ の開集合,$f : U \to \mathbb{C}$ は連続とする.U で正則な関数 F が $F'(z) = f(z)$ $(z \in U)$ を満たすとき,F は U における f の原始関数 (primitive) であるという.

例 4.2.8. $n \in \mathbb{Z}_+$ に対して,$\dfrac{z^{n+1}}{n+1}$ は $\mathbb{C}$ における z^n の原始関数である.また,$n \in \mathbb{N}$ に対して,$-\dfrac{1}{nz^n}$ は $\mathbb{C} \setminus \{0\}$ における $\dfrac{1}{z^{n+1}}$ の原始関数である.

命題 4.2.30. f は開集合 U で連続とし,F は U における f の原始関数とする.このとき,a を始点,b を終点とする U 内の任意の経路 γ に対して,

$$\int_\gamma f(z)\,dz = F(b) - F(a).$$

証明 まず,$\gamma : [\alpha, \beta] \to \mathbb{C}$ は C^1 級曲線とする.

このとき,合成関数の微分公式より,

$$\frac{d}{dt} F(\gamma(t)) = F'(\gamma(t))\gamma'(t) = f(\gamma(t))\gamma'(t)$$

だから,

$$\int_\gamma f(z)\,dz = \int_\alpha^\beta f(\gamma(t))\gamma'(t)\,dt$$
$$= \int_\alpha^\beta \frac{d}{dt} F(\gamma(t))\,dt$$
$$= F(\gamma(\beta)) - F(\gamma(\alpha)) = F(b) - F(a).$$

次に,$\gamma = \gamma_1 \vee \cdots \vee \gamma_m$ を経路とする.ここで,C^1 級曲線 γ_j の始点を a_j,終点を b_j とすると,$a_1 = a$,$b_m = b$,$b_j = a_{j+1}$ $(j = 1, \ldots, m-1)$ だから,

$$\int_\gamma f(z)\,dz = \sum_{j=1}^m \int_{\gamma_j} f(z)\,dz$$
$$= \sum_{j=1}^m \{F(b_j) - F(a_j)\} = F(b) - F(a)$$

となり,望みの等式を得る. $\square$

定義 4.2.31. U は $\mathbb{C}$ の開集合とする.U の任意の 2 点 a, b に対して,a を始点,b を終点とする U 内の経路が存在するとき,U を領域 (domain) という.

定理 4.2.32. U は $\mathbb{C}$ の領域とし,$f : U \to \mathbb{C}$ は連続とする.このとき,次の (1), (2) は同値である.

(1) f は U において原始関数をもつ.

(2) U 内の任意の閉路 γ に対して,

$$\int_\gamma f(z)\,dz = 0.$$

証明 まず,(1) $\Rightarrow$ (2) を示す.F を U における f の原始関数とする.U 内の閉路 γ の始点を a,終点を

b とすると,$a = b$ だから,命題 4.2.30 より,

$$\int_\gamma f(z)\,dz = F(b) - F(a) = 0.$$

次に,(2) $\Rightarrow$ (1) を示す.仮定 (2) より,U の任意の 2 点 a, b に対して,a を始点,b を終点とする U 内の経路 γ に沿った f の積分 $\displaystyle\int_\gamma f(z)\,dz$ の値は γ のとり方に依らないので,$\displaystyle\int_a^b f(z)\,dz$ と書くことにする.

定点 $a \in U$ を 1 つとり,

$$F(z) = \int_a^z f(\zeta)\,d\zeta \quad (z \in U)$$

と定める.$z_0 \in U$ を任意にとり,$F'(z_0) = f(z_0)$ を示せばよい.$D(z_0, r) \subset U$ とすると,$z \in D(z_0, r)$ に対して,線分 $[z_0, z]$ は $D(z_0, r)$ に含まれるので,

$$F(z) - F(z_0) = \int_a^z f(\zeta)\,d\zeta - \int_a^{z_0} f(\zeta)\,d\zeta$$
$$= \int_{z_0}^z f(\zeta)\,d\zeta = \int_{[z_0,\, z]} f(\zeta)\,d\zeta$$
$$= (z - z_0) \int_0^1 f((1-t)z_0 + tz)\,dt.$$

また,f は z_0 で連続だから,任意の $\varepsilon > 0$ に対して,$\delta \in (0, r)$ が存在し,$0 < |z - z_0| < \delta$ ならば $|f(z) - f(z_0)| < \varepsilon$ が成り立つ.

これから,$0 < |z - z_0| < \delta$ に対して,

$$\left| \frac{F(z) - F(z_0)}{z - z_0} - f(z_0) \right|$$
$$= \left| \int_0^1 \{f((1-t)z_0 + tz) - f(z_0)\}\,dt \right|$$
$$\leq \int_0^1 |f((1-t)z_0 + tz) - f(z_0)|\,dt < \varepsilon$$

となり,

$$F'(z_0) = \lim_{z \to z_0} \frac{F(z) - F(z_0)}{z - z_0} = f(z_0)$$

が示された. $\square$

例題 4.2.12. 関数 $\dfrac{1}{z}$ は $\mathbb{C} \setminus \{0\}$ において原始関数をもたないことを示せ.

解答 例題 4.2.11 より,$r > 0$ に対して,

$$\int_{C(0,r)} \frac{1}{z}\,dz = 2\pi i.$$

ここで,$C(0, r)$ は $\mathbb{C} \setminus \{0\}$ 内の閉路だから,定理 4.2.32 より,$\dfrac{1}{z}$ は $\mathbb{C} \setminus \{0\}$ において原始関数をもたない. $\square$

4.2.6 コーシーの定理

この項では,星形領域におけるコーシーの定理 (Cauchy's theorem) を示そう.以下,曲線 $[a, b]$ の像も同じ記号で表す.

$$[a, b] = \{(1-t)a + tb : 0 \leq t \leq 1\}.$$

定義 4.2.33. U は $\mathbb{C}$ の空でない部分集合とする.

(1) 任意の $a, b \in U$ に対して, $[a, b] \subset U$ が成り立つとき, U は凸 (convex) であるという.

(2) 任意の $z \in U$ に対して, $[a, z] \subset U$ が成り立つとき, U は点 a に関して星形 (star-shaped) であるという.

ある点に関して星形である集合を星形集合という. 定義から, 凸集合は星形集合である.

例 4.2.9. 開円板 $D(a, r)$ は凸領域である.

また, $\alpha \in \mathbb{R}$ とするとき,

$$\{re^{i\theta} : r > 0, \ \alpha - \pi < \theta < \alpha + \pi\}$$

は点 $e^{i\alpha}$ に関して星形である.

$\mathbb{R}^2$ の星形領域も $\mathbb{C}$ の場合と同様に定義される.

命題 4.2.34(ポアンカレ (Poincaré) の補題)**.** U は $\mathbb{R}^2$ の星形領域とし, $u_1, u_2 : U \to \mathbb{R}$ は C^1 級で,

$$\frac{\partial u_1}{\partial y}(x, y) = \frac{\partial u_2}{\partial x}(x, y), \quad (x, y) \in U \quad (4.2.11)$$

を満たすとする. このとき, U において

$$\frac{\partial \phi}{\partial x}(x, y) = u_1(x, y), \quad \frac{\partial \phi}{\partial y}(x, y) = u_2(x, y) \tag{4.2.12}$$

を満たす C^2 級関数 $\phi : U \to \mathbb{R}$ が存在する.

証明 U は点 (a, b) に関して星形とする. このとき, $(x, y) \in U$ と $t \in [0, 1]$ に対して,

$$\gamma(t; x, y) = (1-t)(a, b) + t(x, y)$$

と定めると, $\gamma(t; x, y) \in U$ に注意する.

天下り的であるが, $(x, y) \in U$ に対して,

$$\phi(x, y) = (x-a)\int_0^1 u_1(\gamma(t; x, y))\, dt$$
$$+ (y-b)\int_0^1 u_2(\gamma(t; x, y))\, dt$$

と定める. このとき,

$$\frac{\partial \phi}{\partial x}(x, y) = \int_0^1 u_1(\gamma(t; x, y))\, dt$$
$$+ (x-a)\int_0^1 t\frac{\partial u_1}{\partial x}(\gamma(t; x, y))\, dt$$
$$+ (y-b)\int_0^1 t\frac{\partial u_2}{\partial x}(\gamma(t; x, y))\, dt.$$

ここで, 右辺第3項に, 仮定 (4.2.11) を用いると,

$$\frac{\partial \phi}{\partial x}(x, y) = \int_0^1 u_1(\gamma(t; x, y))\, dt$$
$$+ (x-a)\int_0^1 t\frac{\partial u_1}{\partial x}(\gamma(t; x, y))\, dt$$
$$+ (y-b)\int_0^1 t\frac{\partial u_1}{\partial y}(\gamma(t; x, y))\, dt$$
$$= \int_0^1 \frac{d}{dt}\{tu_1(\gamma(t; x, y))\}\, dt = u_1(x, y).$$

同様に, $\dfrac{\partial \phi}{\partial y}(x, y) = u_2(x, y)$ も成り立つ. $\square$

連続なベクトル場 $(u_1, u_2) : U \to \mathbb{R}^2$ に対して, C^1 級関数 $\phi : U \to \mathbb{R}$ が (4.2.12) を満たすとき, ϕ を (u_1, u_2) のポテンシャル (potential) という.

$\phi : U \to \mathbb{R}$ が C^2 級であり, (4.2.12) を満たすならば, 任意の $(x, y) \in U$ に対して,

$$\frac{\partial u_1}{\partial y}(x, y) = \frac{\partial^2 \phi}{\partial y \partial x}(x, y)$$
$$= \frac{\partial^2 \phi}{\partial x \partial y}(x, y) = \frac{\partial u_2}{\partial x}(x, y)$$

が成り立つ. すなわち, C^1 級のベクトル場 (u_1, u_2) に対して, (4.2.11) はポテンシャルが存在するための必要条件である.

定理 4.2.35. D は $\mathbb{C}$ の星形領域とし, $f(z)$ は D で正則とする. このとき, D における $f(z)$ の原始関数 $F(z)$ が存在する.

証明 $D = \{x + iy : (x, y) \in U\}$ とする. U は $\mathbb{R}^2$ の星形領域である. 実部と虚部を用いて,

$$f(x + iy) = u(x, y) + iv(x, y), \quad (x, y) \in U$$

と表すと, コーシー–リーマンの定理 (定理 4.2.17) より, 実数値関数 u, v は領域 U で C^1 級であり,

$$\frac{\partial u}{\partial y}(x, y) = -\frac{\partial v}{\partial x}(x, y), \quad (x, y) \in U$$

を満たす. よって, ポアンカレの補題より, $(x, y) \in U$ に対して,

$$\frac{\partial P}{\partial x}(x, y) = u(x, y), \quad \frac{\partial P}{\partial y}(x, y) = -v(x, y)$$

を満たす C^2 級関数 $P : U \to \mathbb{R}$ が存在する.

同様に, コーシー–リーマンの定理より,

$$\frac{\partial v}{\partial y}(x, y) = \frac{\partial u}{\partial x}(x, y), \quad (x, y) \in U$$

だから, $(x, y) \in U$ に対して,

$$\frac{\partial Q}{\partial x}(x, y) = v(x, y), \quad \frac{\partial Q}{\partial y}(x, y) = u(x, y)$$

を満たす C^2 級関数 $Q : U \to \mathbb{R}$ が存在する.

ここで,

$$F(x + iy) = P(x, y) + iQ(x, y), \quad (x, y) \in U$$

104　4. 解 析 学

と定めると, $(x, y) \in U$ に対して,

$$\frac{\partial P}{\partial x}(x, y) = u(x, y) = \frac{\partial Q}{\partial y}(x, y),$$
$$\frac{\partial Q}{\partial x}(x, y) = v(x, y) = -\frac{\partial P}{\partial y}(x, y)$$

だから, 再び, コーシー–リーマンの定理より, $F(z)$ は D で正則であり, $z = x + iy \in D$ に対して,

$$F'(z) = \frac{\partial P}{\partial x}(x, y) + i\frac{\partial Q}{\partial x}(x, y)$$
$$= u(x, y) + iv(x, y) = f(z)$$

が成り立つ. □

定理 4.2.32 と定理 4.2.35 から次を得る.

> **定理 4.2.36（星形領域におけるコーシーの定理）.**
> $f(z)$ は星形領域 D で正則とする. このとき,
> (1) D 内の任意の閉路 γ に対して,
> $$\int_\gamma f(z)\,dz = 0.$$
> (2) γ_1, γ_2 は D 内の経路であり, $\boldsymbol{i}(\gamma_1) = \boldsymbol{i}(\gamma_2)$, $\boldsymbol{e}(\gamma_1) = \boldsymbol{e}(\gamma_2)$ ならば,
> $$\int_{\gamma_1} f(z)\,dz = \int_{\gamma_2} f(z)\,dz.$$

応用として, 複素変数の対数関数を定義しよう.

例題 4.2.13. $\alpha \in \mathbb{R}$ に対して,

$$U_\alpha = \{(r, \theta) : r > 0,\ \alpha - \pi < \theta < \alpha + \pi\},$$
$$D_\alpha = \{re^{i\theta} : (r, \theta) \in U_\alpha\}$$

と定める. また, $(r, \theta) \in U_\alpha$ に対して,

$$\mathrm{Log}_\alpha(re^{i\theta}) = \log r + i\theta$$

と定める. このとき, $\mathrm{Log}_\alpha z$ は D_α で正則であり,

$$\left(\mathrm{Log}_\alpha z\right)' = \frac{1}{z} \quad (z \in D_\alpha) \tag{4.2.13}$$

が成り立つことを示せ.

解答 D_α は星形領域であり, $\frac{1}{z}$ は D_α で正則だから, 定理 4.2.35 より, D_α における $\frac{1}{z}$ の原始関数 $F(z)$ が存在する. ここで, $(r, \theta) \in U_\alpha$ に対して,

$$\gamma_1(t) = (1-t)e^{i\alpha} + tre^{i\alpha} \quad (0 \le t \le 1),$$
$$\gamma_2(t) = re^{i(1-t)\alpha + it\theta} \quad (0 \le t \le 1)$$

と定めると, $\gamma_1 \vee \gamma_2$ は $e^{i\alpha}$ を始点, $re^{i\theta}$ を終点とする D_α 内の経路だから, 命題 4.2.30 より,

$$F(re^{i\theta}) - F(e^{i\alpha}) = \int_{\gamma_1} \frac{1}{z}\,dz + \int_{\gamma_2} \frac{1}{z}\,dz$$
$$= \int_0^1 \frac{re^{i\alpha} - e^{i\alpha}}{(1-t)e^{i\alpha} + tre^{i\alpha}}\,dt$$
$$\quad + \int_0^1 \frac{i(\theta - \alpha)re^{i(1-t)\alpha + it\theta}}{re^{i(1-t)\alpha + it\theta}}\,dt$$
$$= \int_0^1 \frac{r-1}{(1-t)+tr}\,dt + \int_0^1 i(\theta - \alpha)\,dt$$
$$= \left[\log\{(1-t) + tr\}\right]_0^1 + i(\theta - \alpha)$$
$$= \log r + i\theta - i\alpha.$$

よって, $z \in D_\alpha$ に対して,

$$\mathrm{Log}_\alpha z = F(z) - F(e^{i\alpha}) + i\alpha$$

だから, $\mathrm{Log}_\alpha z$ は D_α で正則であり, (4.2.13) が成り立つ. □

4.2.7　コーシーの定理を用いた実積分の計算

この項では, コーシーの定理を用いた, 有名な広義積分の計算例を紹介する.

例題 4.2.14. $\alpha > 0$ を定数とするとき, 広義積分

$$\int_{-\infty}^\infty e^{-x^2} \cos 2\alpha x\,dx$$

を求めよ.

解答 $R > 0$ とする. まず, $e^{-x^2} \sin 2\alpha x$ は奇関数だから, オイラーの公式より,

$$\int_{-R}^R e^{-x^2} \cos 2\alpha x\,dx \tag{4.2.14}$$
$$= \int_{-R}^R e^{-x^2} \cos 2\alpha x\,dx - i\int_{-R}^R e^{-x^2} \sin 2\alpha x\,dx$$
$$= \int_{-R}^R e^{-x^2} e^{-i2\alpha x}\,dx = e^{-\alpha^2}\int_{-R}^R e^{-(x+i\alpha)^2}\,dx.$$

次に, 4 点 $-R$, R, $R + i\alpha$, $-R + i\alpha$ を頂点とする長方形の辺に沿って e^{-z^2} を積分する. e^{-z^2} は $\mathbb{C}$ で正則だから, 定理 4.2.36 より,

$$\int_{[-R, R]} e^{-z^2}\,dz + \int_{[R, R+i\alpha]} e^{-z^2}\,dz \tag{4.2.15}$$
$$= \int_{[-R, -R+i\alpha]} e^{-z^2}\,dz + \int_{[-R+i\alpha, R+i\alpha]} e^{-z^2}\,dz.$$

ここで,

$$\int_{[-R, R]} e^{-z^2}\,dz = \int_{-R}^R e^{-x^2}\,dx,$$
$$\int_{[-R+i\alpha, R+i\alpha]} e^{-z^2}\,dz = \int_{-R}^R e^{-(x+i\alpha)^2}\,dx.$$

また,

$$\int_{[\pm R,\pm R+i\alpha]} e^{-z^2}\,dz = \int_0^\alpha e^{-(\pm R+iy)^2} i\,dy$$
$$= ie^{-R^2}\int_0^\alpha e^{y^2} e^{\mp 2iRy}\,dy$$

より,
$$\left|\int_{[\pm R,\pm R+i\alpha]} e^{-z^2}\,dz\right|$$
$$\leq e^{-R^2}\int_0^\alpha e^{y^2}\,dy \to 0 \quad (R\to\infty)$$

だから, (4.2.15) で $R\to\infty$ とすると,
$$\int_{-\infty}^\infty e^{-(x+i\alpha)^2}\,dx = \int_{-\infty}^\infty e^{-x^2}\,dx = \sqrt{\pi}.$$

よって, (4.2.14) で $R\to\infty$ とすれば,
$$\int_{-\infty}^\infty e^{-x^2}\cos 2\alpha x\,dx$$
$$= e^{-\alpha^2}\int_{-\infty}^\infty e^{-(x+i\alpha)^2}\,dx = \sqrt{\pi}\,e^{-\alpha^2}$$

を得る. □

例題 4.2.15. 次のフレネル積分 (Fresnel integrals)
$$\int_0^\infty \cos(x^2)\,dx, \quad \int_0^\infty \sin(x^2)\,dx$$
を求めよ.

解答 $R>0$ とし, 3点 $0, R, R+iR$ を頂点とする三角形の辺に沿って e^{iz^2} を積分する. e^{iz^2} は $\mathbb{C}$ で正則だから, 定理 4.2.36 より,
$$\int_{[0,R]} e^{iz^2}\,dz + \int_{[R,R+iR]} e^{iz^2}\,dz = \int_{[0,R+iR]} e^{iz^2}\,dz. \tag{4.2.16}$$

ここで, オイラーの公式より,
$$\int_{[0,R]} e^{iz^2}\,dz = \int_0^R e^{ix^2}\,dx$$
$$= \int_0^R \cos(x^2)\,dx + i\int_0^R \sin(x^2)\,dx.$$

また,
$$\int_{[0,R+iR]} e^{iz^2}\,dz = \int_0^R e^{i(t+it)^2}(1+i)\,dt$$
$$= (1+i)\int_0^R e^{-2t^2}\,dt.$$

さらに,
$$\int_{[R,R+iR]} e^{iz^2}\,dz = \int_0^R e^{i(R+iy)^2} i\,dy$$
$$= i\int_0^R e^{-2Ry}e^{i(R^2-y^2)}\,dy$$

より,

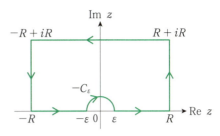

図 4.2.1 例題 4.2.16 の積分路

$$\left|\int_{[R,R+iR]} e^{iz^2}\,dz\right| \leq \int_0^R e^{-2Ry}\,dy$$
$$= \frac{1}{2R}\left(1-e^{-2R^2}\right) \leq \frac{1}{2R}$$

だから, (4.2.16) で $R\to\infty$ とすると,
$$\int_0^\infty \cos(x^2)\,dx + i\int_0^\infty \sin(x^2)\,dx$$
$$= (1+i)\int_0^\infty e^{-2t^2}\,dt = \frac{1}{2}\sqrt{\frac{\pi}{2}}(1+i).$$

両辺の実部と虚部を比較することにより,
$$\int_0^\infty \cos(x^2)\,dx = \int_0^\infty \sin(x^2)\,dx = \frac{1}{2}\sqrt{\frac{\pi}{2}}$$

を得る. □

次の積分はディリクレ積分 (Dirichlet integral) とよばれる.

例題 4.2.16. 広義積分 $\int_0^\infty \dfrac{\sin x}{x}\,dx$ を求めよ.

解答 星形領域
$$D = \left\{re^{i\theta}: r>0,\ -\frac{\pi}{2}<\theta<\frac{3\pi}{2}\right\}$$

で考える. $0<\varepsilon<1<R$ とし, 図 4.2.1 のような D 内の閉路に沿って $\dfrac{e^{iz}}{z}$ を積分する. ただし, C_ε は $[0,\pi]\ni\theta\mapsto \varepsilon e^{i\theta}$ で定義される経路とする.

このとき, $\dfrac{e^{iz}}{z}$ は $\mathbb{C}\setminus\{0\}$ で正則, 特に, D で正則だから, 定理 4.2.36 より,
$$\int_{-R}^{-\varepsilon} \frac{e^{ix}}{x}\,dx + \int_\varepsilon^R \frac{e^{ix}}{x}\,dx - \int_{C_\varepsilon} \frac{e^{iz}}{z}\,dz$$
$$+ \int_{[R,R+iR]} \frac{e^{iz}}{z}\,dz - \int_{[-R,-R+iR]} \frac{e^{iz}}{z}\,dz$$
$$- \int_{[-R+iR,R+iR]} \frac{e^{iz}}{z}\,dz = 0. \tag{4.2.17}$$

ここで, $\dfrac{e^{ix}}{x} = \dfrac{\cos x}{x} + i\dfrac{\sin x}{x}$ の実部は奇関数, 虚部は偶関数だから,
$$\int_\varepsilon^R \frac{e^{ix}}{x}\,dx + \int_{-R}^{-\varepsilon} \frac{e^{ix}}{x}\,dx = 2i\int_\varepsilon^R \frac{\sin x}{x}\,dx.$$

また, $y\in\mathbb{R}$ に対して, $|R+iy|\geq R$ だから,

$$\left|\int_{[R,\,R+iR]} \frac{e^{iz}}{z}\,dz\right| = \left|\int_0^R \frac{e^{iR-y}}{R+iy}\,idy\right|$$
$$\le \int_0^R \frac{e^{-y}}{|R+iy|}\,dy \le \frac{1}{R}\int_0^R e^{-y}\,dy \le \frac{1}{R}.$$

同様に,
$$\left|\int_{[-R,\,-R+iR]} \frac{e^{iz}}{z}\,dz\right| \le \frac{1}{R}.$$

また, $x \in \mathbb{R}$ に対して, $|x+iR| \ge R$ だから,
$$\left|\int_{[-R+iR,\,R+iR]} \frac{e^{iz}}{z}\,dz\right| = \left|\int_{-R}^R \frac{e^{ix-R}}{x+iR}\,dx\right|$$
$$\le \int_{-R}^R \frac{e^{-R}}{|x+iR|}\,dx \le \int_{-R}^R \frac{e^{-R}}{R}\,dx = 2e^{-R}.$$

さらに, $g(z) = \dfrac{e^{iz}-1}{z}$ とおくと,
$$e^{iz} - 1 = \int_0^1 \frac{d}{dt} e^{itz}\,dt = \int_0^1 ize^{itz}\,dt$$

より, $0 < |z| \le 1$ に対して,
$$|g(z)| \le \int_0^1 |e^{itz}|\,dt \le \int_0^1 e^{|z|t}\,dt \le e.$$

よって, $\varepsilon \in (0,1)$ に対して,
$$\left|\int_{C_\varepsilon} g(z)\,dz\right| = \left|\int_0^\pi g(\varepsilon e^{i\theta}) i\varepsilon e^{i\theta}\,d\theta\right|$$
$$\le \int_0^\pi |g(\varepsilon e^{i\theta})|\varepsilon\,d\theta \le e\pi\varepsilon.$$

また, $\varepsilon > 0$ に対して,
$$\int_{C_\varepsilon} \frac{1}{z}\,dz = \int_0^\pi \frac{1}{\varepsilon e^{i\theta}} i\varepsilon e^{i\theta}\,d\theta = \pi i$$

だから,
$$\lim_{\varepsilon \to 0}\int_{C_\varepsilon} \frac{e^{iz}}{z}\,dz$$
$$= \lim_{\varepsilon \to 0}\Bigl(\int_{C_\varepsilon} g(z)\,dz + \int_{C_\varepsilon} \frac{1}{z}\,dz\Bigr) = \pi i.$$

よって, (4.2.17) で, $\varepsilon \to 0$, $R \to \infty$ とすると,
$$2i\int_0^\infty \frac{\sin x}{x}\,dx - \pi i = 0$$

となり, $\int_0^\infty \dfrac{\sin x}{x}\,dx = \dfrac{\pi}{2}$ を得る. □

4.2.8 曲線の連続変形と留数

星形とは限らない一般の領域に対して, コーシーの定理を拡張するために, 位相幾何的な概念を導入する. 図を描きながら直観的に理解してほしい.

定義 4.2.37. U は $\mathbb{C}$ の領域とし, $\gamma_0, \gamma_1 : [0,1] \to \mathbb{C}$ は U 内の閉曲線とする. 次の (1), (2) を満たす連続写像 $\varphi : [0,1] \times [0,1] \to U$ が存在するとき, γ_0 と γ_1 は U 内で**連続変形可能**であるという.
(1) $\varphi(t,0) = \gamma_0(t), \varphi(t,1) = \gamma_1(t)$ $(0 \le t \le 1)$,

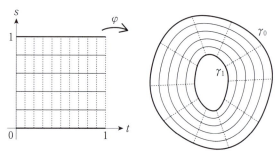

図 4.2.2 定義 4.2.37 の概念図

(2) $\varphi(0,s) = \varphi(1,s)$ $(0 \le s \le 1)$.
また, φ を γ_0 と γ_1 の間の**変形写像**という (図 4.2.2 参照).

定理 4.2.38. $f(z)$ は領域 U で正則とする. このとき, 閉路 γ_0 と γ_1 が U 内で連続変形可能であれば,
$$\int_{\gamma_0} f(z)\,dz = \int_{\gamma_1} f(z)\,dz$$

が成り立つ.

証明 $\varphi : [0,1] \times [0,1] \to U$ を γ_0 と γ_1 の間の変形写像とし,
$$K = \{\varphi(t,s) : (t,s) \in [0,1] \times [0,1]\}$$

とおく. このとき, $K \subset U$ で, K は有界閉集合, U は開集合だから, $\rho > 0$ が存在し, すべての $z \in K$ に対して $\overline{D}(z, \rho) \subset U$.

また, $\varphi : [0,1] \times [0,1] \to U$ は一様連続だから, $\delta > 0$ が存在し, $|(t,s) - (t',s')| < \delta$ ならば
$$|\varphi(t,s) - \varphi(t',s')| < \rho.$$

ここで, $n > \dfrac{2}{\delta}$ を満たす $n \in \mathbb{N}$ をとり, $j, k \in \{0, 1, \dots, n\}$ に対して,
$$t_j = \frac{j}{n}, \quad s_k = \frac{k}{n}, \quad a_{j,k} = \varphi(t_j, s_k)$$

とおく. このとき, $j, k \in \{0, 1, 2, \dots, n-1\}$ に対して,
$$a_{j,k},\ a_{j,k+1},\ a_{j+1,k},\ a_{j+1,k+1} \in D(a_{j,k}, \rho) \subset U$$

だから, 凸領域 $D(a_{j,k}, \rho)$ においてコーシーの定理 (定理 4.2.36) を適用すると,
$$\int_{[a_{j,k},\,a_{j+1,k}]} f(z)\,dz + \int_{[a_{j+1,k},\,a_{j+1,k+1}]} f(z)\,dz$$
$$= \int_{[a_{j,k},\,a_{j,k+1}]} f(z)\,dz + \int_{[a_{j,k+1},\,a_{j+1,k+1}]} f(z)\,dz$$

が成り立つ. これらをすべて足し合わせると,

$$\sum_{k=0}^{n-1}\sum_{j=0}^{n-1}\int_{[a_{j,k},a_{j+1,k}]}f(z)\,dz$$
$$+\sum_{j=1}^{n}\sum_{k=0}^{n-1}\int_{[a_{j,k},a_{j,k+1}]}f(z)\,dz$$
$$=\sum_{k=1}^{n}\sum_{j=0}^{n-1}\int_{[a_{j,k},a_{j+1,k}]}f(z)\,dz$$
$$+\sum_{j=0}^{n-1}\sum_{k=0}^{n-1}\int_{[a_{j,k},a_{j,k+1}]}f(z)\,dz$$

となるが, 内側の線分に沿った積分は打ち消し合い,

$$\sum_{j=0}^{n-1}\int_{[a_{j,0},a_{j+1,0}]}f(z)\,dz+\sum_{k=0}^{n-1}\int_{[a_{n,k},a_{n,k+1}]}f(z)\,dz$$
$$=\sum_{j=0}^{n-1}\int_{[a_{j,n},a_{j+1,n}]}f(z)\,dz+\sum_{k=0}^{n-1}\int_{[a_{0,k},a_{0,k+1}]}f(z)\,dz.$$

ここで, 定義 4.2.37 の条件 (2) より, $k = 0$, $1, ..., n$ に対して, $a_{0,k} = \varphi(0, s_k) = \varphi(1, s_k) = a_{n,k}$ だから,

$$\sum_{k=0}^{n-1}\int_{[a_{n,k},a_{n,k+1}]}f(z)\,dz=\sum_{k=0}^{n-1}\int_{[a_{0,k},a_{0,k+1}]}f(z)\,dz.$$

また, 定義 4.2.37 の条件 (1) より, $j = 0, 1, ..., n$ に対して, $\gamma_0(t_j) = \varphi(t_j, 0) = a_{j,0}$, $\gamma_1(t_j) = \varphi(t_j, 1) = a_{j,n}$ だから, 凸領域 $D(a_{j,0}, \rho)$, $D(a_{j,n}, \rho)$ においてコーシーの定理を適用すると,

$$\int_{\gamma_0}f(z)\,dz=\sum_{j=0}^{n-1}\int_{[a_{j,0},a_{j+1,0}]}f(z)\,dz$$
$$=\sum_{j=0}^{n-1}\int_{[a_{j,n},a_{j+1,n}]}f(z)\,dz=\int_{\gamma_1}f(z)\,dz$$

となり, 望みの等式を得る. □

$a \in \mathbb{C}$, $r > 0$ に対して,

$$D'(a, r) = \{z \in \mathbb{C} : 0 < |z - a| < r\}$$

と定める. $D'(a, r)$ は開円板 $D(a, r)$ から中心 a を除いた領域である. また, $C(a, r)$ は $\theta \mapsto a + re^{i\theta}$ ($0 \le \theta \le 2\pi$) で定義される閉路とする.

次の定義 4.2.39 の前に注意を述べる. ある $\rho > 0$ に対して, $f(z)$ は $D'(a, \rho)$ で正則とする. このとき, 任意の $r_1, r_2 \in (0, \rho)$ に対して, $C(a, r_1)$ と $C(a, r_2)$ は $D'(a, \rho)$ 内で連続変形可能だから, 定理 4.2.38 より, $r \in (0, \rho)$ に対して, 積分 $\int_{C(a,r)} f(z)\,dz$ の値は r に依らず一定である.

定義 4.2.39. $f(z)$ は $D'(a, \rho)$ で正則とする. このとき, $r \in (0, \rho)$ に対して,

$$\mathrm{Res}(f(z), a) = \frac{1}{2\pi i}\int_{C(a,r)}f(z)\,dz$$

と定め, 点 a における $f(z)$ の**留数 (residue)** という.

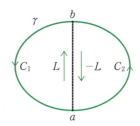

図 4.2.3 定義 4.2.40 の補助的説明

例 4.2.10. $a \in \mathbb{C}$, $n \in \mathbb{N}$ とする. 関数 $\dfrac{1}{(z-a)^n}$ は $\mathbb{C}\setminus\{a\}$ で正則であり, 例題 4.2.11 より,

$$\mathrm{Res}\left(\frac{1}{(z-a)^n}, a\right) = \begin{cases} 1 & (n=1) \\ 0 & (n \ge 2) \end{cases}$$

である.

次の定義 4.2.40 の前に, 補助的な説明をする.

γ は領域 U 内の閉路で, 2 つの経路 C_1, C_2 からなり, $\gamma = C_1 \vee C_2$ とする. また, $a := \mathbf{e}(C_1) = \mathbf{i}(C_2)$, $b := \mathbf{e}(C_2) = \mathbf{i}(C_1)$ とし, L は a を始点, b を終点とする U 内の経路とする (図 4.2.3 参照). このとき, $\gamma_1 = C_1 \vee L$, $\gamma_2 = C_2 \vee (-L)$ とおくと, γ_1, γ_2 は U 内の閉路であり, U 上の任意の連続関数 $f(z)$ に対して,

$$\int_\gamma f(z)\,dz = \int_{C_1}f(z)\,dz + \int_{C_2}f(z)\,dz$$
$$= \int_{C_1}f(z)\,dz + \int_L f(z)\,dz$$
$$\quad + \int_{C_2}f(z)\,dz - \int_L f(z)\,dz$$
$$= \int_{\gamma_1}f(z)\,dz + \int_{\gamma_2}f(z)\,dz$$

が成り立つ. これを積分の記号を省略して,

$$\gamma = C_1 + C_2 = C_1 + L + C_2 - L = \gamma_1 + \gamma_2$$

と書くことにする.

これを一般化して, 次のように定義する.

定義 4.2.40. U は $\mathbb{C}$ の領域とする. U 内の有限個の経路 $\gamma_1, ..., \gamma_m$ の形式的な和 $C = \gamma_1 + \cdots + \gamma_m$ を U 内の**チェイン (chain)** という. このとき, U 上の連続関数 $f(z)$ に対して,

$$\int_C f(z)\,dz = \sum_{j=1}^{m}\int_{\gamma_j}f(z)\,dz$$

と定める. また, U 内のチェイン C_1, C_2 について, U 上の任意の連続関数 $f(z)$ に対して,

$$\int_{C_1}f(z)\,dz = \int_{C_2}f(z)\,dz$$

が成り立つとき, C_1 と C_2 は等しいという.

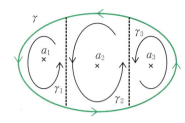

図 4.2.4 留数定理の仮定

定理 4.2.41(留数定理). U は $\mathbb{C}$ の領域, $a_1, ..., a_m \in U$ とし, $f(z)$ は $V := U \setminus \{a_1, ..., a_m\}$ で正則とする. また, γ は V 内の閉路であり, 次の (1), (2) を満たす V 内の閉路 $\gamma_1, ..., \gamma_m$ が存在すると仮定する(図 4.2.4 参照).

(1) γ と $\gamma_1 + \cdots + \gamma_m$ はチェインとして等しい.
(2) $j = 1, ..., m$ に対して, $\rho_j > 0$ が存在し, $\overline{D}(a_j, \rho_j) \setminus \{a_j\} \subset V$ かつ γ_j と $C(a_j, \rho_j)$ は V 内で連続変形可能である.

このとき, 次が成り立つ.
$$\int_\gamma f(z)\,dz = 2\pi i \sum_{j=1}^m \mathrm{Res}(f(z), a_j).$$

証明 仮定 (1) より,
$$\int_\gamma f(z)\,dz = \sum_{j=1}^m \int_{\gamma_j} f(z)\,dz.$$

また, $j = 1, ..., m$ に対して, 仮定 (2), 定理 4.2.38 と定義 4.2.39 より,
$$\int_{\gamma_j} f(z)\,dz = \int_{C(a_j, \rho_j)} f(z)\,dz = 2\pi i\,\mathrm{Res}(f(z), a_j)$$
だから, 望みの等式を得る. □

命題 4.2.42. $f(z)$ は $D'(a, \rho)$ で正則とする. また, 極限 $\lim_{z \to a}(z-a)f(z) = \ell$ が存在すると仮定する.

このとき, $\mathrm{Res}(f(z), a) = \ell$.

証明 $\varepsilon > 0$ を任意にとる. $g(z) = (z-a)f(z)$ とおくと, 仮定より, $\delta \in (0, \rho)$ が存在し, $0 < |z-a| < \delta$ ならば $|g(z) - \ell| < \varepsilon$. このとき, $0 < r < \delta$ とすると, $|(a + re^{i\theta}) - a| = r < \delta$ だから,

$$|\mathrm{Res}(f(z), a) - \ell| = \left|\frac{1}{2\pi i} \int_{C(a,r)} \frac{g(z)}{z-a}\,dz - \ell\right|$$
$$= \left|\frac{1}{2\pi i} \int_0^{2\pi} \frac{g(a + re^{i\theta})}{re^{i\theta}} ire^{i\theta}\,d\theta - \ell\right|$$
$$= \left|\frac{1}{2\pi} \int_0^{2\pi} \{g(a + re^{i\theta}) - \ell\}\,d\theta\right|$$
$$\leq \frac{1}{2\pi} \int_0^{2\pi} |g(a + re^{i\theta}) - \ell|\,d\theta < \varepsilon.$$

ここで, $\varepsilon > 0$ は任意だから, $\mathrm{Res}(f(z), a) = \ell$ である. □

例題 4.2.17. $\cot z = \dfrac{\cos z}{\sin z}$ について考える. 問 4.2.3 より, $\{z \in \mathbb{C} : \sin z = 0\} = \pi\mathbb{Z}$ だから, $\cot z$ は $\mathbb{C} \setminus \pi\mathbb{Z}$ で正則である. $m \in \mathbb{Z}$ に対して, $\mathrm{Res}(\cot z, m\pi)$ を求めよ.

解答 $f(z) = \sin z$ とおくと, $f'(z) = \cos z$ だから,
$$\lim_{z \to m\pi}(z - m\pi)\cot z = \lim_{z \to m\pi} \frac{\cos z}{\frac{f(z) - f(m\pi)}{z - m\pi}}$$
$$= \frac{\cos m\pi}{f'(m\pi)} = 1.$$

よって, 命題 4.2.42 より, $\mathrm{Res}(\cot z, m\pi) = 1$. □

4.2.9 留数定理を用いた実積分の計算

この項では, 留数定理を応用して, 定積分や広義積分を計算しよう.

例題 4.2.18. 定積分 $\displaystyle\int_0^{2\pi} \frac{d\theta}{3\cos\theta - 5}$ を求めよ.

解答 まず, $C(0, 1) : [0, 2\pi] \ni \theta \mapsto e^{i\theta}$ に対して,
$$\int_{C(0,1)} f(z)\,dz = \int_0^{2\pi} f(e^{i\theta})ie^{i\theta}\,d\theta$$
$$= \int_0^{2\pi} \frac{d\theta}{3\cos\theta - 5}$$

となる複素関数 $f(z)$ を求めよう.
$$f(e^{i\theta}) = \frac{1}{ie^{i\theta}(3\cos\theta - 5)}$$
$$= \frac{2}{ie^{i\theta}\{3(e^{i\theta} + e^{-i\theta}) - 10\}} = \frac{-2i}{3e^{2i\theta} - 10e^{i\theta} + 3}$$

となればよいので,
$$f(z) = \frac{-2i}{3z^2 - 10z + 3} = \frac{-2i}{(z-3)(3z-1)}$$

ととればよい.

ここで, $U = \{z \in \mathbb{C} : \mathrm{Re}\,z < 3\}$ とおくと, $f(z)$ は $U \setminus \{1/3\}$ で正則であり, $C(0, 1)$ は $C(1/3, 1)$ と $U \setminus \{1/3\}$ 内で連続変形可能だから, 留数定理(定理 4.2.41)より,
$$\int_{C(0,1)} f(z)\,dz = 2\pi i\,\mathrm{Res}\left(f(z), \frac{1}{3}\right).$$

さらに,
$$\lim_{z \to 1/3}\left(z - \frac{1}{3}\right)f(z) = \lim_{z \to 1/3} \frac{-2i}{3(z-3)} = \frac{i}{4}$$

だから, 命題 4.2.42 より,
$$\int_0^{2\pi} \frac{d\theta}{3\cos\theta - 5} = \int_{C(0,1)} f(z)\,dz$$
$$= 2\pi i\,\mathrm{Res}\left(f(z), \frac{1}{3}\right) = -\frac{\pi}{2}$$

となる. □

例題 4.2.19. $\alpha > 0$ とするとき, 広義積分

$$\int_{-\infty}^{\infty} \frac{\cos \alpha x}{1+x^2}\, dx$$

を求めよ.

解答 $1+z^2 = (z+i)(z-i)$ だから,

$$f(z) = \frac{e^{i\alpha z}}{1+z^2}, \quad U = \{z \in \mathbb{C} : \operatorname{Im} z > -1\}$$

と定めると, $f(z)$ は $U \setminus \{i\}$ で正則である. また,

$$\lim_{z \to i}(z-i)f(z) = \lim_{z \to i} \frac{e^{i\alpha z}}{z+i} = \frac{e^{-\alpha}}{2i}$$

だから, 命題 4.2.42 より, $\operatorname{Res}(f(z), i) = \dfrac{e^{-\alpha}}{2i}$.

$R > 1$ とする. $\dfrac{\sin \alpha x}{1+x^2}$ は奇関数だから,

$$\int_{-R}^{R} \frac{e^{i\alpha x}}{1+x^2}\, dx$$
$$= \int_{-R}^{R} \frac{\cos \alpha x}{1+x^2}\, dx + i \int_{-R}^{R} \frac{\sin \alpha x}{1+x^2}\, dx$$
$$= \int_{-R}^{R} \frac{\cos \alpha x}{1+x^2}\, dx.$$

また, $C_R(\theta) = Re^{i\theta}$ $(0 \leq \theta \leq \pi)$ と定めると, $U \setminus \{i\}$ 内の閉路 $C_R \vee [-R, R]$ は $C(i, 1)$ と $U \setminus \{i\}$ 内で連続変形可能だから, 定理 4.2.41 より,

$$\int_{C_R} f(z)\, dz + \int_{-R}^{R} \frac{e^{i\alpha x}}{1+x^2}\, dx$$
$$= 2\pi i \operatorname{Res}(f(z), i) = \pi e^{-\alpha}. \qquad (4.2.18)$$

ここで,

$$\left|\int_{C_R} f(z)\, dz\right| = \left|\int_0^\pi \frac{e^{i\alpha Re^{i\theta}}}{1+R^2 e^{2i\theta}} iRe^{i\theta}\, d\theta\right|$$
$$\leq R \int_0^\pi \frac{e^{-\alpha R \sin \theta}}{|1+R^2 e^{2i\theta}|}\, d\theta$$
$$\leq R \int_0^\pi \frac{1}{R^2-1}\, d\theta = \frac{\pi R}{R^2-1} \to 0 \quad (R \to \infty)$$

だから, (4.2.18) で $R \to \infty$ とすると,

$$\int_{-\infty}^{\infty} \frac{\cos \alpha x}{1+x^2}\, dx = \pi e^{-\alpha}$$

を得る. □

例題 4.2.20. $0 < \alpha < 1$ とするとき, 広義積分

$$\int_0^\infty \frac{x^{\alpha-1}}{x+1}\, dx$$

を求めよ.

解答 $\theta_1 = \dfrac{\pi}{4}$, $\theta_2 = \dfrac{5\pi}{4}$,

$$U_1 = \left\{(r, \theta) : r > 0,\ -\frac{\pi}{2} < \theta < \pi\right\},$$
$$U_2 = \left\{(r, \theta) : r > 0,\ \frac{\pi}{4} < \theta < \frac{9\pi}{4}\right\}$$

とし, $j = 1, 2$ に対して,

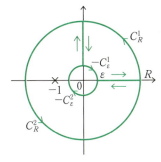

図 4.2.5 例題 4.2.20 の積分路

$$D_j = \{re^{i\theta} : (r, \theta) \in U_j\},$$
$$f_j(re^{i\theta}) = r^\alpha e^{i\alpha\theta}, \quad (r, \theta) \in U_j$$

と定める. このとき, $\operatorname{Log}_{\theta_j} z$ は D_j で正則であり,

$$f_j(z) = e^{\alpha \operatorname{Log}_{\theta_j} z} \quad (z \in D_j)$$

(例題 4.2.13 参照) だから, $f_j(z)$ は星形領域 D_j で正則である. $r > 0$ に対して,

$$C_r^1(\theta) = re^{i\theta} \quad \left(0 \leq \theta \leq \frac{\pi}{2}\right),$$
$$C_r^2(\theta) = re^{i\theta} \quad \left(\frac{\pi}{2} \leq \theta \leq 2\pi\right)$$

と定める. このとき,

$$C_R^1 \vee [iR, i\varepsilon] \vee (-C_\varepsilon^1) \vee [\varepsilon, R]$$

は D_1 内の閉路 (図 4.2.5 参照) であり, $\dfrac{f_1(z)}{z(z+1)}$ は D_1 で正則だから, 星形領域におけるコーシーの定理 (定理 4.2.36) より,

$$\int_{C_R^1} \frac{f_1(z)}{z(z+1)}\, dz - \int_{[i\varepsilon, iR]} \frac{f_1(z)}{z(z+1)}\, dz \qquad (4.2.19)$$
$$- \int_{C_\varepsilon^1} \frac{f_1(z)}{z(z+1)}\, dz + \int_\varepsilon^R \frac{f_1(x)}{x(x+1)}\, dx = 0.$$

また, $\dfrac{f_2(z)}{z(z+1)}$ は $D_2 \setminus \{-1\}$ で正則であり, 十分小さい $\delta > 0$ に対して, 閉路

$$C_R^2 \vee [R, \varepsilon] \vee (-C_\varepsilon^2) \vee [i\varepsilon, iR]$$

は $C(-1, \delta)$ と $D_2 \setminus \{-1\}$ 内で連続変形可能 (図 4.2.5 参照) だから, 定理 4.2.41 と命題 4.2.42 より,

$$\int_{C_R^2} \frac{f_2(z)}{z(z+1)}\, dz - \int_\varepsilon^R \frac{f_2(x)}{x(x+1)}\, dx$$
$$- \int_{C_\varepsilon^2} \frac{f_2(z)}{z(z+1)}\, dz + \int_{[i\varepsilon, iR]} \frac{f_2(z)}{z(z+1)}\, dz$$
$$= 2\pi i \operatorname{Res}\left(\frac{f_2(z)}{z(z+1)}, -1\right)$$
$$= -2\pi i f_2(-1) = -2\pi i e^{i\alpha\pi}. \qquad (4.2.20)$$

ここで, $z \in [i\varepsilon, iR]$ に対して, $f_1(z) = f_2(z)$ だ

から，

$$\int_{[i\varepsilon, iR]} \frac{f_1(z)}{z(z+1)}\, dz = \int_{[i\varepsilon, iR]} \frac{f_2(z)}{z(z+1)}\, dz.$$

また，

$$\int_\varepsilon^R \frac{f_1(x)}{x(x+1)}\, dx = \int_\varepsilon^R \frac{x^\alpha}{x(x+1)}\, dx$$
$$= \int_\varepsilon^R \frac{x^{\alpha-1}}{x+1}\, dx,$$

$$\int_\varepsilon^R \frac{f_2(x)}{x(x+1)}\, dx = \int_\varepsilon^R \frac{x^\alpha e^{i2\pi\alpha}}{x(x+1)}\, dx$$
$$= e^{i2\pi\alpha}\int_\varepsilon^R \frac{x^{\alpha-1}}{x+1}\, dx$$

だから，(4.2.19)，(4.2.20) より，

$$\int_{C_R^1} \frac{f_1(z)}{z(z+1)}\, dz + \int_{C_R^2} \frac{f_2(z)}{z(z+1)}\, dz$$
$$= \int_{C_\varepsilon^1} \frac{f_1(z)}{z(z+1)}\, dz + \int_{C_\varepsilon^2} \frac{f_2(z)}{z(z+1)}\, dz$$
$$+ (e^{i2\pi\alpha}-1)\int_\varepsilon^R \frac{x^{\alpha-1}}{x+1}\, dx - 2\pi i\, e^{i\alpha\pi}. \quad (4.2.21)$$

ここで，$r>0$ に対して，

$$\int_{C_r^1} \frac{f_1(z)}{z(z+1)}\, dz + \int_{C_r^2} \frac{f_2(z)}{z(z+1)}\, dz$$
$$= \int_0^{2\pi} \frac{r^\alpha e^{i\alpha\theta}}{re^{i\theta}(re^{i\theta}+1)}\, ire^{i\theta}\, d\theta$$
$$= i\int_0^{2\pi} \frac{r^\alpha e^{i\alpha\theta}}{re^{i\theta}+1}\, d\theta$$

であり，$0 < \alpha < 1$ だから，

$$\left| i\int_0^{2\pi} \frac{R^\alpha e^{i\alpha\theta}}{Re^{i\theta}+1}\, d\theta \right| \leq \int_0^{2\pi} \frac{R^\alpha}{|Re^{i\theta}+1|}\, d\theta$$
$$\leq \frac{2\pi R^\alpha}{R-1} \to 0 \quad (R\to\infty),$$

$$\left| i\int_0^{2\pi} \frac{\varepsilon^\alpha e^{i\alpha\theta}}{\varepsilon e^{i\theta}+1}\, d\theta \right| \leq \int_0^{2\pi} \frac{\varepsilon^\alpha}{|\varepsilon e^{i\theta}+1|}\, d\theta$$
$$\leq \frac{2\pi\varepsilon^\alpha}{1-\varepsilon} \to 0 \quad (\varepsilon\to 0).$$

よって，(4.2.21) で，$R\to\infty$，$\varepsilon\to 0$ とすると，

$$\int_0^\infty \frac{x^{\alpha-1}}{x+1}\, dx = \frac{2\pi i\, e^{i\alpha\pi}}{e^{i2\pi\alpha}-1}$$
$$= \frac{2\pi i}{e^{i\alpha\pi}-e^{-i\alpha\pi}} = \frac{\pi}{\sin\alpha\pi}$$

を得る． □

4.2.10 正則関数の性質

この項では，次のコーシーの積分公式 (Cauchy's integral formula) を用いて，正則関数の基本的性質を導く．

定理 4.2.43 (コーシーの積分公式). $f(z)$ は $D(a,\rho)$ で正則とする．このとき，$|z_0-a|<r<\rho$ を満たす $r>0$ と $z_0\in\mathbb{C}$ に対して，次が成り立つ．

$$f(z_0) = \frac{1}{2\pi i}\int_{C(a,r)} \frac{f(z)}{z-z_0}\, dz.$$

証明 $\dfrac{f(z)}{z-z_0}$ は $D(a,\rho)\setminus\{z_0\}$ で正則である．また，$r_0 = r - |z_0-a|$ とおくと，$C(a,r)$ は $C(z_0,r_0)$ と $D(a,\rho)\setminus\{z_0\}$ 内で連続変形可能だから，留数定理 (定理 4.2.41) と命題 4.2.42 より，

$$\int_{C(a,r)} \frac{f(z)}{z-z_0}\, dz = 2\pi i\, \mathrm{Res}\left(\frac{f(z)}{z-z_0}, z_0\right)$$
$$= 2\pi i\, f(z_0)$$

となり，望みの等式を得る． □

次に，$f(z)$ が点 a の近傍 $D(a,\rho)$ で正則であるとき，a のまわりでテイラー展開 (Taylor expansion) できることを示そう．

定理 4.2.44. $f(z)$ は $D(a,\rho)$ で正則とし，

$$c_n = \mathrm{Res}\left(\frac{f(z)}{(z-a)^{n+1}}, a\right) \quad (n\in\mathbb{Z}_+) \quad (4.2.22)$$

と定める．このとき，$z\in D(a,\rho)$ に対して，

$$f(z) = \sum_{n=0}^\infty c_n(z-a)^n \quad (4.2.23)$$

とテイラー展開できる．

証明 $z_0\in D(a,\rho)$ を任意にとり，$z=z_0$ に対して，(4.2.23) が成り立つことを示せばよい．

$|z_0-a|<r<\rho$ を満たす r をとると，コーシーの積分公式より，

$$f(z_0) = \frac{1}{2\pi i}\int_{C(a,r)} \frac{f(z)}{z-z_0}\, dz.$$

ここで，$z\in C(a,r)$ のとき，$|z_0-a|<r=|z-a|$ だから，

$$\frac{1}{z-z_0} = \frac{1}{(z-a)-(z_0-a)}$$
$$= \frac{1}{z-a}\cdot\frac{1}{1-\dfrac{z_0-a}{z-a}}$$
$$= \frac{1}{z-a}\sum_{n=0}^\infty \left(\frac{z_0-a}{z-a}\right)^n = \sum_{n=0}^\infty \frac{(z_0-a)^n}{(z-a)^{n+1}}$$

であり，最後の級数は z に関して $C(a,r)$ 上で一様収束する．よって，c_n を (4.2.22) で定めると，

$$f(z_0) = \frac{1}{2\pi i}\int_{C(a,r)} \sum_{n=0}^\infty \frac{f(z)(z_0-a)^n}{(z-a)^{n+1}}\, dz$$
$$= \sum_{n=0}^\infty \left(\frac{1}{2\pi i}\int_{C(a,r)} \frac{f(z)}{(z-a)^{n+1}}\, dz\right)(z_0-a)^n$$
$$= \sum_{n=0}^\infty c_n(z_0-a)^n$$

が成り立つ. □

定理 4.2.45. $f(z)$ は領域 U で正則とする. このとき, $f(z)$ は U で何回でも微分可能である.

また, $a \in U$, $n \in \mathbb{Z}_+$ に対して,

$$\operatorname{Res}\left(\frac{f(z)}{(z-a)^{n+1}}, a\right) = \frac{1}{n!} f^{(n)}(a). \quad (4.2.24)$$

証明 $a \in U$ を任意にとり, $D(a, \rho) \subset U$ とする. このとき, 定理 4.2.44 より, $f(z)$ は $D(a, \rho)$ において,

$$f(z) = \sum_{n=0}^{\infty} c_n (z-a)^n,$$

$$c_n = \operatorname{Res}\left(\frac{f(z)}{(z-a)^{n+1}}, a\right)$$

と展開できる. 定理 4.2.23 より, べき級数で表される関数は収束円板内で何回でも項別微分可能だから, $f(z)$ は $D(a, \rho)$ で何回でも微分可能である. ここで, $a \in U$ は任意だから, $f(z)$ は U で何回でも微分可能である. さらに, $n \in \mathbb{Z}_+$ に対して, $c_n = \frac{1}{n!} f^{(n)}(a)$ だから, (4.2.24) が成り立つ. □

定理 4.2.46 (リューヴィル (Liouville) の定理). $\mathbb{C}$ で正則かつ有界な関数は定数関数に限る.

証明 $f(z)$ は $\mathbb{C}$ で正則かつ有界とする. 定理 4.2.44 より, 任意の $z \in \mathbb{C}$, $r > 0$ に対して,

$$f(z) = \sum_{n=0}^{\infty} c_n z^n, \quad c_n = \frac{1}{2\pi i} \int_{C(0,r)} \frac{f(\zeta)}{\zeta^{n+1}} d\zeta$$

が成り立つ. ここで, c_n は r に依らないことに注意する. $M = \sup\{|f(\zeta)| : \zeta \in \mathbb{C}\}$ とおくと, $n \in \mathbb{N}$ に対して,

$$\begin{aligned}
|c_n| &= \left| \frac{1}{2\pi i} \int_0^{2\pi} \frac{f(re^{i\theta})}{r^{n+1} e^{i(n+1)\theta}} i r e^{i\theta} d\theta \right| \\
&\leq \frac{1}{2\pi} \int_0^{2\pi} \frac{|f(re^{i\theta})|}{r^n} d\theta \\
&\leq \frac{1}{2\pi} \int_0^{2\pi} \frac{M}{r^n} d\theta = \frac{M}{r^n} \to 0 \quad (r \to \infty).
\end{aligned}$$

すなわち, $c_n = 0$ $(n \in \mathbb{N})$ だから, $f(z) = c_0$ $(z \in \mathbb{C})$ である. □

リューヴィルの定理を用いると, 代数学の基本定理 (fundamental theorem of algebra) を簡単に示すことができる.

例題 4.2.21. $n \in \mathbb{N}$ とし, $P(z)$ は n 次多項式とする. このとき, $P(z_0) = 0$ を満たす $z_0 \in \mathbb{C}$ が存在することを示せ.

解答 すべての $z \in \mathbb{C}$ に対して, $P(z) \neq 0$ と仮定する. このとき, $f(z) = \frac{1}{P(z)}$ と定めると, $f(z)$ は $\mathbb{C}$ で正則である. また, $\lim_{|z| \to \infty} f(z) = 0$ だから, $f(z)$ は $\mathbb{C}$ で有界である.

よって, リューヴィルの定理より, $f(z)$ は定数関数であり, $P(z)$ も定数関数となるが, これは $P(z)$ が n 次多項式 $(n \geq 1)$ であることに矛盾する.

ゆえに, $P(z_0) = 0$ を満たす $z_0 \in \mathbb{C}$ が存在する. □

4.2.11 孤立特異点

正定数 ρ が存在し, $f(z)$ が $D'(a, \rho)$ で正則であるとき, 点 a は $f(z)$ の孤立特異点 (isolated singularity) であるという. $f(z)$ が a の近傍 $D(a, \rho)$ で正則であるとき, テイラー展開できることを定理 4.2.44 で示した. この項では, 孤立特異点のまわりではローラン展開 (Laurent expansion) できることを示す.

定理 4.2.47 (ローランの定理). $f(z)$ は $D'(a, \rho)$ で正則とし,

$$c_n = \operatorname{Res}\left(\frac{f(z)}{(z-a)^{n+1}}, a\right) \quad (n \in \mathbb{Z}) \quad (4.2.25)$$

と定める. このとき, $z \in D'(a, \rho)$ に対して,

$$f(z) = \sum_{n=-\infty}^{\infty} c_n (z-a)^n \quad (4.2.26)$$

とローラン展開できる.

証明 $z_0 \in D'(a, \rho)$ を任意にとり, $z = z_0$ に対して, (4.2.26) を示せばよい.

$0 < r_1 < |z_0 - a| < r_2 < \rho$ を満たす r_1, r_2 をとる. このとき, $\frac{f(z)}{z - z_0}$ は $D(a, \rho) \setminus \{a, z_0\}$ で正則だから, 留数定理 (定理 4.2.41) と命題 4.2.42 より,

$$\begin{aligned}
&\frac{1}{2\pi i} \int_{C(a, r_2)} \frac{f(z)}{z - z_0} dz \quad (4.2.27) \\
&= \operatorname{Res}\left(\frac{f(z)}{z - z_0}, a\right) + \operatorname{Res}\left(\frac{f(z)}{z - z_0}, z_0\right) \\
&= \frac{1}{2\pi i} \int_{C(a, r_1)} \frac{f(z)}{z - z_0} dz + f(z_0).
\end{aligned}$$

ここで, (4.2.27) の左辺の積分に関しては, 定理 4.2.44 の証明と同様にして,

$$\frac{1}{2\pi i} \int_{C(a, r_2)} \frac{f(z)}{z - z_0} dz = \sum_{n=0}^{\infty} c_n (z_0 - a)^n$$

となる. 一方, (4.2.27) の右辺の積分に関しては, $z \in C(a, r_1)$ に対して, $|z - a| = r_1 < |z_0 - a|$ だから,

$$-\frac{1}{z - z_0} = \frac{1}{z_0 - a} \cdot \frac{1}{1 - \frac{z - a}{z_0 - a}} = \sum_{k=1}^{\infty} \frac{(z-a)^{k-1}}{(z_0 - a)^k}$$

であり, 右辺の級数は z に関して $C(a, r_1)$ 上で一様収束する. よって, (4.2.25) より,

$$-\int_{C(a,r_1)} \frac{f(z)}{z-z_0}\,dz$$
$$= \int_{C(a,r_1)} \sum_{k=1}^{\infty} \frac{(z-a)^{k-1} f(z)}{(z_0-a)^k}\,dz$$
$$= \sum_{k=1}^{\infty} \frac{1}{(z_0-a)^k} \int_{C(a,r_1)} (z-a)^{k-1} f(z)\,dz$$
$$= 2\pi i \sum_{k=1}^{\infty} \frac{c_{-k}}{(z_0-a)^k} = 2\pi i \sum_{n=-\infty}^{-1} c_n (z_0-a)^n$$

となり，$f(z_0)$

$$= \frac{1}{2\pi i} \int_{C(a,r_2)} \frac{f(z)}{z-z_0}\,dz - \frac{1}{2\pi i} \int_{C(a,r_1)} \frac{f(z)}{z-z_0}\,dz$$
$$= \sum_{n=-\infty}^{\infty} c_n (z_0-a)^n$$

が成り立つ． □

定義 4.2.48（孤立特異点の分類）． (4.2.26) を関数 $f(z)$ の孤立特異点 $z=a$ におけるローラン展開とし，$S = \{n \in \mathbb{N} : c_{-n} \neq 0\}$ とおく．

(1) S が空集合であるとき，a は $f(z)$ の**除去可能特異点 (removable singularity)** であるという．

(2) S が空でない有限集合であるとき，a は $f(z)$ の**極 (pole)** であるという．また，$m = \max S$ のとき，a は $f(z)$ の m 位の極であるという．

(3) S が無限集合であるとき，a は $f(z)$ の**真性特異点 (essential singularity)** であるという．

例 4.2.11. $z \in \mathbb{C} \setminus \{0\}$ に対して，
$$\frac{\sin z}{z} = \sum_{k=0}^{\infty} \frac{(-1)^k z^{2k}}{(2k+1)!} = 1 - \frac{z^2}{3!} + \frac{z^4}{5!} - \cdots$$
だから，$z=0$ は $\frac{\sin z}{z}$ の除去可能特異点である．

例 4.2.12. $z \in \mathbb{C} \setminus \{0\}$ に対して，
$$e^{1/z} = 1 + \sum_{n=1}^{\infty} \frac{1}{n! z^n}$$
だから，$z=0$ は $e^{1/z}$ の真性特異点である．

例題 4.2.22. 関数 $f(z) = \dfrac{e^{iz}}{(z^2+1)^2}$ の特異点について調べよ．

解答 $z^2+1 = (z+i)(z-i)$ だから，$f(z)$ は $\mathbb{C} \setminus \{i, -i\}$ で正則である．すなわち，$z=i, -i$ は $f(z)$ の孤立特異点である．

また，$g(z) = \dfrac{e^{iz}}{(z+i)^2}$ とおくと，$g(z)$ は $D(i,2)$ で正則だから，定理 4.2.44 より，
$$g(z) = \sum_{n=0}^{\infty} c_n (z-i)^n, \quad z \in D(i,2)$$
とテイラー展開できる．

これから，$z \in D'(i,2)$ に対して，

$$f(z) = \frac{g(z)}{(z-i)^2}$$
$$= \frac{c_0}{(z-i)^2} + \frac{c_1}{z-i} + \sum_{k=0}^{\infty} c_{2+k}(z-i)^k$$

であり，$c_0 = g(i) = -\dfrac{e^{-1}}{4} \neq 0$ だから，$z=i$ は $f(z)$ の 2 位の極である．

同様に，$z=-i$ も $f(z)$ の 2 位の極である． □

問 4.2.8. $z=i$ における $\dfrac{e^{iz}}{(z^2+1)^2}$ の留数を求めよ．

4.3　位　相

本章 4.1.1 で，$\mathbb{R}^N$ の開集合，閉集合，収束などを議論したが，このような概念は $\mathbb{R}^N$ でなくても，距離が入った集合（距離空間）であれば定義できる．また，距離が入っていなくても，開集合をすべて指定することにより，閉集合，収束，コンパクトなどの位相的な議論を行うことができる．本節では，前半で距離空間の説明を行い，後半で一般位相の説明を行う．

4.3.1　距　離　空　間

X を集合とする．

$X \times X$ から $[0, +\infty)$ への写像 $d(x,y)$ で次の (1)～(3) を満たすものを X 上の**距離 (distance)** という．

(1) すべての $x, y \in X$ に対し，$d(x,y) \geq 0$ かつ
$$d(x,y) = 0 \Leftrightarrow x = y$$
が成り立つ（正値性）．

(2) すべての $x, y \in X$ に対し
$$d(x,y) = d(y,x)$$
が成り立つ（対称性）．

(3) すべての $x, y, z \in X$ に対し
$$d(x,z) \leq d(x,y) + d(y,z)$$
が成り立つ（三角不等式）．

距離が入った集合を**距離空間 (metric space)** という．

より正確には，X に距離 d が導入されているとき，集合 X と距離 d の組 (X,d) を距離空間という．明示しなくても，X に導入されている距離が明らかな場合には，X を距離空間とよぶほうが簡明である．

$\mathbb{R}^N$ を一般化したものが距離空間であるから当然であるが，$\mathbb{R}^N$ は $|x-y|$ を距離として距離空間である．

次は $\mathbb{R}^N$ でない距離空間の例である.

例 4.3.1. 閉区間 $[a, b]$ 上の連続関数の全体を $C[a, b]$ と表す. $f \in C[a, b]$ に対し,

$$\|f\|_\infty = \max_{a \leq x \leq b} |f(x)|$$

とおくと, $C[a, b]$ は $d(f, g) = \|f - g\|_\infty$ を距離として距離空間となる. $C[a, b]$ は, $f, g \in C[a, b]$ と $\alpha, \beta \in \mathbb{C}$ に対し $\alpha f + \beta g$ を

$$(\alpha f + \beta g)(x) = \alpha f(x) + \beta g(x)$$

と定義すると線形空間でもあるが, 線形空間としての次元は, ∞ である. このことは, $\sin(n\pi x/(b - a))$ $(n = 1, 2, 3, \ldots)$ が 1 次独立であることからわかる.

距離空間での開集合, 閉集合などの位相的概念は, $\mathbb{R}^N$ の場合とまったく同じように定義できる. $|x - y|$ のところを $d(x, y)$ に変えるだけでよい.

X, Y を距離空間とし, X における距離を $d_X(\cdot, \cdot)$ とする. X から Y への関数の連続性は, $\mathbb{R}$ 上の関数の連続と同様に定義できる. $f : X \to Y$ が $x = a \in X$ で連続であるとは, 任意の $\varepsilon > 0$ に対し, ある $\delta > 0$ があって, $d_X(x, a) < \delta$ を満たすすべての $x \in X$ に対し

$$d_Y(f(x), f(a)) < \varepsilon$$

が成り立つことである.

$a \in X$ の δ 近傍 $B(a, \delta)$ を

$$B(a, \delta) = \{x \in X | d_X(a, x) < \delta\}$$

と定義する. これを用いると, f が $x = a$ で連続であることの定義は, 次のようになる.

「任意の $\varepsilon > 0$ に対し, ある $\delta > 0$ があって,

$$B(a, \delta) \subset f^{-1}(B(f(a), \varepsilon)) \qquad (4.3.1)$$

である.」

なぜならば, (4.3.1) は, 「$x \in B(a, \delta)$ ならば $f(x) \in B(f(a), \delta)$ である」が, これは, f が $x = a$ で連続であることの定義とまったく同じだからである.

このことから, $f : X \to Y$ が各点で連続ならば, 任意の Y 内の開集合 A に対し, $f^{-1}(A)$ が X 内の開集合であることがわかる. 実際, $x \in f^{-1}(A)$ とすると, $f(x) \in A$ である. f は x で連続だから, 任意の $\varepsilon > 0$ に対し, ある $\delta > 0$ があって

$$B(x, \delta) \subset f^{-1}(B(f(x), \varepsilon))$$

が成り立つ. すなわち, x は $f^{-1}(B(f(x), \varepsilon))$ の内点であるから, $f^{-1}(B(f(x), \varepsilon))$ は X 内の開集合である.

問 4.3.1. これを示せ.

逆に, 任意の Y 内の開集合 A に対し, $f^{-1}(A)$ が X 内の開集合であれば, 今の議論を逆にたどることにより, $f : X \to Y$ は X の各点で連続となる.

4.3.2 位相空間

$\mathbb{R}^N$ の開集合全体を $\mathcal{O}_N$ とする. $\mathcal{O}_N$ には, 次の性質がある.

(1) $\mathbb{R}^N, \emptyset \in \mathcal{O}_N$

(2) 任意の $O_1, O_2 \in \mathcal{O}_N$ に対し

$$O_1 \cap O_2 \in \mathcal{O}_N$$

である.

(3) 任意の $\lambda \in \Lambda$ に対し $O_\lambda \in \mathcal{O}_N$ ならば,

$$\bigcup_{\lambda \in \Lambda} O_\lambda \in \mathcal{O}_N$$

である.

問 4.3.2. これを示せ.

距離から開集合を与えるのではなく, 先に開集合全体を与えるのが, 位相空間の考え方である. 集合 X の部分集合の族 $\mathcal{O}$ で上の性質をもつものがあるとする. $\mathcal{O}$ の元を開集合とすると, 矛盾なく, 閉集合, 収束, コンパクトなどの位相的な概念を定義することができる. (1) から (3) を満たす $\mathcal{O}$ を $\mathbb{R}^N$ の位相 (topology) とよぶ.

以上のように考えて, 一般の集合 X に位相を導入する.

集合 X の部分集合の族 $\mathcal{O}$ が次の (1)~(3) を満たすとき, $\mathcal{O}$ を X の位相という.

(1) $X, \emptyset \in \mathcal{O}$

(2) 任意の $O_1, O_2 \in \mathcal{O}$ に対し

$$O_1 \cap O_2 \in \mathcal{O}$$

である.

(3) 任意の $\lambda \in \Lambda$ に対し $O_\lambda \in \mathcal{O}$ ならば,

$$\bigcup_{\lambda \in \Lambda} O_\lambda \in \mathcal{O}$$

である.

X に位相 $\mathcal{O}$ が導入されているとき, X と $\mathcal{O}$ の組 $(X, \mathcal{O})$ を位相空間 (topological space) という. $\mathcal{O}$ を省略して, X を位相空間ということもある.

位相 $\mathcal{O}$ は, $\mathbb{R}^N$ の開集合の性質を一般の集合 X に

導入したものであるから，$\mathcal{O}$ の元が X の開集合のすべてである．このことから，閉集合を導入しよう．

$F \subset X$ が閉集合であるとは，$F^c = X \backslash F \in \mathcal{O}$ のときをいう．ただし，$X \backslash F = \{x \in X | x \notin F\}$ である．

X, X' を位相空間とし，その位相をそれぞれ $\mathcal{O}, \mathcal{O}'$ とし，$f : X \to X'$ を考える．任意の $O \in \mathcal{O}'$ に対し，$f^{-1}(O) \in \mathcal{O}$ となるとき，f は連続であるという．これは，距離空間のときの連続の性質「f が連続であるとは，任意の開集合 $A \subset Y$ に対し，$f^{-1}(A)$ が X の開集合であること」の一般化である．

空でない集合 X に対し，位相は一般に複数ある．$\mathcal{O}_1, \mathcal{O}_2$ が，どちらも X の位相であるとき

$$\mathcal{O}_1 \subset \mathcal{O}_2$$

ならば，$\mathcal{O}_1$ は $\mathcal{O}_2$ より弱い位相といい，$\mathcal{O}_2$ は $\mathcal{O}_1$ より強い位相という．

空でない集合 X の部分集合の族 $\mathcal{M}$ に対して，$\mathcal{M}$ を含む X の位相の内で最小のものを $\mathcal{O}(\mathcal{M})$ とする．これはいつでも存在して

$$\mathcal{O}(\mathcal{M}) = \bigcap \{\mathcal{O}' | \mathcal{M} \subset \mathcal{O}' \text{ となる位相}\}$$

である．

問 4.3.3. 上式の右辺が位相となっていることを示せ．

$\mathcal{O}(\mathcal{M})$ を $\mathcal{M}$ から生成される位相という．集合 X の位相 $\mathcal{O}$ が，$\mathcal{O} = \mathcal{O}(\mathcal{M})$，かつ，任意の $O \in \mathcal{O}$ に対して，

$$O = \bigcup \{A \in \mathcal{M} | A \subset O\}$$

となるとき，$\mathcal{M}$ を $\mathcal{O}$ の基底という．

X_1, X_2 を位相空間とし，$\mathcal{O}_1, \mathcal{O}_2$ をその位相とする．直積 $X_1 \times X_2$ の位相を定義しよう．

$X_1 \times X_2$ から X_j $(j = 1, 2)$ への標準的な射影 $(x_1, x_2) \mapsto x_j$ を $P_j (j = 1, 2)$ とおく．$P_j : X_1 \times X_2 \to X_j$ が $j = 1, 2$ ともに連続となる最弱の位相を $X_1 \times X_2$ の積位相とよび，$\mathcal{O}_1 \times \mathcal{O}_2$ と書く．

$\mathcal{O}_1 \times \mathcal{O}_2$ は，

$$\{P_1^{-1}(O_1) \cap P_2^{-1}(O_2) | O_j \in \mathcal{O}_j \ (j = 1, 2)\}$$

が生成する位相，すなわち，

$$\{O_1 \times O_2 | O_j \in \mathcal{O}_j \ (j = 1, 2)\}$$

が生成する位相である．

問 4.3.4. このことを示せ．

X を位相空間とし，$\mathcal{O}$ をその位相とする．$A \subset X$ に対し，

$$\mathcal{O} \cap A = \{O \cap A | O \in \mathcal{O}\}$$

は，位相である．X の部分集合 A に対し，位相 $\mathcal{O} \cap A$ を導入したものを X の部分位相空間あるいは部分空間という．

問 4.3.5. $\mathcal{O} \cap A$ が位相であることを示せ．

4.3.3 連結，コンパクト

X を位相空間とし，$\mathcal{O}$ をその位相とする．

> 開集合 O_1, O_2 があって，
> (1) $O_1, O_2 \neq \emptyset$.
> (2) $O_1 \cap O_2 = \emptyset$ かつ $O_1 \cup O_2 = X$.
> を満たすとき，X は連結でないという．そうでないとき，X は連結であるという．

命題 4.3.1. X, X' を位相空間とし，$\mathcal{O}, \mathcal{O}'$ をその位相とする．X が連結かつ，$f : X \to X'$ が連続のとき，$f(X)$ は，X' 内の連結部分集合である．

証明 対偶「$f(X)$ が X' 内の連結部分集合でないとすると，X は連結でない」ことを示す．

$f(X)$ は連結でないとする．すなわち，$f(X) \subset O_1 \cup O_2$ かつ $O_1 \cap O_2 = \emptyset$ を満たす空でない X' 内の開集合 $O_1, O_2 \in \mathcal{O}'$ があるとする．$A_1 = f^{-1}(O_1)$，$A_2 = f^{-1}(O_2)$ とおくと，A_1, A_2 は $A_1 \cup A_2 = X$，$A_1 \cap A_2 = \emptyset$ を満たす X 内の開集合である．したがって，X は連結ではない． $\square$

> **命題 4.3.2.** X_1, X_2 を位相空間とし，$\mathcal{O}_1, \mathcal{O}_2$ をその位相とする．このとき，$X_1 \times X_2$ が連結であることの必要十分条件は，X_1, X_2 がともに連結であることである．

証明 $X_1 \times X_2$ が連結であるとすると，$X_1 = P_1(X_1 \times X_2)$，$X_2 = P_2(X_1 \times X_2)$ は前命題より，連結である．

X_1, X_2 がともに連結であるならば，$X_1 \times X_2$ が連結であることを示そう．対偶「$X_1 \times X_2$ が連結でなければ，X_1 と X_2 のうちどちらかは連結でない．」を示す．

$O \cup O' = X_1 \times X_2$ かつ $O \cap O' = \emptyset$ を満たす空でない開集合 $O, O' \subset X_1 \times X_2$ があると仮定する．$x \in X_1$ に対し，

$$O_x = \{y \in X_2 | (x, y) \in O\},$$
$$O'_x = \{y \in X_2 | (x, y) \in O'\}$$

とおくと，$O_x \cup O'_x = X_2$ かつ $O_x \cap O'_x = \emptyset$ を満たす．ある $x \in X_1$ があって $O_x, O'_x \neq \emptyset$ であれば，X_2 は連

結でない. すべての $x \in X_1$ に対し, $O_x = X_2$ または $O'_x = X_2$ ならば,

$$A = \{x \in X_1 | O_x = X_2\},$$
$$A' = \{x \in X_1 | O'_x = X_2\}$$

とおく. A が空であれば $O' = X_1 \times X_2$ となるから, A, A' は空でない. このとき, $O = A \times X_2$, $O' = A' \times X_2$ だから, A, A' は開集合で, $A \cup A' = X_1$, $A \cap A' = \emptyset$ を満たすので, X_1 は連結でない. □

X を位相空間とし, その位相を $\mathcal{O}$ とする. 開集合の族 $\{O_\lambda\}_{\lambda \in \Lambda}$ が

$$\bigcup_{\lambda \in \Lambda} O_\lambda \supset X$$

を満たすとき, $\{O_\lambda\}_{\lambda \in \Lambda}$ を X の開被覆という.

X の任意の開被覆 $\{O_\lambda\}_{\lambda \in \Lambda}$ に対し, 有限部分被覆があるとき, すなわち, 有限個の $\lambda_1, \ldots, \lambda_N \in \Lambda$ があって,

$$\bigcup_{j=1}^{N} O_{\lambda_j} \supset X$$

を満たすとき, X はコンパクトであるという.

命題 4.3.3. X, Y を位相空間とし, $f : X \to Y$ を連続かつ全射とする. このとき, X がコンパクトならば, Y はコンパクトである.

証明 $\{O_\lambda\}_{\lambda \in \Lambda}$ を Y の開被覆とする. f は連続だから, 各 $\lambda \in \Lambda$ に対し $f^{-1}(O_\lambda)$ は開集合であり,

$$\bigcup_{\lambda \in \Lambda} f^{-1}(O_\lambda) \supset X$$

だから, $\{f^{-1}(O_\lambda)\}_{\lambda \in \Lambda}$ は X の開被覆である. X はコンパクトだから, 有限個の $\lambda_1, \ldots, \lambda_N$ があって,

$$\bigcup_{j=1}^{N} f^{-1}(O_{\lambda_j}) = X$$

となる. したがって,

$$Y = f(X) = f\left(\bigcup_{j=1}^{N} f^{-1}(O_{\lambda_j})\right)$$
$$= \bigcup_{j=1}^{N} f\left(f^{-1}(O_{\lambda_j})\right)$$
$$= \bigcup_{j=1}^{N} O_{\lambda_j}$$

となるので, Y はコンパクトである. □

命題 4.3.4. X, Y を位相空間とする. $X \times Y$ がコンパクトであることの必要十分条件は X と Y がともにコンパクトであることである.

証明 $X \times Y$ がコンパクトだとする. 射影 $P : X \times Y \to X$ は連続な全射であるから, 前命題より, X はコンパクトである. 同様に, Y もコンパクトとなる.

X, Y がともにコンパクトであるとする. $\{O_\lambda\}_{\lambda \in \Lambda}$ を $X \times Y$ の開被覆とする.

$$\mathcal{O} = \{A \times A' | A \text{ は } X \text{ の閉集合}, \ A' \text{ は } Y \text{ の開集合で},$$
$$\text{ある } \lambda \text{ があって } A \times A' \subset O_\lambda\}$$

とおく. $x \in X$ を固定し,

$$\mathcal{M} = \{A \times A' | (x, y) \in A \times A' \text{ となる } y \text{ と}$$
$$A \times A' \in \mathcal{O} \text{ がある}\}$$

とすると, $P(\mathcal{M})$ は Y の開被覆である. Y はコンパクトだから, $A_1 \times A'_1, \ldots, A_N \times A'_N \in \mathcal{M}$ があって, $\bigcup_{j=1}^{N} A'_j = Y$ となる.

$$B_x = \bigcap_{j=1}^{N} A_j$$

とおくと,

$$\{B_x | x \in X\}$$

は X の開被覆である. したがって, 有限個の $x_1, \ldots, x_M$ を選んで

$$\bigcup_{k=1}^{M} B_{x_k} = X$$

とできる. 各 x_k に対する $A_j \times A'_j$ を $O_{j,k}$ とおくと

$$X_1 \times X_2 = \bigcup_{k=1}^{M} \bigcup_{j=1}^{N_k} O_{j,k}$$

となる. $O_{j,k} \subset O_\lambda$ となる $\lambda \in \Lambda$ を $\lambda_{j,k}$ とすると

$$X_1 \times X_2 = \bigcup_{k=1}^{M} \bigcup_{j=1}^{N_k} O_{\lambda_{j,k}}$$

を得る. すなわち, $X_1 \times X_2$ はコンパクトである. □

4.3.4 分離公理

集合 X に対し, X 自身と空集合のみからなる集合族は位相となるが, これを密着位相という. 密着位相には, 開集合が X それ自身と空集合しかないから, X 内の要素を開集合で区別することができない. X 内の各要素を区別できるような仮定が, 分離公理であ

116　4. 解 析 学

る.

　X を位相空間とし, $\mathcal{O}$ をその位相とするとき, 2つ
の点を区別するだけであれば, 次のことが成り立って
いればよい.

定義 4.3.5（フレッシェ（**Fréchet**）の分離公理）**.** 任意
の $x, y \in X$ に対し, x を含み y を含まない開集合
$O \in \mathcal{O}$ があるとき, 位相空間 X はフレッシェの分離
公理を満たすという.

　しかし, 収束する（有向）点列の極限が一意である
ためには, 次のハウスドルフ（Hausdorff）の分離公理
を満たす必要がある.

定義 4.3.6（ハウスドルフの分離公理）**.** 任意の $x, y \in$
X に対し, x を含む開集合 $O_1 \in \mathcal{O}$ と y を含む開集合
$O_2 \in \mathcal{O}$ で $O_1 \cap O_2 = \emptyset$ となるものがあるとき, 位相空
間 X はハウスドルフの分離公理を満たすという. ハ
ウスドルフの分離公理を満たす位相空間をハウスドル
フ空間という.

　まず, 有向点列の定義を行う前に, 有向集合の定義
をする.

定義 4.3.7. 集合 Λ に対し, 以下の (1) から (3) を満た
すの 2 項関係 $\prec$ が定義されているとき, 有向集合と
いう.

(1) 任意の $\alpha \in \Lambda$ に対し, $\alpha \prec \alpha$.

(2) 任意の $\alpha, \beta, \gamma \in \Lambda$ に対し, $\alpha \prec \beta$ かつ $\beta \prec \gamma$ な
　　らば, $\alpha \prec \gamma$.

(3) 任意の $\alpha, \beta \in \Lambda$ に対し, $\alpha \prec \gamma$ かつ $\beta \prec \gamma$ を満た
　　す $\gamma \in \Lambda$ がある.

　X が位相空間で Λ が有向集合のとき, $\varphi : \Lambda \to X$
を有向点列という. X の位相を $\mathcal{O}$ とする.

定義 4.3.8. X 内の有向点列 $\varphi(\lambda)$ が $a \in X$ に収束する
とは, a を含む任意の開集合 $O \in \mathcal{O}$ に対して, ある
$\gamma \in \Lambda$ があって, すべての $\alpha \succ \gamma$ に対し, $\varphi(\alpha) \in O$
が成り立つときをいう.

　ハウスドルフ空間において有向点列が収束すれば,
収束先は一意である. この意味で, ハウスドルフ空間
は, 収束に関し "普通" である. より精密に次の定理
が成り立つ.

定理 4.3.9. 位相空間 X に対し, 次は同値である.

(1) X はハウスドルフ空間である.

(2) X 内で有向点列が収束すれば, 収束先は一
　　意である.

　証明　まず, (1)⇒(2) を示す. Λ を有向集合とし,
$\varphi(\lambda)$ を Λ 上の有向点列とする. $\varphi(\lambda)$ が $a, a' \in X$ に
収束すると仮定する. $O, O' \in \mathcal{O}$ を $a \in O$, $a' \in O'$
を満たすように任意にとる. このとき, ある $\mu, \mu' \in$

Λ があって, すべての $\lambda \succ \mu$ およびすべての $\lambda' \succ \mu'$
に対し, それぞれ

$$\varphi(\lambda) \in O \text{ および } \varphi(\lambda') \in O'$$

となる. $\nu \in \Lambda$ を $\nu \succ \mu$ かつ $\nu \succ \mu'$ となるようにとる
と, 任意の $\lambda \succ \nu$ に対して

$$\varphi(\lambda) \in O \text{ かつ } \varphi(\lambda) \in O'$$

が成り立つ. したがって, 任意の a を含む開集合 O
と任意の a' を含む開集合 O' に対し $O \cap O' \neq \emptyset$ であ
る. X はハウスドルフ空間だから, $a = a'$ でなけれ
ばならない.

　次に, (2)⇒(1) を示す. そのために, 対偶「X が
ハウスドルフ空間でなければ, 収束先が一意でない有
向点列がある」を示す.

　位相空間 X がハウスドルフ空間でないとすると,
$x, y \in X$ があって, $x \neq y$ かつ x を含む任意の開集
合 O と y を含む任意の開集合 O' に対し,

$$O \cap O' \neq \emptyset$$

となる. Λ および Λ' をそれぞれ x および y を含む開
集合全体とする. $\Lambda \times \Lambda'$ は

$$A \supset A' \text{ かつ } B \supset B'$$

のとき $A \times B \prec A' \times B'$ と定義するとき, $\Lambda \times \Lambda'$ は有向
集合となる. $\Lambda \times \Lambda'$ 上の有向点列 $\varphi(\lambda)$ を $\lambda = O \times O'$
のとき, $\varphi(\lambda) \in O \cap O'$ ととると, $\varphi(\lambda)$ は, x にも y
にも収束する. □

問 4.3.6. $\varphi(\lambda)$ が x にも y にも収束することを確認せ
よ.

4.4　常微分方程式

　自然界のさまざまな現象や工学機器の設計などにお
いて, 時間や場所に依存する状態が現れるが, それら
の多くは微分方程式によって表される. 方程式とは未
知の量が満たす関係式のことであり, 未知の量が数の
場合には代数方程式とよばれ, 未知の量が関数の場合
には関数方程式とよばれている. 微分方程式とは, 未
知関数とその導関数を含む関数方程式のことである.
本節では, 未知関数が 1 変数である常微分方程式の基
本事項を解説する.

4.4.1　微分方程式の例

　微分方程式（differential equation）とは, 未知関
数とその導関数の間の関係式のことであり, 含まれる

導関数の最高階数を微分方程式の階数という.

例 4.4.1. たとえば, $u = u(t)$ を未知関数とする 1 階の微分方程式として,

$$\frac{du}{dt}(t) = au(t)$$

が挙げられる. この方程式は, $a > 0$ のとき, 時刻 t における未知の量 $u(t)$ の増加率がその時刻の未知の量に比例することを表しており, アメーバの自己増殖モデルとして知られている. また, $a < 0$ のときには放射性元素の崩壊速度のモデルとして知られている. 解き方は後で解説するが, $t = 0$ での u の値を $u(0) = u_0 \in \mathbb{R}$ とすると, 上の方程式の解は

$$u(t) = u_0 e^{at}$$

となる. よって, $a > 0$ のときには u は指数的に増加することがわかる.

上の例のように, 未知関数とその導関数についての 1 次式で表される微分方程式を線形 (linear) といい, そうでないものを非線形 (nonlinear) という.

例 4.4.2. オランダの数学者であるフェルフルスト (Verhulst) が考案した人口増加のモデルとして, 次のロジスティック (logistic) 方程式というものがある.

$$\frac{du}{dt}(t) = a\big[1 - bu(t)\big]u(t).$$

この方程式は 1 階の非線形微分方程式である. 人口増加を考えるので, $a > 0$, $b > 0$ とし, u はすべての $t \geq 0$ に対して $0 < u(t) < \frac{1}{b}$ を満たすとする. 実は, イギリスの経済学者であるマルサス (Malthus) は人口増加が各時刻の人口に比例すると考えて, 例 4.4.1 と同じ微分方程式を考えていた. しかし, その解は時間の経過にともなって指数的に増大し無限大に発散していくことから, 実際の統計と合わなくなる. それに対して, ロジスティック方程式では, $0 < u(t) < \frac{1}{b}$ の範囲で人口が増加し, $u(t)$ が $\frac{1}{b}$ に近づくと, 方程式の右辺に現れる $\big[1 - bu(t)\big]$ が小さくなり, 増加が抑制される. 実際, $t = 0$ での u の値を $u(0) = u_0 > 0$ とすると, 上のロジスティック方程式の解は

$$u(t) = \frac{u_0}{bu_0 - (1 - bu_0)e^{-at}}$$

となることが知られていて, t が大きくなるとき $u(t)$ は $\frac{1}{b}$ という値に漸近していくことがわかる.

例 4.4.3. ばねの振動を記述する微分方程式として

$$m\frac{d^2u}{dt^2}(t) = -cu(t)$$

があり, これは 2 階の線形微分方程式である. 摩擦の

ない床に置かれた質量 m の物体に水平にばねがついていて, ばねを静止状態から引っ張るときの物体の運動を考える. 時刻 t における静止状態からの距離を $u(t)$ とすると, ニュートン (Newton) の運動方程式

$$（質量）\times（加速度）=（力）$$

から上の微分方程式が導出される. 今回の場合, 物体の速度は $\frac{du}{dt}(t)$ で, 加速度は $\frac{d^2u}{dt^2}(t)$ で与えらえれ, 物体にかかる力はばねののびた距離 $x(t)$ に比例する力が逆向きにかかることに注意する. ここで, 比例定数を $c > 0$ とした.

上の 3 つの例のように, 未知関数が 1 変数の微分方程式を常微分方程式 (ordinary differential equation, 略して ODE) という. これに対して, 未知関数が多変数で偏導関数を含む微分方程式を偏微分方程式 (partial differential equation, 略して PDE) という. 2 階の線形偏微分方程式は, 放物型方程式, 楕円型方程式, 双曲型方程式, 分散型方程式などに分類される. x, y は位置を, t は時間を表す変数として, 数理物理や工学における典型的な方程式を挙げておこう.

(1) $\dfrac{\partial u}{\partial t}(x, t) = \dfrac{\partial^2 u}{\partial x^2}(x, t)$ （放物型方程式),

(2) $\dfrac{\partial^2 u}{\partial x^2}(x, y) + \dfrac{\partial^2 u}{\partial y^2}(x, y) = 0$ （楕円型方程式),

(3) $\dfrac{\partial^2 u}{\partial t^2}(x, t) = \dfrac{\partial^2 u}{\partial x^2}(x, t)$ （双曲型方程式),

(4) $i\dfrac{\partial u}{\partial t}(x, t) = \dfrac{\partial^2 u}{\partial x^2}(x, t)$ （分散型方程式),

たとえば, (1) は棒に熱が伝わる様子を記述していて, 熱方程式とよばれている.

4.4.2 1 階線形微分方程式の解法

本項では, 次の問題の解法を説明する.

$$\begin{cases} \dfrac{du}{dt}(t) + a(t)u(t) = b(t), \\ u(t_0) = u_0. \end{cases} \tag{P}$$

ここで, $a = a(t)$, $b = b(t)$ は連続関数で, $u_0 \in \mathbb{R}$ とする. 一般に, 微分方程式のみを満たす関数は任意定数を用いて表され, それを一般解という. 上の問題のように, 未知関数の特定の値 (初期値) を指定して微分方程式を求める問題を初期値問題またはコーシー問題という. また, $u(t_0) = u_0$ のように初期値を与える条件を初期条件という.

(Step 1) 方程式の両辺に $e^{\int_{t_0}^{t} a(r)\,dr}$ を掛ける:

$$\frac{du}{dt}(t)e^{\int_{t_0}^{t} a(r)\,dr} + u(t)\left[a(t)e^{\int_{t_0}^{t} a(r)\,dr}\right]$$

$$= b(t)e^{\int_{t_0}^{t} a(r)\,dr}.$$

合成関数の微分法により，

$$\frac{d}{dt}\left[u(t)\right]\cdot e^{\int_{t_0}^{t} a(r)\,dr} + u(t)\cdot\frac{d}{dt}\left[e^{\int_{t_0}^{t} a(r)\,dr}\right]$$
$$= b(t)e^{\int_{t_0}^{t} a(r)\,dr}$$

と書ける．積の微分法により左辺をまとめると，

$$\frac{d}{dt}\left[u(t)e^{\int_{t_0}^{t} a(r)\,dr}\right] = b(t)e^{\int_{t_0}^{t} a(r)\,dr}$$

が得られる．

(Step 2) (Step 1) で得られた式で変数 t を s に変えて，$s = t_0$ から $s = t$ まで積分する：

$$\left[u(s)e^{\int_{t_0}^{s} a(r)\,dr}\right]_{s=t_0}^{s=t} = \int_{t_0}^{t} b(s)e^{\int_{t_0}^{s} a(r)\,dr}\,ds.$$

ここで，$e^{\int_{t_0}^{t_0} a(r)\,dr} = e^0 = 1$ であるから，

$$u(t)e^{\int_{t_0}^{t} a(r)\,dr} - u(t_0) = \int_{t_0}^{t} b(s)e^{\int_{t_0}^{s} a(r)\,dr}\,ds$$

が得られる．初期条件より $u(t_0) = u_0$ であるから，求める解 u は次のようになる．

$$u(t) = u_0 e^{-\int_{t_0}^{t} a(r)\,dr} + \int_{t_0}^{t} b(s)e^{-\int_{s}^{t} a(r)\,dr}\,ds.$$

特に，$a(t) \equiv -a$, $b(t) \equiv 0$, $t_0 = 0$ の場合には，

$$u(t) = u_0 e^{at}$$

となり，例 4.4.1 で紹介した解が得られる．

注意 4.4.1. 上で求めた (P) の解を公式として覚えるよりも，それを求める過程 ((Step 1)，(Step 2)) を身につけるほうがさまざまな場面で役立つ (4.4.5 項の解の一意性の証明を見よ)．

問 4.4.1. 初期値問題

$$\begin{cases} \dfrac{du}{dt}(t) + u(t) = t, \\ u(t_0) = 1 \end{cases}$$

の解 u を上の方法にならって求めよ．

4.4.3 変数分離形，同次形の微分方程式の解法

$u = u(t)$ を未知関数とする 1 階の常微分方程式

$$\frac{du}{dt} = f(t)g(u)$$

を変数分離形という．微分方程式の解法の中では，変数分離形に帰着される方程式が多い点で，基本的である．その解法を 2 つの場合に分けて説明しよう．

(Case 1) すべての t に対して $g(u(t)) \neq 0$ であるときを考える．このとき，方程式の両辺を $g(u) = g(u(t))$ で割り，$\dfrac{du}{dt}$ を $u'(t)$ で表すと，

$$\frac{u'(t)}{g(u(t))} = f(t)$$

と変形できる．ここで，$\dfrac{1}{g}$ の原始関数を G，すなわち

$$G'(x) = \frac{1}{g(x)}$$

とすると，

$$\frac{d}{dt}G(u(t)) = G'(u(t))u'(t) = \frac{u'(t)}{g(u(t))}$$

であるから，

$$\frac{d}{dt}G(u(t)) = f(t)$$

が得られる．よって，

$$G(u(t)) = \int f(t)\,dt + c \quad (c \text{ は任意定数})$$

以上より，$\dfrac{1}{g}$ の原始関数を G の逆関数 G^{-1} が求まる場合には，求める解が

$$u(t) = G^{-1}\left(\int f(t)\,dt\right)$$

となることがわかる．

(Case 2) ある t_0 に対して $g(u(t_0)) = 0$ となるときを考える．このとき定数関数

$$u(t) \equiv u(t_0)$$

は，$\dfrac{du}{dt} = 0$ かつ $f(t)g(u) = f(t)g(u(t_0)) = 0$ を満たすので，求める微分方程式の解の 1 つである．実は，多くの場合は解の一意性 (他には解が存在しないこと) が示される．解の一意性については後述の 4.4.5 項を参照するとよい．

注意 4.4.2. 多くの書物では，上のような場合分けを省略し，形式的に $\dfrac{du}{dt}$ をあたかも分数のようにみなして，

$$\frac{1}{g(u)}\,du = f(t)\,dt$$

と変形し，両辺に積分記号 $\int$ を作用させて

$$\int \frac{1}{g(u)}\,du = \int f(t)\,dt$$

のようにして求める方法が紹介されている．単に形式的に求めるだけであればよいが，上では，厳密な議論に基づく解法を説明した．

例 4.4.4. 微分方程式

$$\frac{du}{dt} = 2tu^2$$

を解いてみよう．まず，ある t_0 に対して $u(t_0) = 0$ で

あるとき，定数関数 $u(t) \equiv 0$ が解である．次に，すべての t に対して $u(t) \neq 0$ である場合を考える．

$$\frac{u'(t)}{[u(t)]^2} = 2t$$

と変形して，

$$\frac{d}{dt}\left[-\frac{1}{u(t)}\right] = 2t$$

となる．よって，

$$-\frac{1}{u(t)} = t^2 + c$$

となって，

$$u(t) = -\frac{1}{t^2 + c}$$

となる．以上より，求める一般解は

$$u(t) \equiv 0, \quad u(t) = -\frac{1}{t^2 + c} \quad (c \text{ は任意定数})$$

である．

問 4.4.2. 例 4.4.2 で紹介したロジスティック方程式

$$\frac{du}{dt}(t) = a\big[1 - b\,u(t)\big]u(t).$$

の一般解を求めよ．また，初期条件 $u(0) = u_0$ を満たす解を求めよ．

例 4.4.5. $u = u(t)$ を未知関数とする 1 階の常微分方程式

$$\frac{du}{dt} = g\left(\frac{u}{t}\right)$$

を同次形という．

$$v := \frac{u}{t}$$

とおくと，

$$\begin{aligned}
\frac{dv}{dt} &= \frac{u't - u}{t^2} \\
&= \frac{g(v)t - vt}{t^2} \\
&= \frac{1}{t}\big[g(v) - v\big]
\end{aligned}$$

となり，変数分離形に帰着できる．

問 4.4.3. 微分方程式

$$\frac{du}{dt} = \frac{tu}{t^2 + u^2}$$

の一般解を求めよ．

4.4.4 定数係数 2 階線形常微分方程式の解法

本項では，次のような定数係数の 2 階線形常微分方程式の一般解の求め方について説明する．

$$\frac{d^2u}{dt^2}(t) + a_1\frac{du}{dt}(t) + a_2u(t) = 0.$$

ここで，$a_1, a_2 \in \mathbb{R}$ は定数である．

まず上の方程式に対する解の存在と一意性についての定理を紹介する．

定理 4.4.1. $t_0 \in [a, b]$ とする．任意の $\alpha, \beta \in \mathbb{R}$ に対して，関数 $u \in C^2([a, b])$ で

$$\begin{cases} \dfrac{d^2u}{dt^2}(t) + a_1\dfrac{du}{dt}(t) + a_2u(t) = 0, \quad t \in [a, b], \\[2mm] u(t_0) = \alpha, \qquad \dfrac{du}{dt}(t_0) = \beta \end{cases}$$

を満たすものが一意的に存在する．

定理 4.4.1 の証明は，微分方程式を積分方程式に書き換え，逐次近似法や縮小写像の原理などを利用すれば可能であるし，本質は 1 階の微分方程式の場合にあるので，ここでは省略する．補足として，2 階の（3 階以上の場合も）微分方程式は，以下のようにして 1 階の微分方程式系に変形できることに注意しておく．まず，

$$\frac{du}{dt} = v$$

とおく．次に，$\dfrac{dv}{dt} = \dfrac{d^2u}{dt^2}$ であることと u に関する方程式から，

$$\frac{dv}{dt} = -a_2 u - a_1 v$$

が得られる．これら 2 式をあわせて見れば，

$$\frac{d}{dt}\begin{bmatrix} u \\ v \end{bmatrix} = \begin{bmatrix} 0 & 1 \\ -a_2 & -a_1 \end{bmatrix}\begin{bmatrix} u \\ v \end{bmatrix}$$

のように書くことができ，2 次元のベクトルに値をとる未知関数に関する 1 階の微分方程式とみなすことができる．このような観点からも，2 階の微分方程式に対する解の存在と一意性定理は 1 階の場合に帰着できることが想像できるであろう．

さて，定理 4.4.1 で保証される解の存在と一意性から，写像 $L : C^2([a, b]) \to C([a, b])$ とその零空間 $N(L)$ を以下のように定義する．

$$(Lu)(t) := u''(t) + a_1u'(t) + a_2u(t),$$

$$N(L) := \{u \in C^2([a, b]) \mid Lu = 0\}.$$

$Lu = 0$ が考えている 2 階の微分方程式であるから，$N(L)$ は解全体の集合である．

補題 4.4.2. $t_0 \in [a, b]$ とし，$u_1, u_2 \in N(L)$ は

$$\begin{bmatrix} u_1(t_0) \\ u_1'(t_0) \end{bmatrix} = \begin{bmatrix} 1 \\ 0 \end{bmatrix}, \quad \begin{bmatrix} u_2(t_0) \\ u_2'(t_0) \end{bmatrix} = \begin{bmatrix} 0 \\ 1 \end{bmatrix}$$

を満たしているとし, $u \in N(L)$ は

$$\begin{bmatrix} u(t_0) \\ u'(t_0) \end{bmatrix} = \begin{bmatrix} \alpha \\ \beta \end{bmatrix}$$

を満たしているとする. このとき

$$u = \alpha u_1 + \beta u_2$$

が成り立つ.

証明 $v := \alpha u_1 + \beta u_2$ とおくと, u_1, u_2 に対する仮定から $Lv = 0$ で, $v(t_0) = \alpha$, $v'(t_0) = \beta$ を満たす. よって, v は u と同じ方程式と初期条件を満たすので, 解の一意性 (定理 4.4.1) により $u = v$ となることがわかる. □

上の補題を利用して, $N(L)$ の次元が 2 であることを示そう. ここで, $N(L)$ は $C([a, b])$ の部分空間 (部分ベクトル空間) になっていて, $N(L)$ の次元 ($\dim V$) は V に含まれる 1 次独立な関数の最大個数である.

命題 4.4.3. $\dim N(L) = 2$.

証明 $t_0 \in [a, b]$ とし, $u_1, u_2 \in N(L)$ は

$$\begin{bmatrix} u_1(t_0) \\ u_1'(t_0) \end{bmatrix} = \begin{bmatrix} 1 \\ 0 \end{bmatrix}, \quad \begin{bmatrix} u_2(t_0) \\ u_2'(t_0) \end{bmatrix} = \begin{bmatrix} 0 \\ 1 \end{bmatrix}$$

を満たしているとする. 定理 4.4.1 より u_1, u_2 の存在は保証されている. このとき, $\{u_1, u_2\}$ は 1 次独立である. 実際, 定数 $c_1, c_2 \in \mathbb{R}$ に対して,

$$c_1 u_1(t) + c_2 u_2(t) = 0$$

を仮定すると,

$$c_1 u_1'(t) + c_2 u_2'(t) = 0$$

となるので,

$$\begin{bmatrix} u_1(t) & u_2(t) \\ u_1'(t) & u_2'(t) \end{bmatrix} \begin{bmatrix} c_1 \\ c_2 \end{bmatrix} = \begin{bmatrix} 0 \\ 0 \end{bmatrix}$$

が得らえる. 特に, $t = t_0$ とすると,

$$\begin{bmatrix} 1 & 0 \\ 0 & 1 \end{bmatrix} \begin{bmatrix} c_1 \\ c_2 \end{bmatrix} = \begin{bmatrix} 0 \\ 0 \end{bmatrix}, \quad \text{i.e.,} \quad \begin{bmatrix} c_1 \\ c_2 \end{bmatrix} = \begin{bmatrix} 0 \\ 0 \end{bmatrix}.$$

したがって, $\{u_1, u_2\}$ は 1 次独立である. これより, $\dim N(L) \geq 2$ であることがわかるが, 補題 4.4.2 により, $N(L)$ の任意の元 u は

$$u = u(t_0) u_1 + u'(t_0) u_2$$

と表されるので, $\dim N(L) \geq 3$ となることはない. したがって, $\dim N(L) = 2$ であることがわかる. □

定義 4.4.4. $u_1, u_2 \in C^1([a, b])$ に対して, 行列式

$$W(x) := \begin{vmatrix} u_1(t) & u_2(t) \\ u_1'(t) & u_2'(t) \end{vmatrix}$$

を $\{u_1, u_2\}$ の**ロンスキアン** (または**ロンスキー行列, Wronskian**) という.

命題 4.4.5. $u_1, u_2 \in N(L)$ のとき, 次の 3 条件は互いに同値である:

(1) $\{u_1, u_2\}$ が 1 次独立である.

(2) すべての $t \in [a, b]$ に対して, $W(t) \neq 0$ である.

(3) ある $t_0 \in [a, b]$ に対して, $W(t_0) \neq 0$ である.

証明 (1) $\Rightarrow$ (2). 対偶を示す. ある $t_0 \in [a, b]$ に対して, $W(t_0) = 0$ であると仮定する. このとき, $(c_1, c_2) \neq (0, 0)$ が存在して,

$$\begin{bmatrix} u_1(t_0) & u_2(t_0) \\ u_1'(t_0) & u_2'(t_0) \end{bmatrix} \begin{bmatrix} c_1 \\ c_2 \end{bmatrix} = \begin{bmatrix} 0 \\ 0 \end{bmatrix}$$

となる. したがって,

$$\begin{cases} c_1 u_1(t_0) + c_2 u_2(t_0) = 0, \\ c_1 u_1'(t_0) + c_2 u_2'(t_0) = 0 \end{cases}$$

が成り立つ. よって, $u := c_1 u_1 + c_2 u_2$ とおくと, u は $Lu = 0$, $u(t_0) = 0$, $u'(t_0) = 0$ を満たす. 一方, 恒等的に 0 という関数も $Lu = 0$, $u(t_0) = 0$, $u'(t_0) = 0$ を満たす. したがって, 解の一意性 (定理 4.4.1) により, $u = 0$ となる. 以上より, $(c_1, c_2) \neq (0, 0)$ が存在して, $u = c_1 u_1 + c_2 u_2 = 0$ となるので, $\{u_1, u_2\}$ が 1 次従属となり, 対偶が示された.

(2) $\Rightarrow$ (3). 明らか.

(3) $\Rightarrow$ (1). 命題 4.4.3 の証明中の 1 次独立を示した部分と同様の方針で示せるので, 省略する. □

問 4.4.4. 命題 4.4.5 の (3) $\Rightarrow$ (1) を証明せよ.

定義 4.4.6. 1 次独立な $\{u_1, u_2\} \subset N(L)$ を $Lu = 0$ の**基本解系**という. $\{u_1, u_2\}$ が基本解系のとき, $c_1 u_1 + c_2 u_2$ ($c_1, c_2 \in \mathbb{R}$) を $Lu = 0$ の**一般解**という.

定数係数 2 階線形常微分方程式

$$(Lu)(t) = u''(t) + a_1 u'(t) + a_2 u(t) = 0 \quad (a_1, a_2 \in \mathbb{R})$$

の基本解系を求めるために, **特性多項式**

$$L(\rho) := \rho^2 + a_1 \rho + a_2$$

を導入し，特性方程式 $L(\rho) = 0$ を考える．特性方程式の根を**特性根**という．

命題 4.4.7. $\hat{u}(t) := e^{\rho t}$ $(\rho \in \mathbb{C})$ とおくとき，次の同値性が成り立つ：

$$L\hat{u} = 0 \iff L(\rho) = 0.$$

証明 $e^{\rho t} \neq 0$ であることと

$$L\hat{u} = (\rho^2 + a_1\rho + a_2)e^{\rho t} = L(\rho)e^{\rho t}$$

に注意すればわかる． □

定理 4.4.8. ρ_1, ρ_2 を特性根，すなわち

$$L(\rho) = (\rho - \rho_1)(\rho - \rho_2)$$

とする．このとき，u_1, u_2 を以下のように定めると，$\{u_1, u_2\}$ は $Lu = 0$ の基本解系となり，$Lu = 0$ の一般解は $u = c_1u_1 + c_2u_2$ $(c, c_2 \in \mathbb{R})$ で与えられる．

(1) $\rho_1, \rho_2 \in \mathbb{R}$ $(\rho_1 \neq \rho_2)$ の場合，

$$u_1(t) := e^{\rho_1 t}, \quad u_2(t) := e^{\rho_2 t}.$$

(2) $\rho_1 = \rho_2 \in \mathbb{R}$ の場合，

$$u_1(t) := e^{\rho_1 t}, \quad u_2(t) := t\, e^{\rho_1 t}.$$

(3) $\rho_1 = \lambda + i\mu$, $\rho_2 = \lambda - i\mu$ $(\mu \neq 0)$ の場合，

$$u_1(t) := e^{\lambda t}\cos\mu t, \quad u_2(t) := e^{\lambda t}\sin\mu t.$$

証明 (1) $\rho_1, \rho_2 \in \mathbb{R}$ $(\rho_1 \neq \rho_2)$ の場合，

$$u_1(t) := e^{\rho_1 t}, \quad u_2(t) := e^{\rho_2 t}$$

とおくと，命題 4.4.7 より $Lu_1 = Lu_2 = 0$ で，

$$W(x) = \begin{vmatrix} u_1(t) & u_2(t) \\ u_1'(t) & u_2'(t) \end{vmatrix} = (\rho_2 - \rho_1)e^{(\rho_1 + \rho_2)t} \neq 0$$

であるから，命題 4.4.5 より $\{u_1, u_2\}$ は 1 次独立となり $Lu = 0$ の基本解系であることがわかる．

(2) $\rho_1 = \rho_2 \in \mathbb{R}$ の場合，

$$u_1(t) := e^{\rho_1 t}, \quad u_2(t) := t\, e^{\rho_1 t}$$

とおくと，命題 4.4.7 より $Lu_1 = 0$ である．また，

$$Lu_2 = (t\, e^{\rho_1 t})'' + a_1(t\, e^{\rho_1 t})' + a_2\, t\, e^{\rho_1 t}$$
$$= t(Lu_1) + (2\rho_1 + a_1)e^{\rho_1 t} = 0$$

となる．ここで，$\rho_1 = -\dfrac{a_1}{2}$ であることを用いた．

$$W(x) = \begin{vmatrix} u_1(t) & u_2(t) \\ u_1'(t) & u_2'(t) \end{vmatrix} = (\rho_2 - \rho_1)e^{(\rho_1 + \rho_2)t} \neq 0$$

であるから，命題 4.4.5 より $\{u_1, u_2\}$ は 1 次独立となり $Lu = 0$ の基本解系であることがわかる．

(3) $\rho_1 = \lambda + i\mu$, $\rho_2 = \lambda - i\mu$ $(\mu \neq 0)$ の場合，

$$e^{\rho_1 t} = e^{\lambda t}(\cos\mu t + i\sin\mu t),$$
$$e^{\rho_2 t} = e^{\lambda t}(\cos\mu t - i\sin\mu t)$$

に注意して，

$$u_1(t) := e^{\lambda t}\cos\mu t, \quad u_2(t) := e^{\lambda t}\sin\mu t$$

とおく．このとき，

$$Lu_1 = L\left(\frac{e^{\rho_1 t} + e^{\rho_2 t}}{2}\right)$$
$$= \frac{1}{2}L(e^{\rho_1 t}) + \frac{1}{2}L(e^{\rho_1 t}) = 0$$

であり，同様に $Lu_2 = 0$ であることがわかる．さらに，

$$W(x) = \begin{vmatrix} u_1(t) & u_2(t) \\ u_1'(t) & u_2'(t) \end{vmatrix} = \mu e^{2\lambda t} \neq 0$$

であるから，命題 4.4.5 より $\{u_1, u_2\}$ は 1 次独立となり $Lu = 0$ の基本解系であることがわかる．□

注意 4.4.3. 定理 4.4.8 の (3) において，u_2 を $\dfrac{1}{\mu}$ 倍したものを考えてもよいので，$\left\{u_1, \dfrac{1}{\mu}u_2\right\}$ も $Lu = 0$ の基本解系である．ここで，極限移行

$$u_1(t) = e^{\lambda t}\cos\mu t \to e^{\lambda t} \quad (\mu \to 0),$$

$$\frac{1}{\mu}u_2(t) = \frac{1}{\mu}e^{\lambda t}\sin\mu t \to t\, e^{\lambda t} \quad (\mu \to 0)$$

を考えると，(2) の基本解系から (3) の基本解系が得られ，両者が連続的につながっていることがわかる．

4.4.5 解の存在と一意性

前項の定理 4.4.1 の後で説明したように，2 階以上の常微分方程式はベクトル値関数を未知関数とする 1 階の常微分方程式に変形することができる．よって，常微分方程式の一般論においては，1 階の常微分方程式が基本的かつ本質的である．

本項では，正規形とよばれる 1 階常微分方程式の初期値問題

$$\begin{cases} \dfrac{du}{dt}(t) = f(t, u(t)), \quad t \in [0, T], \\ u(0) = u_0 \end{cases} \tag{4.4.1}$$

について考える．ここで，$T > 0$，$N \in \mathbb{N}$ とし，既知の関数 f と未知の関数 u は以下のようなものとする．

$$f : [0, T] \times \mathbb{R}^N \to \mathbb{R}^N,$$

$$u : [0, T] \to \mathbb{R}^N.$$

問題 (4.4.1) の解の存在と一意性に関する 2 つの定理を紹介する. 1 つは任意の $T > 0$ に対して (4.4.1) の解 u が一意的に存在することを主張する定理で, もう 1 つは十分小さなある $T_0 > 0$ に対して $T = T_0$ とした (4.4.1) の解 u が一意的に存在することを主張する定理である.

定理 4.4.9. $f : [0, T] \times \mathbb{R}^N \to \mathbb{R}^N$ は連続で, 次のリプシッツ (Lipschitz) 条件を満たすとする.

$$\exists L > 0 \text{ s.t.}$$

$$|f(t, \xi) - f(t, \eta)| \leq L|\xi - \eta|$$

$$(\forall t \in [0, T], \xi, \eta \in \mathbb{R}^N). \tag{4.4.2}$$

このとき (4.4.1) の解 $u \in C^1([0, T]; \mathbb{R}^N)$ が一意的に存在する.

定理 4.4.10. $f : [0, T] \times \mathbb{R}^N \to \mathbb{R}^N$ は連続で, 次の局所リプシッツ条件を満たすとする.

$$\forall M > 0 \exists L_M > 0 \text{ s.t.}$$

$$|f(t, \xi) - f(t, \eta)| \leq L_M|\xi - \eta|$$

$$(\forall t \in [0, T], |\xi|, |\eta| \leq M). \tag{4.4.3}$$

このとき, ある $T_0 \in (0, T]$ が存在して $T = T_0$ とした (4.4.1) の解 $u \in C^1([0, T_0]; \mathbb{R}^N)$ が一意的に存在する.

定理 4.4.9 は任意の時刻 $T > 0$ まで解の存在を保証するのに対して, 定理 4.4.10 はある時刻 $T_0 > 0$ までの解の存在しか保証してくれない. しかし, 仮定されている条件としては, 定理 4.4.9 におけるリプシッツ条件 (4.4.2) よりも定理 4.4.10 における局所リプシッツ条件 (4.4.3) のほうが弱く, 後者のほうが適用範囲がひろい. たとえば, $f(t, \xi) := \xi$ は (4.4.2) と (4.4.3) の両方を満たすが, $f(t, \xi) := \xi^2$ は,

$$|f(t, \xi) - f(t, \eta)| = |\xi + \eta||\xi - \eta|$$

であるから, (4.4.2) を満たさないが, $L_M = 2M$ として (4.4.3) を満たすことがわかる.

定理 4.4.9 と定理 4.4.10 を証明するために, 補題を 1 つ用意する.

補題 4.4.11. $T > 0$, $u_0 \in \mathbb{R}^N$ とし, $f : [0, T] \times \mathbb{R}^N \to \mathbb{R}^N$ は連続であるとする. このとき次の 2 条件は同値である:

(1) $u \in C^1([0, T]; \mathbb{R}^N)$ が (4.4.1), すなわち

$$\frac{du}{dt}(t) = f(t, u(t)), \quad t \in [0, T] \tag{4.4.4}$$

と $u(0) = u_0$ を満たす.

(2) $u \in C([0, T]; \mathbb{R}^N)$ が積分方程式

$$u(t) = u_0 + \int_0^t f(s, u(s)) \, ds, \quad t \in [0, T] \tag{4.4.5}$$

を満たす.

証明 (1) $\Rightarrow$ (2). 微分方程式 (4.4.4) を $s = 0$ から $s = t$ まで積分すると,

$$u(t) - u(0) = \int_0^t f(s, u(s)) \, ds$$

が得られ, $u(0) = u_0$ に注意すれば u が積分方程式 (4.4.5) を満たすことがわかる.

(2) $\Rightarrow$ (1). 仮定より, 関数 $s \mapsto f(s, u(s))$ が $[0, T]$ 上で連続であるから, (4.4.5) より, $u \in C^1([0, T]; \mathbb{R}^N)$ で

$$\frac{du}{dt}(t) = f(t, u(t)), \quad t \in [0, T]$$

となることがわかる. また, (4.4.5) で $t = 0$ とすると $u(0) = u_0$ が得られる. $\qquad \square$

定理 4.4.9 の証明は, 定理 4.4.10 の証明で M が登場する部分の議論を省き T_0 を T に置き換えればよいので, 以下では, 定理 4.4.10 を証明する.

まず, 解の一意性を証明しよう.

定理 4.4.10 の証明 (解の一意性) 補題 4.4.11 により, 積分方程式 (4.4.5) の解の一意性を示せばよい. $u, v \in C([0, T]; \mathbb{R}^N)$ が (4.4.5) を満たすとする. このとき

$$u(t) = u_0 + \int_0^t f(s, u(s)) \, ds, \quad t \in [0, T],$$

$$v(t) = u_0 + \int_0^t f(s, v(s)) \, ds, \quad t \in [0, T].$$

辺々引いて, $\mathbb{R}^N$ のノルム $|\cdot|$ をとると,

$$|u(t) - v(t)| = \left| \int_0^t [f(s, u(s)) - f(s, v(s))] \, ds \right|$$

$$\leq \int_0^t |f(s, u(s)) - f(s, v(s))| \, ds.$$

ここで, 連続関数 $g : [0, T] \to \mathbb{R}^N$ に対して $\|g\|_\infty := \max_{0 \leq t \leq T} |g(t)|$ という記号を導入する. $M := \max\{\|u\|_\infty, \|v\|_\infty\}$ とおくと,

$$|u(s)| \leq \|u\|_\infty \leq M,$$

$$|v(s)| \leq \|v\|_\infty \leq M$$

であるから, 局所リプシッツ条件 (4.4.3) より

$$|u(t) - v(t)| < \int_0^t |f(s, u(s)) - f(s, v(s))| \, ds$$

$$\leq L_M \int_0^t |u(s) - v(s)| \, ds \tag{4.4.6}$$

が得られる．これより**グロンウォール (Gronwall) の補題**とよばれるテクニックから $|u(t) - v(t)| \equiv 0$ となることを示す．

$$\varphi(t) := L_M \int_0^t |u(s) - v(s)|\, ds$$

とおくと，積分不等式 (4.4.6) は微分不等式

$$\varphi'(t) \leq L_M \varphi(t)$$

に書き換えられる．したがって，

$$\frac{d}{dt}\left[e^{-L_M t}\varphi(t)\right] = e^{-L_M t}\left[\varphi'(t) - L_M \varphi(t)\right] \leq 0.$$

変数 t を s に変えて $s = 0$ から $s = t$ まで積分すると，

$$e^{-L_M t}\varphi(t) - \varphi(0) \leq 0$$

となり，

$$\varphi(t) \leq e^{L_M t}\varphi(0) \equiv 0$$

が得られ，(4.4.6) より，

$$|u(t) - v(t)| \leq L_M \varphi(t) \equiv 0$$

であることがわかる．よって，

$$u(t) \equiv v(t)$$

となるので，解の一意性が示された． $\qquad\square$

次に，**ピカール (Picard) の逐次近似法**という方法で解の存在を証明しよう．

定理 4.4.10 の証明（解の存在） 補題 4.4.11 により，積分方程式 (4.4.5) の解の存在を示せばよい．

まず，逐次関数列 $\{u_n\} \subset C([0, T]; \mathbb{R}^N)$ を

$$u_0(t) \equiv u_0,$$

$$u_n(t) := u_0 + \int_0^t f(s, u_{n-1}(s))\, ds, \quad n \in \mathbb{N} \quad (4.4.7)$$

により帰納的に定義する．

次に，

$$M := \|u_0\| + 1, \qquad T_0 := \frac{1}{\|f\|_\infty}$$

とおく．ここで，$\|f\|_\infty := \max_{0 \leq t \leq T,\ |\xi| \leq M} |f(t, \xi)|$ である．このとき，すべての $n \in \mathbb{N} \cup \{0\}$ に対して，

$$|u_n(t)| \leq M, \quad t \in [0, T_0]$$

が成立することを帰納法で示そう．$|u_{n-1}(t)| \leq M$ ($t \in [0, T_0]$) とすると，(4.4.7) より，$t \in [0, T_0]$ に対して

$$
\begin{aligned}
|u_n(t)| &\leq |u_0| + \int_0^t |f(x, u_{n-1}(s))|\, ds \\
&\leq |u_0| + \|f\|_\infty \int_0^t ds \\
&= |u_0| + \|f\|_\infty t \\
&\leq |u_0| + \|f\|_\infty T_0 \\
&= |u_0| + 1 \\
&= M
\end{aligned}
$$

が成立する．このことに注意して，すべての $n \in \mathbb{N}$ に対して，

$$|u_n(t) - u_{n-1}(t)| \leq \frac{\|f\|_\infty L_M^{n-1}}{n!} t^n, \quad t \in [0, T_0] \tag{4.4.8}$$

が成立することを示そう．$n = 1$ のときは，

$$
\begin{aligned}
|u_1(t) - u_0| &= \left|\int_0^t f(s, u_0)\, ds\right| \\
&\leq \int_0^t |f(s, u_0)|\, ds \\
&\leq \|f\|_\infty t
\end{aligned}
$$

であるから，(4.4.8) は成立する．$n = k$ のとき (4.4.8) が成立すると仮定すると，

$$
\begin{aligned}
&|u_{k+1}(t) - u_k(t)| \\
&= \left|\int_0^t [f(s, u_k(s)) - f(s, u_{k-1}(s))]\, ds\right| \\
&\leq \int_0^t |f(s, u_k(s)) - f(s, u_{k-1}(s))|\, ds
\end{aligned}
$$

となり，上で示したように，$|u_n(s)| \leq M$ であるから，局所リプシッツ条件 (4.4.3) と帰納法の仮定より

$$
\begin{aligned}
|u_{k+1}(t) - u_k(t)| &\leq L_M \int_0^t |u_k(s) - u_{k-1}(s)|\, ds \\
&\leq L_M \int_0^t \frac{\|f\|_\infty L_M^{k-1}}{k!} s^k\, ds \\
&= \frac{\|f\|_\infty L_M^k}{(k+1)!} t^{k+1}
\end{aligned}
$$

となるので，$n = k+1$ のとき (4.4.8) は成立する．

(4.4.8) より特に，$t \in [0, T_0]$ と $n \in \mathbb{N}$ に対して，

$$|u_n(t) - u_{n-1}(t)| \leq \frac{\|f\|_\infty}{L_M} \cdot \frac{(L_M T_0)^n}{n!} \tag{4.4.9}$$

が成立する．ここで，右辺は t に無関係で

$$\sum_{n=1}^\infty \frac{\|f\|_\infty}{L_M} \cdot \frac{(L_M T_0)^n}{n!} = \frac{\|f\|_\infty}{L_M}(e^{L_M T_0} - 1)$$
$$< \infty$$

である．したがって，ワイエルシュトラスの優級数定理により，$\sum_{n=1}^\infty [u_n(t) - u_{n-1}(t)]$ は $[0, T_0]$ 上で一様収

束し，$[0, T_0]$ 上で連続となる．そこで，

$$u(t) := u_0 + \sum_{n=1}^{\infty} [u_n(t) - u_{n-1}(t)]$$

とおき，$\{u_n\}$ が u に $[0, T_0]$ 上で一様収束することを示そう．$u(t)$ の定義より，

$$\begin{aligned}
u(t) &= u_0 + [u_1(t) - u_0] \\
&\quad + \cdots + [u_n(t) - u_{n-1}(t)] \\
&\quad + \sum_{k=n+1}^{\infty} [u_k(t) - u_{k-1}(t)] \\
&= u_n(t) + \sum_{k=n+1}^{\infty} [u_k(t) - u_{k-1}(t)]
\end{aligned}$$

と書けるので，(4.4.9) より

$$\begin{aligned}
|u_n(t) - u(t)| &= \left| \sum_{k=n+1}^{\infty} [u_k(t) - u_{k-1}(t)] \right| \\
&\leq \left| \sum_{k=n+1}^{\infty} |u_k(t) - u_{k-1}(t)| \right. \\
&\leq \sum_{k=n+1}^{\infty} \frac{\|f\|_{\infty}}{L_M} \cdot \frac{(L_M T_0)^k}{k!}
\end{aligned}$$

が得らえる．ここで，最右辺は t に無関係で $n \to \infty$ のとき 0 に収束するので，

$$u_n \to u \quad (\text{一様}) \quad \text{on } [0, T_0]$$

がわかる．特に，$|u_n(t)| \leq M$ より，$|u(t)| \leq M$ であることもわかるので，(4.4.3) から

$$|f(s, u_n(s)) - f(s, u(s))| \leq L_M |u_n(s) - u(s)|$$

となる．したがって，

$$f(s, u_n(s)) \to f(s, u(s)) \quad (\text{一様}) \quad \text{on } [0, T_0]$$

もわかる．よって，

$$u_n(t) = u_0 + \int_0^t f(s, u_{n-1}(s)) \, ds, \quad t \in [0, T_0]$$

において $n \to \infty$ とすれば，一様収束と積分の関係により，

$$u(t) = u_0 + \int_0^t f(s, u(s)) \, ds, \quad n \in \mathbb{N}$$

が得られ，u が求める積分方程式 (4.4.5) の解であることが示された． $\square$

問 4.4.5. 定理 4.4.10 の証明を参考にして，定理 4.4.9 を証明せよ．

4.4.6 非線形連立微分方程式の解の挙動

非線形の微分方程式は，その解を具体的に求めることが困難な場合が多い．そのような場合でも，前項の定理 4.4.9 や定理 4.4.10 から解 $u(t)$ が一意的に存在することは保証される．t が大きくなるにつれて解 $u(t)$

がどのようにふるまうか，ということを解の挙動という．本項では，ロトカ–ボルテラ (Lotka-Volterra) の生存競争モデルという非線形連立微分方程式を主問題として，解の挙動の調べ方についてアイデアを中心に解説する．

次のロトカ–ボルテラの生存競争モデルを考える．

$$\begin{cases} x'(t) = \alpha x(t) - \gamma x(t) y(t), \\ y'(t) = -\beta y(t) + \delta x(t) y(t). \end{cases} \tag{4.4.10}$$

ここで，$\alpha, \beta, \gamma, \delta$ は正の定数であり，$x : [0, \infty) \to \mathbb{R}$，$y : [0, \infty) \to \mathbb{R}$ は未知関数である．

まず，モデル方程式 (4.4.10) の導出について，生物学的観点から考えてみよう．ある孤立した一定の地域において，食うもの（捕食者／predator）と食われるもの（被食者／prey）の個体数の移り変わりを考える．例として，各時刻 t において，

$$x(t): \text{草食動物の個体数},$$

$$y(t): \text{肉食動物の個体数},$$

と考える．このとき，$x'(t)$, $y'(t)$ はそれぞれ草食動物と肉食動物の個体数変化を表している．

a) 草食動物の個体数変化 $x'(t)$

えさが十分にある $\Rightarrow x(t)$ に比例して増える

肉食動物との接触 $\Rightarrow x(t) y(t)$ に比例して減る

と考えると，$x'(t)$ は $\alpha x(t)$ と $-\gamma x(t) y(t)$ を合わせたものとみなせる．このようにして (4.4.10) の第 1 式が得られる．

a) 肉食動物の個体数変化 $y'(t)$

草食動物との接触 $\Rightarrow x(t) y(t)$ に比例して増える

共食い $\Rightarrow y(t)$ に比例して減る

と考えると，$y'(t)$ は $-\beta y(t)$ と $\delta x(t) y(t)$ を合わせたものとみなせる．このようにして (4.4.10) の第 2 式が得られる．

注意 4.4.4. 上記の増加，減少について，2 乗や 3 乗に比例するモデルも考えられるし，外部の地域との交流を考慮したモデルも考えられる．このようなより現実的なモデルを扱うためには，時間だけでなく位置も考慮に入れた未知関数に対する偏微分方程式が必要となる．

次に，連立微分方程式の解の挙動を視覚的に捉えやすくするために，解曲線図を導入する．座標平面において，t を（たとえば $t \geq 0$ の範囲で）動かすときの点 $(x(t), y(t))$ の描く軌跡を解曲線といい，いろいろ

な初期値 (x_0, y_0) をとって，$(x(0), y(0)) = (x_0, y_0)$ を満たす解曲線を描いたものを解曲線図という．前項の解の存在と一意性定理から，異なる初期値から出発した解曲線は互いに交わらないということがわかる．特に (4.4.10) については，点 $\left(\dfrac{\beta}{\delta}, \dfrac{\alpha}{\gamma} \right)$ を初期値とする解は常に $(x(t), y(t)) \equiv (x_0, y_0)$ を満たすということがわかる．このように，解曲線が1点のみで t を動かしても解が動かない点を平衡点という（または不動点，定常解，平衡解などという）．平衡点の求め方は簡単で，たとえば，(4.4.10) で，$x(t) \equiv x$，$y(t) \equiv y$（x, y は t に依存しない実数）とすると，

$$\begin{cases} 0 = \alpha x - \gamma xy, \\ 0 = -\beta y + \delta xy. \end{cases}$$

となる．この連立方程式を解くと，平衡点

$$(x, y) = (0, 0), \quad \left(\frac{\beta}{\delta}, \frac{\alpha}{\gamma} \right)$$

が求まる．

問 4.4.6. 次の連立微分方程式の解曲線図を書け．ただし，t の増加する方向を解曲線に矢印で明記せよ．

(1) $\begin{cases} x'(t) = 1, \\ y'(t) = 0. \end{cases}$ (2) $\begin{cases} x'(t) = x(t), \\ y'(t) = 1. \end{cases}$

問 4.4.7. 次の連立微分方程式の平衡点を求めよ．

(1) $\begin{cases} x' = -2x - y + 2, \\ y' = xy. \end{cases}$ (2) $\begin{cases} x' = \sin y, \\ y' = \cos x. \end{cases}$

最後に，線形化という方法によって，平衡点の近くでの解の挙動が大体わかることを説明しよう．

(4.4.10) の平衡点の1つである $\left(\dfrac{\beta}{\delta}, \dfrac{\alpha}{\gamma} \right)$ での線形化を考えよう．$x(t), y(t)$ を (4.4.10) の解，$X(t), Y(t)$ を微小量として，

$$\begin{cases} x(t) = \dfrac{\beta}{\delta} + X(t), \\ y(t) = \dfrac{\alpha}{\gamma} + Y(t) \end{cases} \quad (4.4.11)$$

という変換を考える．(4.4.11) を (4.4.10) に代入して，$X(t), Y(t)$ の関係式を導こう．第1式については，

$$X'(t) = \alpha \left(\frac{\beta}{\delta} + X(t) \right)$$
$$- \gamma \left(\frac{\beta}{\delta} + X(t) \right) \left(\frac{\alpha}{\gamma} + Y(t) \right)$$
$$= \left(\frac{\beta}{\delta} + X(t) \right) \left[\alpha - \gamma \left(\frac{\alpha}{\gamma} + Y(t) \right) \right]$$

$$= -\frac{\beta\gamma}{\delta} Y(t) - \gamma X(t) Y(t)$$

となり，第2式については，

$$Y'(t) = -\beta \left(\frac{\alpha}{\gamma} + Y(t) \right)$$
$$+ \delta \left(\frac{\beta}{\delta} + X(t) \right) \left(\frac{\alpha}{\gamma} + Y(t) \right)$$
$$= \left(\frac{\alpha}{\gamma} + Y(t) \right) \left[-\beta + \delta \left(\frac{\beta}{\delta} + X(t) \right) \right]$$
$$= \frac{\alpha\delta}{\delta} Y(t) + \delta X(t) Y(t)$$

となる．このように書き換えても方程式に大きな違いがないように見えるが，$X(t), Y(t)$ が微小量のとき，2次の項 $X(t)Y(t)$ は "極めて微小である" と考えられるのでそれを無視して考えられる．なお，(4.4.10) における $x(t)y(t)$ は微小量であるとは限らないので，同様に無視することはできないことに注意する．$X(t), Y(t)$ に対して導いた上の関係式で2次の項を無視すると，"線形の" 連立微分方程式

$$\begin{cases} X'(t) = -\dfrac{\beta\gamma}{\delta} Y(t), \\ Y'(t) = \dfrac{\alpha\delta}{\delta} Y(t) \end{cases} \quad (4.4.12)$$

が得らえる．これを (4.4.10) の平衡点 $\left(\dfrac{\beta}{\delta}, \dfrac{\alpha}{\gamma} \right)$ における線形化方程式という．テイラー展開において1次の項（線形項）までを採用したことに相当する．(4.4.12) は定数係数2階線形常微分方程式の一般論または

$$\frac{d}{dt} \begin{bmatrix} X(t) \\ Y(t) \end{bmatrix} = \begin{bmatrix} 0 & -\dfrac{\beta\gamma}{\delta} \\ \dfrac{\alpha\delta}{\delta} & 0 \end{bmatrix} \begin{bmatrix} X(t) \\ Y(t) \end{bmatrix}$$

のように見て解くことができる．たとえば，$\dfrac{\beta\gamma}{\delta} = \dfrac{\alpha\delta}{\delta} = 1$ のとき，

$$\begin{bmatrix} X(t) \\ Y(t) \end{bmatrix} = \begin{bmatrix} \cos t & -\sin t \\ \sin t & \cos t \end{bmatrix} \begin{bmatrix} X(0) \\ Y(0) \end{bmatrix}$$

となることがわかる．この式の右辺に現れる行列は回転移動を表すので，XY 平面において，$(X(t), Y(t))$ の軌跡は点 $(X(0), Y(0))$ を通り，原点 $(0, 0)$ を中心とする円になる．これをもとの座標平面で考えると，初期値を表す点 $(x(0), y(0))$ から出発した解は平衡点 $\left(\dfrac{\beta}{\delta}, \dfrac{\alpha}{\gamma} \right)$ を中心とする円軌道上を動くことがわかる．このように線形化方程式の解の挙動からもとの方程式の解の挙動を調べることができる．

4.5 フーリエ級数

第2章で取り扱ったテイラー展開は，滑らかな関数を滑らかさに応じて多項式で近似するというものである．l 回連続微分可能ならば，l 次多項式で近似でき，関数の性質が非常に良い場合（解析的な場合）に無限級数で展開することができる．

この節で扱うフーリエ（Fourier）級数は，大雑把にいって以下の通りである．

> 滑らかさを仮定しない区間 $[-\pi, \pi]$ 上の関数を，以下のように三角関数で展開することをフーリエ級数展開とよぶ．
>
> $$f(x) = c_0 + a_1 \cos x$$
> $$+ a_2 \cos 2x + \cdots + a_n \cos nx + \cdots$$
> $$+ b_1 \sin x + \cdots + b_n \sin nx + \cdots \quad (4.5.1)$$

もし，(4.5.1) が $[-\pi, \pi]$ 上で一様収束しているとし，(4.5.1) の両辺を $-\pi$ から π まで積分してみよう．右辺の積分では，(4.5.1) が $[-\pi, \pi]$ 上で一様収束していることから，無限和と積分を交換することができるので，$n = 1, 2, 3, \ldots$ のとき

$$\int_{-\pi}^{\pi} \cos nx \, dx = \int_{-\pi}^{\pi} \sin nx \, dx = 0$$

であることを用いると

$$\int_{-\pi}^{\pi} f(x) \, dx$$
$$= c_0 \int_{-\pi}^{\pi} dx + \sum_{n=1}^{\infty} a_n \int_{-\pi}^{\pi} \cos nx \, dx$$
$$+ \sum_{n=1}^{\infty} b_n \int_{-\pi}^{\pi} \sin nx \, dx$$
$$= c_0 \int_{-\pi}^{\pi} 1 \, dx = 2c_0 \pi$$

となる．また，(4.5.1) の両辺に $\cos mx$ を掛けて $-\pi$ から π まで積分すると，$m \neq n$ のとき

$$\int_{-\pi}^{\pi} \cos mx \cos nx \, dx$$
$$= \int_{-\pi}^{\pi} \frac{\cos(m-n)x - \cos(m+n)x}{2} dx = 0$$

であることと

$$\int_{-\pi}^{\pi} \cos mx \sin nx \, dx$$
$$= \int_{-\pi}^{\pi} \frac{\sin(m+n)x + \sin(m-n)x}{2} dx = 0$$

であることから，

$$\int_{-\pi}^{\pi} f(x) \cos mx \, dx$$
$$= c_0 \int_{-\pi}^{\pi} \cos mx \, dx + \sum_{n=1}^{\infty} a_n \int_{-\pi}^{\pi} \cos nx \cos mx \, dx$$
$$+ \sum_{n=1}^{\infty} b_n \int_{-\pi}^{\pi} \sin nx \cos mx \, dx$$
$$= a_m \int_{-\pi}^{\pi} \cos^2 mx \, dx$$
$$= \frac{1}{2} a_m \int_{-\pi}^{\pi} (1 - \cos 2mx) \, dx$$
$$= a_m \pi$$

となる．(4.5.1) の両辺に $\sin m\pi x$ を掛けて $-\pi$ から π まで積分すると，同様の考察により，

$$\int_{-\pi}^{\pi} f(x) \sin m\pi x \, dx = b_m \pi \ (m = 1, 2, \ldots)$$

を得る．したがって，$a_0 = 2c_0$ とおくと，

$$\int_{-\pi}^{\pi} f(x) \cos m\pi x \, dx = a_m \pi \ (m = 0, 1, \ldots) \quad (4.5.2)$$
$$\int_{-\pi}^{\pi} f(x) \sin m\pi x \, dx = b_m \pi \ (m = 1, 2, \ldots) \quad (4.5.3)$$

となる．以上をまとめると，次を得る．

命題 4.5.1. $[-\pi, \pi]$ 上の複素数値関数 $f(x)$ が，

$$f(x) = \frac{1}{2} a_0 + a_1 \cos x$$
$$+ a_2 \cos 2x + \cdots + a_n \cos nx + \cdots$$
$$+ b_1 \sin x + \cdots + b_n \sin nx + \cdots \quad (4.5.4)$$

と表され，かつ，右辺が $[-\pi, \pi]$ 上一様収束する場合には，(4.5.2) および (4.5.3) が成立する．

逆に，$f(x)$ を $[-\pi, \pi]$ 上の複素数値可積分関数とするとき，(4.5.2) および (4.5.3) により，a_n, b_n を計算することができるが，これから作った級数

$$\frac{1}{2} a_0 + a_1 \cos x$$
$$+ a_2 \cos 2x + \cdots + a_n \cos nx + \cdots$$
$$+ b_1 \sin x + \cdots + b_n \sin nx + \cdots \quad (4.5.5)$$

が $f(x)$ と等しくなるだろうか？
その答えは以下の通りである．

定理 4.5.2. $I = [-\pi, \pi]$，$f : I \to \mathbb{C}$（連続）とし，$f(-\pi) = f(\pi)$ が成り立っているとする．

$$a_n = \frac{1}{\pi} \int_{-\pi}^{\pi} f(t) \cos nt \, dt \quad (n = 0, 1, 2, \ldots)$$
$$(4.5.6)$$

$$b_n = \frac{1}{\pi} \int_{-\pi}^{\pi} f(t) \sin nt \, dt \quad (n = 1, 2, 3, \ldots)$$
$$(4.5.7)$$

とおく.

$$\sum_{n=0}^{\infty} |a_n| + \sum_{n=1}^{\infty} |b_n| < \infty$$

のとき,任意の $x \in I$ に対し,フーリエ級数展開

$$f(x) = \frac{1}{2}a_0 + \sum_{n=1}^{\infty} a_n \cos nx + \sum_{n=1}^{\infty} b_n \sin nx \tag{4.5.8}$$

が成り立つ.しかも,右辺は,I 上一様収束する.

これを次の手順で示す.

(1) 定理 4.5.2 の仮定のもとで,(4.5.8) の右辺が I 上一様収束することを示す.

(2) f を I 上の連続関数とし,$f(-\pi) = f(\pi)$ とする.$f(x) = f(x+2\pi)$ を満たすように f の定義域を $\mathbb{R}$ 全体に拡張すると f は 2π 周期の連続な周期関数となる.

$$\frac{1}{\pi} \int_{-\pi}^{\pi} f(t) \cos nt\, dt = 0 \quad (n = 0, 1, 2, \ldots) \tag{4.5.9}$$
$$\frac{1}{\pi} \int_{-\pi}^{\pi} f(t) \sin nt\, dt = 0 \quad (n = 1, 2, 3, \ldots) \tag{4.5.10}$$

が成り立っているとき,f は恒等的に 0 であることを次の手順で示す.

(a) $x_0 \in I$ のとき,$f(x - x_0)$ も (4.5.9) および (4.5.10) を満たすことを示す.

(b) $f(x) \equiv 0$ を示すには,$f(0) = 0$ を示せば十分であることを示す.

(c) (b) を示すために,背理法を用いる.$f(0) > 0$ と仮定して矛盾を導けば良い.このとき,ある $\delta > 0$ があって,$[-\delta, \delta]$ では,$f(x) \geq \frac{1}{2} f(0)$ であることを示す.

(d) $p(x) = 1 + \cos x - \cos \delta$ とおく.任意の $k \in \mathbb{N}$ について,

$$\int_{-\pi}^{\pi} f(t) p(t)^k\, dt = 0 \tag{4.5.11}$$

であることを示す(ヒント:$p(t)^k$ を展開し,積を和にする公式を用いる).

(e) $|x| \leq \delta$ のとき $p(x) \geq 1$,$x \in I$ かつ $|x| > \delta$ のとき $p(x) < 1$ であることを用いて,$k \to \infty$ のとき

$$\int_{-\pi}^{\pi} f(t) p(t)^k\, dt \to \infty$$

であることを示す.これは,(4.5.11) に矛盾する.

(3) $g(x)$ を式 (4.5.8) の右辺とすると,$f(x) - g(x)$ について (4.5.9),(4.5.10) を満たすことを示す.したがって,$f(x) \equiv g(x)$ となり,定理 4.5.2 の

証明が終わる.

問 4.5.1. (1) 式 (4.5.8) の右辺を $g(x)$ とおくとき,

$$\frac{1}{\pi} \int_{-\pi}^{\pi} g(t) \cos nt\, dt \quad (n = 0, 1, 2, \ldots) \tag{4.5.12}$$
$$\frac{1}{\pi} \int_{-\pi}^{\pi} g(t) \sin nt\, dt \quad (n = 1, 2, 3, \ldots) \tag{4.5.13}$$

を求めよ.

(2) I 上で $f(x) = |x|$ のとき,a_n, b_n を求めよ.

(3) 定理 4.5.2 を認めると,$|x|$ は I でフーリエ級数に展開できる.$x = 0$ を代入すると何がわかるか?これを用いて $\sum_{n=1}^{\infty} \frac{1}{n^2}$ の値を求めよ.

$f : I \to \mathbb{C}$ が区分的に C^1 級であるとは,I を各区間で f が C^1 級となるような有限個の区間に分けられるときをいう.

定理 4.5.3. $f : I \to \mathbb{C}$ が連続で $f(-\pi) = f(\pi)$ を満たし,かつ,区分的に C^1 級ならば,f から作ったフーリエ級数は,I 上一様収束する.したがって,定理 4.5.2 から,このフーリエ級数は f に等しい.

この定理は,フーリエ級数展開ができるわかりやすい十分条件である.

f が周期 $l \neq 2\pi$ の周期関数であるときは,

$$g(x) = f\left(\frac{lx}{2\pi}\right)$$

とおくと,

$$g(x + 2\pi) = f\left(\frac{l(x+2\pi)}{2\pi}\right) = f\left(\frac{lx}{2\pi} + l\right) = g(x)$$

となるから,周期 2π となる.この $g(x)$ に対して,定理 4.5.2 を適用し,f に戻せばよい.

4.5.1 偏微分方程式への応用

フーリエは,熱伝導方程式を解くために,フーリエ級数を導入した.この項では,フーリエ級数の熱伝導方程式への応用を考えてみよう.

次の熱伝導方程式の初期値問題を考える.

$$\begin{cases} \dfrac{\partial u}{\partial t}(t, x) = \dfrac{\partial^2 u}{\partial x^2}(t, x), \quad (t, x) \in (0, \infty) \times (0, \pi), \\ u(t, 0) = u(t, \pi) = 0, \quad t \in (0, \infty), \\ u(0, x) = u_0(x), \quad x \in (0, \pi). \end{cases} \tag{4.5.14}$$

これは,長さが π の細い棒に対し,端点の温度は常に 0 とし,端点以外での熱の出入りはないとしたとき,時刻 $t = 0$ で温度の分布が $u_0(x)$ であったときの時刻 t での温度を表す方程式である.$u_0(0) = u_0(\pi) = 0$ を

仮定する．この条件は，連続関数 $u(t, x)$ が $u(t, 0) = u(t, \pi) = 0$ と $u(0, x) = u_0(x)$ の両方を満たすための条件であるため，両立条件とよばれる．

$u_0(x)$ は $[0, \pi]$ 上連続関数で $u_0(0) = u_0(\pi) = 0$ かつ区分的に C^1 級であるとする．$u_0(x) = -u_0(-x)$ として，u_0 の定義域を $[-\pi, 0)$ へ拡張し，さらに，2π 周期の周期関数として定義域を拡張すると，$u_0(x)$ は周期 2π で区分的に C^1 級の奇関数となる．

定理 4.5.3 から，

$$u_0(x) = \frac{1}{2}a_0 + \sum_{n=1}^{\infty} a_n \cos nx + \sum_{n=1}^{\infty} b_n \sin nx$$

とフーリエ級数展開できるが，$u_0(x)$ が奇関数であることから，

$$a_n = \frac{1}{\pi}\int_{-\pi}^{\pi} f(t)\cos nt\, dt = 0$$

となるので，

$$u_0(x) = \sum_{n=1}^{\infty} b_n \sin nx$$

となる．

$$u(t, x) = \sum_{n=1}^{\infty} b_n e^{-n^2 t}\sin nx \tag{4.5.15}$$

とおくと，(4.5.14) を満たす．以下でこれを示す．
まず，

$$f_n(t, x) = e^{-n^2 t}\sin nx$$

とおくと，

$$\frac{\partial u_n}{\partial t}(t, x) = \frac{\partial^2 u_n}{\partial x^2}(t, x)$$

を満たす．したがって，上の $u(t, x)$ が方程式

$$\frac{\partial u}{\partial t}(t, x) = \frac{\partial^2 u}{\partial x^2}(t, x)$$

を満たすことを示すには，$\frac{\partial}{\partial t}, \frac{\partial^2}{\partial x^2}$ と無限和が交換できることを示せばよい．

第 2 章の無限級数と微分を交換する条件を確かめればよいが，$(0, \infty)\times[0, \pi]$ で条件を確かめることはできない．任意に $a > 0$ を固定し，$[a, \infty)\times[0, \pi]$ で項別微分ができる条件を確かめればよい．$a > 0$ は任意にとったので，$(0, \infty)\times[0, \pi]$ で微分と無限級数が交換できることになる．

問 4.5.2. 任意に固定した $a > 0$ に対し，$[a, \infty)\times[0, \pi]$ で C^∞ 級であり，t および x に関して何回でも項別微分できることを示せ．

上で定義した $u(t, x)$ が $u(t, 0) = u(t, \pi) = 0$ を満たすことは明らかである．

(4.5.14) のような初期値問題において，3 つ目の条件 $u(0, x) = u_0(x)$ は，$u(t, x)$ に $t = 0$ を代入して成り立てばよいというものではない．

$$u(t, x) = \begin{cases} u_0(x), & (t = 0 \text{ のとき}), \\ \text{方程式を満たす関数}\,(t > 0 \text{ のとき}), \end{cases}$$

とすると，$u(0, x) = u_0(x)$ を満たすが，初期関数 u_0 を $t = 0$ で満たすという条件が意味をなさなくなるからである．$t = 0$ を代入して $u(0, x) = u_0(x)$ が成り立つだけでなく，$t \to +0$ のとき，$u(t, x) \to u_0(x)$ が成り立たなければならない．

このことを示すためには，(4.5.15) の右辺が $[0, \infty)\times[0, \pi]$ で一様収束することを示せばよい．

問 4.5.3. このことを示せ．

4.6 多変数の積分

この節では，多変数関数の積分を定義する．

4.6.1 積分の定義

$\mathbb{R}^N$ の区間を定義しよう．

$$I = [a_1, b_1]\times[a_2, b_2]\times\cdots\times[a_N, b_N] \subset \mathbb{R}^N$$

を $\mathbb{R}^N$ の区間という．ただし，$a_j, b_j (j = 1, \ldots, N)$ は実数で $a_j \le b_j (j = 1, \ldots, N)$ とする．$N = 2$ のときは長方形，$N = 3$ のときは直方体である．

区間 I の体積（$N = 2$ のときは面積）を

$$|I| = \prod_{j=1}^{N}(b_j - a_j)$$

と定義する．

$\Delta = \{I_k\}_{k=1,\ldots,n}$ が区間 I の分割であるとは $I_k (k = 1, \ldots, n)$ がすべて区間であって，共通の内点をもたず，すなわち，$(k \ne l \Rightarrow I_k^\circ \cap I_l^\circ = \emptyset)$ であって，

$$\bigcup_{k=1}^{n} I_k = I$$

を満たすときをいう．ただし，I° は I の内点全体である．

$$|I| = \sum_{k=1}^{n} |I_k|$$

は明らかに成立する．

関数 $f : I \to \mathbb{R}$ で有界なものすなわち，

$$\sup_{x \in I}|f(x)| < \infty$$

を満たす関数を考える．$A \subset I$ のとき，

$$M(f, A) = \sup_{x \in A} f(x)$$
$$m(f, A) = \inf_{x \in A} f(x)$$

と定義し，分割 Δ に対して，過剰和 $S(f, \Delta)$，不足和

$s(f, \Delta)$ を

$$S(f, \Delta) = \sum_{k=1}^{n} M(f, I_k)|I_k|$$

$$s(f, \Delta) = \sum_{k=1}^{n} m(f, I_k)|I_k|$$

と定義する. 1 変数のときと同様に, 上積分 $\overline{\int}_I f(x)dx$, 下積分 $\underline{\int}_I f(x)dx$ を

$$\overline{\int}_I f(x)dx = \inf_{\Delta} S(f, \Delta),$$

$$\underline{\int}_I f(x)dx = \sup_{\Delta} s(f, \Delta)$$

と定義する.

定義 4.6.1.

$$\overline{\int}_I f(x)dx = \underline{\int}_I f(x)dx$$

のとき, f は I 上積分可能あるいは**可積分**である といい,

$$\int_I f(x)dx = \overline{\int}_I f(x)dx = \underline{\int}_I f(x)dx$$

と定義する. これを f の I 上の積分という.

4.6.2 過剰和, 不足和, 上積分, 下積分 の性質

I を $\mathbb{R}^N$ の区間とし, $\Delta = \{I_k\}_{k=1,\ldots,n}$, $\Delta' = \{J_l\}_{l=1,\ldots,m}$ を I の分割とする. $1 \leq l \leq m$ を満たす すべての l について, $J_l \subset I_k$ を満たす $k(1 \leq k \leq n)$ があるとき, Δ' は Δ の**細分**であるといい,

$$\Delta' \geq \Delta$$

と書く. Δ' は Δ をさらに分割したものになっている. このとき,

$$I_k = \bigcup\{J_l | J_l \subset I_k\}$$

となる. また,

$$|I_k| = \sum_{J_l \subset I_k} |J_l|$$

も成立する.

Δ_1, Δ_2 を I の分割とすると, $\Delta_1 \leq \Delta_3$ かつ $\Delta_2 \leq \Delta_3$ を満たす分割 Δ_3 がある.

補題 4.6.2. $f : I \to \mathbb{R}$ を有界な関数とし, Δ_1, Δ_2 を I の分割とすると, 次が成立する.

(1) $s(f, \Delta_1) \leq S(f, \Delta_1)$.

(2) $\Delta_1 \leq \Delta_2$ ならば, $s(f, \Delta_1) \leq s(f, \Delta_2)$ および $S(f, \Delta_2) \leq S(f, \Delta_1)$.

(3) $s(f, \Delta_1) \leq S(f, \Delta_2)$.

　　証明 定義から容易に示すことができる. □

問 4.6.1. 補題 4.6.2 を示せ.

注意 4.6.1. 補題 4.6.2(2) から,

$$S(f, \Delta_1) - s(f, \Delta_1) \geq S(f, \Delta_2) - s(f, \Delta_2)$$

が成立する.

補題 4.6.2(3) から, 次を得る.

系 4.6.3. $F : I \to \mathbb{R}$ が有界な関数とすると,

$$\underline{\int}_I f(x)dx \leq \overline{\int}_I f(x)dx$$

が成立する.

補題 4.6.4. $f, g : I \to \mathbb{R}$ を有界な関数とし, Δ を区間 I の分割とすると次が成立する.

(1) $S(f + g, \Delta) \leq S(f, \Delta) + S(g, \Delta)$ (過剰和の劣加法性).

(2) $s(f + g, \Delta) \geq s(f, \Delta) + s(g, \Delta)$ (不足和の優加法性).

(3) $s(f, \Delta) = -s(-f, \Delta)$.

(4) $\alpha \geq 0$ のとき $S(\alpha f, \Delta) = \alpha S(f, \Delta)$, $s(\alpha f, \Delta) = \alpha s(f, \Delta)$.

(5) $f \leq g$ ならば, $S(f, \Delta) \leq S(g, \Delta)$, $s(f, \Delta) \leq s(g, \Delta)$.

　　証明 任意の区間 J に対し,

$$\begin{aligned} M(f + g, J) &= \sup_{x \in J}(f(x) + g(x)) \\ &\leq \sup_{x \in J} f(x) + \sup_{x \in J} g(x) \\ &= M(f, J) + M(g, J) \end{aligned}$$

だから,

$$\begin{aligned} S(f + g, \Delta) &\leq \sum_{k=1}^{n} \{M(f, I_k) + M(g, I_k)|I_k|\} \\ &= S(f, \Delta) + S(g, \Delta) \end{aligned}$$

を得る.

(2) は (1) と同様に示すことができる. (3),(4),(5) は明らかである. □

問 4.6.2. 補題 4.6.4(3),(4),(5) を示せ.

この補題を用いて次の命題を得る.

命題 4.6.5. I を $\mathbb{R}^N$ の区間とし, $f, g : I \to \mathbb{R}$ は 有界な関数とする. このとき, 次が成立する.

(1) $\overline{\int}_I f(x)dx = -\underline{\int}_I \{-f(x)\}dx$.

(2) $\displaystyle\overline{\int}_I \{f(x)+g(x)\}dx \le \overline{\int}_I f(x)dx$
$\displaystyle + \overline{\int}_I g(x)dx.$

(3) $\displaystyle\overline{\int}_I \alpha f(x)dx = \alpha\overline{\int}_I f(x)dx.$

(4) $\displaystyle\underline{\int}_I \{f(x)+g(x)\}dx \ge \underline{\int}_I f(x)dx$
$\displaystyle + \underline{\int}_I g(x)dx.$

(5) $\displaystyle\underline{\int}_I \alpha f(x)dx = \alpha\underline{\int}_I f(x)dx.$

(6) $f \le g$ のとき,
$$\underline{\int}_I f dx \le \underline{\int}_I g dx, \quad \overline{\int}_I f dx \le \overline{\int}_I g dx.$$

4.6.3 積分の性質

I を $\mathbb{R}^N$ の区間とし, $f : I \to \mathbb{R}$ は有界な関数, $A \subset I$ とするとき,

$$v(f, A) = \sup\{|f(x)-f(y)| \,|\, x, y \in A\}$$

とおくと,

$$\begin{aligned} v(f, A) &= \sup\{f(x)-f(y) \,|\, x, y \in A\} \\ &= \sup_{x\in A} f(x) - \inf_{x\in A} f(y) \\ &= M(f, A) - m(f, A) \end{aligned}$$

であるから, $\Delta = \{I_k\}_{k=1,\dots,n}$ を I の分割とするとき

$$V(f, \Delta) = \sum_{k=1}^{n} v(f, I_k)|I_k|$$

とおくと,

$$\begin{aligned} V(f, \Delta) &= \sum_{k=1}^{n} \{M(f, I_k)-m(f, I_k)\}|I_k| \\ &= S(f, \Delta) - s(f, \Delta) \end{aligned}$$

である.

命題 4.6.6. f が I 上積分可能であることの必要十分条件は, 任意の $\varepsilon > 0$ に対し, 分割 Δ があって,

$$V(f, \Delta) \le \varepsilon$$

となることである.

証明 f は I 上積分可能とする. $A = \displaystyle\int_I f(x)dx$ とおく. 積分の定義から, 任意に固定した $\varepsilon > 0$ に対し, 分割 Δ_1, Δ_2 が存在して,

$$S(f, \Delta_1) - A \le \frac{\varepsilon}{2}, \quad A - s(f, \Delta_2) \le \frac{\varepsilon}{2}$$

となる. Δ_3 を Δ_1 と Δ_2 の細分とすると

$$S(f, \Delta_3) - A \le S(f, \Delta_1) - A \le \frac{\varepsilon}{2}$$
$$A - s(f, \Delta_3) \le A - s(f, \Delta_2) \le \frac{\varepsilon}{2}$$

となるから,

$$\begin{aligned} v(f, \Delta_3) &= S(f, \Delta_3) - s(f, \Delta_3) \\ &= S(f, \Delta_3) - A + A - s(f, \Delta_3) \\ &\le \frac{\varepsilon}{2} + \frac{\varepsilon}{2} = \varepsilon \end{aligned}$$

となる.

逆を示そう. 任意の $\varepsilon > 0$ に対し, $S(f, \Delta) - s(f, \Delta) \le \varepsilon$ となる分割 Δ があるとする. このとき,

$$\overline{\int}_I f dx - \underline{\int}_I f dx \le S(f, \Delta) - s(f, \Delta) \le \varepsilon$$

である. これは,

$$\overline{\int}_I f dx \ge \underline{\int}_I f dx$$

であることに注意すると

$$\overline{\int}_I f dx = \underline{\int}_I f dx$$

を意味している. $\qquad\square$

1 変数の積分と同じように, 多変数の積分も線形性や

$$\left| \int_I f(x)dx \right| \le \int_I |f(x)|dx$$

が成立する.

4.6.4 重積分と累次積分の関係

多変数の積分 $\displaystyle\int_I f(x)dx$ を **重積分** ということがある.

命題 4.6.7. $I \subset \mathbb{R}^N$, $J \subset \mathbb{R}^M$ を区間とし, $f : I \times J \to \mathbb{R}$ を有界な関数とする. $\Delta_1 = \{I_k\}_{k=1,\dots,n}$, $\Delta_2 = \{J_l\}_{l=1,\dots,m}$ をそれぞれ I, J の分割とし, $\Delta_1 \times \Delta_2 = \{I_k \times J_l\}$ と定めると

$$\begin{aligned} s(f, \Delta_1 \times \Delta_2) &\le s(s(f, \Delta_1), \Delta_2) \\ &\le \begin{cases} s(S(f, \Delta_1), \Delta_2) \\ S(s(f, \Delta_1), \Delta_2) \end{cases} \\ &\le S(S(f, \Delta_1), \Delta_2) \\ &\le S(f, \Delta_1 \times \Delta_2) \end{aligned}$$

が成立する.

この命題を用いると, 次の命題を得る.

命題 4.6.8. 前命題と同じ仮定のもと,

$$\underline{\int_{I\times J}} f(x,y)dxdy \le \underline{\int_I}\left[\int_J f(x,y)dx\right]dy$$
$$\le \begin{cases} \underline{\int_I}\left[\overline{\int_J} f(x,y)dx\right]dy \\ \overline{\int_I}\left[\underline{\int_J} f(x,y)dx\right]dy \end{cases}$$
$$\le \overline{\int_{I\times J}} f(x,y)dxdy$$

となる.

> **定理 4.6.9.** $I \subset \mathbb{R}^N$, $J \subset \mathbb{R}^M$ を区間とし, $f : I \times J \to \mathbb{R}$ が $I \times J$ 上積分可能, かつ, 任意の $y \in J$ に対し $f(x,y)$ が x について積分可能ならば, y の関数 $\int_I f(x,y)dx$ は J 上積分可能で
> $$\int_{I\times J} f(x,y)dxdy = \int_J\left[\int_I f(x,y)dx\right]dy \tag{4.6.1}$$
> が成立する. さらに, 任意の $x \in J$ に対し $f(x,y)$ が y について積分可能ならば,
> $$\int_J\left[\int_I f(x,y)dx\right]dy = \int_I\left[\int_J f(x,y)dy\right]dx$$
> が成立する.

証明 定理 4.6.9 の仮定のもとでは, 命題 4.6.8 の最左辺と最右辺が等しくなる. したがって,
$$\underline{\int_J}\left[\int_I f(x,y)dx\right]dy = \overline{\int_J}\left[\int_I f(x,y)dx\right]dy$$
が成り立つ. このことから, $\int_I f(x,y)dx$ は y について積分可能で (4.6.1) が成り立つことがわかる. □

4.6.5 一般の集合上の積分

$A \subset \mathbb{R}^N$ を有界集合とし, $A \subset I$ となる区間 I をとる. A の定義関数 $\chi_A(x)$ を
$$\chi_A(x) = \begin{cases} 1 & (x \in A) \\ 0 & (x \in I\backslash A) \end{cases}$$
と定義し, $\chi_A(x)$ が I 上積分可能であるとする. このとき, A はジョルダン (Jordan) 可測であるということがある.

$f : A \to \mathbb{R}$ は有界な関数であるとし,
$$\tilde{f}(x) = \begin{cases} f(x) & (x \in A), \\ 0 & (x \in I\backslash A) \end{cases}$$
とおく. $\tilde{f}(x)$ が I 上積分可能ならば, f は A 上積分可能であるといい,
$$\int_A f(x)dx = \int_I \tilde{f}(x)dx$$

と定義する.

A は, $A \subset I$ となる区間 I に対し, $\chi_A(x)$ が I 上で積分可能となる集合とし, $\phi, \psi : A \to \mathbb{R}$ を有界かつ連続な関数とする. ただし, 任意の $x \in A$ に対し $\phi(x) \le \psi(x)$ であるとする. このとき,
$$D = \{(x,y) \in \mathbb{R}^N \times \mathbb{R} | x \in A,\ \phi(x) \le y \le \psi(x)\}$$
を A 上の縦線集合という.

> **定理 4.6.10.** $f : D \to \mathbb{R}$ を有界かつ連続な関数とする. このとき, f は D 上積分可能で,
> $$\iint_D f(x,y)dxdy = \int_A\left\{\int_{\phi(x)}^{\psi(x)} f(x,y)dy\right\}dx$$
> が成り立つ.

証明 $A \subset I$ となる区間 I をとり, 任意の $x \in A$ に対し,
$$m \le \phi(x) \le \psi(x) \le M$$
を満たす m, M をとる. このとき, $D \subset I \times [m, M]$ であり, D はジョルダン可測である.
$$\tilde{f}(x) = \begin{cases} f(x) & (x \in D) \\ 0 & (I \times [m,M]\backslash D) \end{cases}$$
とおき, $\tilde{f}$ に対し, 定理 4.6.9 を適用すればよい. □

例 4.6.1. $D = \{(x,y) \in \mathbb{R}^2 | 0 \le y \le x \le \pi\}$ とするとき,
$$\iint_D \frac{y\sin x}{x}dxdy$$
を求める.

解答 D は原点, $(0,\pi)$ と (π,π) を頂点とする三角形だから,
$$\iint_D \frac{y\sin x}{x}dxdy = \int_0^\pi\left\{\int_0^x ydy\right\}\frac{\sin x}{x}dx$$
$$= \int_0^\pi\left[\frac{y^2}{2}\cdot\frac{\sin x}{x}\right]_{y=0}^{y=x}dx$$
$$= \int_0^\pi \frac{x}{2}\sin x\,dx$$
$$= \frac{\pi}{2}. \qquad \square$$

4.6.6 変数変換の公式

$f : [a, b] \to \mathbb{R}$ は連続関数とし, $\phi : [\alpha, \beta] \to [a, b]$ は C^1 級かつ $\phi(\alpha) = a, \phi(\beta) = b$ のとき, 置換積分の公式から
$$\int_a^b f(y)dy = \int_\alpha^\beta f(\phi(x))\phi'(x)\,dx$$
が成り立つ. $\phi(x) = Ax + B$ のときは, $\phi'(x) = A$ だ

から

$$\int_a^b f(y)dy = \int_\alpha^\beta f(Ax+B)A\,dx$$

がなりたつ.

$N=2$ のときを考えてみよう. $I=[0,1]\times[0,1]$ とし, $f:I\to\mathbb{R}$ を連続関数とする.

$$J = \int_I f(y_1, y_2)\,dy_1dy_2$$

とおき,

$$\begin{cases} y_1 = a_{11}x_1 + a_{12}x_2 \\ y_2 = a_{21}x_1 + a_{22}x_2 \end{cases}$$

と変換してみよう. 行列で表すと

$$\begin{pmatrix} y_1 \\ y_2 \end{pmatrix} = \begin{pmatrix} a_{11} & a_{12} \\ a_{21} & a_{22} \end{pmatrix}\begin{pmatrix} x_1 \\ x_2 \end{pmatrix} = A\begin{pmatrix} x_1 \\ x_2 \end{pmatrix}$$

である. ただし,

$$A = \begin{pmatrix} a_{11} & a_{12} \\ a_{21} & a_{22} \end{pmatrix}$$

である. $\det A \neq 0$ と仮定する.

I の面積は 1 であり, A による I の逆写像

$$A^{-1}(I) = \left\{ \begin{pmatrix} x_1 \\ x_2 \end{pmatrix} \middle| A\begin{pmatrix} x_1 \\ x_2 \end{pmatrix} \in I \right\}$$

は, 原点,

$$A^{-1}\begin{pmatrix} 1 \\ 0 \end{pmatrix}, \ A^{-1}\begin{pmatrix} 0 \\ 1 \end{pmatrix}, \ A^{-1}\begin{pmatrix} 1 \\ 1 \end{pmatrix}$$

を頂点とする平行四辺形だから, その面積は,

$$|\det A|^{-1} = |a_{11}a_{22} - a_{12}a_{21}|^{-1}$$

である. したがって, $\int_I f(y_1, y_2)dy_1dy_2$ と $\int_{A^{-1}(I)} f(Ax)dx_1dx_2$ との比は, $1 : |\det A|^{-1}$ となるから,

$$\int_I f(y_1, y_2)dy_1dy_2 = \int_{A^{-1}(I)} f(Ax)dx_1dx_2|\det A|$$

となる.

$$y = \begin{pmatrix} y_1 \\ y_2 \end{pmatrix} = \begin{pmatrix} \phi_1(x_1, x_2) \\ \phi_2(x_1, x_2) \end{pmatrix} = \phi(x)$$

が $\phi(D)$ の近傍で C^1 級の関数であるとする. $J\phi(x) \neq 0$ ならば, (α_1, α_2) の近くではこの写像は

$$\begin{pmatrix} y_1 \\ y_2 \end{pmatrix} = \begin{pmatrix} \phi_1(\alpha_1, \alpha_2) \\ \phi_2(\alpha_1, \alpha_2) \end{pmatrix} + D\phi(\alpha)(x-\alpha) + o(|x-\alpha|)$$

を満たすから, (定数ベクトル) $+ D\phi(\alpha)y$ と考えられる. したがって, 次の公式が成り立つであろう. $f:I\to\mathbb{R}$ を連続関数とするとき,

$$\int_{\phi(D)} f(y)dy = \int_D f(\phi(x))|\det J_\phi(x)|\,dx$$

一般の次元に対して, 定理を述べると以下になる.

> **定理 4.6.11.** $A\subset\mathbb{R}^N$ を有界閉集合とし, $O\supset A$ を開集合とする. $\Phi:O\to\mathbb{R}^N$ が C^1 級であって, A, $\Phi(A)$ はともに可測, すなわち, $\int_A 1dx$, $\int_{\Phi(A)} 1dx$ が積分可能とし, A のすべての点で $J_\Phi(x)\neq 0$ で, A 上 Φ は 1 対 1 とする. $f:\Phi(A)\to\mathbb{R}$ を連続関数とすると
> $$\int_{\Phi(A)} f(y)dy = \int_A f(\Phi(x))|J\Phi(x)|dx$$
> が成り立つ.

4.6.7 曲面上の積分

これまでは, $\mathbb{R}^N$ 上の積分を考えてきたが, 球面などの曲面上の積分も考えることができる.

曲面上での積分の考え方は次のようなものである. D を $\mathbb{R}^3$ 内の有界閉曲面とし, 連続関数 $f:D\to\mathbb{R}$ を考える. D を有限個の部分 $\Delta:\{D_j\}(j=1,2,\ldots,n)$ に分割し,

$$S(\Delta) = \sum_{j=1}^n M(f, D_j)\,(D_j \text{ の面積})$$
$$s(\Delta) = \sum_{j=1}^n m(f, D_j)\,(D_j \text{ の面積})$$

とおく. ここで,

$$M(f, A) = \sup_{x\in A} f(x),$$
$$m(f, A) = \inf_{x\in A} f(x)$$

である. このとき,

$$\inf_\Delta S(\Delta) = \sup_\Delta s(\Delta)$$

であれば, f は D 上積分可能といい,

$$\int_D f(x)dS = \inf_\Delta S(\Delta) = \sup_\Delta s(\Delta)$$

と定める. 曲面 D 上での積分なので, dx ではなく, dS という記号を用いている.

ここで問題となるのは, $S(\Delta)$ や $s(\Delta)$ の定義中で, D_j の面積が厳密に定義されておらず, 曖昧なことである. 逆にいうと, D_j の面積さえ定義されていれば, あとは, $\mathbb{R}^2$ の区間上の積分と同じであるといえる. したがって, 以下では, 曲面の面積について考察することにする.

$\mathbb{R}^3$ 内の曲面 Ω が $[0, 1] \times [0, 1] \to \Phi(t, s) = (\phi_1(t, s), \phi_2(t, s), \phi_3(t, s))$ と表されているとする. $\delta a, \delta b > 0$ とし, s が $[a, a+\delta a] \times [b, b+\delta b]$ を動くときの曲面の面積を求めてみよう. $\delta a, \delta b$ が小さいとき, この部分は, $\Phi(a, b)$ を始点とする 2 つのベクトル

$$(\partial_t \phi_1(a, b)\delta a, \partial_t \phi_2(a, b)\delta a, \partial_t \phi_3(a, b)\delta a)$$

と

$$(\partial_s \phi_1(a, b)\delta b, \partial_s \phi_2(a, b)\delta b, \partial_s \phi_3(a, b)\delta b)$$

を 2 辺とする平行四辺形の面積に近い値であると考えられる. この 2 つのベクトルからできる平行四辺形の面積は,

$$\sqrt{\begin{vmatrix} \partial_t \phi_2(a, b)\delta a & \partial_t \phi_3(a, b)\delta a \\ \partial_s \phi_2(a, b)\delta b & \partial_s \phi_3(a, b)\delta b \end{vmatrix}^2 + \cdots +}$$

$$= \sqrt{\begin{vmatrix} \partial_t \phi_2 & \partial_t \phi_3 \\ \partial_s \phi_2 & \partial_s \phi_3 \end{vmatrix}^2 + \cdots + \begin{vmatrix} \partial_t \phi_1 & \partial_t \phi_2 \\ \partial_s \phi_1 & \partial_s \phi_2 \end{vmatrix}^2} \delta a \delta b$$

となるから, 曲面 Ω の面積は

$$\int_{[0,1]\times[0,1]} \sqrt{\begin{vmatrix} \partial_t \phi_2 & \partial_t \phi_3 \\ \partial_s \phi_2 & \partial_s \phi_3 \end{vmatrix}^2 + \cdots + \begin{vmatrix} \partial_t \phi_1 & \partial_t \phi_2 \\ \partial_s \phi_1 & \partial_s \phi_2 \end{vmatrix}^2} \, dt ds$$

であると考えられる. したがって, Ω 上の関数 f の積分は,

$$\int_{[0,1]\times[0,1]} f(\Phi(t, s))$$

$$\times \sqrt{\begin{vmatrix} \partial_t \phi_2 & \partial_t \phi_3 \\ \partial_s \phi_2 & \partial_s \phi_3 \end{vmatrix}^2 + \cdots + \begin{vmatrix} \partial_t \phi_1 & \partial_t \phi_2 \\ \partial_s \phi_1 & \partial_s \phi_2 \end{vmatrix}^2} \, dt ds$$

と定義してよいであろう. これを

$$\int_\Omega f(x) dS$$

と表す.

曲面が $(x, y, \phi(x, y))$ と表されているときには, $x \to t$, $y \to s$ として, $\phi_1(t, s) = t, \phi_2(t, s) = s, \phi_3(t, s) = \phi(t, s)$ と考えると,

$$dS = \sqrt{\begin{vmatrix} 1 & 0 \\ 0 & 1 \end{vmatrix}^2 + \begin{vmatrix} \phi_x & 1 \\ \phi_y & 0 \end{vmatrix}^2 + \begin{vmatrix} 0 & \phi_x \\ 1 & \phi_y \end{vmatrix}^2} \, dx dy$$

$$= \sqrt{1 + \phi_x^2 + \phi_y^2} \, dx dy$$

である.

定理 4.6.12 (ガウス (Gauss) の発散定理). $\Omega \subset \mathbb{R}^3$ を有界領域とし, 境界 $\partial\Omega$ が C^1 級であるとする. $f : \overline{\Omega} \to \mathbb{R}^3$ は C^1 級とすると,

$$\int_\Omega \mathrm{div} f(x, y, z) dx = \int_{\partial\Omega} f(x, y, z) \cdot \mathbf{n} dS$$

となる. ただし, $f(x, y, z) = (f_1(x, y, z), f_2(x, y, z), f_3(x, y, z))$ とすると $\mathrm{div} f = \partial_x f_1 + \partial_y f_2 + \partial_z f_3$ であり, $\mathbf{n}$ は $\partial\Omega$ の外向き法線ベクトルである.

証明 Ω は凸集合で,

$$\Omega = \{(x, y, z) |$$
$$(x, y) \in S, \phi_-(x, y) < z < \phi_+(x, y)\}$$

と表されているときのみ示す. さらに, Ω が x や y に関する縦線集合としても上のように書けるとする. このとき,

$$\int_\Omega \frac{\partial}{\partial z} f_3(x, y, z) dx dy dz$$

$$= \int_S \left\{ \int_{\phi_-(x,y)}^{\phi_+(x,y)} \frac{\partial}{\partial z} f_3(x, y, z) dz \right\} dx dy$$

$$= \int_S \{ f_3(x, y, \phi_+(x, y))$$
$$- f_3(x, y, \phi_-(x, y)) \} dx dy.$$

である. ここで,

$$(\partial\Omega)_\pm = \{(x, y, \phi_\pm) \in \partial\Omega | (x, y) \in S\}$$

とおくと,

$$dS = \sqrt{1 + \phi_x(x, y)^2 + \phi_y(x, y)^2} \, dx dy$$

であり,

$$n_3 = \frac{1}{\sqrt{1 + \phi_x(x, y)^2 + \phi_y(x, y)^2}}$$

だから,

$$\int_S f_3(x, y, \phi_\pm(x, y)) dx dy$$

$$= \int_S f_3(x, y, \phi_\pm(x, y))$$

$$\times \frac{1}{\sqrt{1 + \phi_x(x, y)^2 + \phi_y(x, y)^2}}$$

$$\times \sqrt{1 + \phi_x(x, y)^2 + \phi_y(x, y)^2} \, dx dy$$

$$= \int_{(\partial\Omega)_\pm} f_3(x, y, z) n_3 dS$$

である. $\partial\Omega = (\partial\Omega)_+ \cup (\partial\Omega)_-$ だから, 以上のことを Ω が x および y の縦線集合のときにも行い, すべてを加えると定理が示される. $\square$

4.7 ルベーグ式積分

第2章で扱った積分は，リーマン式の積分である．$f:[a,b] \to \mathbb{R}$ が有界のとき，

$$\int_a^b f(x)\,dx \qquad (4.7.1)$$

の定義を次のようにリーマン和を用いて行うと，第2章の定義と同値である．すなわち (4.7.1) を区間 $[a,b]$ の分割

$$\Delta : x_0 = a < x_1 < x_2 < \cdots < x_n = b$$

を用いて，$\xi_j \in [x_{j-1}, x_j]\,(1 \le j \le n)$ に対し，リーマン和

$$\Sigma_\Delta = \sum_{j=1}^n f(\xi_j)(x_j - x_{j-1})$$

を作り，$|\Delta| = \max_{1 \le j \le n} |x_j - x_{j-1}| \to 0$ としたときの Σ_Δ の極限で定義する．すなわち，$|\Delta| \to 0$ のとき，分割 Δ や $\{\xi_j\}$ のとり方に依らずに Σ_Δ が同じ値に収束するならば，f は $[a,b]$ 上積分可能である．この節では，リーマン式の積分であることがわかるように，リーマン積分可能ということにし，積分 (4.7.1) に (R) をつけて

$$(\mathrm{R})\int_a^b f(x)\,dx$$

と表すことにする．

この定義は，$f:[a,b] \to [0,+\infty)$ のとき，積分 (4.7.1) が集合 $\{(x,y) \in [a,b] \times \mathbb{R}|0 \le y \le f(x)\}$ の面積を表すことがわかりやすいが，次の $[0,1]$ 上の関数（ディリクレ（Dirichlet）の関数）

$$f(x) = \begin{cases} 1 & (x \text{ が有理数}) \\ 0 & (x \text{ が無理数}) \end{cases} \qquad (4.7.2)$$

が，積分可能にならない．

問 4.7.1. (4.7.2) がリーマン積分可能でないことを示せ．

この f は人工的な関数であるが，$f_n(x) = \lim_{m \to \infty} (\cos(\pi n!\, x))^{2m}$ とおくと，

$$f(x) = \lim_{n \to \infty} f_n(x) \qquad (4.7.3)$$

と連続関数の極限で表される．したがって，$f_n\,(n = 1,2,3,\ldots)$ が区間 I 上リーマン積分可能で，$\lim_{n \to \infty} f_n$ が各点収束するからといって，$\lim_{n \to \infty} f_n$ がリーマン積分可能とはいえない．

問 4.7.2. (4.7.3) を示せ．

このことは極限操作を考える上で，不便である．このような不便を解消するため，ルベーグ（Lebesgue）

は1902年に学位論文「積分，長さ，面積」で新しい積分法（ルベーグ（式）積分）を導入した．この節の目的は，ルベーグ積分を概観することである．

4.7.1 ルベーグのアイデア

$f:[a,b] \to [0,+\infty)$ とし，集合 $\{(x,y) \in [a,b] \times \mathbb{R}|0 \le y \le f(x)\}$ の面積を S とする．リーマン積分は，区間 $[a,b]$ を分割して，S を近似するのに対し，ルベーグのアイデアは，y 軸を分割して近似するという方法である．

$$\Delta : 0 = y_0 < y_1 < y_2 < \cdots$$

かつ $\lim_{n \to \infty} y_n = \infty$ とし，

$$I_j = \{x \in [a,b]|y_{j-1} \le f(x) < y_j\}$$

とおくと，I_j は互いに素，すなわち，$j \ne k$ のとき $I_j \cap I_k = \emptyset$ であり，

$$[a,b] = \sum_{j=1}^\infty I_j$$

である．ここで，互いに素な集合の和集合を Σ で表した．以下，この節では，互いに素な集合の和集合は Σ で表すことにする．各 I_j の長さを $m(I_j)$ とし，

$$S^\Delta = \sum_{j=1}^\infty y_j\, m(I_j), \quad s^\Delta = \sum_{j=1}^\infty y_{j-1}\, m(I_j)$$

とおく．任意の分割 Δ に対し，

$$b - a = m([a,b]) = m\left(\sum_{j=1}^\infty I_j\right) = \sum_{j=1}^\infty m(I_j) \quad (4.7.4)$$

が成立すると仮定する．さらに，$\{S^\Delta\}$ が Δ のとり方に関して有界とすると

$$\sup_\Delta s^\Delta = \lim_{|\Delta| \to 0} s^\Delta = \underline{S}$$
$$\inf_\Delta S^\Delta = \lim_{|\Delta| \to 0} S^\Delta = \overline{S}$$

が成立し，さらに，付加条件なしで，$\underline{S} = \overline{S}$ となる．ただし，$|\Delta| = \sup_{j \in \mathbb{N}} |y_j - y_{j-1}|$ である．

証明 任意の $\varepsilon > 0$ に対し，$\underline{S} \le s^{\Delta'} + \varepsilon, S^{\Delta''} \le \overline{S} + \varepsilon$ となる分割 Δ', Δ'' がある．Δ', Δ'' の分点を合わせた分割を Δ''' とすると，

$$s^{\Delta'} \le s^{\Delta'''} \le S^{\Delta'''} \le S^{\Delta''}$$

が成り立つ．Δ''' に必要なら分点を加えて $|\Delta| \le \dfrac{\varepsilon}{b-a}$ となるような分割

$$\Delta : 0 = y_0 < y_1 < y_2 < \cdots$$

を作る．

$$I_j = \{x \in [a, b] \,|\, y_{j-1} \le f(x) \le y_j\}$$

とおくと,

$$0 \le S^\Delta - s^\Delta = \sum_{j=1}^\infty (y_j - y_{j-1}) m(I_j)$$
$$\le \frac{\varepsilon}{b-a} \sum_{j=1}^\infty m(I_j)$$
$$\le \frac{\varepsilon}{b-a} m([a, b]) = \varepsilon$$

したがって,

$$\underline{S} - \varepsilon \le s^{\Delta'} \le s^\Delta \le S^\Delta \le \overline{S}^{\Delta''} \le \overline{S} + \varepsilon$$

だから, $\underline{S} - \varepsilon \le s^\Delta \le \underline{S}$, $\overline{S} \le S^\Delta \le \overline{S} + \varepsilon$ である. したがって,

$$|\overline{S} - \underline{S}| \le |\overline{S} - S^\Delta| + |S^\Delta - s^\Delta| + |s^\Delta - \underline{S}|$$
$$\le \varepsilon + \varepsilon + \varepsilon = 3\varepsilon$$

が成り立つ. $\varepsilon > 0$ は任意だから, $\overline{S} = \underline{S}$ となる. □

このとき,

$$\int_a^b f(x)\,dx = (\mathrm{L}) \int_a^b f(x)\,dx = \overline{S} = \underline{S}$$

と定義する. 積分を定義する上で, (4.7.4) 以外の f に対する付加条件が必要ないことがルベーグ積分の有利な点である.

ルベーグ積分を定義するためには, (4.7.4) を満たす集合 (族) および長さを表す関数 $m(\cdot)$ を決定しなければならない. このような集合を可測集合 (measurable set) といい, $m(\cdot)$ を測度 (measure) という. 可測集合および測度 $m(\cdot)$ について, 次が成立することが必要であろう.

(1) $[a, b]$ は可測集合であり $m([a, b]) = b - a$.

(2) $E \subset [a, b]$ が可測なら $E^c = [a, b] \backslash E$ も可測であり,

$$m(E) + m(E^c) = b - a$$

(3) E_1, E_2 が可測ならば, $E_1 \cup E_2$ も可測.

(4) $E_n \subset [a, b]$ $(n = 1, 2, 3, \ldots)$ が互いに素かつ可測であるとすると $\sum_{n=1}^\infty E_n$ も可測かつ

$$m\left(\sum_{n=1}^\infty E_n\right) = \sum_{n=1}^\infty m(E_n)$$

が成り立つ.

(5) 任意の区間 $[c, d] \subset [a, b]$ に対し, $m([c, d]) = d - c$.

$[a, b]$ のすべての部分集合を可測集合ととることができれば簡単であるが, それはできないことがわかっている. したがって, 可測集合全体を定義する必要がある.

4.7.2 $\mathbb{R}$ 上のルベーグ測度

この項では, ルベーグ可測集合とそのルベーグ測度を導入しよう.

まず, 長さ 0 の集合を定義する. $a < b$ に対し, $[a, b) = \{x \in [a, b] \,|\, a \le x < b\}$ を半開区間という. $[a, \infty)$, $[-\infty, b)$ も考える.

$$[-\infty, b) = (-\infty, b) = \{x \in \mathbb{R} \,|\, x < b\}$$

とする. $[a, b)$ の長さ $|[a, b)|$ を $b - a$ と定める.

定義 4.7.1. $E \subset \mathbb{R}$ が零集合 (null set) とは, 任意の $\varepsilon > 0$ に対し, 半開区間の列 $\{I_j\}$ があって,

$$E \subset \bigcup_{j=1}^\infty I_j \quad \text{かつ} \quad \sum_{j=1}^\infty |I_j| \le \varepsilon$$

が成立するときをいう.

例 4.7.1. $N = \{x \in [a, b] \,|\, x \text{ は有理数}\}$ とおくと, N は零集合. N は可付番だから, $N = \{x_1, x_2, x_3, \cdots\}$ とできる. 任意の $\varepsilon > 0$ に対し, $I_j = \left[x_j, x_j + \dfrac{\varepsilon}{2^j}\right)$ とおくと明らかに $N \subset \bigcup_{j=1}^\infty I_j$ であって

$$\sum_{j=1}^\infty |I_j| = \sum_{j=1}^\infty \frac{\varepsilon}{2^j} = \varepsilon$$

命題 4.7.2. 開集合 $G \subset \mathbb{R}$ は, 互いに素な半開区間の列 $\{I_j\}$ があって

$$G = \sum_{j=1}^\infty I_j$$

と表される.

注意 4.7.1. 以下では, 単に $G = \sum_{j=1}^\infty I_j$ と書くと, 「互いに素な半開区間の列 $\{I_j\}$ があって $G = \sum_{j=1}^\infty I_j$ と表される」 の意味とする.

証明 $[a, b) \subset G$ $(a < b)$ となる有理数の組 (a, b) を一列に並べ, $I_j = [a_j, b_j)$ とする. このとき, $G = \bigcup_{j=1}^\infty I_j$ である. $I_j \backslash \bigcup_{k=1}^{j-1} I_k$ は, 有限個の半開区間の和となっている. それに番号をつけて J_j $(j = 1, 2, \ldots)$ とすると, $J_j \cap J_k = \emptyset$ $(j \ne k)$ かつ

$$\sum_{j=1}^\infty J_j = \bigcup_{j=1}^\infty I_j = G$$

となる. □

定理 4.7.3. 開集合 $G \subset \mathbb{R}$ が $G = \sum_{j=1}^\infty I_j$ と表されたとする. このとき, $\sum_{j=1}^\infty |I_j|$ は, $\{I_j\}$ のとり方に依らない.

証明 $G = \sum_{j=1}^\infty I_j = \sum_{k=1}^\infty J_k$ とする. $I_{j,k} = I_j \cap J_k$ とおくと, $I_{j,k}$ は半開区間である. もし,

$$|I_j| = \sum_{k=1}^\infty |I_{j,k}|, \quad |J_k| = \sum_{j=1}^\infty |I_{j,k}|$$

が示されれば,

$$\sum_{j=1}^{\infty} |I_j| = \sum_{j=1}^{\infty} \left(\sum_{k=1}^{\infty} |I_{j,k}| \right)$$
$$= \sum_{k=1}^{\infty} \left(\sum_{j=1}^{\infty} |I_{j,k}| \right)$$
$$= \sum_{k=1}^{\infty} |J_k|$$

となる. したがって, 半開区間 $I = [a, b)$ が $I = \sum_{j=1}^{\infty} I_j$ と表されているとき,

$$|I| = \sum_{j=1}^{\infty} |I_j|$$

を示せばよい. $|I| \geq \sum_{j=1}^{n} |I_j|$ だから $|I| \geq \sum_{j=1}^{\infty} |I_j|$ である. したがって, $|I| \leq \sum_{j=1}^{\infty} |I_j|$ を示せばよい. $I_j = [a_j, b_j)$ とするとき, $\varepsilon > 0$ に対し

$$J_j = \left(a_j - \frac{\varepsilon}{2^j}, b_j + \frac{\varepsilon}{2^j} \right)$$

とし, $J_0 = (b - \varepsilon/2, b + \varepsilon/2)$ とすると

$$[a, b] \subset \bigcup_{j=0}^{\infty} J_j$$

となる. これは, $[a, b]$ の開被覆である. $[a, b]$ はコンパクト集合だから, $\{J_j\}$ から有限個を選んで,

$$[a, b] \subset \bigcup_{k=1}^{K} J_{j_k}$$

とできる. したがって,

$$|I| = b - a \leq \sum_{k=1}^{K} (b_{j_k} - a_{j_k}) + 2\varepsilon \leq \sum_{j=1}^{\infty} |I_j| + 2\varepsilon.$$

すなわち, 任意の $\varepsilon > 0$ に対し

$$|I| \leq \sum_{j=1}^{\infty} |I_j| + 2\varepsilon$$

が成り立つ. ゆえに,

$$|I| \leq \sum_{j=1}^{\infty} |I_j|$$

である. $\qquad \square$

定義 4.7.4. G を開集合とする. $G = \sum_{j=1}^{\infty} I_j$, 各 I_j は半開区間とするとき, G の長さ $|G|$ を $|G| = \sum_{j=1}^{\infty} |I_j|$ で定義する.

定義 4.7.5 (ルベーグ可測). $A \subset \mathbb{R}$ がルベーグ可測であるとは, 任意の $\varepsilon > 0$ に対し, $A \subset G$ となる開集合 G と $G \backslash A \subset O$ となる開集合 O があって, $|O| \leq \varepsilon$ となることである.

このとき, A の**ルベーグ測度** $m(A)$ を

$$m(A) = \inf_{G \supset A} |G|$$

と定義する.

$\mathbb{R}$ 内のルベーグ可測集合全体を $\mathcal{L}$ とする.

命題 4.7.6. 次が成立する.
(1) $\mathbb{R} \in \mathcal{L}$.
(2) $A \in \mathcal{L}$ ならば, $A^c \in \mathcal{L}$.
(3) $A_1, A_2 \in \mathcal{L}$ ならば, $A_1 \cap A_2, A_1 \cup A_2 \in \mathcal{L}$.
(4) $A_j \in \mathcal{L}$ $(j = 1, 2, 3, \ldots)$ ならば, $\bigcup_{j=1}^{\infty} A_j \in \mathcal{L}$.

この命題の証明は略す.

問 4.7.3. 上記の命題 4.7.6 を仮定するとき, $A_j \in \mathcal{L}$ $(j = 1, 2, 3, \ldots)$ ならば, $\bigcap_{j=1}^{\infty} A_j \in \mathcal{L}$ であることを示せ.

命題 4.7.7. 次が成立する.
(1) A が開集合ならば, $A \in \mathcal{L}$.
(2) A が閉集合ならば, $A \in \mathcal{L}$.
(3) A が零集合ならば, $A \in \mathcal{L}$.

証明 (1) ルベーグ可測の定義で, $G = A, O = \emptyset$ ととればよい.

(2) 命題 4.7.6 から明らか.

(3) $\varepsilon > 0$ に対し, $A \subset \bigcup_{j=1}^{\infty} I_j$, I_j:半開区間かつ $\sum_{j=1}^{\infty} |I_j| \leq \varepsilon/2$ とする. $I_j = [a_j, b_j)$ とし, $\tilde{I}_j = (a - \varepsilon/2^{j+1}, b_j)$ とおくと $A \subset \bigcup_{j=1}^{\infty} \tilde{I}_j = O$ 開集合かつ

$$|O| \leq \sum_{j=1}^{\infty} |\tilde{I}_j| \leq \sum_{j=1}^{\infty} |I_j| + \frac{\varepsilon}{2} \leq \varepsilon.$$

したがって, 可測の定義で, $G = O, O$ を上の O ととればよい. $\qquad \square$

命題 4.7.8. ルベーグ測度 m に関し次が成立する.
(1) すべての $A \in \mathcal{L}$ に対し, $0 \leq m(A) \leq \infty$ かつ $m(\emptyset) = 0$.
(2) $A, B \in \mathcal{L}$ かつ $A \subset B$ ならば, $m(A) \leq m(B)$.
(3) $A_j \in \mathcal{L}$ $(j = 1, 2, 3, \ldots)$ かつ $A_j \cap A_k \neq \emptyset$ $(j \neq k)$ ならば,

$$m\left(\sum_{n=1}^{\infty} A_n \right) = \sum_{n=1}^{\infty} m(A_n).$$

(4) $a \leq b$ を満たす任意の $a, b \in \mathbb{R}$ に対し

$$m((a, b)) = m([a, b)) = m((a, b]$$
$$= m([a, b]) = b - a.$$

証明 (1) 任意の開集合 U に対し, $\emptyset \subset U$ が成り立つから

$$m(\emptyset) = \inf_{U:開集合} |U| = 0.$$

(2) $A \subset B$ のとき, $B \subset G$ なる開集合 G に対し

$A \subset G$ だから，$m(A) \leq |G|$ である．両辺に対し，$B \subset G$ を満たす G に関する inf をとると $m(A) \leq m(B)$ である． □

(3) の証明は省略する．

命題 4.7.9. $A_n \in \mathcal{L}\,(n = 1, 2, 3, \ldots)$ とし，

$$A_1 \subset A_2 \subset \cdots \subset A_n \subset \cdots$$

とすると，

$$\lim_{n \to \infty} m(A_n) = m\left(\bigcup_{n=1}^{\infty} A_n\right)$$

が成り立つ．

証明 $B_1 = A_1,\ B_n = A_n \backslash A_{n-1}\,(n = 2, 3, \ldots)$ とおくと $B_n \in \mathcal{L}\,(n = 1, 2, 3, \ldots)$ かつ互いに素である．したがって，定理 4.7.8(3) より

$$m\left(\bigcup_{n=1}^{\infty} A_n\right) = m\left(\sum_{n=1}^{\infty} B_n\right)$$
$$= \sum_{n=1}^{\infty} m(B_n)$$
$$= \lim_{n \to \infty} \sum_{k=1}^{n} m(B_k)$$
$$= \lim_{n \to \infty} m\left(\sum_{k=1}^{n} B_k\right)$$
$$= \lim_{n \to \infty} m(A_n)$$

となる． □

命題 4.7.10. $A, B \in \mathcal{L},\ A \subset B$ かつ $m(B) < \infty$ のとき，

$$m(B \backslash A) = m(B) - m(A) \qquad (4.7.5)$$

が成り立つ．

注意 4.7.2. $m(B) < \infty$ は，$m(B)$ が有限な実数であることを意味する．

証明 $B \backslash A + A = B$ だから，命題 4.7.8(3) より

$$m(B \backslash A) + m(A) = m(B)$$

が成り立つ．$m(A) \leq m(B) < \infty$ だから，両辺から $m(A)$ を引くと (4.7.5) を得る． □

命題 4.7.11. $A_n \in \mathcal{L}\,(n = 1, 2, 3, \ldots)$ とし，

$$A_1 \supset A_2 \supset \cdots \supset A_n \supset \cdots$$

かつ $m(A_1) < \infty$ とすると，

$$\lim_{n \to \infty} m(A_n) = m\left(\bigcap_{n=1}^{\infty} A_n\right) \qquad (4.7.6)$$

が成り立つ．

証明

$$A_1 \backslash A_n = A_1 \backslash A_2 + A_2 \backslash A_3 + \cdots + A_{n-1} \backslash A_n$$

だから，

$$\bigcup_{n=1}^{\infty} A_1 \backslash A_n = \sum_{n=1}^{\infty} A_n \backslash A_{n+1}$$

である．命題 4.7.8 より，

$$m\left(\bigcup_{n=1}^{\infty} A_1 \backslash A_n\right) = \sum_{n=1}^{\infty} m\left(A_n \backslash A_{n+1}\right) \qquad (4.7.7)$$

である．

$$(4.7.7) \text{ の左辺} = m\left(A_1 \backslash \bigcap_{n=1}^{\infty} A_n\right)$$
$$= m(A_1) - m\left(\bigcap_{n=1}^{\infty} A_n\right)$$

であり，命題 4.7.10 を用いると

$$(4.7.7) \text{ の右辺} = \lim_{n \to \infty} \sum_{k=1}^{n} \left(m(A_k) - m(A_{k+1})\right)$$
$$= \lim_{n \to \infty} \left(m(A_1) - m(A_n)\right)$$

である．$m(A_1) < \infty$ だから，(4.7.6) を得る． □

4.7.3 ルベーグ可測関数

この項では，$\mathbb{R}$ 上の関数を考える．考える関数の値域には，$\mathbb{R}$ だけでなく，$\pm\infty$ も入れたほうが都合が良い．$\overline{\mathbb{R}} = \mathbb{R} \cup \{\pm\infty\}$ の元を**広義の実数**という．$\mathbb{R}$ の元を**有限な実数**とよぶことにする．$\overline{\mathbb{R}}$ の加減，大小，席，絶対値を以下で定義する．

加減 $a \in \mathbb{R}$ とするとき

$$a + (\pm\infty) = (\pm\infty) + a = \pm\infty$$
$$(\pm\infty) - a = \pm\infty$$
$$a - (\pm\infty) = \mp\infty$$
$$(\pm\infty) + (\pm\infty) = \pm\infty$$
$$(\pm\infty) - (\mp\infty) = \pm\infty$$

また，$(\pm\infty) - (\pm\infty)$, $(\pm\infty) + (\mp\infty)$ は定義しない．ただし，上記の複号はすべて同順とする．

大小 $a \in \mathbb{R}$ に対し，$-\infty < a < +\infty$

積 $a > 0$ のとき，

$$a \cdot (\pm\infty) = (\pm\infty) \cdot a = \pm\infty$$

とし，$a < 0$ のとき，

$$a \cdot (\pm\infty) = (\pm\infty) \cdot a = \mp\infty.$$

とする．また，

$$0 \cdot (\pm\infty) = (\pm\infty) \cdot 0 = 0$$

と定める. (すべて, 複号同順.)

絶対値 $|\pm\infty| = +\infty$.

以下では, $\{x \in \overline{\mathbb{R}} | 0 \leq x\}$ を $[0, \infty]$ などと表す.

定義 4.7.12. 関数 $f : \mathbb{R} \to \overline{\mathbb{R}}$ がルベーグ可測 (Lebesgue measurable) であるとは, 任意の $a \in \mathbb{R}$ に対し,

$$\{x \in \mathbb{R} | f(x) > a\} \in \mathcal{L}$$

が成り立つときをいう.

このとき, f を $\mathbb{R}$ 上のルベーグ可測関数 (Lebesgue measurable function) という. また, f の定義域が $S \in \mathcal{L}$ のときは, 任意の $a \in \mathbb{R}$ に対し,

$$\{x \in S | f(x) > a\} \in \mathcal{L}$$

であるとき, f を S 上ルベーグ可測であるという. 以下では, 簡単のため

$$[f > a] = \{x \in \mathbb{R} | f(x) > a\}$$
$$[f \geq a] = \{x \in \mathbb{R} | f(x) \geq a\}$$
$$[f < a] = \{x \in \mathbb{R} | f(x) < a\}$$
$$[f \leq a] = \{x \in \mathbb{R} | f(x) \leq a\}$$

と略記する.

命題 4.7.13. $f : \mathbb{R} \to \overline{\mathbb{R}}$ に対し, 次は同値.
(1) 任意の $a \in \mathbb{R}$ に対し, $[f > a] \in \mathcal{L}$.
(2) 任意の $a \in \mathbb{Q}$ に対し, $[f > a] \in \mathcal{L}$.
(3) 任意の $a \in \mathbb{R}$ に対し, $[f \geq a] \in \mathcal{L}$.
(4) 任意の $a \in \mathbb{R}$ に対し, $[f < a] \in \mathcal{L}$.
(5) 任意の $a \in \mathbb{R}$ に対し, $[f \leq a] \in \mathcal{L}$.

証明 (1)⇒(2) は明らか.
(2)⇒(1) は,

$$[f > a] = \bigcup_{\substack{r \in \mathbb{Q} \\ r > a}} [f > r]$$

であることを用いればよい. $\mathcal{L}$ の元の可算個の和集合は $\mathcal{L}$ の元である (命題 4.7.6) から, $[f > a] \in \mathcal{L}$ がわかる.

(1)⇒(3)

$$[f \geq a] = \bigcap_{n \in \mathbb{N}} \left[f > a - \frac{1}{n}\right]$$

である. 問題 4.7.3 から $[f \geq a] \in \mathcal{L}$ がわかる.
(3)⇒(1) は,

$$[f > a] = \bigcup_{n \in \mathbb{N}} \left[f \geq a + \frac{1}{n}\right]$$

を用いればよい.

(1)⇔(5) は $[f \leq a] = ([f > a])^c$ を用いればよい.

同様にして, (3)⇔(4) を得る. □

$f_n : \mathbb{R} \to \overline{\mathbb{R}} (n = 1, 2, 3 \dots)$ とするとき, 各 $x \in \mathbb{R}$ に対して $\sup_{n \in \mathbb{N}} \{f_n(x)\}$ を与える関数を $\sup_{n \in \mathbb{N}} f_n$ と書くことにする. $\inf_{n \in \mathbb{N}} f_n$, $\overline{\lim}_{n \to \infty} f_n$, $\underline{\lim}_{n \to \infty} f_n$ も同様に定める.

命題 4.7.14. $n = 1, 2, 3, \dots$ に対し, $f_n : \mathbb{R} \to \overline{\mathbb{R}}$ がルベーグ可測であるとき,

$$\sup_{n \in \mathbb{N}} f_n, \quad \inf_{n \in \mathbb{N}} f_n, \quad \overline{\lim_{n \to \infty}} f_n, \quad \underline{\lim_{n \to \infty}} f_n$$

はルベーグ可測である. したがって, $\lim_{n \to \infty} f_n$ が存在するとき, $\lim_{n \to \infty} f_n$ はルベーグ可測である.

以下では, 記述を簡単にするため, $\sup_{n \in \mathbb{N}} f_n$ をしばしば $\sup_n f_n$ と書く. また, この命題の証明には, 記述を簡単にするため, 命題 4.7.6 と命題 4.7.13 を断りなしに用いることがある.

証明 $a \in \mathbb{R}$ に対し

$$\sup_n f_n(x) \leq a \ \Leftrightarrow \ \forall n \in \mathbb{N} \text{ に対し } f_n(x) \leq a$$

だから,

$$[\sup_n f_n \leq a] = \bigcap_{n=1}^{\infty} [f_n \leq a]$$

である. $[f_n \leq a]$ はルベーグ可測だから, $[\sup_n f_n \leq a]$ もルベーグ可測である. したがって, 命題 4.7.13 により $\sup_n f_n$ もルベーグ可測である.

$\inf_{n \in \mathbb{N}} f_n$ については,

$$\left[\inf_n f_n \geq a\right] = \bigcap_{n=1}^{\infty} [f_n \geq a]$$

を用いればよい.

上で示したことから, 任意の $n \in \mathbb{N}$ に対し, $\sup_{k \geq n} f_k$ はルベーグ可測であるから, 再び, 上で示したことを用いると

$$\overline{\lim_{n \to \infty}} f_n = \inf_n \sup_{k \geq n} f_k$$

はルベーグ可測である.

同様にして, $\underline{\lim}_{n \to \infty} f_n$ もルベーグ可測であることがわかる. □

命題 4.7.15. $f, g : \mathbb{R} \to \mathbb{R}$ がルベーグ可測であるとする. このとき, $\alpha \in \mathbb{R}$ に対し

$$f+g,\ \alpha f,\ f^2,\ fg$$

もルベーグ可測である.

証明 $a \in \mathbb{R}$ とする.

$$f(x) + g(x) > a$$

$\Leftrightarrow$ ある $r \in \mathbb{Q}$ があって $f(x) > r$ かつ $g(x) > a - r$

であるから,

$$[f+g > a] = \bigcup_{r \in \mathbb{Q}} \{[f > r] \cap [g > a - r]\}$$

である. したがって, $[f+g > a]$ はルベーグ可測となり, $f+g$ がルベーグ可測関数であることがわかる.
$\alpha > 0$ のとき, $[\alpha f > a] = \left[f > \dfrac{a}{\alpha}\right]$ だから, αf はルベーグ可測. $\alpha < 0$ のときも同様である.
f^2 については, $a > 0$ のとき

$$[f^2 \geq a] = [f \geq \sqrt{a}] \cup [f \leq -\sqrt{a}]$$

であることを用いればよい.
fg については,

$$fg = \frac{1}{4}\{(f+g)^2 - (f-g)^2\}$$

であることと上で示したことを組み合わせればよい.
$\square$

命題 4.7.16. $f : \mathbb{R} \to \overline{\mathbb{R}}$ はルベーグ可測とし, $\alpha > 0$ とすると $|f|, |f|^\alpha$ はルベーグ可測である.

証明 $a \in \mathbb{R}$ とすると

$$|f(x)| > a \Leftrightarrow f(x) > a \ \text{または} \ f(x) < -a$$

だから,

$$[|f| > a] = [f > a] \cup [f < -a]$$

である. したがって, $|f|$ はルベーグ可測である.
$a \geq 0$ のとき $[|f|^\alpha > a] = [|f| > a^{1/\alpha}]$ であり, $a < 0$ のとき, $[|f|^\alpha > a] = \mathbb{R} \in \mathcal{L}$ であるから, $|f|^\alpha$ はルベーグ可測である.
$\square$

4.7.4 ルベーグ積分の定義

$A \subset \mathbb{R}$ に対し

$$\chi_A(x) = \begin{cases} 1 & (x \in A) \\ 0 & (x \notin A) \end{cases}$$

を A の **定義関数 (characteristic function)** という. $s : \mathbb{R} \to [0, \infty)$ が相異なる数 $\alpha_1, \cdots, \alpha_N \in [0, \infty)$ と互いに素な $A_j \in \mathcal{L}\,(j = 1, 2, \ldots, N)$ に対し,

$$s(x) = \sum_{j=1}^{N} \alpha_j \chi_{A_j}(x)$$

であるとき, s を (非負値可測) **単関数 (simple function)** という. 特に断らなければ, 単関数は非負値可測単関数を意味するものとする.
$E \in \mathcal{L}$ とし, $s = \sum_{j=1}^{N} \alpha_j \chi_{A_j}$ を $\mathbb{R}$ 上の単関数とするとき,

$$\int_E s(x)\,dx = \sum_{j=1}^{N} \alpha_j m(A_j \cap E)$$

と定義する.

$f : \mathbb{R} \to [0, \infty]$ がルベーグ可測であるとき, f の E 上での **ルベーグ積分 (Lebesgue integral)** $\int_E f(x)\,dx$ を

$$\int_E f(x)\,dx = \sup_{0 \leq s \leq f} \int_E s(x)\,dx$$

と定義する. ただし, $\sup_{0 \leq s \leq f}$ は, $0 \leq s \leq f$ を E 上で満たす単関数 $s(x)$ に関する上限である.

注意 4.7.3. f が単関数のとき, 積分の定義が2つあるが, それは一致する. そのとき, f が $s \leq f$ を満たす最大の単関数だからである.

命題 4.7.17. ルベーグ可測関数 $f : \mathbb{R} \to [0, \infty]$ に対し, 単調増加な単関数列 s_n があって,

$$\lim s_n(x) = f(x)\,(\forall x \in \mathbb{R})$$

が成立する. ここで, 単関数 s_n が単調増加とは, すべての $x \in \mathbb{R}$ に対し

$$0 \leq s_1(x) \leq s_2(x) \leq \cdots \leq s_n(x) \leq \cdots$$

を満たすことである.

証明 n を自然数とし,

$$s_n(x) = \begin{cases} 0 & (0 \leq f(x) < \frac{1}{2^n} \text{ のとき}) \\ \dfrac{1}{2^n} & (\frac{1}{2^n} \leq f(x) < \frac{2}{2^n} \text{ のとき}) \\ \cdots\cdots & \\ \dfrac{n2^n - 1}{2^n} & (\frac{n2^n - 1}{2^n} \leq f(x) < n \text{ のとき}) \\ n & (n \leq f(x) \text{ のとき}) \end{cases}$$

とおくと s_n は単関数である. $x \in \mathbb{R}$ を固定する. $f(x) \in [0, \infty)$ のとき, $f(x) < n_0$ を満たす $n_0 \in \mathbb{N}$ がある. $n \geq n_0$ のとき, ある $j \in \mathbb{N}$ があって

$$s_n(x) = \frac{j-1}{2^n} \leq f(x) < \frac{j}{2^n}$$

である. したがって, $|f(x) - s_n(x)| < \dfrac{1}{2^n}$. ゆえに, $n \to \infty$ のとき, $s_n(x) \to f(x)$.

$f(x) = \infty$ のとき，$s_n(x) = n$ だから，$n \to \infty$ のとき $s_n(x) \to \infty = f(x)$.

以上より，すべての $x \in \mathbb{R}$ に対し

$$\lim_{n \to \infty} s_n(x) = f(x)$$

が成り立つ． $\square$

$f : \mathbb{R} \to \overline{\mathbb{R}}$ がルベーグ可測とし，$E \in \mathcal{L}$ とする．

$$f_+(x) = \begin{cases} f(x), & f(x) \geq 0, \\ 0, & f(x) < 0, \end{cases}$$

$$f_-(x) = \begin{cases} 0, & f(x) \geq 0, \\ -f(x), & f(x) < 0, \end{cases}$$

とおくと，f_+，f_- はルベーグ可測で，$f(x) = f_+(x) - f_-(x)$ である．したがって，$\int_E f_+(x)\,dx$，$\int_E f_-(x)\,dx$ が定義できるが，そのうち少なくともどちらか一方が有限のとき，

$$\int_E f(x)\,dx = \int_E f_+(x)\,dx - \int_E f_-(x)\,dx$$

と定義する．

$\int_E f(x)\,dx$ が有限のとき，f は E 上ルベーグ積分可能 (Lebesgue integrable) またはルベーグ可積分であるという．

$f : \mathbb{R} \to \mathbb{C}$ のときは，$\mathrm{Re}\,f$，$\mathrm{Im}\,f$ がともに E 上ルベーグ可積分のとき

$$\int_E f(x)\,dx = \int_E \mathrm{Re}\,f(x)\,dx + i \int_E \mathrm{Im}\,f(x)\,dx$$

と定義し，E 上ルベーグ積分可能またはルベーグ可積分であるという．

命題 4.7.18. $f, g : \mathbb{R} \to [0, \infty]$ はルベーグ可測とし，$E, A, B \in \mathcal{L}$ のとき，次が成立する．

(1) $f \leq g$ ならば

$$\int_E f(x)\,dx \leq \int_E g(x)\,dx$$

が成り立つ．

(2) $A \subset B$, $f \geq 0$ ならば，

$$\int_A f(x)\,dx \leq \int_B f(x)\,dx$$

が成り立つ．

(3) $0 \leq c < \infty$ を定数とするとき

$$\int_E c f(x)\,dx = c \int_E f(x)\,dx$$

が成り立つ．

(5) すべての $x \in E$ に対して $f(x) = 0$ ならば，
$$\int_E f(x)\,dx = 0.$$

(6) $m(E) = 0$ ならば，$\int_E f(x)\,dx = 0.$

(7)
$$\int_E f(x)\,dx = \int_{\mathbb{R}} \chi_E(x) f(x)\,dx.$$

証明 (6) のみ示す．s を $\mathbb{R}$ 上の単関数とすると

$$\int_E s(x)\,dx = \int_{\mathbb{R}} \chi_E(x) s(x)\,dx$$

であるが，s を $0 \leq s \leq f$ を満たす単関数とするとき，$0 \leq \chi_E s \leq \chi_E f$ だから，上式の左辺は

$$\sup_{0 \leq s \leq f} \int_E s(x)\,dx = \int_E f(x)\,dx$$

であり，右辺は

$$\sup_{0 \leq s \leq f} \int_{\mathbb{R}} \chi_E(x) s(x)\,dx = \sup_{0 \leq s \leq \chi_E f} \int_{\mathbb{R}} s(x)\,dx$$

$$= \int_{\mathbb{R}} \chi_E(x) f(x)\,dx$$

である．したがって，(6) が示された． $\square$

問 4.7.4. 命題 4.7.18 の (1) から (5) を示せ．

注意 4.7.4. 命題 4.7.18 の (6) から，$E \in \mathcal{L}$ として E 上の積分を考察する代わりに，$\mathbb{R}$ 上の積分についてのみ議論すれば十分であることがわかる．

4.7.5 ルベーグ積分の性質

次の定理は大変有用である．

定理 4.7.19 (ルベーグの単調収束定理). ルベーグ可測関数列 $f_n : \mathbb{R} \to [0, \infty]$ ($n = 1, 2, \ldots$) が単調増加，すなわち，任意の $x \in \mathbb{R}$ に対し，

$$f_1(x) \leq f_2(x) \leq \cdots \leq f_n(x) \leq \cdots$$

を満たすとする．このとき，$\lim_{n \to \infty} f_n(x) = f(x)$ とおくと f は $\mathbb{R}$ 上ルベーグ可測で

$$\lim_{n \to \infty} \int_{\mathbb{R}} f_n(x)\,dx = \int_{\mathbb{R}} f(x)\,dx \qquad (4.7.8)$$

が成り立つ．

証明 命題 4.7.14 から，$f(x)$ は $\mathbb{R}$ 上ルベーグ可測である．

この証明では，$\int_{\mathbb{R}}$ を $\int$ と書くことにする．任意の $x \in \mathbb{R}$ に対し，$f_n(x) \leq f(x)$ だから

$$\int f_n(x)\,dx \leq \int f(x)\,dx$$

となる．ここで，$n \to \infty$ とすると，

$$\lim_{n \to \infty} \int f_n(x)dx \leq \int f(x)dx$$

を得る. したがって,

$$\lim_{n \to \infty} \int f_n(x)dx \geq \int f(x)dx \qquad (4.7.9)$$

を示せばよい.

$0 \leq s \leq f$ を満たす単関数をとる. $0 < c < 1$ に対し

$$E_n = \{x \in \mathbb{R} \mid f_n(x) \geq cs(x)\} \quad (n = 1, 2, 3, \ldots)$$

とおくと, すべての n で $E_n \in \mathcal{L}$ で,

$$E_1 \subset E_2 \subset \cdots \subset E_n \subset \cdots$$

かつ

$$\bigcup_{n=1}^{\infty} E_n = \mathbb{R}$$

を満たす.

問 4.7.5. これを示せ.

E_n 上 $f_n(x) \geq cs(x)$ だから,

$$c \int_{E_n} s(x)dx \leq \int_{E_n} f_n(x)dx \leq \int f_n(x)dx \quad (4.7.10)$$

である. $s(x) = \sum_{j=1}^{N} \alpha_j \chi_{A_j}(x)$ とすると

$$\int_{E_n} s(x)dx = \sum_{j=1}^{N} \alpha_j m(E_n \cap A_j)$$

であるが, 命題 4.7.9 から

$$\lim_{n \to \infty} m(E_n \cap A_j) = m(A_j)$$

だから,

$$\lim_{n \to \infty} \int_{E_n} s(x)dx$$
$$= \lim_{n \to \infty} \sum_{j=1}^{N} \alpha_j m(E_n \cap A_j)$$
$$= \sum_{j=1}^{N} \alpha_j m(A_j)$$
$$= \int_{\mathbb{R}} s(x)dx$$

である. したがって, (4.7.10) で $n \to \infty$ とすると

$$c \int_{\mathbb{R}} s(x)dx \leq \lim_{n \to \infty} \int_{\mathbb{R}} f_n(x)dx$$

を得る. $0 < c < 1$ は任意にとったから

$$\int_{\mathbb{R}} s(x)dx \leq \lim_{n \to \infty} \int_{\mathbb{R}} f_n(x)dx$$

であるが, ここで, s に関する上限をとると (4.7.9) を得る. □

定理 4.7.20. $f_n : \mathbb{R} \to [0, \infty] (n = 1, 2, 3, \ldots)$ をルベーグ可測関数列とし, $f(x) = \sum_{n=1}^{\infty} f_n(x)$ とする. このとき,

$$\int_{\mathbb{R}} f(x)dx = \sum_{n=1}^{\infty} \int_{\mathbb{R}} f_n(x)dx$$

が成り立つ.

補題 4.7.21 (ファトゥー (Fatou) の補題). $f_n : \mathbb{R} \to [0, \infty] (n = 1, 2, 3, \ldots)$ がルベーグ可測関数列のとき,

$$\int_{\mathbb{R}} \left(\varliminf_{n \to \infty} f_n(x) \right)dx \leq \varliminf_{n \to \infty} \int_{\mathbb{R}} f_n(x)dx$$

が成り立つ.

証明 $g_n(x) = \inf_{k \geq n}(x)$ とおくと, g_n は $\mathbb{R}$ 上可測単調増加で,

$$\varliminf_{n \to \infty} f_n(x) = \lim_{n \to \infty} g_n(x)$$

である. ルベーグの単調収束定理 (定理 4.7.19) から

$$\int_{\mathbb{R}} \left(\varliminf_{n \to \infty} f_n(x) \right)dx = \lim_{n \to \infty} \int_{\mathbb{R}} g_n(x)\,dx \quad (4.7.11)$$

を得る. 一方, $g_n(x) \leq f_n(x)$ だから $\int_{\mathbb{R}} g_n(x)dx \leq \int_{\mathbb{R}} f_n(x)dx$ であるが, この両辺の下極限をとると

$$\varliminf_{n \to \infty} \int_{\mathbb{R}} g_n(x)dx \leq \varliminf_{n \to \infty} \int_{\mathbb{R}} f_n(x)dx \quad (4.7.12)$$

を得る. (4.7.11) と (4.7.12) から結論を得る. □

定理 4.7.22. ルベーグ積分は線形性をもつ. すなわち, $f, g : \mathbb{R} \to \mathbb{C}$ はルベーグ可測かつ可積分とすると, $\alpha, \beta \in \mathbb{C}$ ならば, $\alpha f + \beta g$ は $\mathbb{R}$ 上ルベーグ可測かつ可積分で

$$\int_{\mathbb{R}} \{\alpha f(x) + \beta g(x)\}dx = \alpha \int_{\mathbb{R}} f(x)dx + \beta \int_{\mathbb{R}} g(x)dx$$

が成り立つ.

定理 4.7.23 (ルベーグの優収束定理). $f_n : \mathbb{R} \to \mathbb{C}(n = 1, 2, 3, \ldots)$ をルベーグ可測関数列とし, 任意の $x \in \mathbb{R}$ に対し, $\lim_{n \to \infty} f_n(x)$ が存在するとする. このとき, ルベーグ可測かつ可積分な関数 $g : \mathbb{R} \to [0, \infty]$ が存在して

$$|f_n(x)| \leq g(x) \quad (\forall x \in \mathbb{R}, \forall n \in \mathbb{N})$$

を満たすならば,

$$\lim_{n \to \infty} \int_{\mathbb{R}} f_n(x)dx = \int_{\mathbb{R}} \lim_{n \to \infty} f_n(x)dx$$

が成り立つ.

証明 f_n が複素数値の場合には, 実部と虚部に分けて考えればよいから, $f_n : \mathbb{R} \to \mathbb{R}$ のときに示せば十分である. $f(x) = \lim_{n \to \infty} f_n(x)$ とおく. すべての $x \in \mathbb{R}$, $n \in \mathbb{N}$ に対して $g(x) - f_n(x) \geq 0$ であるから, ファトゥーの補題 (補題 4.7.21) より,

$$\int \lim_{n\to\infty}(g(x)-f_n(x))dx \le \varliminf_{n\to\infty}\int(g(x)-f_n(x))dx$$

であるから，

$$\int g(x)dx - \int f(x)dx$$
$$\le \int g(x)dx - \varlimsup_{n\to\infty}\int f_n(x)dx$$

を得る．$g(x)+f_n(x)\ge 0$ に対し同様の議論から

$$\int g(x)dx + \int f(x)dx$$
$$\le \int g(x)dx + \varliminf_{n\to\infty}\int f_n(x)dx$$

を得る．$\int g(x)dx$ は有限な実数だから，上記等式の両辺から引くと

$$\varlimsup_{n\to\infty}\int f_n(x)dx \le \int f(x)dx \le \varliminf_{n\to\infty}\int f_n(x)dx$$

を得る．したがって $\lim_{n\to\infty}\int f_n(x)dx$ は存在して $\lim_{n\to\infty}\int f_n(x)dx = \int f(x)dx$ を得る． $\square$

この定理は，解析学を学ぶ上で不可欠なものであり，定理の主張を記憶しいつでも使えるようにしておかなければならない．

4.7.6 ルベーグの優収束定理の応用

定理 4.7.24（積分記号下の微分）．$f:\mathbb{R}\times[a,b]\to\mathbb{C}$ とし，任意の $t\in[a,b]$ に対し，$f(x,t)$ は x についてルベーグ可積分で，任意の $x\in\mathbb{R}$ に対し $f(x,t)$ は t について $[a,b]$ 上微分可能とする．

$$\left|\frac{\partial f}{\partial t}(x,t)\right| \le g(x) \quad (\forall x\in\mathbb{R},\ \forall t\in[a,b])$$

を満たす $\mathbb{R}$ 上の可積分な関数 g 存在するならば，$\int_{-\infty}^{\infty}f(x,t)dx$ は $[a,b]$ 上微分可能で，任意の $t\in[a,b]$ に対して

$$\frac{d}{dt}\int_{-\infty}^{\infty}f(x,t)dx = \int_{-\infty}^{\infty}\frac{\partial f}{\partial t}(x,t)dx \quad (4.7.13)$$

が成り立つ．

証明 $t_0\in[a,b]$ を固定する．簡単のため，$t_0\in(a,b)$ とし，f は実数値とする．$f(t,x)$ は t に関し $t=t_0$ で微分可能だから，任意の 0 に収束する点列 $t_n\in[a,b]$ に対し，

$$\lim_{n\to\infty}\frac{f(x,t_0+t_n)-f(x_0,t_0)}{t_n} = \frac{\partial f}{\partial t}(x,t_0)$$

である．平均値の定理から $0<\xi<t_n$ または $0>\xi>t_n$ を満たす ξ があって

$$F_n(x) = \frac{f(x,t_0+t_n)-f(x_0,t_0)}{t_n} = \frac{\partial f}{\partial t}(x,t_0+\xi)$$

だから，定理の仮定から

$$|F_n(x)| = \left|\frac{\partial f}{\partial t}(x,t_0+\xi)\right| \le g(x)$$

である．したがって，F_n に対しルベーグの優収束定理を使うことができて

$$\lim_{n\to\infty}\frac{\int_{-\infty}^{\infty}f(x,t_0+t_n)dx - \int_{-\infty}^{\infty}f(x,t_0)dx}{t_n}$$
$$= \lim_{n\to\infty}\int_{-\infty}^{\infty}F_n(x)dx$$
$$= \int_{-\infty}^{\infty}\frac{\partial f}{\partial t}(x,t_0)dx$$

が成立する．これが，任意の 0 に収束する数列 t_n で成立するから，$\int_{-\infty}^{\infty}f(x,t)dx$ は (a,b) 上微分可能で (4.7.13) を満たす．$t_0=a,b$ のときも同様である． $\square$

例 4.7.2. $\int_{-\infty}^{\infty}e^{-x^2}\cos(tx)dx$ を求めよ．

$f(t,x)=e^{-x^2}\cos(tx)$ とおくと，f は連続だからすべての $t\in\mathbb{R}$ について可測，かつ，$|f(t,x)|\le e^{-x^2}$ だから可積分である．そして，

$$\left|\frac{\partial f}{\partial t}(t,x)\right| \le |-xe^{-x^2}\sin(tx)| \le xe^{-x^2}$$

で，最左辺は t によらない可積分関数だから，定理 4.7.24 の仮定を満たす．したがって，

$$F(t) = \int_{-\infty}^{\infty}e^{-x^2}\cos(tx)dx$$

とおくと，$F(t)$ は $\mathbb{R}$ 上微分可能で，

$$F'(t) = -\int_{-\infty}^{\infty}xe^{-x^2}\sin(tx)dx.$$

部分積分法を用いると，

$$F'(t) = -\lim_{R\to\infty}\int_{-R}^{R}xe^{-x^2}\sin(tx)dx$$
$$= \lim_{R\to\infty}\left[-\frac{1}{2}e^{-x^2}\cos(tx)\right]_{-R}^{R}$$
$$\qquad -\lim_{R\to\infty}\int_{-R}^{R}\frac{1}{2}e^{-x^2}t\cos(tx)dx$$
$$= -\frac{t}{2}F(t)$$

であり，$F(0)=\int_{-\infty}^{\infty}e^{-x^2}=\sqrt{\pi}$ である．これを解くと，$F(t)=f(0)e^{-t^2/4}=\sqrt{\pi}e^{-t^2/4}$ を得る．

4.7.7 ルベーグ積分に関するノート

紙面の都合で，命題 4.7.6 と命題 4.7.8 の (3) の証明は省略した．命題 4.7.6 の証明は，直接行うこともできるが，カラテオドリ（Carateodory）の方法でルベーグ測度を構成すると証明しやすい（[2] 参照）．命題 4.7.8 の (3) の証明は，多くのルベーグ積分の教科書で紹介されている（[2] 参照）．

最後に，紹介しきれなかったルベーグ積分論で重要

な定理を結果のみ記しておこう．次の定理は，フビニ (Fubini) の定理とよばれ，積分の順序交換を保証するものである．

定理 4.7.25（（正値関数に対する）フビニの定理）．$\mathbb{R}^{m+n} = \mathbb{R}_x^m \times \mathbb{R}_y^n$ 上のルベーグ可測関数 $f(x,y)$ は，0以上の広義実数をとるとする．このとき，次が成立する．

(1) ほとんどすべての $y \in \mathbb{R}^n$ に対し，$f(x,y)$ は x の関数としてルベーグ可測である．また，ほとんどすべての $x \in \mathbb{R}^m$ に対し，$f(x,y)$ は y の関数としてルベーグ可測である．

(2) $\int_{\mathbb{R}^m} f(x,y)dx$ は，y の関数としてルベーグ可測であり，$\int_{\mathbb{R}^n} f(x,y)dy$ は，x の関数としてルベーグ可測であって，

$$\int_{\mathbb{R}^{m+n}} f(x,y)dxdy$$
$$= \int_{\mathbb{R}^n}\left\{\int_{\mathbb{R}^m} f(x,y)dx\right\}dy$$
$$= \int_{\mathbb{R}^m}\left\{\int_{\mathbb{R}^n} f(x,y)dy\right\}dx$$

が成立する．

定理 4.7.26（フビニの定理）．$f(x,y)$ は $\mathbb{R}^{m+n} = \mathbb{R}_x^m \times \mathbb{R}_y^n$ 上のルベーグ可積分関数とする．すなわち，ルベーグ可測であって

$$\int_{\mathbb{R}^{m+n}} |f(x,y)|dxdy < \infty$$

とする．このとき，次が成立する．

(1) ほとんどすべての $y \in \mathbb{R}^n$ に対し，$f(x,y)$ は x の関数として $\mathbb{R}^m$ 上ルベーグ可積分である．また，ほとんどすべての $x \in \mathbb{R}^m$ に対し，$f(x,y)$ は y の関数として $\mathbb{R}^n$ 上ルベーグ可積分である．

(2) $\int_{\mathbb{R}^m} f(x,y)dx$ は，y の関数としてルベーグ可積分であり，$\int_{\mathbb{R}^n} f(x,y)dx$ は，y の関数としてルベーグ可積分であって

$$\int_{\mathbb{R}^{m+n}} f(x,y)dxdy$$
$$= \int_{\mathbb{R}^n}\left\{\int_{\mathbb{R}^m} f(x,y)dx\right\}dy$$
$$= \int_{\mathbb{R}^m}\left\{\int_{\mathbb{R}^n} f(x,y)dy\right\}dx$$

が成立する．

ルベーグは，微積分学の基本定理に関しても徹底的に考察している．大学1年次に習う微積分学の基本定理は次の形である．

定理 4.7.27（微積分学の基本定理）．$f:[a,b] \to \mathbb{R}$ が C^1 級ならば，任意の $x \in [a,b]$ に対し

$$f(x) = f(a) + \int_a^x f'(t)dt \qquad (4.7.14)$$

が成立する．

しかし，このような性質をもつ関数は，C^1 級に限らない．例えば，$[-1,1]$ 上の関数 $f(x) = |x|$ は，$x = 0$ では微分可能ではないが，それ以外の点では微分可能で (4.7.14) を満たす．

問 4.7.6. これを示せ．

ルベーグは (4.7.14) が成り立つための必要十分条件は，f が絶対連続であることを示した．f が絶対連続であることの定義は以下の通り．

定義 4.7.28（絶対連続）．$f:[a,b] \to \mathbb{C}$ が $[a,b]$ 上絶対連続であるとは，任意の $\epsilon > 0$ に対し，ある $\delta > 0$ があって，任意の自然数 N と任意の $x_j, y_j \in [a,b] (j = 1,2,\ldots,N)$ に対し

$$\sum_{j=1}^N |x_j - y_j| \le \delta$$

ならば，

$$\sum_{j=1}^N |f(x_j) - f(y_j)| \le \epsilon$$

が成り立つときをいう．

ルベーグが示した究極の微積分学の基本定理は以下である．

定理 4.7.29. $f:[a,b] \to \mathbb{R}$ が $[a,b]$ 上絶対連続ならば，f は $[a,b]$ 上ほとんどいたるところ微分可能であって，(4.7.14) が成り立つ．

参考文献

[1] 森田紀一：位相空間論，岩波書店 (1981).
[2] 中村周：フーリエ解析，朝倉書店 (2003).
[3] 宮島静雄：微分積分学 II，共立出版 (2003).
[4] 藤田宏，吉田耕作：現代解析入門，岩波書店 (1991).

アンリ・ルベーグ

Henri Lebesgue(1875-1941). パリ北方の町ボーヴェに生まれ，高等師範学校で学ぶ．長さや面積について深く考察し，クシャクシャにした紙を広げて見せて，微分可能でない曲面にも面積があることを主張したという．その名を冠する精緻な積分論は有名である．後年，フランス科学学士院会員となった後，多くの国の学士院から会員として迎え入れられたが，自らの業績を自慢することなく，学生と親しく話すことを好んだという．

5. 代 数 学

本章では，代数学の基本事項を解説する．アーベル (Abel)，ガロワ (Galois) を出発点とする群論，そして環論・体論は，20世紀初頭のファン・デル・ヴェルデン (van der Waerden) の著書 "Moderne Algebra" (1930-31)（翻訳書は，銀林 浩 訳『現代代数学（東京書籍）（全3巻）』によって整理され，誰もが理解できる形になった．その恩恵は計り知れない．今では「代数学」といえば，この整理された形の抽象代数学を指すのが一般的である．「現代代数学」とよぶことも多い．

ここで扱う代数学の内容は主に群論，環論の基本事項であるが，群と環の概念は，数学のさまざまな領域での基本的な「言語」となっている．この言語を学ぶことで，数学を理解することが格段に容易になるとともに，自身で数学を記述することも可能になる．群と環は，整数，有理数，実数，複素数など，我々にも身近な数学的対象である数の体系，あるいは置換などがモデルとなっている．これらを，加法や乗法という演算から捉えるという，とても素朴な考え方が基本にある．どうしても言葉の定義が多くなってしまうが，それらを活用することで対象を的確に認識することができるようになるのである．

本章の最後でグレブナー基底について簡単に触れる．グレブナー基底は，本章で解説する多項式環のイデアルの，よい性質を持つ基底であり，1960年代にブッフバーガー (Buchberger) が発見し，その計算法も与えた（同時期に広中平祐も後にフィールズ賞を受賞する業績の中で同じ概念を発見している）．グレブナー基底は現代代数学にアルゴリズムを導入して成功した一例といえ，現在では数式処理システム（コンピュータを用いて数式を記号的に処理するソフトウェア）になくてはならないものとなっている．

以上のように，本章で述べることは，群と環に関する入門的な事項を中心としているが，この先にはガロワ理論を始めとする深淵な世界が広がっている．読者には，そのすばらしい世界も是非体験してもらいたい．

なお，参考文献には，筆者 (5.24節まで担当) が学生時代から今に至るまで繰り返し参考にしてきた書物，また長年授業等で教科書あるいは参考書としてきた書物の一部を掲げた．読者の学習の便宜となればと思う．

■ 5.1 同値関係，同値類

集合 A において関係 $\sim$ が定義されているとは，A の任意の二つの元 a, b に対して，$a \sim b$ が成り立っているのかいないのかが明確に定められていることをいう[*1]．

関係 $\sim$ が 同値関係 (equivalence relation) であるとは，次の3つの条件を満たしているときをいう．

(i)（反射律，reflexive relation）$a \sim a$

(ii)（対称律，symmetric relation）$a \sim b \Longrightarrow b \sim a$

(iii)（推移律，transitive relation）$a \sim b, b \sim c \Longrightarrow a \sim c$

このとき，関係 $\sim$ は同値律を満たすという．対称律より，$a \sim b$ であるとき，a と b は同値 (equivalent) であるという．a と同値な元全体を C_a で表すとき，この集合を a を含む同値類 (equivalence class) という．$C_a = \{x \in A \mid a \sim x\}$ である．

命題 5.1.1. 同値類に関して次が成り立つ．

(1) $a \in C_a$

(2) $b \in C_a \Rightarrow C_a = C_b$

(3) $b, c \in C_a \Rightarrow b \sim c$

(4) $C_a \neq C_b \Rightarrow C_a \cap C_b = \varnothing$

問 5.1.1. 上の命題を証明せよ．

したがって，集合 A に同値関係 $\sim$ が与えられたとき，A のある部分集合 Λ によって，異なる同値類の全体を $\{C_a \mid a \in \Lambda\}$ とすると，

[*1] A において関係を与えることは，直積集合 $A \times A$ の部分集合 S を与えることに他ならない．実際，S が与えられると，$(a, b) \in S$ によって $a \sim b$ を定めればよく，逆に，関係 $\sim$ が与えられれば，$S = \{(a, b) \in A \times A \mid a \sim b\}$ とおけばよい．

$$A = \bigcup_{a \in \Lambda} C_a,$$
$$a \neq b\,(a, b \in \Lambda) \Longrightarrow C_a \cap C_b = \varnothing$$

である．これは，A が共通部分をもたない同値類の和集合になっていることを意味しており，このように分割することを A を類別するという．各同値類 C_a から一つずつ元 x_a を選ぶとき，x_a を C_a の代表元 (representative) といい，代表元の全体 $\{x_a \mid a \in \Lambda\}$ をこの類別の完全代表系 (complete set of representatives) という*2．

例 5.1.1（同値類の例）．(1) $\mathbb{Z}$ を整数全体の集合，$n \geq 2$ を自然数とする．任意の $a, b \in \mathbb{Z}$ に対して，関係 $a \sim b$ を $n \mid a - b$ で定義する*3．このとき，$\sim$ は同値関係となる．この a と b が同値 $a \sim b$ であることを，一般に

$$a \equiv b \pmod{n}$$
$$(a \text{ と } b \text{ は } n \text{ を法として合同である})$$

と記す．$C_i = \{k \in \mathbb{Z} \mid i \equiv k \pmod{n}\}$ $(i = 0, 1, \ldots, n-1)$ は異なる同値類のすべてである．よって，

$$\mathbb{Z} = C_0 \cup C_1 \cup \cdots \cup C_{n-1}$$

は $\mathbb{Z}$ の類別となっている．$\{0, 1, \ldots, n-1\}$ はこの類別の（一つの）完全代表系である．

(2) V を $\mathbb{R}$ 上の有限次元ベクトル空間，W を V の部分空間とする．$a, b \in V$ に対して，関係 $a \sim b$ を $a - b \in W$ で定義すると，関係 $\sim$ は同値関係である．

問 5.1.2. 上の同値関係の例 (1)，(2) を確かめよ．また (1) に述べたものと異なる完全代表系を求めよ．

5.2 群

本節では，群の定義といくつかの簡単な群の例を述べる．

5.2.1 演算，半群・モノイド

まず，群よりも少し弱い条件の代数系である半群・モノイドについて述べる．

一般に集合 A に対して，写像 $f : A \times A \to A$ が定められるとき，A に演算 (operation) が定義されているという．すなわち，$a, b \in A$ に対して決まる A の

---

*2 Λ 自身も完全代表系の一つである．
*3 整数 x, y に対して，x が y を割り切ることを，$x \mid y$ という記号で表す．

元 $f(a, b)$ は a と b のこの演算による結果であるという．このとき，$f(a, b) = ab$ あるいは $f(a, b) = a + b$ などと表すとき，この演算をそれぞれ乗法 (multiplication)，加法 (addition) といい，ab を a と b の積，$a + b$ を a と b の和という．

A に乗法が定義されていて，A の任意の 3 元 a, b, c に対して，

$$(ab)c = a(bc)$$

が成り立つとき，結合法則 (associative law) が成り立つという．また，$a, b \in A$ に対して，

$$ab = ba$$

が成り立つとき，a と b は可換 (commutative) であるといい，A の任意の 2 元 a, b が可換であるとき，交換法則 (commutative law) が成り立つという．

問 5.2.1. 演算が加法のとき，結合法則，交換法則の定義を述べよ．

定義 5.2.1. 乗法が定義された集合 A において，結合法則が成り立っているとき，A はこの演算に関して半群 (semigroup) であるという．演算を明示する必要がないときには，単に A は半群であるという．特に，交換法則が成り立つ半群を可換半群という．

以下，特にことわらない限りは，演算を乗法で表すこととする．半群 A の任意の n 個の元 $a_1, a_2, \ldots, a_n$ に対して決まる元

$$(\cdots((a_1 a_2) a_3) \cdots) a_n$$

は，結合法則によって，元の順序を変えない限り，括弧のつけ方を変えても値は一定である．したがって，この元を

$$a_1 a_2 \cdots a_n$$

と表す．

問 5.2.2. 4 つの元 a_1, a_2, a_3, a_4 に対して，$a_1 a_2 a_3 a_4$ を括弧をつけて表せ．全部で何通りの表し方があるか調べよ．

半群 A に，ある元 $e \in A$ が存在して，任意の $a \in A$ に対して，

$$ae = a = ea$$

が成り立つとき，e を A の単位元 (unit element) という．単位元をもつ半群をモノイド (monoid) という．

例 5.2.1. 自然数全体 $\mathbb{N}$，整数全体 $\mathbb{Z}$，有理数全体 $\mathbb{Q}$，実数全体 $\mathbb{R}$，複素数全体 $\mathbb{C}$ はふつうの乗法を演算と

考えることができる. このとき, これらはいずれも, 1を単位元とするモノイドである.

問 5.2.3. 上の数の集合は, ふつうの加法に関して半群であることを確かめよ. また, それらがモノイドになるかどうかを調べよ.

一般に, モノイドについては次が成り立つ.

命題 5.2.2. モノイド A の単位元はただ一つである.

証明 e と e' がともに A の単位元であるとする. e が単位元であることから, $ee' = e' = e'e$ であり, e' が単位元であることから, $e'e = e = ee'$ である. これより,

$$e = ee' = e'$$

である. □

モノイド A の単位元 e を 1 や 1_A で表すことも多い.

モノイド A の元 a と整数 $n > 0$ に対して, a の n 個の積を $a^n = aa\cdots a$ と表す. また $a^0 = 1$ と定める. このとき, 次が容易にわかる.

命題 5.2.3. $a, b \in A$ と正整数 $m, n > 0$ に対して,

(1) $a^m a^n = a^{m+n}$

(2) $(a^m)^n = a^{mn}$

(3) $ab = ba$ ならば $(ab)^m = a^m b^m$

が成り立つ. これらの性質を指数法則とよぶ.

モノイド A の元 u に対して, A のある元 u' で,

$$uu' = 1 = u'u$$

を満たすものが存在するとき, u は正則元 (regular element) であるといい, u' を u の逆元 (inverse element) という. 正則元は単元 (unit), 可逆元 (invertible element) ともいう[*4]. モノイドの単位元 1 は明らかに正則元である.

命題 5.2.4. モノイド A において, 正則元 u の逆元 u' は u に対して一意的である.

問 5.2.4. 上の命題を証明せよ.

この u' を u^{-1} で表す. したがって, $uu^{-1} = 1 = u^{-1}u$ である.

問 5.2.5. (1) モノイドの正則元 u の逆元 u^{-1} も正則元であることを示せ. また, $(u^{-1})^{-1} = u$ であることを示せ.

(2) u, v をモノイドの2つの正則元とするとき, uv も正則元であり, その逆元は $(uv)^{-1} = v^{-1}u^{-1}$ であることを示せ.

例 5.2.2. (1) 乗法を演算とするモノイド $\mathbb{Z}$ において, $1, -1$ は正則元である. それ以外の元は正則元で

はない.

(2) 乗法を演算とするモノイド $\mathbb{R}$ において, 0 以外の数はすべて正則元である.

モノイド A の正則元 u に対しては, 任意の整数 n に対して,

$$u^n = \begin{cases} u^n & \text{for } n \geq 0 \\ (u^{-1})^{-n} & \text{for } n < 0 \end{cases}$$

と定めると, A の正則元 a, b と任意の整数 m, n に関して, 命題 5.2.3 の指数法則が成り立つ.

5.2.2 群の定義

モノイド G の任意の元が正則元であるとき, G は群 (group) であるという. モノイドの定義に戻って群の定義を述べると,

> **定義 5.2.5.** 乗法の演算が定義された集合 G が群であるとは, 次の3つの条件を満たしているときをいう.
> (i) (結合法則) G の任意の元 a, b, c について, $(ab)c = a(bc)$ が成り立つ.
> (ii) (単位元 1 の存在) ある元 $1 \in G$ が存在し, 任意の $a \in G$ に対して, $a1 = a = 1a$ が成り立つ.
> (iii) (逆元の存在) 任意の元 $a \in G$ に対して, ある元 $a^{-1} \in G$ が存在し, $aa^{-1} = 1 = a^{-1}a$ が成り立つ.

群 G がさらに, 条件

(iv) (交換法則) G の任意の2元 a, b に対して $ab = ba$ が成り立つ.

を満たすとき, G は可換群 (commutative group) あるいはアーベル群 (abelian group) であるという. このとき, 群 G は可換 (commutative) であるともいう. 可換でない群を非可換群 (noncommutative group) という.

上のように, 乗法を演算とする群を乗法群 (multiplicative group) とよぶ. また, 加法を演算とする群は, 交換法則を満たすとするのがふつうである. 加法を演算とする群の定義をモノイドの定義に戻って述べると,

定義 5.2.6. 加法を演算とする集合 G が (可換) 群であるとは, 次の4つの条件を満たしているときをいう.

(i) (結合法則) G の任意の元 a, b, c について, $(a+b)+c = a+(b+c)$ が成り立つ.

(ii) (単位元 0 の存在) ある元 $0 \in G$ が存在し, 任意

[*4] 単数ともいう.

の $a \in G$ に対して, $a + 0 = a = 0 + a$ が成り立つ.

(iii) （逆元の存在）任意の元 $a \in G$ に対して, ある元 $-a \in G$ が存在し, $a + (-a) = 0 = (-a) + a$ が成り立つ.

(iv) （交換法則）G の任意の 2 元 a, b に対して $a + b = b + a$ が成り立つ.

このように, 加法を演算とする可換群を加法群 (additive group) とよぶ. 乗法群の記法と違い, 加法群の場合の単位元は 0 で表し, 零元 (zero element) あるいはゼロ元ともいう. a の逆元は $-a$ で表すのがふつうである. したがって, 交換法則を満たさない群の場合, その演算はふつうは加法では表さない.

例 5.2.3. (1) 有理数全体の集合 $\mathbb{Q}$ から 0 を除いた集合を $\mathbb{Q}^{\#}$ で表すことにする : $\mathbb{Q}^{\#} = \{a \in \mathbb{Q} \mid a \neq 0\}$. $\mathbb{Q}^{\#}$ は乗法に関して可換群である. 単位元は 1 である. 同様に, $\mathbb{R}^{\#}, \mathbb{C}^{\#}$ も乗法に関して可換群である. しかし, $\mathbb{Z}^{\#}$ は乗法に関して群ではない. なぜなら, たとえば $2 \in \mathbb{Z}^{\#}$ に対して, $2 \times x = 1 = x \times 2$ を満たすような $x \in \mathbb{Z}^{\#}$, すなわち 2 の逆元が存在しないからである.

(2) $\mathbb{Q}$ は加法を演算とする可換群すなわち加法群である. 単位元は 0 である. $\mathbb{Z}, \mathbb{R}, \mathbb{C}$ も同様である.

問 5.2.6. $\mathbb{Z}, \mathbb{Q}, \mathbb{R}, \mathbb{C}$ は乗法に関して群ではない. その理由を述べよ.

一般に群 G の元の個数が有限のとき, G は有限群 (finite group) といい, そうでないとき, 無限群 (infinite group) とよぶ. n 個の元をもつ有限群 G に対しては, この n を G の位数 (order) といい, $|G| = n$ と表記する. 無限群 G に対しては, $|G| = \infty$ と表すこともある.

群 G の位数が 1 であるときは, G は単位元 1 のみからなる群である : $G = \{1\}$. このような群を単位群といい, 乗法群の場合には単に $G = 1$, 加法群の場合には $G = 0$ と記すことも多い.

5.2.3 単数群, 一般線形群

モノイド A に対して, その正則元の全体を $U(A)$ で表す. このとき,

命題 5.2.7. $U(A)$ は A の演算に関して群をなす.

証明 $a, b \in U(A)$ に対して, $b^{-1}a^{-1} \in A$ を考えると, $(ab)(b^{-1}a^{-1}) = 1 = (b^{-1}a^{-1})(ab)$ であることから, $ab \in U(A)$ がわかる. また, モノイド A の単位元 1 は正則元である. すなわち $1 \in U(A)$. $u \in U(A)$ の逆元 u^{-1} も正則元, すなわち $u^{-1} \in U(A)$ である. したがって, $U(A)$ 自身が, A の演算に関して群とな

る. $\square$

この $U(A)$ をモノイド A の単数群 (unit group) とよぶ. $U(A)$ を $A^{\times}$ と表し, A の乗法群 (multiplicative group) ということもある.

例 5.2.4. (1) 乗法を演算とするモノイド $\mathbb{Q}$ の単数群は $U(\mathbb{Q}) = \mathbb{Q}^{\#}$ である. $\mathbb{R}, \mathbb{C}$ も同様に, $U(\mathbb{R}) = \mathbb{R}^{\#}, U(\mathbb{C}) = \mathbb{C}^{\#}$ である.

(2) 乗法を演算とするモノイド $\mathbb{Z}$ に関しては, 正則元は $1, -1$ のみであるから, $U(\mathbb{Z}) = \{1, -1\}$ となる.

実数を成分とする n 次行列全体を $M_n(\mathbb{R})$ で表す. $M_n(\mathbb{R})$ は行列の積を演算としてモノイドであるので, その単数群 $U(M_n(\mathbb{R}))$ が考えられる. この群を $\mathbb{R}$ 上 n 次の一般線形群 (general linear group) とよんで, $GL_n(\mathbb{R})$ と表す. n 次行列 A が $M_n(\mathbb{R})$ の正則元であることと, A が正則行列であることは同値であるから, この群は n 次正則行列の全体に他ならない. すなわち, $GL_n(\mathbb{R}) = \{A \in M_n(\mathbb{R}) \mid \det A \neq 0\}$ である. $GL_n(\mathbb{Q}), GL_n(\mathbb{C})$ も同様に定義される. これらは無限群である. なお, $M_n(\mathbb{R}), GL_n(\mathbb{R})$ をそれぞれ $M(n, \mathbb{R}), GL(n, \mathbb{R})$ と記すこともある.

命題 5.2.8. $n \geq 2$ ならば, $GL_n(\mathbb{R})$ は非可換群である.

問 5.2.7. 上の命題を証明せよ.

5.3 置換と対称群

この節で述べる対称群は群の例として特に重要なものである.

5.3.1 置 換

集合 X に関して, X から X 自身への写像の全体 $X^X := \{f : X \to X\}$ を考える. X^X は写像の合成すなわち $f, g \in X^X$ に対して, $(gf)(x) = g(f(x))$ で定まる $gf \in X^X$ を演算としてモノイドとなることがわかる. このとき, その単数群 $U(X^X)$ は X から X 自身への全単射全体である.

問 5.3.1. $U(X^X)$ は X から X 自身への全単射全体であることを示せ.

$U(X^X)$ を X 上の対称群 (symmetric group) とよび, S^X で表す[*5]. 上に述べたように, S^X は X から X 自身への全単射全体である. この元を X 上の置換 (permutation) という. X 上の恒等写像 id_X が S^X の単位元である.

[*5] $S(X)$ とも表す.

特に，$\operatorname{card} X = n$ のとき[*6]，S^X を S_n や $\mathfrak{S}_n$ で表し，n 次の**対称群**とよぶ．また，その元を n 次の**置換**という．この場合の恒等写像 id_X を**恒等置換**（identity permutation）といい，id_n あるいは単に id で表すことにする[*7]．明らかに S_1 は単位群である．

n を自然数とし，$\operatorname{card} X = n$ なる集合 X を考える．$X = \{1, 2, \ldots, n\}$ とおいて一般性を失わない．このとき，S_n の元は X から X 自身への全単射，すなわち，$1, 2, \ldots, n$ の各々が，$1, 2, \ldots, n$ の異なるいずれかの文字に写る写像である．したがって，

$$\begin{pmatrix} 1 & 2 & \cdots & n \\ i_1 & i_2 & \cdots & i_n \end{pmatrix}$$

という記号で，X 上の置換

$$1 \mapsto i_1, 2 \mapsto i_2, \ldots, n \mapsto i_n$$

を表すこととする．S_n の単位元は

$$\operatorname{id} = \begin{pmatrix} 1 & 2 & \cdots & n \\ 1 & 2 & \cdots & n \end{pmatrix}$$

で表される．

この写像は全単射であることから，数列としての $i_1, i_2, \ldots, i_n$ は $1, 2, \ldots, n$ のある順列であること，また逆に，$i_1, i_2, \ldots, i_n$ が $1, 2, \ldots, n$ のある順列であれば，上の写像は全単射であることに注意せよ．したがって，n 次の置換は n 個の文字の順列の個数だけ存在することになる．すなわち，

命題 5.3.1. n 次の対称群 S_n の位数は $|S_n| = n!$ である．

なお，この置換の表記として，上段の文字と下段の文字の組が一定であれば，それを並べる順番を変えても置換としては同一のものである．たとえば，

$$\begin{pmatrix} 1 & 2 & 3 & 4 \\ 2 & 4 & 1 & 3 \end{pmatrix} = \begin{pmatrix} 2 & 4 & 3 & 1 \\ 4 & 3 & 1 & 2 \end{pmatrix}$$

である．

また，置換（全単射）の逆元は，写像としての逆写像に他ならない．すなわち，$\sigma = \begin{pmatrix} 1 & 2 & \cdots & n \\ i_1 & i_2 & \cdots & i_n \end{pmatrix}$ に対しては，上段と下段の文字を入れ替えて，$\sigma^{-1} = \begin{pmatrix} i_1 & i_2 & \cdots & i_n \\ 1 & 2 & \cdots & n \end{pmatrix}$ となる．もちろん，上下の文字の

組を変えずに，その並びの順番を入れ替えて $\sigma^{-1} = \begin{pmatrix} 1 & 2 & \cdots & n \\ j_1 & j_2 & \cdots & j_n \end{pmatrix}$ という形にすることもできる．σ^{-1} を σ の**逆置換**という．たとえば，

$$\begin{pmatrix} 1 & 2 & 3 & 4 \\ 2 & 4 & 1 & 3 \end{pmatrix}^{-1} = \begin{pmatrix} 2 & 4 & 1 & 3 \\ 1 & 2 & 3 & 4 \end{pmatrix}$$

$$= \begin{pmatrix} 1 & 2 & 3 & 4 \\ 3 & 1 & 4 & 2 \end{pmatrix}$$

である．

5.3.2 置換の積

S_n の演算は置換（全単射）の合成で定義するので，$\sigma \in S_n$ と $\tau \in S_n$ については，その合成 $\tau\sigma$ は，任意の $1 \leq i \leq n$ に対して，$(\tau\sigma)(i) = \tau(\sigma(i))$ によって定まる．合成のことを積ともいう．したがって，たとえば，

$$\sigma = \begin{pmatrix} 1 & 2 & 3 & 4 \\ 2 & 4 & 1 & 3 \end{pmatrix}, \quad \tau = \begin{pmatrix} 1 & 2 & 3 & 4 \\ 4 & 2 & 1 & 3 \end{pmatrix}$$

に対しては，その積は

$$\tau\sigma = \begin{pmatrix} 1 & 2 & 3 & 4 \\ 2 & 3 & 4 & 1 \end{pmatrix}$$

となる．最初に σ で写し，次に τ で写すという順番であることに注意せよ．なお，試しに $\sigma\tau$ を求めてみると，

$$\sigma\tau = \begin{pmatrix} 1 & 2 & 3 & 4 \\ 3 & 4 & 2 & 1 \end{pmatrix}$$

となり，$\tau\sigma \neq \sigma\tau$ である．このように，置換の積は一般には可換ではない．

例 5.3.1. (1) $n = 2$ のときは，

$$S_2 = \left\{ \begin{pmatrix} 1 & 2 \\ 1 & 2 \end{pmatrix}, \begin{pmatrix} 1 & 2 \\ 2 & 1 \end{pmatrix} \right\}$$

であり，$|S_2| = 2$ である．$\operatorname{id} = \begin{pmatrix} 1 & 2 \\ 1 & 2 \end{pmatrix}$ は恒等置換であり，S_2 の単位元である．$\sigma = \begin{pmatrix} 1 & 2 \\ 2 & 1 \end{pmatrix}$ とおくと，$\sigma^2 = \sigma\sigma = \operatorname{id}$ であることがわかる．$\sigma^{-1} = \sigma$ である．

(2) また，$n = 3$ のときは，

[*6] $\operatorname{card} X$ は，集合 X が有限集合の場合にはその要素の個数を表す．card は cardinal numbers を意味する．$|X|$ あるいは $\#(X)$ などで表すこともある．

[*7] e で表すことも多い．

$$S_3 = \left\{ \begin{pmatrix} 1 & 2 & 3 \\ 1 & 2 & 3 \end{pmatrix}, \begin{pmatrix} 1 & 2 & 3 \\ 2 & 3 & 1 \end{pmatrix}, \begin{pmatrix} 1 & 2 & 3 \\ 3 & 1 & 2 \end{pmatrix}, \right.$$
$$\left. \begin{pmatrix} 1 & 2 & 3 \\ 2 & 1 & 3 \end{pmatrix}, \begin{pmatrix} 1 & 2 & 3 \\ 1 & 3 & 2 \end{pmatrix}, \begin{pmatrix} 1 & 2 & 3 \\ 3 & 2 & 1 \end{pmatrix} \right\}$$

であり，$|S_3| = 6$ である．$\mathrm{id} = \begin{pmatrix} 1 & 2 & 3 \\ 1 & 2 & 3 \end{pmatrix}$ は

S_3 の単位元であり，$\sigma = \begin{pmatrix} 1 & 2 & 3 \\ 2 & 3 & 1 \end{pmatrix}$ とおくと，

$\sigma^2 = \begin{pmatrix} 1 & 2 & 3 \\ 3 & 1 & 2 \end{pmatrix}$ である．また，$\tau = \begin{pmatrix} 1 & 2 & 3 \\ 2 & 1 & 3 \end{pmatrix}$

とおくと，$\tau\sigma = \begin{pmatrix} 1 & 2 & 3 \\ 1 & 3 & 2 \end{pmatrix}$，$\tau\sigma^2 = \begin{pmatrix} 1 & 2 & 3 \\ 3 & 2 & 1 \end{pmatrix}$

となるので，$S_3 = \{\mathrm{id}, \sigma, \sigma^2, \tau, \tau\sigma, \tau\sigma^2\}$ と表す
ことができる．また，

$$\sigma^3 = \mathrm{id}, \quad \tau^2 = \mathrm{id}, \quad \tau\sigma\tau = \sigma^2$$

であることもわかる．$\sigma^{-1} = \sigma^2$，$\tau^{-1} = \tau$ にも注
意せよ．

命題 5.3.2. S_2 は可換群である．$n \geq 3$ のとき，S_n は
非可換群である．

問 5.3.2. 上の命題を証明せよ．

5.3.3 巡回置換

$n \geq 2$ とする．$\{1, 2, \ldots, n\}$ の r $(2 \leq r \leq n)$ 個の元
からなる部分集合 $\{i_1, i_2, \ldots, i_r\}$ に対して，次のよう
な特別の置換を考える．ここで，$i_1, i_2, \ldots, i_r$ の大小
に制限はつけない．

$$\begin{pmatrix} i_1 & i_2 & \cdots & i_r & \cdots \\ i_2 & i_3 & \cdots & i_1 & \cdots \end{pmatrix} \in S_n$$

上の置換の表示で，上段と下段の右側の $\cdots$ の部分は，
$i_1, i_2, \ldots, i_r$ 以外の文字が並び，上下とも同じ文字の
組みであるとする．この置換は，$i_1, i_2, \ldots, i_r$ を順に
次の文字に巡回的に写し，それ以外の文字は変えな
いという置換である．一般にこのような置換を長さ
(length) r の巡回置換 (cycle) とよび，簡単に

$$(i_1, i_2, \ldots, i_r)$$

で表す[8]．また，この表記は，現れる文字については
巡回的なので，どの文字から始めても置換としては同
一である．

たとえば，S_6 の置換 $\begin{pmatrix} 3 & 6 & 1 & 5 & 2 & 4 \\ 6 & 1 & 5 & 3 & 2 & 4 \end{pmatrix} =$

---

[8] 「，」をつけずに，$(i_1\, i_2 \cdots i_r)$ と表すこともある．

$\begin{pmatrix} 1 & 2 & 3 & 4 & 5 & 6 \\ 5 & 2 & 6 & 4 & 3 & 1 \end{pmatrix}$ は，
$$3 \mapsto 6, \quad 6 \mapsto 1, \quad 1 \mapsto 5, \quad 5 \mapsto 3,$$
$$2 \mapsto 2, \quad 4 \mapsto 4$$

という置換であり，$3, 6, 1, 5$ が巡回的な部分である．
したがって，この置換は長さ 4 の巡回置換であり，

$$\begin{pmatrix} 3 & 6 & 1 & 5 & 2 & 4 \\ 6 & 1 & 5 & 3 & 2 & 4 \end{pmatrix} = (3, 6, 1, 5) = (1, 5, 3, 6)$$

である．このような巡回置換の表記だけでは，これが
何次の置換であるかが判然としない場合があるが，そ
れによって不都合が生じることはほとんどないであろ
う．

例 5.3.2. S_3 の置換を巡回置換の表記で表すと，

$$\begin{pmatrix} 1 & 2 & 3 \\ 2 & 3 & 1 \end{pmatrix} = (1, 2, 3), \quad \begin{pmatrix} 1 & 2 & 3 \\ 3 & 1 & 2 \end{pmatrix} = (1, 3, 2),$$

$$\begin{pmatrix} 1 & 2 & 3 \\ 2 & 1 & 3 \end{pmatrix} = (1, 2), \quad \begin{pmatrix} 1 & 2 & 3 \\ 1 & 3 & 2 \end{pmatrix} = (2, 3),$$

$$\begin{pmatrix} 1 & 2 & 3 \\ 3 & 2 & 1 \end{pmatrix} = (1, 3)$$

となり，単位元を除いてすべて巡回置換である．

上の例にあるように，長さが 2 の巡回置換 (i_1, i_2)
は互換 (transposition) という．これは，i_1 と i_2 の 2
数を写し替えるだけの置換である．

もちろん，巡回置換ではない置換も存在する．たと
えば，

$$\begin{pmatrix} 1 & 2 & 3 & 4 \\ 2 & 1 & 4 & 3 \end{pmatrix} \in S_4, \quad \begin{pmatrix} 1 & 2 & 3 & 4 & 5 & 6 \\ 5 & 4 & 6 & 2 & 3 & 1 \end{pmatrix} \in S_6$$

などは巡回置換ではない．なぜなら，どちらも 2 つの
巡回部分があるからである．

命題 5.3.3. n 次の置換は，共通文字を含まないいくつ
かの巡回置換の積として一意的に表せる．

たとえば，

$$\begin{pmatrix} 1 & 2 & 3 & 4 & 5 & 6 & 7 & 8 & 9 \\ 3 & 7 & 9 & 4 & 8 & 1 & 2 & 5 & 6 \end{pmatrix}$$

$$= \begin{pmatrix} 1 & 3 & 9 & 6 & 2 & 7 & 4 & 5 & 8 \\ 3 & 9 & 6 & 1 & 7 & 2 & 4 & 8 & 5 \end{pmatrix}$$

$$= (1, 3, 9, 6)(2, 7)(5, 8)(4)$$

のように，共通文字を含まない巡回置換の積の形に表
すことができる．上の積表示の (4) は，文字 4 がこの
置換によって固定されていることを示している．(4)

は省略することもある．このような分解を置換の巡回置換分解 (decomposition into disjoint cycles) とよぶ．共通文字を含まない巡回置換同士の積は交換可能であることに注意せよ．

n 次の置換 σ の巡回置換分解において，長さ r ($1 \leq r \leq n$) の巡回置換が m_r 個現れる場合には，この σ の型 (type) は $1^{m_1} 2^{m_2} \cdots n^{m_n}$ であるという．ただし，置換によって固定される文字がある場合には，その文字は長さが1であるとする．よって，固定される文字の個数が m_1 である．したがって，上の例での9次の置換の型は $1^1 2^2 3^0 4^1 5^0 6^0 7^8 9^0$ となるが，個数 m_r が0の箇所を省略して，$1^1 2^2 4^1$ と表すことが多い．明らかに，$1 \times m_1 + 2 \times m_2 + \cdots + n \times m_n = n$ である．

なお，上の型の表記において，0でない m_r を r 個ずつ並べて，分解型あるいは型とよぶ場合もある．すなわち，上の例の分解型は $(1, 2, 2, 4)$ となる．

一般に，巡回置換は互換の積として表すことができる．実際，

$$(i_1, i_2, \ldots, i_r)$$
$$= (i_1, i_r)(i_1, i_{r-1}) \cdots (i_1, i_3)(i_1, i_2)$$
$$= (i_1, i_2)(i_2, i_3) \cdots (i_{r-2}, i_{r-1})(i_{r-1}, i_r)$$

と表すことができる．このように，長さ r の巡回置換は $r-1$ 個の互換の積に表すことができる．たとえば，

$$(1, 2, 3, 4) = (1, 4)(1, 3)(1, 2) = (1, 2)(2, 3)(3, 4)$$

である．また，この他に，

$$(1, 2, 3, 4) = (2, 3)(3, 4)(1, 4)$$
$$= (1, 4)(1, 2)(3, 4)(2, 3)(2, 4)$$

などという表し方もある．

したがって，命題 5.3.3 によって，次の命題の前半を得る．

命題 5.3.4. 任意の置換は互換の積として表すことができる．また，その互換の個数の偶奇は互換の積に表す方法に依らず，その置換によって一意に定まる．

証明 後半を証明する．σ を n 次の置換とする．$e_1, e_2, \ldots, e_n$ を n 項基本ベクトルとして，n 次単位行列 $E = (e_1 e_2 \cdots e_n)$ を考える．σ によって，E の列ベクトルを並べ替えた行列 $(e_{\sigma(1)} e_{\sigma(2)} \cdots e_{\sigma(n)})$ の行列式は ± 1 のいずれかである．もし σ が互換であれば，行列式は -1 であるから，一般に σ が偶数個の互換の積で表されたとすると，行列式は $+1$ であり，奇数個であれば -1 である．したがって，σ が偶数個の互換の積として表せ，かつ奇数個の互換の積としても表せることはありえない．すなわち，互換の個数の偶奇は一意

である． □

この命題によって，置換 σ を互換の積として表したとき，その個数が偶数のとき，この置換を偶置換 (even permutation) といい，奇数の場合の置換を奇置換 (odd permutation) という．またこのとき，置換 σ の符号 (signature) を次で定義する．

$$\mathrm{sgn}\, \sigma = \begin{cases} 1 & \sigma \text{ が偶置換のとき} \\ -1 & \sigma \text{ が奇置換のとき} \end{cases}$$

よって，互換は奇置換である．$n \geq 2$ のときの S_n の単位元は $\mathrm{id} = (1, 2)^2$ と表せるので偶置換である：$\mathrm{sgn}\, \mathrm{id} = 1$.

また，長さ r の巡回置換は上に述べたように $r-1$ 個に互換の積に表すことができるので，長さが奇数の巡回置換は偶置換であり，長さが偶数の巡回置換は奇置換である．

置換の積の符号については，次が成り立つ．

命題 5.3.5. $n \geq 2$ のとき，$\sigma, \tau \in S_n$ に対して，$\mathrm{sgn}(\sigma\tau) = (\mathrm{sgn}\, \sigma)(\mathrm{sgn}\, \tau)$ が成り立つ．また，$\mathrm{sgn}\, \sigma = \mathrm{sgn}(\sigma^{-1})$ が成り立つ．

問 5.3.3. 上の命題を確かめよ．

$n \geq 2$ のとき，n 次対称群 S_n の偶置換全体からなる集合を A_n で表す．A_n は S_n と同じく置換の積に関して群であることが容易にわかる．実際，命題 5.3.5 より，偶置換と偶置換の積は偶置換であり，恒等置換は偶置換，偶置換の逆置換も偶置換だからである．A_n を n 次交代群 (alternative group) とよぶ．たとえば，A_3 は，

$$A_3 = \{\mathrm{id}, (1, 2, 3), (1, 3, 2)\}$$

であって，これは位数3の群である．

問 5.3.4. 4 次の対称群 S_4 のすべての元を書き出せ．また，A_4 の元をすべて書き出せ．

5.4 部分群と生成系

G を群とし，H を G の空でない部分集合とする．このとき，H が G の部分群 (subgroup) であるとは，H 自身が G の演算に関して群であるときをいう．以下，演算は乗法で表すことにする．

H が群 G の部分群であるとする．1_H を H の単位元，1_G を G の単位元とすると，

$$1_H 1_H = 1_H = 1_G 1_H \tag{5.4.1}$$

が G の元の等式として成り立つ．1_H の G における逆元 1_H^{-1} が存在するので，

$$(1_H 1_H) 1_H^{-1} = 1_H (1_H 1_H^{-1}) = 1_H 1_G = 1_H$$

である．また，(5.4.1) より，

$$(1_H 1_H) 1_H^{-1} = (1_G 1_H) 1_H^{-1} = 1_G (1_H 1_H^{-1})$$
$$= 1_G 1_G = 1_G$$

となるので，$1_H = 1_G$ がわかった．また，次のことがら

$$a, b \in H \implies ab \in H \qquad (5.4.2)$$
$$a \in H \implies a^{-1} \in H \qquad (5.4.3)$$

も成り立つ．(5.4.2) が成り立つことを，H は積について閉じているといういい方をする．

逆に，群 G の空でない部分集合 H が上の 2 つの条件 (5.4.2)，(5.4.3) を満たせば，H は G の部分群であることがわかる．実際，a を H の元とすると，(5.4.2)，(5.4.3) より $1_G = aa^{-1} \in H$ を得る．(5.4.2) より H に G の演算が定義される．また，G が結合法則を満たしているので，その部分集合である H も結合法則を満たす．さらに，1_G が H の単位元であること，また (5.4.3) より逆元の存在もいえる．まとめて，

命題 5.4.1. H を群 G の空でない部分集合とするとき，H が G の部分群であるための必要十分条件は，(5.4.2) および (5.4.3) が成り立つことである．

以下，H が G の部分群であることを，$H \le G$, $G \ge H$ で表すことにする．

問 5.4.1. $H \le G$ であることと，

$$a, b, \in H \implies ab^{-1} \in H$$

は同値であることを示せ．

容易にわかるように，

命題 5.4.2. 群 G の 2 つの部分群 H, K に対して，その共通部分 $H \cap K$ はまた G の部分群である：

$$G \ge H, G \ge K \implies G \ge H \cap K.$$

命題 5.4.3. H が群 G の部分群であって，K が H の分群ならば，K は G の部分群である：

$$G \ge H, H \ge K \implies G \ge K.$$

G を群とし，その単位元を 1 とする．このとき，G の部分集合 $\{1\}$ および G 自身は，明らかに G の部分群である．これらの部分群を G の自明な部分群 (trivial subgroup) という．部分群 $\{1\}$ は単位群であり，簡単に 1 で表すことも多い：$G > G$, $G \ge 1$．また，G が単位群でない限り，G と異なる部分群を G の真部分群 (proper subgroup) とよぶ．

例 5.4.1. (1) $\mathbb{Q}^\#$ は $\mathbb{R}^\#$ の部分群である．$\mathbb{R}^\#$ は $\mathbb{C}^\#$ の部分群である．したがって，$\mathbb{Q}^\#$ は $\mathbb{C}^\#$ の部分群である．

(2) 一般線形群 $GL_n(\mathbb{R})$ の部分集合 $SL_n(\mathbb{R}) = \{A \in M_n(\mathbb{R}) \mid \det A = 1\}$ は $GL_n(\mathbb{R})$ の部分群である．$SL_n(\mathbb{R})$ を n 次特殊線形群 (special linear group) という．

(3) 5.3 節の最後に述べたように，$n \ge 2$ のとき，n 次交代群 A_n は n 次対称群 S_n の部分群である：$S_n \ge A_n$.

(4) 4 次の交代群 A_4 の部分群として，次のようなものが存在する．

$$V = \{\text{id}, (1, 2)(3, 4), (1, 3)(2, 4), (1, 4)(2, 3)\}$$

これは A_4 の可換部分群である．この V をクラインの 4 元群 (Klein four group) という．

(5) 任意の自然数 $n > 0$ を固定する．加法群 $\mathbb{Z}$ において，n の整数倍全体

$$n\mathbb{Z} = \{nz \mid z \in \mathbb{Z}\}$$
$$= \{\dots, -2n, -n, 0, n, 2n, , 3n, \dots\}$$

を考える．このとき，$n\mathbb{Z}$ は $\mathbb{Z}$ の部分群である．特に，$1\mathbb{Z} = \mathbb{Z}$ である．

G を群とし，S を G の部分集合とする．このとき，次のような G の部分集合を考える．

$$\langle S \rangle = \{a_1^{n_1} a_2^{n_2} \cdots a_r^{n_r} \mid$$
$$r \ge 1, a_i \in S, n_i \in \mathbb{Z} \, (1 \le n_i \le r)\}$$

命題 5.4.4. $\langle S \rangle$ は G の部分群であり，S を含む部分群のうち最小のものである．

$\langle S \rangle$ を S で生成される部分群 (subgroup generated by S) という．したがって，G の部分群 H で生成される部分群は $\langle H \rangle = H$ であることに注意せよ．また，$G = \langle S \rangle$ のとき，G は S で生成される，また，S は G の生成系であるという．

例 5.4.2. (1) 3 次の対称群 S_3 の部分集合 $S = \{(1, 2), (1, 3)\}$ で生成される部分群は，

$$\langle S \rangle = \langle (1, 2), (1, 3) \rangle$$
$$= \{\text{id}, (1, 2), (1, 3), (2, 3), (1, 2, 3), (1, 3, 2)\}$$
$$= S_3$$

である．

(2) 例 5.4.1 (5) の $n\mathbb{Z}$ は $\{n\}$ で生成される部分群である．

問 5.4.2. S_n $(n \ge 2)$ は $\{(1, 2), (1, 3), \dots, (1, n)\}$ で生成されることを示せ．また，$\{(1, 2), (2, 3), \dots,$

$(n-1, n)\}$ で生成されることも示せ：

$$S_n = \langle (1, 2), (1, 3), \ldots, (1, n) \rangle$$
$$= \langle (1, 2), (2, 3), \ldots, (n-1, n) \rangle$$

一般線形群の部分群

一般線形群 $GL_n(\mathbb{R})$ あるいは $GL_n(\mathbb{C})$ の部分群として，上に述べた特殊線形群の他に重要なものがいくつかある．以下で E_n は n 次の単位行列とする．${}^t\!A$ は A の転置行列を表す*9．また複素行列 A に対して $\overline{A}$ は A の複素共役行列を表す．${}^t\!\overline{A}$ を A^* で表すことにする．

例 5.4.3. (1) 次のような n 次行列の集合を考える．

$$O(n) = \left\{ A \in M_n(\mathbb{R}) \mid A^t\!A = {}^t\!AA = E_n \right\}$$

$O(n)$ の元 A は $\det A = \pm 1$ なので，$O(n)$ は $GL_n(\mathbb{R})$ の部分群であることがわかる．この群を n 次の直交群 **orthogonal group** といい，その元を直交行列 (**orthogonal matrix**) という．$O(n) \cap SL_n(\mathbb{R})$ を特殊直交群 (**special orthogonal group**) とよび，$SO(n)$ で表す．

(2) 直交群の複素版として，次のような n 次行列の集合

$$U(n) = \left\{ A \in M_n(\mathbb{C}) \mid AA^* = A^*A = E_n \right\}$$

は，$GL_n(\mathbb{C})$ の部分群である．これを n 次のユニタリ群 (**unitary group**) といい，その元をユニタリ行列 (**unitary matrix**) という．$U(n) \cap SL_n(\mathbb{C})$ を特殊ユニタリ群 (**special unitary group**) とよび，$SU(n)$ で表す．

問 5.4.3. $O(n) = U(n) \cap GL_n(\mathbb{R})$ であることを示せ．

例 5.4.4. $J = \begin{pmatrix} 0 & E_n \\ -E_n & 0 \end{pmatrix}$ とおくとき，${}^t\!SJS = J$ を満たす $2n$ 次実行列 S をシンプレクティック行列 (**symplectic matrix**) という．$2n$ 次のシンプレクティック行列全体

$$Sp(n) = \left\{ S \in GL_{2n}(\mathbb{R}) \mid {}^t\!SJS = J \right\}$$

は $GL_{2n}(\mathbb{R})$ の部分群をなし，これをシンプレクティック群 (**symplectic group**) とよぶ．

5.4.1 巡回群の定義と例

G を群とし，a を G の元とする．1つの元からなる集合 $\{a\}$ で生成される G の部分群 $\langle \{a\} \rangle$ を a で生成される巡回群 (**cyclic group**) であるといい，$\langle a \rangle$ で表

---

*9 ${}^t\!A$ を A^T で表すことも多い．

す．これは可換群である．定義に戻れば，

$$\langle a \rangle = \left\{ a^n \mid n \in \mathbb{Z} \right\}$$

である．このとき，a はこの巡回群の生成元 (**generator**) であるという．巡回群 $\langle a \rangle$ が有限群であるとき，その位数 $|\langle a \rangle|$ を元 a の位数 (**order**) とい，$\mathrm{o}(a)$ で表す．巡回群が無限群のときには，その生成元の位数は無限であるといって，$\mathrm{o}(a) = \infty$ と表すことにする．

巡回群の例をいくつか述べる．

例 5.4.5. (1) 3次対称群 S_3 の元 $\sigma = (1, 2, 3)$ で生成される巡回群は

$$\langle \sigma \rangle = \{ \mathrm{id}, \sigma, \sigma^2 \} \le S_3$$

である．よって，σ の位数は $\mathrm{o}(\sigma) = 3$ である．また，$\tau = (1, 2)$ で生成される巡回群は

$$\langle \tau \rangle = \{ \mathrm{id}, \tau \} \le S_3$$

である．よって，τ の位数は $\mathrm{o}(\tau) = 2$ である．

(2) 乗法群 $\mathbb{Q}^\#$ を考える．このとき，$-1 \in \mathbb{Q}^\#$ によって生成される巡回群 $\langle -1 \rangle$ は

$$\langle -1 \rangle = \{ 1, -1 \} \le \mathbb{Q}^\#$$

であって，位数 2 の部分群である．よって，-1 の位数は 2 である：$\mathrm{o}(-1) = 2$. もちろん，この巡回群は $\mathbb{R}^\#$, $\mathbb{C}^\#$ の部分群でもある．

(3) 乗法群 $\mathbb{C}^\#$ の元 $i = \sqrt{-1}$ で生成される巡回群は

$$\langle i \rangle = \{ 1, i, -1, -i \} \le \mathbb{C}^\#$$

であり，位数 4 の部分群である．よって，$\mathrm{o}(i) = 4$ である．

(4) $2 \in \mathbb{Q}^\#$ で生成される巡回群

$$\langle 2 \rangle = \{ \ldots, 2^{-2}, 2^{-1}, 1, 2, 2^2, 2^3, \ldots \} \le \mathbb{Q}^\#$$

を考えると，これは無限群である．よって，2 の位数は無限である：$\mathrm{o}(2) = \infty$.

(5) 自然数 $n > 0$ に対して，加法群 $\mathbb{Z}$ の部分群 $n\mathbb{Z} = \{ nz \mid z \in \mathbb{Z} \}$ は，n で生成される無限巡回群である．$\mathbb{Z}$ 自身 1 で生成される巡回群である：$\mathbb{Z} = \mathbb{Z}1 = \langle 1 \rangle$.

次の命題は，巡回群が有限群か無限群かを判定するのに有効である．

命題 5.4.5. $G = \langle a \rangle$ を巡回群とする．このとき，

(1) 巡回群 $\langle a \rangle$ が有限群であるための必要十分条件は，$a^m = 1$ となるような自然数 $m > 0$ が存在することである．このとき，このような

154   5. 代 数 学

最小の自然数を $n > 0$ とするとき, $\mathrm{o}(a) = n$ であって, 次が成り立つ.

$$a^k = 1 \Longleftrightarrow n|k$$

(2) 巡回群 $\langle a \rangle$ が無限群であれば,

$$\ldots, a^{-2}, a^{-1}, 1, a, a^2, a^3, \ldots$$

はすべて異なる元である.

証明 (1) $\langle a \rangle$ が有限群であるとすると, ある異なる整数 $i \neq j$ $(i < j)$ が存在して $a^i = a^j$ が成り立つ. このとき, $a^{j-i} = 1$ $(j-i > 0)$ となる. 逆に, $a^m = 1$ $(m > 0)$ であるとする. a^i を $\langle a \rangle$ の任意の元とし, $i = mq + r$ $(q, r \in \mathbb{Z}, 0 \leq r \leq m-1)$ と表すと,

$$a^i = (a^m)^q a^r = a^r$$

となるので, $\langle a \rangle$ の元は, $1, a, a^2, \ldots, a^{m-1}$ のいずれかである. したがって, $\langle a \rangle$ は有限群である.

$a^m = 1$ $(m > 0)$ となる m のうち最小の自然数を n とするならば, 上の議論より, $\langle a \rangle$ の元は $1, a, a^2, \ldots, a^{n-1}$ のいずれかであるが, もし, $a^i = a^j$ $(0 \leq i < j \leq n-1)$ だとすると, $a^{j-i} = 1$ $(0 < j-i \leq n-1)$ となるので, これは n の最小性に反する. したがって, $1, a, a^2, \ldots, a^{n-1}$ はすべて異なる元となるので, $\mathrm{o}(a) = |\langle a \rangle| = n$ である.

また, $a^k = 1$ であれば, $k = nq + r$ $(0 \leq r \leq n-1)$ と表すと, $1 = a^k = a^r$ となり, n の最小性から $r = 0$ でなければならない. よって $n|k$ である. 逆に, $k = nq$ であれば, $a^k = (a^n)^q = 1$ である.

(2) もし, $a^i = a^j$ $(i < j)$ だとすると, $a^{j-i} = 1$ $(0 < j-i)$ となって, (1) より, $\langle a \rangle$ は有限群になってしまう.   □

例 5.4.6. $\langle a \rangle$ を巡回群とする. このとき, 任意の整数 i に対して, $\langle a^i \rangle \leq \langle a \rangle$ である. もし, $\mathrm{o}(a) = 10$ ならば, 上の命題 (1) によって $\mathrm{o}(a^2) = 5$, $\mathrm{o}(a^5) = 2$ である. また, a^4 の位数は,

$$a^4, (a^4)^2 = a^8, (a^4)^3 = a^{12} = a^2, (a^4)^4 = a^6,$$
$$(a^4)^5 = a^{10} = 1$$

より, 5 乗して初めて 1 になることから, $\mathrm{o}(a^4) = 5$ であることがわかる.

問 5.4.4. 上の例において, $\mathrm{o}(a^3), \mathrm{o}(a^6), \mathrm{o}(a^7), \mathrm{o}(a^8), \mathrm{o}(a^9)$ を求めよ.

▌ 5.5　剰 余 類

5.5.1　剰余類分解

G を群, H をその部分群とする. G の 2 元 a, b に対して, 関係 $a \sim b$ を

$$a \sim b \Longleftrightarrow a^{-1}b \in H$$

で定義すると, これは同値関係である. この関係は, 等式 $aH = bH$ が成り立つことに同値である. ここで, aH は G の部分集合 $\{ah \in G \mid h \in H\}$ を表す.

問 5.5.1. 上の関係 $\sim$ が同値関係であることを示せ. また,

$$a^{-1}b \in H \Longleftrightarrow aH = bH$$

を示せ.

任意の $a \in G$ に対して, a を含む同値類

$$C_a = \{x \in G \mid a \sim x\} = \{x \in G \mid a^{-1}x \in H\}$$

は aH に一致する.

問 5.5.2. $C_a = aH$ を示せ.

この同値類 aH を, G における a を含む H の左剰余類 (**left residue class**) とよぶ. G の単位元 1 を含む左剰余類は H に他ならない. G における異なる左剰余類の全体を $\{a_iH\}_{i \in I}$ とするとき, 類別

$$G = \bigcup_{i \in I} a_iH, \quad a_iH \cap a_jH = \varnothing \ (i \neq j)$$

を得る. この類別を, G の H による左分解 (**left decomposition**) とよぶ. このとき, 左剰余類全体を

$$G/H = \{a_iH \mid i \in I\}$$

で表す. 左剰余類の任意元をその剰余類の代表元 (**representative**) という. 各左剰余類の代表元 a_i の集合 $\{a_i\}_{i \in I}$ を G/H の完全代表系 (**complete set of representatives**) という.

上に述べた関係 $\sim$ とは別に, 関係 $a \sim' b$ を

$$a \sim' b \Longleftrightarrow ab^{-1} \in H$$

で定義する. この関係も同値関係である. この関係は, $Ha = Hb$ が成り立つことに同値である. このとき, a を含む同値類

$$C_a' = \{x \in G \mid a \sim' x\} = \{x \in G \mid ax^{-1} \in H\}$$

は集合 Ha に一致する.

問 5.5.3. $C_a' = Ha$ を示せ.

この同値類 Ha を, G における a を含む H の右剰

余類 (right residue class) とよぶ. 左剰余類と同様に, 単位元 1 を含む右剰余類は H である. G における H の右剰余類全体を $\{Hb_j\}_{j \in J}$ とするとき, 類別

$$G = \bigcup_{j \in J} Hb_j, \quad Hb_i \cap Hb_j = \varnothing (i \neq j)$$

を得る. この類別を, G の H による右分解 (right decomposition) とよぶ. このとき, 右剰余類全体を

$$H \backslash G = \{Hb_j \mid j \in J\}$$

で表す.

特に可換群 G においては, その部分群 H による左剰余類は $aH = Ha$ であるから右剰余類でもある.

例 5.5.1. (1) 3 次の対称群 S_3 とその部分群 $H = \langle (1, 2) \rangle = \{\mathrm{id}, (1, 2)\}$ を考える. S_3 における H の異なる左剰余類の全体は

$$H, \quad (1, 3)H = \{(1, 3), (1, 2, 3)\},$$
$$(2, 3)H = \{(2, 3), (1, 3, 2)\}$$

であり, 左分解は $S_3 = H \cup (1, 3)H \cup (2, 3)H$ となる. また,

$$S_3/H = \{H, (1, 3)H, (2, 3)H\}$$

である. $H = (1, 2)H$, $(1, 3)H = (1, 2, 3)H$, $(2, 3)H = (1, 3, 2)H$ に注意せよ. よって, S_3/H の完全代表系としては, $\{\mathrm{id}, (1, 3), (2, 3)\}$, $\{\mathrm{id}, (1, 2, 3), (1, 3, 2)\}$ などがとれる. 一方, S_3 における H の異なる右剰余類の全体は

$$H, \quad H(1, 3) = \{(1, 3), (1, 3, 2)\},$$
$$H(2, 3) = \{(2, 3), (1, 2, 3)\}$$

であり, 右分解は $S_3 = H \cup H(1, 3) \cup H(2, 3)$ となる. また,

$$H \backslash S_3 = \{H, H(1, 3), H(2, 3)\}$$

である. $H = H(1, 2)$, $H(1, 3) = H(1, 3, 2)$, $H(2, 3) = H(1, 2, 3)$ に注意せよ. よって, $H \backslash S_3$ の完全代表系としては, $\{\mathrm{id}, (1, 3), (2, 3)\}$, $\{\mathrm{id}, (1, 3, 2), (1, 2, 3)\}$ などがとれる.

(2) 3 次の対称群 S_3 とその部分群 $K = \langle (1, 2, 3) \rangle = \{\mathrm{id}, (1, 2, 3), (1, 3, 2)\}$ を考える. S_3 における K の異なる左剰余類は

$$K, (1, 2)K = \{(1, 2), (1, 3), (2, 3)\}$$

の 2 つであり, したがって, 左分解は $S_3 = K \cup (1, 2)K$ となる.

問 5.5.4. 上の例の $S_3 \geq K$ に対して, 異なるすべての右剰余類を求め, 右分解を求めよ. また, $K \backslash S_3$ の完全代表系を求めよ.

群 G の部分集合 A, B に対して, $AB = \{ab \mid a \in A, b \in B\}$ と定義する. また, $A^{-1} = \{a^{-1} \mid a \in A\}$ と定義する. このとき, 3 つの部分集合 A, B, C に対しては, $(AB)C = A(BC)$ が成り立つ. また, $(A^{-1})^{-1} = A$ であり, $(AB)^{-1} = B^{-1}A^{-1}$ が成り立つ. 特に $B = \{b\}$ のときは, $A\{b\} = Ab$, $\{b\}A = bA$ と記すことにする.

問 5.5.5. 上のことがらを示せ. また, H が G の部分群ならば $H^{-1} = H$ であることを示せ.

問 5.5.6. $G \geq H$ とし, a を G の任意の元とする. このとき, $f(x) = ax$ $(x \in H)$ で定義される写像 $f : H \to aH$ は全単射であることを示せ. また, $g(x) = xa$ $(x \in H)$ で定義される写像 $g : H \to Ha$ も全単射であることを示せ.

命題 5.5.1. G を群, H をその部分群とする. G の H による左分解を $G = \bigcup_{i \in I} a_i H$ とするとき, $G = \bigcup_{i \in I} Ha_i^{-1}$ は G の H による右分解である.

証明 G の任意の元 x をとる. このとき, ある $i \in I$ が存在して, $x^{-1} \in a_i H$ となる. よって, $x^{-1} = a_i h$ $(h \in H)$ より, $x = h^{-1}a_i^{-1} \in Ha_i^{-1}$. したがって, $G = \bigcup_{i \in I} Ha_i^{-1}$ を得る. また, もし $i \neq j$ に対して, $Ha_i^{-1} \cap Ha_j^{-1} \neq \varnothing$ と仮定すると, $ha_i^{-1} = ka_j^{-1}$ $(h, k \in H)$ であるが, 両辺の逆元をとると, $a_i h^{-1} = a_j k^{-1} \in a_i H \cap a_j H = \varnothing$ となり矛盾である. $\square$

系 5.5.2. G を群, H をその部分群とする. このとき, 左剰余類全体 G/H と右剰余類全体 $H \backslash G$ の間には集合としての 1 : 1 対応がある.

証明 上の命題より, $G/H = \{a_i H \mid i \in I\}$ とすると, $H \backslash G = \{Ha_i^{-1} \mid i \in I\}$ であるから, $a_i H \longleftrightarrow (a_i H)^{-1} = Ha_i^{-1}$ の対応によって, G/H と $H \backslash G$ の間に 1 : 1 対応が存在する. $\square$

したがって, G/H が有限集合であれば, $H \backslash G$ も有限集合であって, 左剰余類の個数と右剰余類の個数は一致する. この左 (右) 剰余類の個数を, H の G における指数 (index) とよんで, $(G : H)$ で表す[10]. G/H が無限集合のときは, $(G : H) = \infty$ と記す.

定理 5.5.3 (ラグランジュの定理). G を有限群とし, H をその部分群とする. このとき,
(1) $|G| = (G : H)|H|$ が成り立つ.
(2) したがって, $(G : H)$ は $|G|$ の約数である.

---
[10] $|G : H|$ や $[G : H]$ で表すこともある.

また，$|H|$ も $|G|$ の約数である．

証明 G の H による左分解を $G = \bigcup_{i \in I} a_i H$ とすると，$|G| = \sum_{i \in I} |a_i H|$ である．ここで，$|a_i H| = |H|$ であり，$(G : H) = |I|$ であるから[*11]，

$$|G| = \sum_{i \in I} |H| = (G : H)|H|$$

を得る． $\square$

系 5.5.4. G を位数 n の有限群とし，a を G の任意の元とする．このとき，$a^n = 1$ が成り立つ．

証明 a で生成される巡回群を $H = \langle a \rangle$ とする．このとき，ラグランジュの定理より，$o(a) = |H|$ は n の約数である．よって，命題 5.4.5 より，$a^n = 1$ を得る． $\square$

例 5.5.2. $n \geq 2$ とする．S_n を n 次対称群，A_n を n 次交代群とする．このとき，

$$S_n = A_n \cup (1, 2)A_n$$

は S_n における A_n の左分解である．したがって，$(S_n : A_n) = 2$ である．$|S_n| = n!$ であるから，$|A_n| = n!/2$ である．すなわち，偶置換，奇置換ともそれぞれ $n!/2$ 個ずつ存在する．

問 5.5.7. $G \geq H \geq K$ とし，$(G : K)$ は有限指数とする．このとき次が成り立つことを示せ．

$$(G : K) = (G : H)(H : K)$$

問 5.5.8. 位数が素数の有限群は巡回群であることを示せ．

例 5.5.3. 3 次の対称群 S_3 は位数 6 であるから，その部分群の位数は $1, 2, 3, 6$ のいずれかである．位数 1 の部分群は単位群であり，位数 6 の部分群は S_3 自身であるから，自明でない部分群の位数は $2, 3$ であるが，どちらも素数であるから，それらは巡回群に限る．S_3 の位数 2 の部分群は，

$$\langle (1, 2) \rangle, \quad \langle (1, 3) \rangle, \quad \langle (2, 3) \rangle$$

の 3 個であり，位数 3 の部分群は

$$A_3 = \langle (1, 2, 3) \rangle = \langle (1, 3, 2) \rangle$$

のみである．

$\mathbb{Z}$ の $n\mathbb{Z}$ による剰余類

n を任意の自然数とする．加法群 $\mathbb{Z}$ の部分群 $n\mathbb{Z}$ による剰余類を考える．この場合，本節の最初に述べた

$a, b \in \mathbb{Z}$ に対する関係 $\sim$ は

$$a \sim b \Longleftrightarrow a - b \in n\mathbb{Z}$$

であるから，$a \in \mathbb{Z}$ を含む剰余類は，

$$C_a = \{x \in \mathbb{Z} \mid a - x \in n\mathbb{Z}\}$$

であり，剰余類分解は，

$$\mathbb{Z} = C_0 \cup C_1 \cup C_2 \cup \cdots \cup C_{n-1}$$

である．各剰余類 C_a $(a = 0, 1, \ldots, n-1)$ の元は $a + nz$ $(z \in \mathbb{Z})$ の形の整数全体であるから，$C_a = a + n\mathbb{Z} = \bar{a}$ で表す．したがって，

$$\mathbb{Z}/n\mathbb{Z} = \left\{ \bar{0}, \bar{1}, \bar{2}, \ldots, \overline{n-1} \right\}$$

であり，$\mathbb{Z}$ における $n\mathbb{Z}$ の指数は，

$$(\mathbb{Z} : n\mathbb{Z}) = n$$

である．

5.6 巡 回 群

すでに巡回群については定義済みであるが，本節では巡回群のもついくつかの性質とともに，群を調べる際の道具としても非常に有用なものであることを説明する．

次の定理は巡回群において基本的なものである．

定理 5.6.1. (1) 巡回群の部分群は巡回群である．
(2) $G = \langle a \rangle$ を位数 n の巡回群とするとき，n の任意の約数 $m \geq 1$ に対して，G は位数 m の部分群をただ一つもつ．

証明 (1) H を 巡回群 $G = \langle a \rangle$ の部分群とする．$H = 1$ であれば，$H = \langle 1 \rangle$ であるから 1 で生成される巡回群である．$H \neq 1$ とする．$a^i \in H$ であれば $a^{-i} \in H$ であるから，$a^i \in H$ となるような正整数 i が存在する．そのような正整数のうち最小のものを $k > 0$ とする．このとき $H = \langle a^k \rangle$ が成り立つことを示す．$a^k \in H$ であるから，$\langle a^k \rangle \leq H$ は明らかである．逆に任意の $a^i \in H$ をとる．$i = kq + r$ $(0 \leq r < k)$ と表すと $a^i = (a^k)^q a^r$ となり，変形して $a^r = a^i (a^k)^{-q} \in H$ となるから，k の最小性から $r = 0$ でなければならない．よって $a^i = (a^k)^q \in \langle a^k \rangle$ となって，$H \leq \langle a^k \rangle$ が得られ，$H = \langle a^k \rangle$ となる．したがって H は巡回群であることが示された．
(2) n/m は整数であり，$a^{n/m}$ は m 乗して初めて 1 と

[*11] $|I|$ は集合 I の要素の個数を表すが，$\operatorname{card} I$ あるいは $\#(I)$ などで表すこともある．

なるので，$\mathrm{o}(a^{n/m}) = m$ である．よって，$\langle a^{n/m} \rangle$ は位数 m の巡回部分群である．一方，K を位数 m の部分群とすると，(1) より $K = \langle a^k \rangle$ とおける．$a^{km} = (a^k)^m = 1$ であるから $n|km$，よって $(n/m)|k$ である．このとき，$a^k \in \langle a^{n/m} \rangle$ となるので，$K = \langle a^k \rangle \le \langle a^{n/m} \rangle$ であるが，位数を考慮して $K = \langle a^{n/m} \rangle$ となる．したがって，位数 m の部分群は $\langle a^{n/m} \rangle$ に限ることがわかった． □

例 5.6.1. $G = \langle a \rangle$ を位数 6 の巡回群とする．このとき，G の部分群は次の 4 個である．

$$1,\ \langle a^3 \rangle,\ \langle a^2 \rangle,\ G$$

実際，上の命題より，G の部分群は 6 の約数の個数だけある．6 の約数は 1, 2, 3, 6 であって，それぞれを位数とする部分群が上のとおりである．

問 5.6.1. 位数が 10 の巡回群の部分群をすべて求めよ．またそれらの間の包含関係を調べよ．位数が 12 の巡回群の場合はどうか調べよ．

巡回群 $\mathbb{Z}$ の部分群

加法群 $\mathbb{Z}$ は 1 を生成元とする巡回群であることは先に述べた．したがって，命題 5.6.1 より，$\mathbb{Z}$ の部分群は巡回群である．

命題 5.6.2. $a_1, a_2, \dots, a_r\ (\in \mathbb{Z},\ \ne 0)$ の最大公約数を $d = \gcd(a_1, a_2, \dots, a_r)$ とする．このとき，$a_1, a_2, \dots, a_r$ で生成される $\mathbb{Z}$ の部分群は $\langle d \rangle = \mathbb{Z}d$ である：

$$\langle a_1, a_2, \dots, a_r \rangle = \langle d \rangle \qquad (5.6.1)$$

よって，整数 $z_1, z_2, \dots, z_r$ が存在して，

$$d = z_1 a_1 + z_2 a_2 + \dots + z_r a_r$$

と表すことができる．特に，$\gcd(a_1, a_2, \dots, a_r) = 1$ であれば，1 を

$$1 = z_1 a_1 + z_2 a_2 + \dots + z_r a_r$$

の形に表すことができる．

証明 $\mathbb{Z}$ の部分群 $\langle a_1, a_2, \dots, a_r \rangle$ は 0 でない巡回群なので，その生成元を $d'\ (> 0)$ とする：

$$\langle a_1, a_2, \dots, a_r \rangle = \langle d' \rangle$$

$d = d'$ を示せばよい．$a_i = d a_i'\ (1 \le i \le r)$ とおく．$d' = z_1 a_1 + z_2 a_2 + \dots + z_r a_r\ (z_i \in \mathbb{Z})$ と表せるので，

$$\begin{aligned} d' &= z_1 a_1 + z_2 a_2 + \dots + z_r a_r \\ &= d(z_1 a_1' + z_2 a_2' + \dots + z_r a_r') \end{aligned}$$

より，$d|d'$ を得る．一方，$a_i \in \langle d' \rangle\ (1 \le i \le r)$ で

あるから，$a_i = d' b_i\ (1 \le i \le r)$ と表せるので，d' は $a_1, a_2, \dots, a_r$ の公約数であって，$d' \le d$，よって $d = d'$ を得る． □

(5.6.1) 式の左辺は

$$\begin{aligned} &\langle a_1, a_2, \dots, a_r \rangle \\ &= \{ z_1 a_1 + z_2 a_2 + \dots + z_r a_r \mid z_1, z_2, \dots, z_r \in \mathbb{Z} \} \end{aligned}$$

であるから，これを $\mathbb{Z}a_1 + \mathbb{Z}a_2 + \dots + \mathbb{Z}a_r$ と記すことも多い．したがって，

$$\mathbb{Z}a_1 + \mathbb{Z}a_2 + \dots + \mathbb{Z}a_r = \mathbb{Z}d$$

である[*12]．

巡回群の生成元

次の命題によって，有限巡回群の元の位数が容易に求まる．

命題 5.6.3. $G = \langle a \rangle$ を位数 n の巡回群とする．このとき，G の元 a^r の位数は $n/\gcd(n, r)$ である．

証明 $d = \gcd(n, r)$ とおく．まず，$\langle a^r \rangle = \langle a^d \rangle$ を示す．$d|r$ であるから，$a^r \in \langle a^d \rangle$ であり，よって $\langle a^r \rangle \subseteq \langle a^d \rangle$ である．逆に，$d = rx + ny\ (x, y \in \mathbb{Z})$ と表せるので，$a^d = (a^r)^x (a^n)^y = (a^r)^x \in \langle a^r \rangle$ であって，したがって，$\langle a^d \rangle \subseteq \langle a^r \rangle$．よって，$\langle a^r \rangle = \langle a^d \rangle$ を得る．すなわち，$\mathrm{o}(a^r) = \mathrm{o}(a^d)$ である．$d|n$ であり，$\mathrm{o}(a) = n$ であるから，a^d は n/d 乗して初めて 1 となる．よって，$\mathrm{o}(a^r) = \mathrm{o}(a^d) = n/d$ である． □

この命題により，巡回群の生成元が決定できる．

命題 5.6.4. $G = \langle a \rangle$ を巡回群とする．このとき，G の生成元に関して次が成り立つ．

(1) G が位数 n の有限巡回群とするとき，a^r が G の生成元になるのは，$\gcd(r, n) = 1$ のときに限る．

(2) G が無限巡回群であるとき，G の生成元は a と a^{-1} に限る．

証明 (1) a^r が G の生成元になるのは，$\mathrm{o}(a^r) = n$ の場合である．前命題より，$\mathrm{o}(a^r) = n/\gcd(r, n)$ であるから，$\gcd(r, n) = 1$ の場合に限って，a^r が生成元になる．

(2) $G = \langle a^{-1} \rangle$ であるから，a^{-1} も G の生成元である．a^r が G の生成元であれば，$a \in G = \langle a^r \rangle$ であるから，ある整数 i が存在して，$a = (a^r)^i = a^{ri}$ と表せる．よって，$a^{ri-1} = 1$ であるが，命題 5.4.5 より $ri - 1 = 0$，すなわち $r = \pm1$ でなければな

[*12] したがって，a, b を 0 でない任意の整数とし，その最大公約数を d とすると，d は $d = ax + by\ (x, y \in \mathbb{Z})$ の形に表すことができる．また，与えられた a, b から d を求め，さらに，このような x, y を見出すためには，ユークリッドの互除法を利用すればよい．

158   5. 代 数 学

らない.   □

たとえば，位数 10 の巡回群 $G = \langle a \rangle$ においては，$\gcd(r, 10) = 1$ となるのは $r = 1, 3, 7, 9$ であるから，G の生成元は a の他 a^3, a^7, $a^9 = a^{-1}$ である.

問 5.6.2. 位数 12 の巡回群 $G = \langle a \rangle$ の生成元をすべて求めよ.

自然数 $n \geq 2$ に対して，$1 \leq i < n$ なる i のうち，$\gcd(i, n) = 1$ を満たすものの個数を $\varphi(n)$ で表す. たとえば，$\varphi(7) = 6$, $\varphi(10) = 4$, $\varphi(12) = 4$ である. この関数 φ を**オイラーの関数 (Euler's function)** という. したがって，位数 n の巡回群の生成元の個数は $\varphi(n)$ である.

問 5.6.3. 素数 p に対しては，$\varphi(p^e) = p^{e-1}(p - 1)$ であることを示せ.

有限群が巡回群であるための条件

次の定理は，有限群が巡回群であるための条件を述べたものである.

定理 5.6.5. 有限群 G が巡回群であるための必要十分条件は，任意の自然数 m に対して，$x^m = 1$ を満たす $x(\in G)$ の個数が m 以下であることである.

証明のために補題を 2 つ用意する.

補題 5.6.6. $G = \langle a \rangle$ を位数 n の巡回群とする. $n = ml$ とするとき，

$$\{x \in G \mid x^m = 1\} = \langle a^l \rangle \qquad (5.6.2)$$

であって，この位数は m である.

証明 $a^i \in G$ に対して，

$$(a^i)^m = 1 \Longleftrightarrow n \mid im$$
$$\Longleftrightarrow l \mid i$$
$$\Longleftrightarrow a^i \in \langle a^l \rangle$$

であるから，(5.6.2) が成立する.   □

補題 5.6.7. n を自然数とするとき，等式

$$n = \sum_{m \mid n} \varphi(m) \qquad (5.6.3)$$

が成り立つ.

証明 $G = \langle a \rangle$ を位数 n の巡回群とする. G の元で位数が m であるようなもの全体を $G_m = \{x \in G \mid o(x) = m\}$ とおくとき，

$$G = \langle a \rangle = \bigcup_{m \mid n} G_m \quad \text{（共通部分をもたない和集合）}$$
$$(5.6.4)$$

と表せる. また $|G_m| = \varphi(m)$ である. なぜなら，G の元 x が G_m に属することと，巡回群 $\langle x \rangle$ が位数 m であることは同値であり，G の位数 m の部分群はただ一つであるから，G_m の元の個数は巡回群 $\langle x \rangle$ の生成

元の個数 $\varphi(m)$ に一致する. したがって，等式 (5.6.4) の両辺の元の個数を考えて (5.6.3) を得る. [*13]   □

定理の証明（必要性） $G = \langle a \rangle$ を位数 n の巡回群とする. $x \in G$ が $x^m = 1$ を満たすとすると，$o(x) \mid m$ かつ $o(x) \mid n$ である. したがって，$d = \gcd(n, m)$ とおくと $x^d = 1$ である. このような x の個数は補題 5.6.6 より d に一致する. $d \mid m$ であることから，必要性が示された.（十分性）G を位数 n の群とする. n の約数 m に対して，$G_m = \{x \in G \mid o(x) = m\}$ とおくとき，

$$G = \bigcup_{m \mid n} G_m \quad \text{（共通部分をもたない和集合）}$$

と表せる. したがって，

$$n = |G| = \sum_{m \mid n} |G_m| \qquad (5.6.5)$$

が成り立つ. いま $|G_m| > 0$ を仮定するとき，$a \in G_m$ をとり，位数 m の巡回群 $\langle a \rangle$ を作ると，$\langle a \rangle$ の任意の元 x は $x^m = 1$ を満たすので，定理の仮定から，

$$\langle a \rangle = \{x \in G \mid x^m = 1\}$$

を得る. よって $G_m \subseteq \langle a \rangle$ であって，G_m は $\langle a \rangle$ の位数 m の元の全体に一致し，$|G_m| = \varphi(m)$ を得る. すなわち，n の任意の約数 m に対しては $|G_m| = \varphi(m)$ または $|G_m| = 0$ である. これより，(5.6.3) と (5.6.5) を比べて，n のすべての約数 m に対して $|G_m| = \varphi(m)$ を得る. 特に，$|G_n| = \varphi(n) \neq 0$ であるから，G は位数 n の元をもつことになり，G は巡回群であることがわかる.   □

複素数全体の集合 $\mathbb{C}$ においては，$x^m = 1$ を満たす $x \in \mathbb{C}$ の個数は m 以下であるから，定理より次を得る.

系 5.6.8. 乗法群 $\mathbb{C}^{\#}$ の有限部分群は巡回群である.

例 5.6.2. G を乗法群 $\mathbb{C}^{\#}$ の位数 n の部分群とする. このとき，上の系より G は巡回群である. G の任意の元 x は $x^n = 1$ を満たすので，$G \subseteq \{x \in \mathbb{C}^{\#} \mid x^n = 1\}$ であるが，右辺の集合の元の個数は高々 n なので，$G = \{x \in \mathbb{C}^{\#} \mid x^n = 1\}$ が成立する. さて，

$$\zeta := \cos(2\pi/n) + i \sin(2\pi/n)$$

とおくと，$\zeta^n = 1$ であって，かつ ζ の位数は n である. したがって，ζ は G の生成元であることがわかる：$G = \langle \zeta \rangle$. また，巡回群 $\langle \zeta \rangle$ の生成元は，

[*13] つまり，(5.6.4) の右辺は G の各巡回部分群の生成元の集合 G_m の和集合を表している. 一方，G の任意の元は，その元で生成される巡回部分群の生成元であることから等式 (5.6.4) が成り立つ.

$\gcd(j, n) = 1$ であるような j によって ζ^j と表せ，かつその場合に限る．このような位数 n の元を 1 の原始 n 乗根 (primitive nth root of 1) という．

5.7 正規部分群と剰余群

G を群，H を G の部分群とする．$t \in G$ を任意の元とし，G の部分集合

$$tHt^{-1} = \{txt^{-1} \mid x \in H\}$$

を考える．tHt^{-1} は G の部分群であることが容易にわかる．この群 tHt^{-1} を，H の t による共役部分群 (conjugate subgroup) とよぶ．

問 5.7.1. tHt^{-1} は G の部分群であることを示せ．

G の 2 つの部分群 H と K に対して，ある $t \in G$ が存在し，$tHt^{-1} = K$ となるとき，H は K に G で共役 (conjugate) であるという．この 2 つの部分群に関する関係は同値関係であり，$H \underset{G}{\sim} K$ と表すこともある．

問 5.7.2. H を群 G の有限部分群とするとき，H の共役部分群 tHt^{-1} は H と同じ位数であることを示せ：$|tHt^{-1}| = |H|$．

一般に，群 G の 2 つの部分集合 A, B に対して，ある $t \in G$ が存在し，$tAt^{-1} = B$ が成り立つとき，A と B は G で共役であるという：$A \underset{G}{\sim} B$．また，G の 2 つの元 a, b に対しても，ある $t \in G$ が存在し，$tat^{-1} = b$ が成り立つとき，a と b は G で共役であるという：$a \underset{G}{\sim} b$．

群 G と G で共役な部分群は G 自身であり，単位群 1 と G で共役な部分群は 1 自身であることは明らかであろう．

3 次の対称群 S_3 の部分群は例 5.5.3 で述べたが，それらの共役な部分群を調べてみよう．

例 5.7.1. 3 次の対称群 S_3 において，その自明でない部分群は次の 4 個である．

$H_1 := \langle(1, 2)\rangle, \quad H_2 := \langle(1, 3)\rangle, \quad H_3 := \langle(2, 3)\rangle,$

$K := \langle(1, 2, 3)\rangle$

H_1, H_2, H_3 の間には，

$H_2 = (2, 3)H_1(2, 3)^{-1}, \quad H_3 = (1, 3)H_1(1, 3)^{-1}$

という関係があることから，これらは共役な部分群である[14]．また，位数が 3 の部分群は K だけであるから，K と共役な部分群は K 自身である．

---

[14] もちろん $(2, 3)^{-1} = (2, 3), (1, 3)^{-1} = (1, 3)$ である．

正規部分群

G を群とする．G の部分群 N が正規部分群 (normal subgroup) であるとは，N のすべての共役部分群が N に一致するときをいう．すなわち，

$$すべての t \in G に対して，\quad tNt^{-1} = N$$

が成り立つときをいう．このとき，記号で $G \rhd N$ または $N \lhd G$ と表す．また，

$$G \rhd N \Longleftrightarrow tN = Nt \,(\forall t \in G)$$

であることも容易にわかるであろう．これはすなわち，任意の $t \in G$ に対して，t を含む左剰余類 tH と右剰余類 Ht が一致することであり，これを単に t を含む，あるいは t を代表元とする剰余類 (residue class) という．G の単位部分群 1_G および G 自身は G の正規部分群である．

可換群 G においては，任意の部分群 N は $tNt^{-1} = N \,(\forall t \in G)$ を満たす．したがって可換群の部分群は正規部分群である．

例 5.7.2. 例 5.7.1 で述べたように，S_3 の部分群 $\langle(1, 2, 3)\rangle$ は S_3 の正規部分群であるが，$\langle(1, 2)\rangle$，$\langle(1, 3)\rangle$，$\langle(2, 3)\rangle$ はいずれも正規部分群ではない．

問 5.7.3. 次を示せ．

$$G \rhd N \Longleftrightarrow tNt^{-1} \subseteq N \,(\forall t \in G)$$

剰余群

さて次に，G の正規部分群 N に対して，剰余類全体の集合 $G/N = \{tN \mid t \in G\}$ に次のようにして，群の構造を与えよう．

G/N の任意の 2 元 $aN, bN \,(a, b \in G)$ に対して，

$$(aN)(bN) = abN$$

で演算を定めることができる．なぜなら，$aN = a'N$，$bN = b'N$ とすると，$a' = ax \,(x \in N)$，$b' = by \,(y \in N)$ と表せるので，$xb \in Nb = bN$ より，$xb = bx' \,(x' \in N)$ と表して，

$$a'b'N = (ax)(by)N = abx'yN = abN$$

である．すなわち，上の演算は aN, bN の代表元のとり方に依存せずに定まっているからである[15]．

この演算を，G/N の元である剰余類同士の積とよ

---

[15] $(aN)(bN)$ は G の部分集合同士の積に他ならない．すなわち，$G \supseteq A, B$ に対して，$AB = \{xy \mid x \in A, y \in B\}$ と定めれば集合 AB が一意に定まるので，これで $(aN)(bN)$ を定めても定義としては何ら変わりない．

ぶことにすると，この積に関して，G/N は結合法則を満たし，N が単位元，aN は $a^{-1}N$ を逆元にもつことがわかり，G/N は群となる．この群を，G の N による剰余群 (residue group)，商群 (quotient group) あるいは因子群 (factor group) などとよぶ．$a \in G$ を代表元とする剰余群の元 aN を $\overline{a}$ と表すことも多い．以下，そのような表記も場合に応じて使用する．

問 5.7.4. 剰余群 G/N において，N が G/N の単位元であること，また，aN の逆元が $a^{-1}N$ であることを確かめよ．

$G \triangleright N$ に対して，指数 $(G:N)$ が有限であれば，剰余群 G/N は位数 $(G:H)$ の群である．

例 5.7.3. S_3 の正規部分群 $A_3 = \langle (1,2,3) \rangle$ による剰余群は

$$S_3/A_3 = \{A_3, (1,2)A_3\}$$

であり，これは，$(1,2)A_3$ で生成される位数 2 の巡回群である：$S_3/A_3 = \langle (1,2)A_3 \rangle$．

問 5.7.5. G を群，$G \geq H$，$G \triangleright N$ とする．このとき，$NH := \{nh \in G \mid n \in N, h \in H\}$ と $HN := \{hn \in G \mid h \in H, n \in N\}$ は G の部分群であり，$NH = HN$ が成り立つことを示せ．

問 5.7.6. (1) $G \triangleright N_1, N_2$ に対して，$G \triangleright N_1 \cap N_2$ であることを示せ．

(2) $G \triangleright N$，$G \geq H$ のとき，次を示せ．

（i）$H \triangleright H \cap N$ である．

（ii）さらに $G \triangleright H$ ならば $G \triangleright HN$ である．

命題 5.7.1. $G \geq H$ に対して，$(G:H) = 2$ ならば，$G \triangleright H$ である．

証明 $x \in G$ を任意の元とし，$xH = Hx$ を示せばよい．$x \in H$ ならば $xH = Hx$ は成り立つ．$x \notin H$ とする．このとき，xH は H と異なる左剰余類であって，$(G:H) = 2$ より，G の左剰余類分解 $G = H \cup xH$ が存在する．同様に，Hx は H と異なる右剰余類であって，同じ理由で G の右剰余類分解 $G = H \cup Hx$ が存在する．このとき，

$$xH = G \backslash H = Hx$$

より $xH = Hx$ を得る*16．　　　□

命題 5.7.2. $n \geq 2$ とする．このとき，$(S_n : A_n) = 2$ である．したがって $S_n \triangleright A_n$ である．

証明 $(1,2)$ を互換とし，次の写像 f と g を考える．

$$f : A_n \longrightarrow S_n \backslash A_n;\ f(\sigma) = \sigma(1,2),$$
$$g : S_n \backslash A_n \longrightarrow A_n;\ g(\tau) = \tau(1,2)$$

f と g が互いの逆写像であることが容易にわかるので，f は全単射であって，

$$|A_n| = |S_n \backslash A_n| = |S_n| - |A_n|$$

である．よって，$(S_n : A_n) = |S_n|/|A_n| = 2$ を得る．

　　　□

よって，剰余群 S_n/A_n は位数 2 の巡回群である：$S_n/A_n = \langle (1,2)A_n \rangle$．また，例 5.7.1 では $S_3 \triangleright \langle (1,2,3) \rangle$ を直接確かめたが，上の命題からもわかる．

例 5.7.4. 例 5.4.1 で，クラインの 4 元群 $V = \{\text{id}, (1,2)(3,4), (1,3)(2,4), (1,4)(2,3)\}$ が A_4 の部分群であることを述べた．$|V| = 4$ より $(S_4 : V) = 6$ であるが，$S_4 \triangleright V$ であることがわかる．したがって，$A_4 \triangleright V$ でもある．

実際，S_4 は $(1,2), (1,3), (1,4)$ で生成されるので，これらによる V の元の共役元が V の元であることを確かめれば十分である．たとえば，

$$(1,2)((1,3)(2,4))(1,2)^{-1} = (1,4)(2,3) \in V,$$
$$(1,3)((1,2)(3,4))(1,3)^{-1} = (1,4)(2,3) \in V,$$
$$(1,4)((1,3)(2,4))(1,4)^{-1} = (1,2)(3,4) \in V$$

である．

問 5.7.7. 上の例で，$S_4 \triangleright V$ を確かめよ．

例 5.7.5（加法群 $\mathbb{Z}$ の剰余群）. n を任意の自然数とする．加法群 $\mathbb{Z}$ の部分群 $n\mathbb{Z}$ による剰余群は，

$$\mathbb{Z}/n\mathbb{Z} = \{\overline{0}, \overline{1}, \overline{2}, \ldots, \overline{n-1}\},$$
$$\overline{a} + \overline{b} = \overline{a+b} \quad (\forall a, b \in \mathbb{Z})$$

である．ここで，$\overline{0} = \mathbb{Z}, \overline{1} = 1 + n\mathbb{Z}, \overline{2} = 2 + n\mathbb{Z}, \ldots, \overline{n-1} = (n-1)+n\mathbb{Z}$ である．剰余群 $\mathbb{Z}/n\mathbb{Z}$ は，$\overline{1}$ で生成される位数 n の巡回群である：$\mathbb{Z}/n\mathbb{Z} = \langle \overline{1} \rangle$．

問 5.7.8. 巡回群 $\mathbb{Z}/n\mathbb{Z}$ の生成元をすべて求めよ．

5.8　準同型と同型

二つの群 G，G' があったとき，それらの演算あるいは元の記法が違っているなどで，見かけ上は別の群のように見えても，実は群としては本質的に同じものである場合がある．

群は，任意の 2 元の演算の結果で，どの元になっているのかで完全に決まるので，次に述べる「同型」という方法で 2 つの群を「同一視」することを考える．

---

*16 $G \backslash H$ は，G における H の補集合を表している．$G - H$ という記号で表すこともある．

5.8.1 群の同型と準同型

2つの群 G と G' に対して，演算を保存する全単射

$$f : G \longrightarrow G'; \quad f(ab) = f(a)f(b) \ (\forall a, b \in G)$$

が存在するとき，G は G' に同型 (isomorphic) であるといい，$G \simeq G'$ と表す．また，f によって同型が与えらるを明示するために，$f : G \overset{\sim}{\longrightarrow} G'$ と記すことも多い．この写像 f を同型あるいは同型写像 (isomorphism) という．

上では G, G' の演算を乗法的に記したが，以下で述べるように，一方が乗法的で他方が加法的という場合もある．

問 5.8.1. 以下を確かめよ．

(1) $G \simeq G$ であること．

(2) $f : G \overset{\sim}{\longrightarrow} G'$ を同型とするとき，f の逆写像 $f^{-1} : G' \longrightarrow G$ が $f^{-1}(ab) = f^{-1}(a)f^{-1}(b) \ (\forall a, b \in G)$ を満たすこと．

(3) $f : G \overset{\sim}{\longrightarrow} G'$ と $g : G' \overset{\sim}{\longrightarrow} G''$ がどちらも同型であるとき，$gf : G \overset{\sim}{\longrightarrow} G''$ も同型であること．

これより，群の同型 $G \simeq G'$ は同値関係であるがわかる．

命題 5.8.1. 位数 n の巡回群どうしは同型である．また，無限位数の巡回群どうしも同型である．

証明 $\langle a \rangle, \langle b \rangle$ を位数 n の巡回群とする．このとき，写像

$$f : \langle a \rangle \longrightarrow \langle b \rangle; \ f(a^i) = b^i \ (0 \le i \le n-1)$$

は同型であることが示される．無限巡回群 $\langle a \rangle$ と $\langle b \rangle$ は

$$f : \langle a \rangle \longrightarrow \langle b \rangle; \ f(a^i) = b^i \ (i \in \mathbb{Z})$$

によって同型である． □

また，位数 n の巡回群に同型な群は位数 n の巡回群であり，無限巡回群に同型な群は無限巡回群である．

命題 5.8.2. (1) 位数 n の巡回群は加法群 $\mathbb{Z}/n\mathbb{Z}$ に同型である．

(2) また，無限巡回群は加法群 $\mathbb{Z}$ に同型である．

証明 (1) $\langle a \rangle$ を位数 n の巡回群とする．このとき，写像

$$f : \mathbb{Z}/n\mathbb{Z} \longrightarrow \langle a \rangle; \ f(i + n\mathbb{Z}) = a^i \ (0 \le i < n)$$

は同型である．

(2) $\langle a \rangle$ を無限巡回群とする．このとき，写像

$$f : \mathbb{Z} \longrightarrow \langle a \rangle; \ f(i) = a^i \ (i \in \mathbb{Z})$$

は同型である． □

問 5.8.2. 上の証明中の写像 f が同型であることを確かめよ．

例 5.8.1. $V = \{\mathrm{id}, (1, 2)(3, 4), (1, 3)(2, 4), (2, 3)(1, 4)\} \le A_4$ をクラインの4元群とする．また，例 5.4.5 で述べた位数2の巡回群 $\langle -1 \rangle$ とそれ自身の直積集合 $G = \langle -1 \rangle \times \langle -1 \rangle$ に積 $(a, b)(c, d) = (ac, bd)$ で群の構造を入れる[*17]．G は位数4の可換群であり，G の単位元は $(1, 1)$，(a, b) の逆元はそれ自身 (a, b) である．このとき，同型 $V \simeq G$ が存在する．

問 5.8.3. 上の例での同型 $V \simeq G$ を与える同型写像を求めよ．また，クラインの4元群 V と例 5.4.5(3) で述べた位数4の巡回群 $\langle i \rangle$ は同型ではない．その理由を述べよ．

5.8.2 準同型定理と同型定理

準同型の像と核

2つの群 G, G' が同型でないにしても，群としてなんらかの関係が存在しないかを考えるために，演算を保存する写像 $f : G \longrightarrow G'$ を考えてみよう．このような写像を準同型あるいは準同型写像 (homomorphism) という：

$$f : G \longrightarrow G'; \quad f(ab) = f(a)f(b) \ (\forall a, b \in G)$$

例 5.8.2. (1) $n \ge 2$ とする．置換にその符号を対応させる写像

$$\mathrm{sgn} : S_n \longrightarrow \langle -1 \rangle = \{1, -1\}; \quad \sigma \mapsto \mathrm{sgn}\,\sigma$$

は，命題 5.3.5 で述べたように準同型である．

(2) 行列にその行列式を対応させる写像

$$\det : GL_n(\mathbb{R}) \longrightarrow \mathbb{R}^{\#}; \quad A \mapsto \det A = |A|$$

は，線形代数で学んだように準同型である．$\mathbb{R}$ を $\mathbb{C}, \mathbb{Q}$ に代えても同様である．

(3) $\langle a \rangle$ を巡回群とし，写像

$$f : \mathbb{Z} \longrightarrow \langle a \rangle; \quad i \mapsto a^i$$

を考える．f は，

$$f(i + j) = a^{i+j} = a^i a^j = f(i)f(j) \ (\forall i, j \in \mathbb{Z})$$

を満たすので準同型である．この準同型は加法群から乗法群への準同型である．

群の準同型が与えられると，次の命題に述べるよう

[*17] 後節で，群の直積集合に群の構造を入れることについて考察する．

に，その像あるいは核とよばれる部分群が定まる．これらは2つの群を結びつける役割をする．

命題 5.8.3. G, G' を群とし，$f : G \longrightarrow G'$ を準同型であるとする．このとき，次が成り立つ．

(1) $f(1_G) = 1_{G'}$，$f(x^{-1}) = f(x)^{-1}$ $(\forall x \in G)$

(2) f の像全体の集合 $\mathrm{Im}\, f = \{f(x) \mid x \in G\}$ は G' の部分群である．

(3) G の部分集合 $K = \{x \in G \mid f(x) = 1_{G'}\}$ は G の正規部分群である．

証明 (1) $f(1_G) = f(1_G 1_G) = f(1_G)f(1_G)$ の両辺に $f(1_G)^{-1}$ を掛ければよい．また，

$$1_{G'} = f(1_G) = f(xx^{-1}) = f(x)f(x^{-1})$$

の両辺に左から $f(x)^{-1}$ を掛ければよい．

(2) $1_{G'} \in \mathrm{Im}\, f$ より，$\mathrm{Im}\, f \neq \varnothing$ である．任意の $a, b \in \mathrm{Im}\, f$ をとると，$x, y \in G$ が存在して，$a = f(x)$，$b = f(y)$ と表せる．このとき，$ab = f(xy) \in \mathrm{Im}\, f$ である．また，$a \in \mathrm{Im}\, f$ に対して，$a = f(x)$ $(x \in G)$ とすれば，$a^{-1} = f(x)^{-1} = f(x^{-1}) \in \mathrm{Im}\, f$ となる．以上より，$\mathrm{Im}\, f$ は G' の部分群である．

(3) (1) より，$1_G \in K$ であり，$K \neq \varnothing$ である．任意の $a, b \in K$ をとると，$f(ab) = f(a)f(b) = 1_{G'} 1_{G'} = 1_{G'}$ より，$ab \in K$ である．また，$a \in K$ をとると，$f(a^{-1}) = f(a)^{-1} = 1_{G'}^{-1} = 1_{G'}$ であるから，$a^{-1} \in K$ を得る．したがって，K は G の部分群である．$a \in K$，$t \in G$ を任意にとると，

$$f(tat^{-1}) = f(t)f(a)f(t^{-1})$$
$$= f(t)1_{G'}f(t)^{-1} = 1_{G'}$$

より，$tat^{-1} \in K$．したがって，$tKt^{-1} \subseteq K$ を得る．これより，$K \lhd G$ がわかる． $\square$

命題中の $\mathrm{Im}\, f$ を f の像あるいは**イメージ (image)** とよぶ：

$$\mathrm{Im}\, f = \{f(x) \mid x \in G\} \leq G'$$

なお，$\mathrm{Im}\, f$ を $f(G)$ と表すこともある．また，G の正規部分群 K を f の核あるいは**カーネル (kernel)** とよび，$\mathrm{Ker}\, f$ で表す：

$$\mathrm{Ker}\, f := \{x \in G \mid f(x) = 1_{G'}\} \lhd G$$

補題 5.8.4. 準同型 $f : G \longrightarrow G'$ に対して，次が成り立つ．

(1)

$$f \text{ が単射} \Longleftrightarrow \mathrm{Ker}\, f = 1$$

である．一方，f が全射であることと $\mathrm{Im}\, f = G'$ であることが同値である．

(2) $H \leq G \Longrightarrow f(H) \leq G'$ である．

(3) $N \lhd G \Longrightarrow f(N) \lhd f(G)$ である．

(4) $H' \leq G' \Longrightarrow f^{-1}(H') \leq G$ である．特に，$N' \lhd G' \Longrightarrow f^{-1}(N') \lhd G$ である．

問 5.8.4. 上の補題を証明せよ．

例 5.8.3. 例 5.8.2 で述べた準同型に関して，それらの像と核を調べる．

(1)

$$\mathrm{Ker}\,(\mathrm{sgn}) = \{\sigma \in S_n \mid \mathrm{sgn}\, \sigma = 1\}$$
$$= \{\sigma \in S_n \mid \sigma \text{ は偶置換}\} = A_n$$

である．したがって，$n \geq 2$ のとき sgn は単射ではない．一方，sgn は全射である：$\mathrm{Im}\,(\mathrm{sgn}) = \langle -1 \rangle$．

(2)

$$\mathrm{Ker}\,(\det) = \{A \in GL_n(\mathbb{R}) \mid \det A = 1\}$$
$$= SL_n(\mathbb{R})$$

であり単射ではない．一方，$\det$ は全射である：$\mathrm{Im}\,(\det) = \mathbb{R}^{\#}$．

(3) f が全射であることは明らかであろう．$\langle a \rangle$ が位数 n の場合は，

$$\mathrm{Ker}\, f = \{i \in \mathbb{Z} \mid a^i = 1\}$$
$$= \{i \in \mathbb{Z} \mid n|i\} = n\mathbb{Z}$$

である．一方，無限巡回群の場合は，$\mathrm{Ker}\, f = 0$，すなわち f は単射である．

準同型定理

$f : G \longrightarrow G'$ を群の準同型とする．次の定理は，G と G' を結びつけるための基本的かつ重要な手段である．

定理 5.8.5 (準同型定理). 準同型 $f : G \longrightarrow G'$ に対して，次の同型が存在する．

$$\overline{f} : G/\mathrm{Ker}\, f \overset{\sim}{\longrightarrow} \mathrm{Im}\, f; \quad \overline{f}(\overline{x}) = f(x)\ (x \in G)$$

証明 $K = \mathrm{Ker}\, f$ とおく．最初に $\overline{f}$ が写像であることを示す．$\overline{x} = \overline{y}$ と仮定する．$xK = yK$ であるから，ある $k \in K$ により $y = xk$ と表せる．このとき，$f(y) = f(xk) = f(x)f(k) = f(x)1_{G'} = f(x)$ であるから，$\overline{f}(\overline{x})$ は代表元 x のとり方に依らずに定まる[18]．次に，$\overline{f}$ が準同型であることは

---

[18] これを，$\overline{f}$ は well-defined であるという．

$$\overline{f}(\overline{x}\,\overline{y}) = \overline{f}(\overline{xy}) = f(xy) = f(x)f(y) = \overline{f}(\overline{x})\overline{f}(\overline{y})$$

よりわかる．任意の $\overline{x} \in \mathrm{Ker}\,\overline{f}$ をとると，$1_{G'} = \overline{f}(\overline{x}) = f(x)$ であるから，$x \in \mathrm{Ker}\,f$ であり $x \in K$，よって $\overline{x} = \overline{1_G}$ となり，$\mathrm{Ker}\,\overline{f} = 1_{G/K}$ であるから $\overline{f}$ は単射である．最後に，任意の $f(x) \in \mathrm{Im}\,f$ $(x \in G)$ に対しては，$\overline{f}(\overline{x}) = f(x)$ より，$\overline{f}$ が全射であることがわかった．以上より $\overline{f}$ は同型である． $\square$

　特別な準同型を考えてみる．G を群とする．このとき，G 上の恒等写像 $\mathrm{id} : G \longrightarrow G$ は準同型であり，$\mathrm{Im}\,\mathrm{id} = G$，$\mathrm{Ker}\,\mathrm{id} = 1_G$ である．したがって，準同型定理より，同型

$$\overline{\mathrm{id}} : G/1_G \overset{\sim}{\longrightarrow} G; \quad x\{1_G\} \mapsto x$$

を得る．すなわち，$G/1_G$ と G は同一視できるということである．たとえば，加法群 $\mathbb{Z}$ の剰余群 $\mathbb{Z}/0$ は $\mathbb{Z}$ と同一視できる．また，零写像 $0 : G \longrightarrow G$; $x \mapsto 1_G$ も準同型であり，$\mathrm{Im}\,0 = 1_G$，$\mathrm{Ker}\,0 = G$ であるから，準同型定理より，同型 $\overline{0} : G/G \overset{\sim}{\longrightarrow} 1_G$ を得る．

例 5.8.4. (1) 準同型 $\mathrm{sgn} : S_n \longrightarrow \langle -1 \rangle$ から，準同型定理を用いて，同型

$$\overline{\mathrm{sgn}} : S_n/A_n \overset{\sim}{\longrightarrow} \langle -1 \rangle$$

　　が得られる．

(2) 準同型 $\det : GL_n(\mathbb{R}) \longrightarrow \mathbb{R}^{\#}$ から，準同型定理を用いて，同型

$$\overline{\det} : GL_n(\mathbb{R})/SL_n(\mathbb{R}) \overset{\sim}{\longrightarrow} \mathbb{R}^{\#}$$

　　を得る．

(3) 準同型 $\mathbb{Z} \longrightarrow \langle a \rangle$ から，準同型定理を用いて，$\langle a \rangle$ が位数 n であれば，同型

$$\mathbb{Z}/n\mathbb{Z} \overset{\sim}{\longrightarrow} \langle a \rangle$$

　　が得られる．また，無限巡回群であれば，同型

$$\mathbb{Z} \overset{\sim}{\longrightarrow} \langle a \rangle$$

　　が得られる．

例 5.8.5. G を群とし，N を G の正規部分群とする．このとき，次の全射準同型が存在する：

$$\pi : G \longrightarrow G/N; \quad x \mapsto \overline{x} = xN$$

この π を**自然な準同型** (natural homomorphism) あるいは**自然な全射準同型** (natural epimorphism) とよぶ．$\mathrm{Ker}\,\pi = N$ である．

同型定理

　準同型定理から導かれるいくつかの「同型定理」を

述べる．

定理 5.8.6（同型定理[19]）．(1) G を群とし，$G \geq H$，$G \triangleright N$ とする．このとき，次の同型が成り立つ：

$$H/H \cap N \simeq NH/N$$

(2) $f : G \longrightarrow G'$ を全射準同型とする．$N' \triangleleft G'$ とし，$N := f^{-1}(N')$ とおくとき，次の同型が成り立つ：

$$G/N \simeq G'/N'$$

(3) $G \triangleright H$，$G \triangleright N$ かつ $H \geq N$ とするとき，次の同型が成り立つ：

$$(G/N)/(H/N) \simeq G/H$$

証明 (1) すでに $NH \leq G$ は見た．また，$G \triangleright N$ より $NH \triangleright N$ もわかる．準同型 $f : H \longrightarrow NH/N$; $x \mapsto xN$ を考える．NH/N の任意の元は xN $(x \in H)$ の形で表せるので，f は全射である．$\mathrm{Ker}\,f = \{x \in H \mid xN = N\} = H \cap N$ だから，準同型定理より求める同型が得られる．

(2) f より全射準同型 $f' : G \longrightarrow G'/N'$ が引き起こされる．このとき，$\mathrm{Ker}\,f' = \{x \in G \mid f(x)N' = N'\} = \{x \in G \mid f(x) \in N'\} = N$ だから，準同型定理より求める同型を得る．

(3) $H \geq N$ より $f : G/N \longrightarrow G/H$; $xN \mapsto xH$ $(x \in G)$ は全射準同型である．$\mathrm{Ker}\,f = \{xN \in G/N \mid x \in G, xH = H\} = \{xN \in G/N \mid x \in H\} = H/N$ だから，準同型定理より求める同型を得る[20]． $\square$

命題 5.8.7. $f : G \longrightarrow G'$ を全射準同型とする．このとき，次のような集合の間に全単射が存在する．

$$\mathcal{A} := \{H \mid H \leq G, H \geq \mathrm{Ker}\,f\}$$

$$\overset{\approx}{\longleftrightarrow} \mathcal{B} := \{H' \mid H' \leq G'\},$$

$$\mathcal{A} \to \mathcal{B}; H \mapsto f(H), \qquad \mathcal{B} \to \mathcal{A}; H' \mapsto f^{-1}(H')$$

この 1 対 1 対応は，部分群の包含関係を保存する．

　よって，$G \triangleright N$ に対して，上の命題を自然な全射 $\pi : G \longrightarrow G/N$ に適用すると，

---

[19] (1) を第二同型定理，(2) を第一同型定理，(3) を第三同型定理とよぶことが多い．

[20] 別証として，自然な全射 $\pi : G \longrightarrow G/N$ を考える．$G/N \triangleright H/N$ と $\pi^{-1}(H/N) = H$ から，(2) より，同型 $G/H \overset{\sim}{\longrightarrow} (G/N)/(H/N)$ を得る．

$$\mathcal{A} = \{H \mid H \leq G,\ H \geq N\}$$
$$\overset{\approx}{\longleftrightarrow} \mathcal{B} = \{H' \mid H' \leq G/N\},$$
$$\mathcal{A} \rightarrow \mathcal{B}; H \mapsto H/N, \qquad \mathcal{B} \rightarrow \mathcal{A}; H' \mapsto \pi^{-1}(H')$$

である．したがって，G/N の部分群は，ある $H \geq N$ なる G の部分群 H によって，H/N の形に表すことができる．

5.9　自己同型群

G を群とし，G から G 自身への同型 $\sigma : G \overset{\sim}{\longrightarrow} G$ を G の自己同型（automorphism）という．G の自己同型全体の集合を $\operatorname{Aut} G$ で表す．

補題 5.9.1. $\operatorname{Aut} G$ は写像の合成に関して群をなす．

問 5.9.1. $\operatorname{Aut} G$ が群をなすことを確かめよ．

$\operatorname{Aut} G$ を G の自己同型群（automorphism group）とよぶ．

例 5.9.1. G を素数位数 p の巡回群とするとき，$\operatorname{Aut} G$ は位数 $p-1$ の巡回群であることがわかる（§5.19 参照）．

さて，任意の $a \in G$ に対して，写像 $\iota_a : G \longrightarrow G; x \mapsto axa^{-1}$ を考える．

補題 5.9.2. ι_a は準同型であり，

$$\iota_{1_G} = \operatorname{id}_G, \quad \iota_b \iota_a = \iota_{ba}\ (a, b \in G), \quad \iota_{a^{-1}} = \iota_a^{-1}$$

が成り立つ．よって ι_a は G の自己同型である：$\iota_a \in \operatorname{Aut} G$.

証明 $a \in G$ に対して，
$$\iota_a(xy) = a(xy)a^{-1} = (axa^{-1})(aya^{-1})$$
$$= \iota_a(x)\iota_a(y) \quad (\forall x, y \in G)$$

であるから，$\iota_a : G \longrightarrow G$ は準同型である．$\iota_{1_G}(x) = 1_G x 1_G^{-1} = x\ (\forall x \in G)$ であるから，$\iota_{1_G} = \operatorname{id}_G$ である．また $a, b \in G$ に対して，
$$(\iota_b \iota_a)(x) = b(axa^{-1})b^{-1} = (ba)x(ba)^{-1}$$
$$= \iota_{ba}(x) \quad (\forall x \in G)$$

より，$\iota_b \iota_a = \iota_{ba}$ が得られる．したがって，$\iota_a \iota_{a^{-1}} = \operatorname{id}_G = \iota_{a^{-1}} \iota_a$ が成り立つので，$\iota_{a^{-1}}$ が ι_a の逆写像であることがわかった：$\iota_{a^{-1}} = \iota_a^{-1}$.　□

ι_a を，a による内部自己同型（inner automorphism）とよぶ．G の内部自己同型全体を $\operatorname{Inn} G$ で表す：$\operatorname{Inn} G = \{\iota_a \mid a \in G\}$．このとき，上の補題より $\operatorname{Inn} G \leq \operatorname{Aut} G$ であるが，さらに正規部分群であることもわかる．

命題 5.9.3. $\operatorname{Inn} G$ は $\operatorname{Aut} G$ の正規部分群である：

$\operatorname{Inn} G \lhd \operatorname{Aut} G$.

証明 任意の $\sigma \in \operatorname{Aut} G$ に対して，$\sigma(a^{-1}) = \sigma(a)^{-1}$ に注意して，
$$(\sigma \iota_a \sigma^{-1})(x) = \sigma(a\sigma^{-1}(x)a^{-1}) = \sigma(a)x\sigma(a)^{-1}$$
$$= \iota_{\sigma(a)}(x) \quad (\forall x \in G)$$

すなわち，$\sigma \iota_a \sigma^{-1} = \iota_{\sigma(a)} \in \operatorname{Inn} G$ であるから，$\operatorname{Inn} G \lhd \operatorname{Aut} G$ がわかった．　□

$\operatorname{Inn} G$ を内部自己同型群（inner automorphism group）とよび，剰余群 $\operatorname{Aut} G / \operatorname{Inn} G$ を G の外部自己同型群（outer automorphism group）といい，$\operatorname{Out} G$ で表す：$\operatorname{Out} G = \operatorname{Aut} G / \operatorname{Inn} G$.

また，写像 $f : G \longrightarrow \operatorname{Inn} G; a \mapsto \iota_a$ は群の準同型である．実際，
$$f(ab) = \iota_{ab} = \iota_a \iota_b = f(a)f(b)$$

である．f は明らかに全射である．また，
$$\operatorname{Ker} f = \{a \in G \mid \iota_a = \operatorname{id}_G\}$$
$$= \{a \in G \mid axa^{-1} = x\ (\forall x \in G)\}$$
$$= \{a \in G \mid xa = ax\ (\forall x \in G)\}$$

である．この $\operatorname{Ker} f$ を G の中心（center，centre）とよび，$Z(G)$ で表す．よって，準同型定理より同型

$$G/Z(G) \simeq \operatorname{Inn} G$$

を得る．

5.10　群の集合への作用

G を群，X を集合とし，写像 $f : G \times X \longrightarrow X$ が与えられたとする．このとき，$(g, x) \in G \times X$ の f による像 $f((g, x)) \in X$ を $g \cdot x$ あるいは単に gx で表す．これが，次の 2 つの条件

(1) $g, h \in G$ と $x \in X$ に対して，$g(hx) = (gh)x$

(2) G の単位元 1_G と $x \in X$ に対して，$1_G x = x$

を満たすとき，G は X に作用する（operate）するといい，X は G-集合（G-set）であるという[21]．また，G を X 上の変換群（transformation group）とよぶ．

G-集合 X の 2 元 x, y に対して，ある $g \in G$ が存在して，

$$gx = y$$

を満たすとき，x と y は G-同値（G-equivalent）であるといい，$x \underset{G}{\sim} y$ で表す．この関係は同値関係であ

---

[21] これを $G \curvearrowright X$ という記号で表すこともある．

る.

問 5.10.1. 関係 $\underset{G}{\sim}$ は同値関係であることを示せ.

5.10.1　G-軌道と安定部分群

G-集合 X の G-同値 $\underset{G}{\sim}$ による各同値類を G-軌道 (G-orbit) という. $x \in X$ を含む G-軌道を O_x や Gx で表す：$O_x = \{gx \in X \mid g \in G\}$. よって, X は異なる G-軌道に類別される：

$$X = \bigcup_{x \in \tilde{X}} O_x, \quad O_x \cap O_y = \varnothing (x \neq y \in \tilde{X})$$

ここで, $\tilde{X}$ はこの G-同値による同値類の完全代表系を表す. また, G-軌道全体を $G \backslash X$ で表す：$G \backslash X = \{O_x \mid x \in \tilde{X}\}$.

G-軌道に属する元の個数を, その G-軌道の長さ (length) という. 特に, X 自身が一つの G-軌道であるとき, すなわち, ある $x \in X$ が存在して $X = O_x$ となるとき, G は X 上可移あるいは推移的 (transitive) であるという. このとき, X は G の等質空間 (homogeneous space) であるという.

X を G-集合とする. このとき, 任意の $x \in X$ に対して, 次の集合

$$G_x = \{g \in G \mid gx = x\}$$

は G の部分群である. G_x を x の安定部分群あるいは安定化群 (stabilizer) という[*22].

問 5.10.2. (1) $G_x \leq G$ を示せ.

(2) $x, y \in X$ に対して, $gx = y$ $(g \in G)$ であれば, $G_y = gG_xg^{-1}$ であることを示せ.

このとき, G-軌道の長さに関して次の重要な定理が成り立つ.

> **定理 5.10.1.** $x \in G$ を含む G-軌道 O_x の長さが有限であれば, 次の等式が成り立つ.
>
> $$|O_x| = (G : G_x)$$
>
> よって, 特に G が有限群ならば, G-軌道の長さは G の位数 $|G|$ の約数である.

証明　$g, g' \in G$ とする. このとき, 次の同値な条件

$$gG_x = g'G_x \iff g^{-1}g' \in G_x \iff (g^{-1}g')x = x$$
$$\iff gx = g'x$$

から, 次のような, 左剰余類全体 G/G_x と O_x の間の

[*22] 固定化群, 等方部分群 (isotropy group) ともいう.

写像が定義でき,

$$G/G_x \longrightarrow O_x; \quad gG_x \mapsto gx$$

これは単射である. 全射性は明らかである. したがって, 両辺の元の個数が等しいことがわかった.　　　□

G-軌道への類別とあわせて次を得る.

> **系 5.10.2.** G-集合 X が有限集合ならば,
>
> $$|X| = \sum_{x \in \tilde{X}} |O_x| = \sum_{x \in \tilde{X}} (G : G_x) \qquad (5.10.1)$$
>
> が成り立つ.

等式 (5.10.1) は軌道分解等式 (orbit decomposition equation) とよばれる.

例 5.10.1. G を群, X を G の部分群の全体とする：$X = \{H \mid H \leq G\}$. G の X への作用を

$$g \cdot H = gHg^{-1} \quad (g \in G, H \in X)$$

で定義する. §5.7 で述べたように, gHg^{-1} は H の g による共役部分群である. $H (\in X)$ の安定部分群 $G_H = \{g \in G \mid gHg^{-1} = H\}$ を $N_G(H)$ で表し, これを H の G における正規化群 (normalizer) とよぶ：

$$G_H = \{g \in G \mid gHg^{-1} = H\} =: N_G(H)$$

また, H を含む G-軌道 O_H は H と共役な部分群の全体 $\{gHg^{-1} \mid g \in G\}$ のことである. 特に $|O_H| < \infty$ であれば, その個数は, 定理 5.10.1 より, 指数 $(G : N_G(H))$ に一致する：

$$|O_H| = |\{gHg^{-1} \mid g \in G\}| = (G : N_G(H))$$

さらに G が有限群であれば, これは $|G|/|N_G(H)|$ に一致し, よって $|G|$ の約数である.

H の正規化群 $N_G(H)$ について少し注意を述べておく. $N_G(H) \rhd H$ であり, $N_G(H)$ は, H を含む G の部分群であって, H が正規部分群であるようなもののうち最大のものである. すなわち, 次の問 5.10.3 の主張が成り立つ.

問 5.10.3. $G \geq H$ とするとき, 次を示せ.

(1) $N_G(H) \rhd H$

(2) K が $G \geq K \rhd H$ を満たすならば, $N_G(H) \geq K$ である

よって, もし $G \rhd H$ であれば, $N_G(H) = G$ であり, H と共役な部分群は H だけである.

5.10.2　群の共役類

G-集合 X の特別な例として, $X = G$ とし, $a \in G$ の G への作用を,

$$a \cdot x = \iota_a(x) = axa^{-1} \quad (\forall x \in G)$$

で定義する.

問 5.10.4. 上が実際に G の G への作用になっていることを確かめよ.

このとき, $x \in G$ を含む G-軌道は

$$O_x = \{axa^{-1} \mid a \in G\}$$

である. O_x は, G において x と共役な元全体からなる集合であり, これを, $x \in G$ を含む共役類 (conjugate class) という.

問 5.10.5. x の位数が有限ならば, その共役元 axa^{-1} の位数は x の位数に一致することを示せ:$\mathrm{o}(x) = \mathrm{o}(axa^{-1})$.

$x \in G$ の G における安定部分群は

$$G_x = \{a \in G \mid axa^{-1} = x\} = \{a \in G \mid ax = xa\}$$

である. この G の部分群 G_x を, x の G における中心化群 (centralizer) とよび, $C_G(x)$ で表す. 定理 5.10.1 より,

系 5.10.3. 等式 $|O_x| = (G : C_G(x))$ が成り立つ. また, $|O_x|$ は $|G|$ の約数である.

よって,

$$|O_x| = 1 \Longleftrightarrow G = C_G(x) \Longleftrightarrow x \in Z(G) \quad (5.10.2)$$

である.

G が有限群のとき, G の異なる共役類の全体を $O_{a_1}, O_{a_2}, \ldots, O_{a_k}$ とすれば,

$$G = \bigcup_{1 \le i \le k} O_{a_i} \quad (O_{a_i} \cap O_{a_j} = \varnothing \text{ for } i \ne j)$$

である. したがって

$$|G| = |O_{a_1}| + |O_{a_2}| + \cdots + |O_{a_k}| \quad (5.10.3)$$

が成り立つが, (5.10.2) によって,

$$\begin{aligned} |G| &= |Z(G)| + \sum_{|O_{a_i}| > 1} |O_{a_i}| \\ &= |Z(G)| + \sum_{a_i \notin Z(G)} (G : C_G(a_i)) \quad (5.10.4) \end{aligned}$$

のようにも表せる. 上の等式 (5.10.3) あるいは (5.10.4) を G の類等式 (class equation) とよぶ. ここで, (5.10.4) 式の各 $(G : C_G(a_i))$ は $|G|$ の真の約数であり, また 1 でもないことを注意しておく.

問 5.10.6. 上に注意したことを確認せよ.

問 5.10.7. $G \ge H$ とする. $G \triangleright H$ であるための必要十分条件は, H が G のいくつかの共役類の和集合で表されることである. これを証明せよ.

類等式の応用を述べよう.

命題 5.10.4. p を素数とする. $|G| = p^n \ (n \ge 1)$ であれば[*23], $Z(G) \ne 1$ である.

証明 (5.10.4) 式の各 $(G : C_G(a_i))$ は p べき ($\ne 1$) である. よって, $|Z(G)|$ は p で割り切れなければならない. すなわち, $Z(G) \ne 1$ である. □

命題 5.10.5. p を素数とするとき, $|G| = p^2$ ならば G は可換群である.

証明 上の命題より, $|Z(G)|$ は p または p^2 である. もし $|Z(G)| = p$ と仮定すると, (5.10.4) 式において, $a_i \notin Z(G)$ であるようなある項 $(G : C_G(a_i))$ が存在し, それは p に一致しなければならない. ところが, $C_G(a_i) \ge Z(G)$ であって, かつ $C_G(a_i) \ni a_i$ であるから $|C_G(a_i)| = p^2$ となり, $(G : C_G(a_i)) = p$ に反する. □

対称群の共役類

対称群の共役類を調べるときには置換の型 (分解型) が役にたつ. 実際, 次の命題が成り立つ.

命題 5.10.6. S_n の 2 元 σ と τ が S_n で共役であるための必要十分条件は, σ と τ の型が一致することである.

証明(必要性) τ の型を $(s, t, \ldots, u)$ とし, τ の巡回置換分解を

$$\tau = (i_1, \ldots, i_s)(j_1, \ldots, j_t)\cdots(k_1, \ldots, k_u)$$

とする. $\sigma = \rho\tau\rho^{-1}$ と仮定する. いま ρ を次のように表す.

$$\rho = \begin{pmatrix} i_1 & \cdots & i_s & j_1 & \cdots & j_t & \cdots & k_1 & \cdots & k_u \\ i_1' & \cdots & i_s' & j_1' & \cdots & j_t' & \cdots & k_1' & \cdots & k_u' \end{pmatrix}$$

このとき,

$$\sigma = \rho\tau\rho^{-1} = (i_1', \ldots, i_s')(j_1', \ldots, j_t')\cdots(k_1', \ldots, k_u')$$

がわかる. よって, ρ の型も $(s, t, \ldots, u)$ である.

(十分性) σ と τ が同じ型 $(s, t, \ldots, u)$ をもつとし, σ と τ を次のように表す.

$$\begin{aligned} \sigma &= (i_1', \ldots, i_s')(j_1', \ldots, j_t')\cdots(k_1', \ldots, k_u'), \\ \tau &= (i_1, \ldots, i_s)(j_1, \ldots, j_t)\cdots(k_1, \ldots, k_u) \end{aligned}$$

このとき,

$$\rho = \begin{pmatrix} i_1 & \cdots & i_s & j_1 & \cdots & j_t & \cdots & k_1 & \cdots & k_u \\ i_1' & \cdots & i_s' & j_1' & \cdots & j_t' & \cdots & k_1' & \cdots & k_u' \end{pmatrix}$$

[*23] 後節で述べるが, 位数が素数 p のべき $p^n \ (n \ge 1)$ であるような群を p-群 (p-group) という.

とおくと，$\sigma = \rho\tau\rho^{-1}$ が成り立つ．すなわち，σ と τ は共役である． $\square$

例 5.10.2. (1) 3 次の対称群 $S_3 = \{\mathrm{id}, (1, 2), (1, 3),$ $(2, 3), (1, 2, 3), (1, 3, 2)\}$ の共役類は次の 3 つである．

型	元	元の個数	元の位数
$(1, 1, 1)$	id	1	1
$(2, 1)$	$(1, 2), (1, 3), (2, 3)$	3	2
(3)	$(1, 2, 3), (1, 3, 2)$	2	3

よって，類等式は

$$6 = 1 + 3 + 2$$

となる．S_3 の自明でない正規部分群を求めてみよう．正規部分群は，共役類の和集合でなければならないので，位数も考慮すれば，$(1, 1, 1)$ 型と (3) 型の共役類の和集合に限ることがわかる．この正規部分群は A_3 に他ならない．

(2) 4 次の対称群 S_4 の共役類は次の 5 つである．

型	元	元の個数	元の位数
$(1, 1, 1, 1)$	id	1	1
$(2, 1, 1)$	$(1, 2), (1, 3), (1, 4),$ $(2, 3), (2, 4), (3, 4)$	6	2
$(2, 2)$	$(1, 2)(3, 4), (1, 3)(2, 4),$ $(1, 4)(2, 3)$	3	2
$(3, 1)$	$(1, 2, 3), (1, 4, 2), (1, 3, 4),$ $(2, 4, 3), (1, 3, 2), (1, 2, 4),$ $(1, 4, 3), (2, 3, 4)$	8	3
(4)	$(1, 2, 3, 4), (1, 2, 4, 3),$ $(1, 3, 2, 4), (1, 3, 4, 2),$ $(1, 4, 2, 3), (1, 4, 3, 2)$	6	4

よって，類等式は

$$24 = 1 + 6 + 3 + 8 + 6$$

である．自明でない正規部分群を求めよう．$(1, 1, 1, 1)$ 型の元である単位元は含まれるので，共役類の位数の和であって，$|S_4| = 24$ の約数になる候補は次の 2 つである．

$$1 + 3 = 4 \mid 24$$
$$1 + 3 + 8 = 12 \mid 24$$

それぞれ，クラインの 4 元群 V と A_4 である．すなわち，自明でない正規部分群はこの 2 つということになる．

問 5.10.8. S_5 の共役類を求めよ．

一方，3 次の交代群 $A_3 = \{\mathrm{id}, (1, 2, 3), (1, 3, 2)\}$ の共役類は，

$$\{\mathrm{id}\}, \quad \{(1, 2, 3)\}, \quad \{(1, 3, 2)\}$$

の 3 つである．$(1, 2, 3)$ と $(1, 3, 2)$ は S_3 においては共役であるが，A_3 においては共役ではない．

問 5.10.9. 上の理由を考えよ．

問 5.10.10. A_4 の共役類を決定せよ．

5.11 群の直積

$G_1, \ldots, G_t$ を群とし，それらの直積集合

$$G := G_1 \times \cdots \times G_t$$
$$= \{(g_1, \ldots, g_t) \mid g_i \in G_i \ (1 \le i \le t)\}$$

を考える．G の 2 元 $(g_1, \ldots, g_t), (g'_1, \ldots, g'_t)$ に対して，

$$(g_1, \ldots, g_t)(g'_1, \ldots, g'_t) = (g_1 g'_1, \ldots, g_t g'_t)$$

で積を定義すると，G は群となる．単位元は $(1_{G_1}, \ldots, 1_{G_t})$ であり，$(g_1, \ldots, g_t)^{-1} = (g_1^{-1}, \ldots, g_t^{-1})$ である．この群 G を群 $G_1, \ldots, G_t$ の外部直積 (external direct product) という．

一方，群 G とその部分群 $H_1, \ldots, H_t$ が次の 2 つの条件

(a) $i \ne j$ ならば H_i の元と H_j の元は交換可能

(b) G の任意の元 g は $g = h_1 \cdots h_t$ $(h_i \in H_i)$ と一意的に表される

を満たすとき，G は $H_1, \ldots, H_t$ の内部直積 (internal direct product) であるという．

命題 5.11.1. G が，部分群 $H_1, \ldots, H_t$ の内部直積であるとき，G は $H_1, \ldots, H_t$ の外部直積に同型である：

$$G \cong H_1 \times \cdots \times H_t$$

問 5.11.1. 上の同型を示せ．

外部直積と内部直積の関係

G を群 $G_1, \ldots, G_t$ の外部直積であるとする：$G = G_1 \times \cdots \times G_t$. このとき，各 i $(1 \le i \le t)$ に対して，写像

$$\iota_i : G_i \longrightarrow G = G_1 \times \cdots \times G_t;$$
$$g_i \mapsto g_i^* := (1_{G_1}, \ldots, g_i, \ldots, 1_{G_t})$$

は群の単射準同型であるから，次のような群の同型

$$G_i \cong G_i^* := \mathrm{Im}\,\iota_i$$
$$= 1_{G_1} \times \cdots \times G_i \times \cdots \times 1_{G_t} \ (\leq G)$$

が存在する．このとき，

命題 5.11.2. G は部分群 $G_1^*, \ldots, G_t^*$ の内部直積である：$G = G_1^* \times \cdots \times G_t^*$.

問 5.11.2. 上の命題を証明せよ．

すなわち，いくつかの群の外部直積はそれらに同型な部分群の内部直積であり，逆に内部直積はその部分群たちの外部直積に同型でもあって，両者に本質的な違いはない．したがって，混乱のない限りは，両者を単に**直積 (direct product)** とよび，同じ記号で表すことにする．

定理 5.11.3. $H_1, \ldots, H_t$ を群 G の部分群とする．このとき，$G = H_1 \times \cdots \times H_t$ であるための必要十分条件は，次の 3 つの条件が成り立つことである．

(a) $G \rhd H_i \ (1 \leq \forall i \leq t)$

(b) $G = H_1 \cdots H_t$

(c) $H_1 \cdots H_i \cap H_{i+1} = 1 \ (1 \leq \forall i \leq t-1)$

加法群に関しては，記号の違いだけではあるが，次のようになる．

系 5.11.4. 加法群 G とその部分群 $H_1, \ldots, H_t$ に関しては，$G = H_1 \times \cdots \times H_t$ となるための必要十分条件は，次の 2 つの条件が成り立つことである．

(a) $G = H_1 + \cdots + H_t$

(b) $(H_1 + \cdots + H_i) \cap H_{i+1} = 0 \ (1 \leq \forall i \leq t-1)$

命題 5.11.5. $G_1 = \langle a_1 \rangle$, $G_2 = \langle a_2 \rangle$ をそれぞれ位数が n_1, n_2 であるような巡回群とする．このとき，直積 $G = G_1 \times G_2$ が巡回群であるための必要十分条件は $\gcd(n_1, n_2) = 1$ である．

例 5.11.1. p を素数とする．命題 5.10.5 より，位数が p^2 の群 G は可換群であるが，G は巡回群か，2 つの位数 p の巡回群の直積に同型であるかのいずれかである．

5.12 半直積と正二面体群

本節では，半直積およびその例としての正二面体群について述べる．

群拡大と半直積

$G_i \ (i \in \mathbb{Z})$ を群とし，次のような準同型の列

$$\cdots \longrightarrow G_{i-1} \xrightarrow{\ f_{i-1}\ } G_i$$
$$\xrightarrow{\ f_i\ } G_{i+1} \xrightarrow{\ f_{i+1}\ } \cdots$$

が，各 i に対して，$\mathrm{Im}\,f_{i-1} = \mathrm{Ker}\,f_i$ を満たしているとき，この列は**完全列 (exact sequence)** であるとい

う．特に，次のような 5 項からなる列

$$1 \longrightarrow K \xrightarrow{\ \phi\ } G \xrightarrow{\ \pi\ } H \longrightarrow 1 \tag{5.12.1}$$

が完全列であるためには，

ϕ が単射準同型，$\quad \pi$ が全射準同型，$\quad \mathrm{Im}\,\phi = \mathrm{Ker}\,\pi$

であることが必要十分である．ここで，1 は単位群を表す．この完全列を**短完全列 (short exact sequence)** という．このような短完全列が存在するとき，G は H の K による**群拡大 (group extension)** あるいは単に**拡大 (extension)** であるという[*24]．ここで，K を $\mathrm{Im}\,\phi = \mathrm{Ker}\,\pi \ (\lhd G)$ と同一視して，K を G の正規部分群であるとしてよい：$K \lhd G$. このとき，ϕ は埋め込み写像と考える．よって，このとき，準同型定理により，同型

$$G/K \xrightarrow{\sim} H; \quad gK \mapsto \pi(g)$$

が存在する．

さて，短完全列 (5.12.1) において，準同型 $\iota : H \longrightarrow G$ が存在して，

$$\pi\iota = \mathrm{id}_H$$

を満たすとき，この完全列は**分裂する (split)** という．このとき，G は K の $\iota(H) = \mathrm{Im}\,\iota (\cong H)$ による**半直積 (semidirect product)** をなすという．次の命題が成り立つ．

命題 5.12.1. 短完全列 (5.12.1) が分裂するならば，

$$G = K\iota(H), \quad K \cap \iota(H) = 1$$

であって，G の元は，$kh' \ (k \in K, \ h' \in \iota(H))$ の形に一意的に表すことができる．G における積は次のようになる．

$$(k_1 h_1')(k_2 h_2') = (k_1(h_1' k_2 h_1'^{-1}))(h_1' h_2')$$
$$\text{for } k_1, k_2 \in K; h_1', h_2' \in \iota(H)$$

したがって，$\iota(H)$ の元 h_1' が引き起こす K への内部自己同型

$$h_1' k_2 h_1'^{-1} \quad (k_2 \in K)$$

がわかれば，G における積もわかることになる．

逆に，K と H を群とし，H から K の自己同型群 $\mathrm{Aut}\,K$ への準同型 $\phi : H \longrightarrow \mathrm{Aut}\,K$ が与えられている

[*24] まぎらわしいが，G を K の H による拡大とよぶ流儀もある．

とする. K と H の直積集合 $G := K \times H$ に乗法を次のように定義する.

$$(k_1, h_1)(k_2, h_2) = (k_1 \phi(h_1)(k_2), h_1 h_2)$$
$$\text{for } k_1, k_2 \in K; h_1, h_2 \in H \qquad (5.12.2)$$

これによって G は群となり, 次のような分裂短完全列が存在する.

$$1 \longrightarrow K \xrightarrow{\phi} G \xrightarrow{\pi} H \longrightarrow 1,$$
$$\phi(k) = (k, 1), \ \pi(k, h) = h,$$
$$\iota : H \to G; h \mapsto (1, h)$$

このようにしてできる K の H による半直積を $G = K \rtimes H$ で表す. 特に, $\phi : H \longrightarrow \operatorname{Aut} K$ が $\phi(h) = \operatorname{id}_K$ で与えられているときは, 半直積 $G = K \rtimes H$ は直積群 $K \times H$ に他ならない.

ところで, (5.12.2) に現れる $\phi(h_1)$ は K の自己同型ではあるが,

$$(1, h_1)(k_2, 1)(1, h_1)^{-1} = (1, h_1)(k_2, 1)(1, h_1^{-1})$$
$$= (1, h_1)(k_2, h_1^{-1})$$
$$= (\phi(h_1)(k_2), 1)$$

であって, K と H をそれぞれ ϕ と ι を通して G の部分群とみなすことにすれば, $\phi(h_1)$ は G における内部自己同型であることがわかる.

合同変換と正二面体群

n 次元ユークリッド空間

$$E^n = \left\{ \mathbf{x} = (x_1, \ldots, x_n) \mid x_i \in \mathbb{R} \right\}$$

において, 2 点間の距離を変えない全単射 $f : E^n \longrightarrow E^n$ を合同変換という. 合同変換の全体は写像の合成によって群をなす. この群を合同変換群という. 特に, 原点 $\mathbf{0} = (0, \ldots, 0)$ を動かさない合同変換全体は, 直交行列の全体のなす n 次直交群 $O(n)$ に同型であることが知られている.

例 5.12.1. 2 次の特殊直交群

$$SO(2) = \left\{ A \in O(2) \mid \det A = 1 \right\}$$

は, ユークリッド平面の原点を中心とする回転の全体

$$SO(2) = \left\{ \begin{pmatrix} \cos\theta & -\sin\theta \\ \sin\theta & \cos\theta \end{pmatrix} \mid \theta \in \mathbb{R} \right\}$$

に一致する. y 軸に関する対称移動は

$$\tau := \begin{pmatrix} -1 & 0 \\ 0 & 1 \end{pmatrix} \in O(2)$$

であって, $\tau \notin SO(2)$, $(O(2) : SO(2)) = 2$ であるから, $O(2)$ は $SO(2)$ と $\langle \tau \rangle$ の合成

$$O(2) = SO(2) \langle \tau \rangle, \quad O(2) \rhd SO(2)$$

である. また,

$$\begin{pmatrix} -1 & 0 \\ 0 & 1 \end{pmatrix} \begin{pmatrix} \cos\theta & -\sin\theta \\ \sin\theta & \cos\theta \end{pmatrix} \begin{pmatrix} -1 & 0 \\ 0 & 1 \end{pmatrix}^{-1}$$
$$= \begin{pmatrix} \cos(-\theta) & -\sin(-\theta) \\ \sin(-\theta) & \cos(-\theta) \end{pmatrix}$$

である. そして, $O(2)$ は次のような半直積で表せる.

$$O(2) = SO(2) \rtimes \langle \tau \rangle$$

問 5.12.1. 以上を確かめよ.

平面 E^2 上に原点を中心とする正 n 角形 F を考える. この F を F 自身に重ねる $O(2)$ の元全体は $O(2)$ の部分群をなす. これを D_n で表し, n 次の正二面体群あるいは二面体群 (dihedral group) とよぶ. $|D_n| = 2n$ であることは明らかであろう.

さて, $\sigma \in O(2)$ を原点を中心とする $2\pi/n$ 回転とすると, σ の位数は n であり, $D_n \cap SO(2) = \langle \sigma \rangle$ もわかる. また, 原点と F の一つの頂点を通る直線に関する対称移動を $\tau \in O(2)$ とする. F の一つの頂点が y 軸上にあるように F をおけば, $\tau = \begin{pmatrix} -1 & 0 \\ 0 & 1 \end{pmatrix}$ である. よって, $\det \tau = -1$ である. このとき, $(D_n : \langle \sigma \rangle) = 2$ であって, 左剰余類分解は

$$D_n = \langle \sigma \rangle \cup \tau \langle \sigma \rangle = \{1, \sigma, \sigma^2, \ldots, \sigma^{n-1}\}$$
$$\cup \{\tau, \tau\sigma, \tau\sigma^2, \ldots, \tau\sigma^{n-1}\}$$

となる. また, 改めて

$$\sigma^n = 1, \quad \tau^2 = 1, \quad \tau\sigma\tau = \tau\sigma\tau^{-1} = \sigma^{-1}$$

という関係が成り立っていることに注意する.

ここで, $\phi : \langle \tau \rangle \longrightarrow \operatorname{Aut} \langle \sigma \rangle; \tau \mapsto (\sigma \mapsto \sigma^{-1})$ とするとき, これは準同型であり, D_n は半直積 $D_n = \langle \sigma \rangle \rtimes \langle \tau \rangle$ である.

5.13 シローの定理

シローの定理は, 有限群の部分群の存在や個数に関する美しい定理であるとともに, 有限群の構造を解き明かすための非常に強力な道具である. その証明方法はいくつか知られているが, ここでは, 群の作用を用いる方法による.

まず, 次の補題を準備として述べる.

補題 5.13.1. p を素数とし, a, m を自然数とする. こ

のとき，2項係数 $\binom{p^a m}{p^a}$ と m をそれぞれ割り切る p の最大べきは一致する[*25].

証明 2項係数

$$\binom{p^a m}{p^a}$$

$$= \frac{p^a m (p^a m -1)(p^a m -2)\cdots(p^a m - p^a +1)}{p^a (p^a -1)(p^a -2)\cdots(p^a - p^a +1)}$$

において，$1 \le k \le p^a -1$ なる k に対して，k が p で割り切れるときに限って，

$$(p^a m - k), \quad (p^a - k)$$

が p で割り切れるが，両者を割るその p の最大べきは一致する．したがって，分母，分子を p で最大限除すると，残るのは分子の m の部分だけである．すなわち，上式右辺を割り切る p の最大べきは，m を割り切る p の最大べきに一致する． □

p を素数とし，G はその位数が p で割り切れる有限群とするとき，次のような一連のシローの定理が成立する．これらを**シローの定理 (Sylow Theorems)** と総称する．

定理 5.13.2（シローの第一定理）. $p^a \mid |G|$ とするとき，G は位数 p^a の部分群をもつ.

証明 X を，元の個数が p^a であるような G の部分集合の全体とする：$X = \{S \mid S \subseteq G, |S| = p^a\}$. $g \in G$ と $S \in X$ に対して，$gS := \{gs \mid s \in S\}$ の位数は $|gS| = |S| = p^a$ であるから，G の X への作用を，

$$g \cdot S = gS \quad (\forall g \in G, \forall S \in X)$$

で定義する．$|G| = p^a m \ (m \ge 1)$ とすると，X の位数は $|X| = \binom{p^a m}{p^a}$ である．$S \in X$ を含む G-軌道 O_S の長さは $|O_S| = (G : G_S) = |G|/|G_S|$ であるから，$S_1, \ldots, S_t$ を完全代表系とすると，

$$|X| = |G|/|G_{S_1}| + \cdots + |G|/|G_{S_t}|$$

が成り立つ．いま，$r \ge 0$ が $p^r \mid m$ を満たす最大の整数であるとすると，補題 5.13.1 より，上式右辺の項の中に，その項の値を割り切る p の最大べきが p^r 以下であるようなものが存在する．それを $|G|/|G_{S_1}|$ だとすると，$p^a \mid |G_{S_1}|$ でなければならない．よって $|G_{S_1}| \ge p^a$ である．一方，$s \in S_1$ に対して，$G_{S_1} s \subseteq S_1$

[*25] 実際には，$\binom{p^a m}{p^a} \equiv m \bmod p$ が成り立つ．

であるから，$G_{S_1} \subseteq S_1 s^{-1}$ であり，$|G_{S_1}| \le |S_1 s^{-1}| = |S_1| = p^a$ である．以上より，G_{S_1} が位数 p^a の部分群であることがわかった． □

特に，

系 5.13.3. $|G| = p^a m \ (a \ge 1, p \nmid m)$ のとき，G は位数 p^a の部分群をもつ.

この系のような部分群を**シロー p-部分群 (Sylow p-subgroup)** という．すなわち，G の位数を割り切る p の最大べき位数の部分群のことである．一般に，位数が素数 p のべきであるような群を **p-群 (p-group)**，また，p-群であるような部分群を **p-部分群 (p-subgroup)** という.

問 5.13.1. p を素数とし，$p \mid |G|$ とする．このとき，G に位数 p の元が存在することを示せ.

シロー p-部分群の存在はわかったが，以下ではさらに，任意の p-部分群はあるシロー部分群に含まれること，シロー部分群どうしは共役であることがわかり，またシロー部分群の個数についての情報も得られる．

定理 5.13.4. p を素数，G を有限群とし，その位数が $|G| = p^a m \ (p \nmid m)$ とする．このとき，次が成り立つ．

(1)（シローの第二定理）G の p-部分群はあるシロー p-部分群に含まれる[*26].

(2)（シローの第二定理）シロー p-部分群は G において互いに共役である．

(3)（シローの第三定理）シロー p-部分群の個数は $pk+1 \ (k \ge 0)$ の形である．P をシロー p-部分群の一つとするとき，シロー p-部分群の個数は $(G : N_G(P))$ に一致し，したがって，$|G|$ の約数である．実際には，$(G : P) = m$ の約数である．

証明 (1) P を一つのシロー p-部分群とし，$X = \{aPa^{-1} \mid a \in G\}$ とおく．H を G の任意の p-部分群とし，H の X への作用を

$$h \cdot P' = hP'h^{-1}, \quad (P' \in X, h \in H)$$

で定義する．H-集合 X を H-軌道に分割する：

$$X = O_{P_1} \cup \cdots \cup O_{P_t} \tag{5.13.1}$$

各軌道の要素の個数は $|O_{P_i}| = (H : H_{P_i})$ であるから，p べきである．ここで，$H_{P_i} =$

[*26] これをシローの第一定理に含める場合もあるが，第一から第三までを一括してシローの定理とよぶことも多い．

$\{h \in H \mid hP_ih^{-1} = P_i\}$ は P_i の安定部分群である．一方，X の要素の個数は $|X| = (G : N_G(P))$ であるから，これは p と素である．よって，$|O_{P_j}| = 1$ となる軌道 O_{P_j} が存在する．すなわち，$O_{P_j} = \{P_j\}$ である．P_j を改めて P_1 とおきなおす．よって，$H \le N_G(P_1)$ であり，$P_1 \lhd N_G(P_1)$ であるから，HP_1 は $N_G(P_1)$ の部分群である．ここで，$|HP_1| = (HP_1 : P_1)|P_1| = (H : H \cap P_1)|P_1|$ は p べきなので，$HP_1 = P_1$．よって，$H \le P_1$ となり，H はあるシロー p-部分群に含まれることがわかった．

(2) H がシロー p-部分群であるとすると，(1) の証明より，H は P のある G-共役なシロー p-部分群に一致する．

(3) 同様に，H を G のシロー p-部分群とするとき，$|O_{P_j}| = 1$ となる軌道 O_{P_j} が存在し $H = P_j$ である．したがって，(5.13.1) において，$|O_{P_i}| = 1$ となる P_i は上の $H = P_j$ ただ一つである．(2) より X はシロー p-部分群の全体であるから，その個数は

$$|X| = 1 + p^{m_2} + \cdots + p^{m_i}$$
$$= pk + 1 \quad (m_i \ge 1, \, k \ge 0)$$

と表せる．　　　　　　　　　　　　　　□

シローの定理よりただちに次の系が得られる．

系 5.13.5. $p \mid |G|$ とする．G のシロー p-部分群がただ一つのとき，それは G の正規部分群である．

例 5.13.1. シローの定理を用いて，位数 15 の群 G は巡回群であることを示そう．$|G| = 15 = 3 \times 5$ より，G には位数 3 のシロー 3-部分群と位数 5 のシロー 5-部分群が存在する．

シローの定理より，シロー 3-部分群の個数は $3k + 1 \, (k \ge 0)$ の形であるが，15 の約数であることから，これは 1 でなければならない．$A = \langle a \rangle$ をシロー 3-部分群とすると，A は G の正規部分群である：$A \lhd G$．また，シロー 5-部分群の個数は $5k + 1 \, (k \ge 0)$ の形であるが，15 の約数であることから，これも 1 であり，$B = \langle b \rangle$ を G のシロー 5-部分群とする．これも正規部分群である：$B \lhd G$．

以下で $G = \langle ab \rangle$ であることを示す．$\langle ab \rangle \le G$ であるから，$\mathrm{o}(ab) \mid 15$．また $(aba^{-1})b^{-1} = a(bab^{-1}) \in A \cap B = 1$ より $ab = ba$ である．したがって，$i > 0$ に対して $(ab)^i = 1$ を仮定すると $a^ib^i = 1$，よって $a^i = b^{-i} \in A \cap B = 1$ である．したがって，$3 \mid i$ かつ $5 \mid i$ より $15 \mid i$ であって，$15 \mid \mathrm{o}(ab)$，よって

$\mathrm{o}(ab) = 15$ となる．ゆえに $G = \langle ab \rangle$ が得られた．

G は $A = \langle a \rangle$ と $B = \langle b \rangle$ の直積であることに注意する：$G = \langle a \rangle \times \langle b \rangle$．　　　□

問 5.13.2. 位数 35 の群は巡回群であることを証明せよ．

問 5.13.3. p, q を素数とし，$p < q$ とする．$p \nmid q - 1$ ならば，位数 pq の群は巡回群であることを証明せよ．

例 5.13.2. 位数 10 の群は巡回群または正二面体群 D_5 に限ることを示そう．G を位数 $10 = 2 \times 5$ の群とすると，シローの定理より，G には位数 2 のシロー 2-部分群と，位数 5 のシロー 5-部分群が存在する．

シローの定理より，シロー 2-部分群の個数は $2k + 1 \, (k \ge 0)$ の形であって 10 の約数でなければならないので，1 または 5 である．シロー 2-部分群の一つを $A = \langle a \rangle$ とする．また，シロー 5-部分群の個数は 1 であることがわかるので，それを $B = \langle b \rangle \lhd G$ とする．

$B \lhd G$ より，積 AB は G の部分群である．$A \cap B = 1$ より $|AB|/|B| = |A|/|A \cap B| = 2$ であるから[*27]，$|AB| = 2 \times |B| = 10$ となって $G = AB$ であることがわかる：

$$G = AB = \{1, b, b^2, b^3, b^4, ab, ab^2, ab^3, ab^4\},$$
$$a^2 = 1, \, b^5 = 1$$

さて，$B \lhd G$ より $aba^{-1} \in B$ であるので，ある整数 r によって

$$aba^{-1} = b^r$$

と表せる．ここで $1 \le r \le 4$ と仮定できる．もし $r = 1$ ならば，$ab = ba$ であって，前の例と同様にして，$G = \langle ab \rangle$ がわかる．$2 \le r \le 4$ ならば，

$$b = a^2ba^{-2} = a(aba^{-1})a^{-1}$$
$$= ab^ra^{-1} = (aba^{-1})^r = b^{r^2}$$

よって，$b^{r^2-1} = 1$ より，$5 \mid r^2 - 1$ であり，したがって $r = 4$ でなければならないことがわかる．すなわち，

$$a^2 = 1, \, b^5 = 1, \, aba^{-1} = b^4 = b^{-1}$$

という関係式を満たしている．これは，G が $B = \langle b \rangle$ の $A = \langle a \rangle$ による半直積，すなわち 5 次の正二面体群 D_5 であることを示している：

$$G = \langle b \rangle \rtimes \langle a \rangle, \quad a^2 = 1, \, b^5 = 1, \, aba^{-1} = b^{-1}$$

以上より，位数 10 の群は巡回群または正二面体群に限ることがわかった．　　　　　　　□

[*27] 同型定理より $AB/B \cong A/A \cap B$ を用いている．

問 5.13.4. p を奇素数とする．位数 $2p$ の群は巡回群または正二面体群であることを証明せよ．

シロー p-部分群に関する結果をいくつか述べておく．

命題 5.13.6. $G \triangleright N$ とし，P は G のシロー p-部分群であるとする．このとき，次が成り立つ．

(1) $P \cap N$ は N のシロー p-部分群である

(2) PN/N は G/N のシロー p-部分群である

証明 (1) $G \geq PN$ であって，$(G : P) = (G : PN)(PN : P)$ は p と互いに素である．よって，$(PN : P) = (N : P \cap N)$ より，$(N : P \cap N)$ も p と互いに素である．また，$P \cap N$ は P の部分群であるから p-群であって，N の p-部分群である．よって $P \cap N$ は N のシロー p-部分群である．

(2) $(G/N : PN/N) = (G : PN)$ は p と互いに素であり，$(PN : N) = (P : P \cap N)$ より，PN/N は G/N の p-部分群であるから，PN/N は G/N の p-シロー部分群である． $\square$

5.14 環 論

本節以降では環（ring）の基本的事項を学ぶ．前節までに学んだ群は，演算が一つ与えられた場合に定義されるものであったが，環は二つの演算が定義された集合に対して考えられるものである．群よりも複雑に感じるかもしれないが，身近にある数の集合は環の構造をもつものが多く，かえって取っつきやすいともいえる．

二つの演算が定義された集合 R を考える．これら二つの演算ををそれぞれ加法と乗法とし，次の記号を用いて表すことにする．

$$+ : R \times R \longrightarrow R; \quad (a, b) \mapsto a + b$$

$$\cdot : R \times R \longrightarrow R; \quad (a, b) \mapsto a \cdot b = ab$$

$a + b$ を a と b の和，ab を a と b の積とよぶ．このとき，環を次のように定義する．

定義 5.14.1. R が環（ring）であるとは，次の条件 (i)，(ii)，(iii) を満たすことである．
(i) R は加法に関して群である．すなわち加法群である．
(ii) R は乗法に関してモノイドである．すなわち，R の任意の元 a, b, c に対して，
  (a)（乗法に関する結合法則）$(ab)c = a(bc)$
  (b)（単位元 $1 (\neq 0)$ の存在）$a1 = a = 1a$

(iii)（分配法則）R の任意の元 a, b, c に対して，

$$a(b + c) = ab + ac$$

$$(a + b)c = ac + bc$$

環の定義として乗法単位元を仮定しない場合もあるが，本章では乗法単位元をもつ環のみを扱う．

環 R が乗法に関して交換法則を満たすとき，この環は可換（commutative）であるという．また，可換な環を可換環（commutative ring）という：$ab = ba (\forall a, b \in R)$ [*28].

環 R は乗法に関してモノイドであるが，その単数群 $U(R)$ を環 R の単数群（unit group）とよぶ[*29]．その元を単数（unit）あるいは正則元（regular element）という[*30].

補題 5.14.2. 環 R の零元 0 は次を満たす．

$$a0 = 0 = 0a, \quad \forall a \in R$$

証明 任意の $a \in R$ に対して $a0 = a(0 + 0) = a0 + a0$ であるから，両辺に $-(a0)$ を加えて，$0 = a0$ を得る．もう一方も同様である． $\square$

上の環の定義では $1 \neq 0$ を仮定しているが，もし $1 = 0$ を仮定すると，任意の $a \in R$ は $a = a1 = a0 = 0$ となり，$R = \{0\}$ となる．この環を零環（zero ring）というが，本章では，断らない限り，環は零環ではない．したがって $1 \neq 0$ を仮定するものとする．

上の補題により，零元は正則元ではないので，$U(R) \subseteq R^{\#}(:= R - \{0\})$ である．特に $U(R) = R^{\#}$，すなわち R の任意の非零元が正則元であるとき，R は斜体（skewfield）であるという[*31]．斜体 R の単数群 $U(R) = R^{\#}$ を R の乗法群（multiplicative group）という．可換な斜体を体（field）あるいは可換体という[*32].

先に述べたように，身近な数の集合で環あるいは体をなすものがある．

例 5.14.1. 整数全体の集合 $\mathbb{Z}$ はふつうの加法に関して加法群であるが，ふつうの乗法に関して可換なモノイドである．また，分配法則も満たすので $\mathbb{Z}$ は可換環である．今後，これを有理整数環（the ring of rational

---

[*28] 可換環に対して，可換ではない環を非可換環（non-commutative ring）という．必ずしも可換ではない環をさすこともある．

[*29] $U(R)$ を $R^{\times}$ と表すことも多い．

[*30] 単元あるいは可逆元ともいう．

[*31] 加除環（division ring）ということもある．

[*32] 書物によっては，斜体のことを体とよび，体のことを可換体とよんでいるものもある．

integers) とよぶ. Z の単数群は $U(\mathbb{Z}) = \{\pm 1\}$ であり, したがって $\mathbb{Z}$ は体ではない.

例 5.14.2. 有理数全体の集合 $\mathbb{Q}$ はふつうの加法と乗法に関して体である. これを**有理数体 (the field of rationals)** とよぶ. 同様に, 実数全体 $\mathbb{R}$, 複素数全体 $\mathbb{C}$ も体であり, それぞれ**実数体 (the field of real numbers)**, **複素数体 (the field of complex numbers)** という.

一般に, 環 R の部分加群 S が, R の乗法について閉じており, かつ $1_R \in S$ を満たすとき, S は R の**部分環 (subring)** であるといい, R は S の**拡大環 (extension ring)** であるという:

(i) $R \geq S$, i.e. $a, b \in S \Longrightarrow a - b \in S$

(ii) $a, b \in S \Longrightarrow ab \in S$

(iii) $1_R \in S$

このとき, S 自身も環となることが容易にわかる.

問 5.14.1. これを確かめよ.

また, S が体 R の部分環であって, S 自身も体であるとき, S は R の**部分体 (subfield)**, R は S の**拡大体 (extension field)** であるという. よって, $\mathbb{Z}$ は $\mathbb{Q}$ の部分環であり, $\mathbb{Q}$ は $\mathbb{R}$ の部分体, $\mathbb{R}$ は $\mathbb{C}$ の部分体である.

▍5.15 行 列 環

線形代数学で学んだ行列からなる集合で環をなすものについて考察する.

n を任意の自然数とする. 実数を成分とする n 次行列全体を $M_n(\mathbb{R})$ あるいは $M(n, \mathbb{R})$ で表す. $M_n(\mathbb{R})$ に加法と乗法を次のように定義する. すなわち, $A = (a_{ij}), B = (b_{ij})$ に対して, その和と積を

$$A + B = (a_{ij} + b_{ij})$$

$$AB = \left(\sum_{k=1}^{n} a_{ik} b_{kj} \right)$$

と定義する. この二つの演算は線形代数学で学んだものである. これらの演算に関して $M_n(\mathbb{R})$ は環になることが確かめられる.

問 5.15.1. $M_n(\mathbb{R})$ は環になることを確かめよ.

環 $M_n(\mathbb{R})$ を $\mathbb{R}$ 上 n 次の**全行列環 (total matrix ring, the ring of matrices)** とよぶ. 同様に, $M_n(\mathbb{C})$ を $\mathbb{C}$ 上 n 次の全行列環とよぶ.

また, 全行列環 $M_n(\mathbb{R})$ の単数群は

$$U(M_n(\mathbb{R})) = GL_n(\mathbb{R})$$
$$= \{A \in M_n(\mathbb{R}) \mid \det A \neq 0\}$$

である. $\mathbb{C}$ 上の全行列環についても同様である.

一般に, R を任意の環とし, R の元を成分にもつ n 次行列全体 $M_n(R)$ は環である. これを R 上 n 次の全行列環とよぶ.

問 5.15.2. 任意の環 R に対して, $M_n(R)$ は環になることを確かめよ.

一般の環上の全行列環 $M_n(R)$ の単数群は正則行列の全体であるが, 特に R が可換環の場合には, 行列式が意味をもち,

$$U(M_n(R)) = GL_n(R)$$
$$= \{A \in M_n(R) \mid \det A \in U(R)\}$$

であることがわかる.

問 5.15.3. これを確かめよ.

また, たとえば, $M_2(\mathbb{R})$ の 2 元 $A = \begin{pmatrix} 0 & 0 \\ 0 & 1 \end{pmatrix}$, $B = \begin{pmatrix} 0 & 1 \\ 0 & 0 \end{pmatrix}$ に対して,

$$AB = \begin{pmatrix} 0 & 0 \\ 0 & 0 \end{pmatrix}, \quad BA = \begin{pmatrix} 0 & 1 \\ 0 & 0 \end{pmatrix}$$

よって, $AB \neq BA$ であり, 一般に $n \geq 2$ ならば, $M_n(R)$ は可換環ではない.

また, 環 R の元を成分とする上三角行列全体 $T_n(R)$ も上の演算に関して環になる:

$$T_n(R) = \{A = (a_{ij}) \mid a_{ij} = 0 \text{ for } i > j\}$$

これを**上三角行列環 (the ring of upper triangular matrices)** という[33].

問 5.15.4. 任意の環 R に対して, $T_n(R)$ は環になることを確かめよ.

例 5.15.1. $M_2(\mathbb{R})$ の部分集合

$$\left\{ \begin{pmatrix} a & b \\ -b & a \end{pmatrix} \middle| a, b, \in \mathbb{R} \right\} =: X$$

は $M_2(\mathbb{R})$ の部分環であり体である. 実際, 可換環であることは容易に確かめられる. また, $A = \begin{pmatrix} a & b \\ -b & a \end{pmatrix} \neq O$ であれば, $a^2 + b^2 \neq 0$ であるから, 逆行列 $A^{-1} = \dfrac{1}{a^2 + b^2} \begin{pmatrix} a & -b \\ b & a \end{pmatrix}$ が存在し, A^{-1} は X の元であるので, A は X の正則元であって, X は体であることがわかる. 実は, この X は複素数体 $\mathbb{C}$ と体として同一視できるのであるが, 詳細は環の同型を解説するときに述べる.

---

[33] 下三角行列全体である**下三角行列環 (the ring of lower triangular matrices)** も同様に定義される.

例 5.15.2. $M_2(\mathbb{C})$ の部分集合

$$\left\{ \begin{pmatrix} \alpha & \beta \\ -\bar{\beta} & \bar{\alpha} \end{pmatrix} \in M_2(\mathbb{C}) \mid \alpha, \beta \in \mathbb{C} \right\} =: Y$$

は $M_2(\mathbb{C})$ の部分環であり斜体である．これについても詳細は後述する．

問 5.15.5. 上の例の斜体は確かに非可換であることを確かめよ．

一般の環の議論に戻る．上の行列の例のように，一般に環 R の元 a に対して，$b \neq 0$ が存在して $ab = 0$ となるような場合がある．このとき，a は R における左零因子 (left zero divisor) であるという．零元 0 は明らかに左零因子である．右零因子 (right zero divisor) も同様に定義される．

問 5.15.6. 斜体においては，零元以外に左零因子，右零因子は存在しないことを示せ．

R が可換環のときは，左零因子は右零因子と同義であるので，単に零因子 (zero divisor) という．可換環 R が，零元以外に零因子をもたないとき，R は整域 (integral domain) であるという：$a \neq 0,\ b \neq 0 \Longrightarrow ab \neq 0$，対偶をとると，$ab = 0 \Longrightarrow a = 0$ or $b = 0$．有理整数環 $\mathbb{Z}$ は整域である．体はもちろん整域である．

5.16 群 環

G を有限群とする．G の元の有理整数係数一次結合，すなわち $\sum_\sigma a_\sigma \sigma$ という表示を考える．有理整数 a_σ を σ の係数とよぶことにする．二つの表示が一致するのは，各 σ の係数が一致するときに限るものと定める：

$$\sum_{\sigma \in G} a_\sigma \sigma = \sum_{\sigma \in G} b_\sigma \sigma \Longleftrightarrow [a_\sigma = b_\sigma \text{ for each } \sigma \in G].$$

このとき，このような表示の全体を考え，それを $\mathbb{Z}G$ で表す[34]：

$$\mathbb{Z}G = \left\{ \sum_{\sigma \in G} a_\sigma \sigma \mid a_\sigma \in \mathbb{Z} \right\}.$$

$\mathbb{Z}G$ に加法と乗法を次のように定義することで，環の構造をもつ．

$$\left(\sum_{\sigma \in G} a_\sigma \sigma \right) + \left(\sum_{\sigma \in G} b_\sigma \sigma \right) = \sum_{\sigma \in G} (a_\sigma + b_\sigma)\sigma,$$

$$\left(\sum_{\sigma \in G} a_\sigma \sigma \right)\left(\sum_{\sigma \in G} b_\sigma \sigma \right) = \sum_{\sigma, \tau \in G} a_\sigma b_\tau \sigma\tau$$

$$= \sum_{\rho \in G} \left(\sum_{\sigma\tau = \rho} a_\sigma b_\tau \right)\rho.$$

上で，$\sum_{\sigma\tau=\rho}$ は $\sigma\tau = \rho$ を満たすようなすべての σ, τ に渡って和をとることを意味する．この乗法の定義は，

$$(a_\sigma \sigma)(b_\tau \tau) = a_\sigma b_\tau (\sigma\tau)$$

を線形に拡張して定めたものである．この環を，$\mathbb{Z}$ 上 G の群環 (group ring) とよぶ[35]．環としての単位元は $11_G = 1_G$ である．G がアーベル群ならば $\mathbb{Z}G$ は可換環である．

問 5.16.1. $\mathbb{Z}G$ が環になることを確かめよ．

例 5.16.1. G を位数 3 の巡回群とする：$G = \langle \sigma \rangle$ ($\mathrm{o}(\sigma) = 3$)．このとき，$\mathbb{Z}G = \{a_0 1_G + a_1 \sigma + a_2 \sigma^2 \mid a_i \in \mathbb{Z}\}$ である．乗法の定義より，

$$(a_0 1_G + a_1 \sigma + a_2 \sigma^2)(b_0 1_G + b_1 \sigma + b_2 \sigma^2)$$
$$= (a_0 b_0 + a_1 b_2 + a_2 b_1)1_G$$
$$+ (a_0 b_1 + a_1 b_0 + a_2 b_2)\sigma$$
$$+ (a_0 b_2 + a_1 b_1 + a_2 b_0)\sigma^2$$

である．

$\mathbb{Z}$ の代わりに $\mathbb{Q}$，$\mathbb{R}$，$\mathbb{C}$ あるいは任意の体 k としても，また任意の可換環 R に対しても群環 RG は同様に定義され，いずれも重要な研究対象である．

5.17 多 項 式 環

R を可換環とする．任意の自然数 n に対して，R の元を係数とする文字 x の整式

$$f(x) = a_n x^n + a_{n-1} x^{n-1} + \cdots a_1 x + a_0 \quad (a_i \in R)$$

を x に関する R 上の多項式 (polynomial) という．多項式の文字 x を不定元 (indeterminate)，あるいは変数 (variable) とよぶ．$a_i = 0$ のときにはその項 $a_i x^i$ はふつう略す．x を不定元とする二つの多項式 $f(x) = a_n x^n + a_{n-1} + \cdots + a_1 x + a_0$ と $g(x) = b_m x^m + b_{m-1} x^{m-1} + \cdots + b_1 x + b_0$ が等しいというのは，

$$f(x) = g(x) \Longleftrightarrow a_i = b_i \ (\forall i \geq 0)$$

---

[34] $\mathbb{Z}[G]$ と表すこともある．

[35] 群多元環 (group algebra) ともいう．

と定める.

x を不定元とする R 上の多項式の全体を $R[x]$ で表す. $R[x]$ において, 加法と乗法を次のように定める：二つの多項式 $f(x) = a_n x^n + a_{n-1} + \cdots + a_1 x + a_0$ と $g(x) = b_m x^m + b_{m-1} x^{m-1} + \cdots + b_1 x + b_0$ に対して,

$$\text{加法} \quad f(x) + g(x) = \sum_{i=0}^{l} (a_i + b_i) x^i,$$

$$l := \max(n, m)$$

$$\text{乗法} \quad f(x)g(x) = \sum_{k=0}^{n+m} \left(\sum_{i+j=k} a_i b_j \right) x^k$$

上で, $\sum_{i+j=k}$ は $i + j = k$ を満たすすべての整数 $i, j \geq 0$ に渡って和をとることを意味する[*36]. このとき, $R[x]$ は可換環となる. 単位元は定数項 1 のみの多項式である. $R[x]$ を x に関する R 上の**多項式環 (polynomial ring, the ring of polymonials)** とよぶ.

多項式 $f(x) = a_n x^n + a_{n-1} + \cdots + a_1 x + a_0$ において, $a_n \neq 0$ であるとき, n は $f(x)$ の**次数 (degree)** とよび,

$$\deg f(x) = n$$

と表す. このときの a_n を $f(x)$ の**最高次係数 (leading coefficient)** とよぶ. 次は容易に確かめられる.

補題 5.17.1. R を整域とする. $R[x]$ の元 $f(x) \neq 0, g(x) \neq 0$ に対して,

$$\deg(f(x) + g(x)) \leq \max(\deg f(x), \deg g(x)),$$

$$\deg(f(x)g(x)) = \deg f(x) + \deg g(x)$$

が成り立つ. また, このとき $R[x]$ は整域である.

注意 5.17.1. $R[x]$ の 0 でない元 $a \in R$ に対しては, 定義から $\deg a = 0$ であるが, $R[x]$ の零元である多項式 0 に対しては次数を定義していなかった. そこで, $-\infty$ という記号を導入して, 便宜上 $\deg 0 = -\infty$ とおき, $-\infty$ は任意の整数 n に対して,

$$-\infty < n, \quad n + (-\infty) = -\infty,$$

$$(-\infty) + (-\infty) = -\infty$$

を満たすものであるとすれば, 多項式 0 も含めてすべての多項式に対して, 上の補題の等式, 不等式が成立する.

中学高校で学んだことであるが, 定理として述べておく. 証明は省略する.

定理 5.17.2. R を整域とする. $f(x), g(x) \in R[x]$ と

[*36] これらの加法, 乗法は中学校で学んだものと変わらない.

し, $g(x)$ の最高次係数は正則元であるとする. このとき, $R[x] \ni q(x), r(x)$ が存在して,

$$f(x) = g(x)q(x) + r(x), \quad \deg g(x) > \deg r(x)$$

と表すことができる.

上式における $q(x)$ を, $f(x)$ を $g(x)$ で割ったときの**商 (quotient)**, $r(x)$ を**余り (residue)** とよぶ. 特に $r(x) = 0$ のとき, $f(x)$ は $g(x)$ で割り切れるといい, $g(x) \mid f(x)$ と記す. また, 最高次係数が 1 である多項式を**モニック (monic)** な多項式という.

$R[x] \ni f(x)$ に対して, $f(\alpha) = 0$ となるとき, α は $f(x)$ の**根 (root)** であるという.

定理 5.17.3. R は整域とする. $R[x] \ni f(x)$, $R \ni \alpha$ とするとき,

(i) （剰余定理）$\exists q(x) \in R[x]$ s.t. $f(x) = q(x)(x - \alpha) + f(\alpha)$

(ii) （因数定理）$x - \alpha \mid f(x) \Longleftrightarrow f(\alpha) = 0$

問 5.17.1. 上の定理を証明せよ.

問 5.17.2. R が整域ならば, $U(R[x]) = U(R)$ であることを証明せよ.

二つの不定元 x, y に関する R の多項式環は, $R[x]$ 上 y を不定元とする多項式環として定義される：$R[x, y] := R[x][y]$. 一般に n 個の不定元をもつ多項式環も同様に帰納的に定義される：$R[x_1, x_2, \ldots, x_n] := R[x_1, \ldots, x_{n-1}][x_n]$.

5.18 イデアル

環の研究においてイデアルの概念は基本である. どのようなイデアルをもつかによって環が決まるともいえる. また, 二つの環の間の関係を調べるときには自然に現れるものでもある.

R を環とする. R の部分集合 I が次の条件

(i) $a, b \in I \Longrightarrow a + b \in I$

(ii) $a \in I, r \in R \Longrightarrow ra \in I$

を満たすとき, I は R の**左イデアル (left ideal)** であるという. このとき, I は必ず 0 を含み, I は加法群 R の部分加群である.

また, I が

(i) $a, b \in I \Longrightarrow a + b \in I$

(ii) $a \in I, r \in R \Longrightarrow ar \in I$

を満たすとき, I は R の**右イデアル (right ideal)** であるという. I が左イデアルでありかつ右イデアルであるとき, I は**両側イデアル (two-sided ideal)** であるという. 可換環に対しては, 左, 右, 両側の区別の

必要はないので，単にイデアル (ideal) という[37]．

環 R に対して，R 自身と 0 は R の左（右，両側）イデアルである．これらを R の自明なイデアル (trivial ideal) とよぶ．

例 5.18.1. (1) 有理整数環 $\mathbb{Z}$ の元 a に対して，$\mathbb{Z}$ の部分集合 $\mathbb{Z}a = \{ra \mid r \in \mathbb{Z}\}$ を考える．これは a の整数倍の全体である．$\mathbb{Z}a$ は $\mathbb{Z}$ のイデアルであることが容易にわかる．

(2) $\mathbb{R}$ 上 2 次の全行列環 $M_2(\mathbb{R})$ の部分集合

$$\begin{pmatrix} \mathbb{R} & 0 \\ \mathbb{R} & 0 \end{pmatrix} := \left\{ \begin{pmatrix} a & 0 \\ b & 0 \end{pmatrix} \mid a, b \in \mathbb{R} \right\}$$

は，$M_2(\mathbb{R})$ の左イデアルであるが右イデアルではない．

問 5.18.1. 上の例を確かめよ．また，$M_2(\mathbb{R})$ の右イデアルの例を挙げよ．

補題 5.18.1. R を環とする．

(1) R の左（右，両側）イデアル I, J に対して，

(a) 共通部分 $I \cap J$ は R の左（右，両側）イデアルであって，I と J に含まれる左（右，両側）イデアルのうち最大のものである

(b) 和 $I + J := \{a + b \mid a \in I, b \in J\}$ は左（右，両側）イデアルであって，I と J を含む左（右，両側）イデアルのうち最小のものである．

(2) I, J が両側イデアルならば，積 $IJ := \left\{ \sum x_i y_i \mid x_i \in I, y_i \in J \right\}$ も R の両側イデアルであって，$IJ \subseteq I \cap J$ である[38]．

問 5.18.2. 上の補題を証明せよ．

補題 5.18.2. 環 R とその左イデアル I に対して，

$$I \ni 1 \Longleftrightarrow R = I$$

問 5.18.3. 上の補題を証明せよ．

環 R の元 a に対して，$Ra = \{ra \in R \mid r \in R\}$ は R の左イデアルである．これを，a で生成される単項左イデアル (principal left ideal) とよぶ．同様に，aR は単項右イデアル (principal right ideal) とよばれる[39]．可換環の単項イデアル Ra は (a) で表すことが多い．

$R1 = R$, $R0 = 0$ であるから，自明なイデアル $R, 0$ は単項イデアルである．

問 5.18.4. $\begin{pmatrix} \mathbb{R} & 0 \\ \mathbb{R} & 0 \end{pmatrix}$ は $M_2(\mathbb{R})$ の単項左イデアルである

ることを示せ．

問 5.18.5. $m, n \in \mathbb{Z}$ とする．このとき，$\mathbb{Z}$ のイデアルに関して，

$$(m) \subseteq (n) \Longleftrightarrow n \mid m,$$
$$\text{特に } (m) = (n) \Longleftrightarrow m = \pm n,$$
$$(m) + (n) = (\gcd(m, n)),$$
$$(m) \cap (n) = (\operatorname{lcm}(m, n))$$

が成り立つことを示せ[40]．

斜体とイデアル

環 R が斜体であるための条件をイデアルの言葉で述べる．

命題 5.18.3. 環 R に関して，次の (1), (2), (3) は同値である．

(1) R は斜体である．

(2) R は自明でない左イデアルをもたない．

(3) R は自明でない右イデアルをもたない．

特に，R が可換環のときには，

$$R \text{ は体} \Longleftrightarrow R \text{ は自明でないイデアルをもたない}$$

が成り立つ．

証明 (1) $\Rightarrow$ (2)：I を R の零でない左イデアルとする．$I \ni a \neq 0$ をとると，a は正則元であるから，$\exists a^{-1} \in R; 1 = a^{-1}a \in I$ となり，$I = R$ である．(2) $\Rightarrow$ (1)：a を R の非零元とする．a で生成される左イデアル Ra を考えると，$Ra \ni 1a = a \neq 0$ より 0 ではないので，仮定より $Ra = R$ となる．よって，$\exists b \in R; ba = 1$ である．このとき，$b \neq 0$ であるから，同様に左イデアル Rb を考えると，$Rb = R$ である．よって，$\exists c \in R; cb = 1$ となる．ここで，

$$a = 1a = (cb)a = c(ba) = c1 = c$$

であるから $ab = 1$ も成り立ち，b が a の逆元であることがわかった[41]．したがって，R の非零元はすべて正則元であるので，R は斜体である．(1) $\Leftrightarrow$ (3) も同様に示される． $\square$

---

[37] 非可換環の両側イデアルを単にイデアルとよぶことがある．

[38] イデアルの積は有限和の全体であることに注意せよ．

[39] 単項イデアルは主イデアルともいう．

[40] $\gcd(m, n)$ は m と n の最大公約数 (the greatest common divisor) を表す．また，$\operatorname{lcm}(m, n)$ は m と n の最小公倍数 (the least(lowest) common multiple) を表すものとする．

[41] この証明において，$ba = 1$ が示されただけでは証明は完結しない．なぜなら，a が正則元であるためには $ab = 1$ が必要だからである．正則元の定義を再確認せよ．

5.18.1 ユークリッド整域・単項イデアル整域

本項においては R は整域とする. 整域の代表的例としては, 有理整数環 $\mathbb{Z}$ や体 K 上の多項式環 $K[x]$ がある.

まず, 整列集合を説明する. X が整列集合 (well-ordered set) であるとは, X が全順序集合であって, X の任意の空でない部分集合が最小元をもつときにいう. たとえば, 0 以上の整数全体 $\mathbb{N} \cup \{0\}$ は数の大小の順序に関して整列集合である. また, $\mathbb{N} \cup \{0, -\infty\}$ も整列集合である[*42].

定義 5.18.4. 整域 R がユークリッド整域 (Euclidean domain) であるとは, ある整列集合 X と写像 $\varphi : R \to X$ が存在して, 次の二つの条件が成り立つときにいう:

(i) $a(\neq 0) \in R$ に対して, $\varphi(0) < \varphi(a)$

(ii) 任意の $a \in R, b(\neq 0)$ に対して,

$$a = bq + r, \quad \varphi(r) < \varphi(b)$$

を満たす $q, r \in R$ が存在する

例 5.18.2. (1) 有理整数環 $\mathbb{Z}$ に対して, 整列集合 $\mathbb{N} \cup \{0\}$ と写像

$$\varphi : \mathbb{Z} \longrightarrow \mathbb{N} \cup \{0\}; z \mapsto |z|$$

を考える. このとき, $\mathbb{Z}$ はユークリッド整域の定義 (i), (ii) を満たすことがわかる. すなわち, $\mathbb{Z}$ はユークリッド整域である.

(2) 体 K 上の 1 変数多項式環 $K[x]$ に対して, 整列集合 $\mathbb{N} \cup \{0, -\infty\}$ と写像

$$\varphi : K[x] \longrightarrow \mathbb{N} \cup \{0, -\infty\}; f(x) \mapsto \deg f(x)$$

を考える. このとき, $K[x]$ はユークリッド整域であることがわかる.

定義 5.18.5. 整域 R が単項イデアル整域 (principal ideal domain) であるとは, R の任意のイデアルが単項イデアルであるときにいう. 略して PID ということも多い.

定理 5.18.6. ユークリッド整域は単項イデアル整域である.

証明 R をユークリッド整域とする. $\varphi : R \longrightarrow X$ を定義に現れる写像とする. I を R の 0 でない任意のイデアルとする. このとき, X の部分集合

$\{\varphi(a) \in X \mid a \in I, a \neq 0\}$ を考えると, これは最小限をもつ. それを $\varphi(b) \, (b \in I, b \neq 0)$ とする. a を I の任意の元とするとき,

$$a = bq + r, \quad \varphi(r) < \varphi(b)$$

となるような $q, r \in R$ が存在する. このとき, $r = a - bq \in I$ であるから, もし $r \neq 0$ ならばこれは最小元 $\varphi(b)$ のとり方に反する. したがって $r = 0$, すなわち $a = bq \in (b)$ より $I \subseteq (b)$ を得る. また $b \in I$ より $(b) \subseteq I$ であるから, $I = (b)$ となり, I は単項イデアルであることがわかった. $\qquad \square$

これより次を得る.

系 5.18.7. 有理整数環 $\mathbb{Z}$ および体 K 上の 1 変数多項式環 $K[x]$ は単項イデアル整域である.

この他の重要な PID の例を挙げる. そのために次のような写像を定義する:

$$N : \mathbb{C} \longrightarrow \mathbb{R};$$
$$\alpha = a + b\sqrt{-1} \mapsto N(\alpha) = \alpha\bar{\alpha} = a^2 + b^2$$

$N(\alpha)$ を複素数 α のノルム (norm) とよぶ. 上の写像は

$$N(\alpha) \geq 0, \quad N(\alpha) = 0 \iff \alpha = 0,$$
$$N(\alpha\beta) = N(\alpha)N(\beta)$$

という性質をもつ.

問 5.18.6. この性質を確かめよ.

命題 5.18.8. ガウスの整数環 $\mathbb{Z}[\sqrt{-1}] := \{a + b\sqrt{-1} \mid a, b, \in \mathbb{Z}\}$ は単項イデアル整域である.

証明 $\mathbb{Z}[\sqrt{-1}]$ がユークリッド整域であることを示す. これが複素数体 $\mathbb{C}$ の部分環であることは容易にわかるので, よって整域である. $\alpha = a + b\sqrt{-1} \in \mathbb{Z}[\sqrt{-1}]$ に対して, そのノルムは $N(\alpha) = a^2 + b^2 \in \mathbb{Z}, \geq 0$ であるから, $\mathbb{Z}[\sqrt{-1}]$ から整列集合 $\mathbb{N} \cup \{0\}$ への写像を $N : \mathbb{Z}[\sqrt{-1}] \longrightarrow \mathbb{N} \cup \{0\}$ で定める. $\alpha(\neq 0) \in \mathbb{Z}[\sqrt{-1}]$ に対しては $0 < N(\alpha)$ である. 次に, 任意の $\alpha, \beta(\neq 0) \in \mathbb{Z}[\sqrt{-1}]$ に対して, $\alpha/\beta = c + d\sqrt{-1} \, (c, d \in \mathbb{Q})$ とおく. この c, d に対して,

$$|c - m| \leq \frac{1}{2}, \quad |d - n| \leq \frac{1}{2}$$

となるような $m, n \in \mathbb{Z}$ が存在するので, $\gamma := m + n\sqrt{-1} \in \mathbb{Z}[\sqrt{-1}]$ とおく. このとき,

$$\frac{\alpha}{\beta} = \gamma + (c - m) + (d - n)\sqrt{-1},$$

よって,

$$\alpha = \beta\gamma + \beta\big((c - n) + (d - n)\sqrt{-1}\big)$$

[*42] $-\infty$ は前節で多項式の次数の説明の際に述べた.

となるが、$\delta := \beta\bigl((c-n)+(d-n)\sqrt{-1}\bigr) = \alpha-\beta\gamma \in \mathbb{Z}[\sqrt{-1}]$ であって、

$$N(\delta) = N(\beta)N((c-m)^2 + (d-n)^2)$$
$$\leq \frac{1}{2}N(\beta) < N(\beta)$$

となる。すなわち、

$$\alpha = \beta\gamma + \delta, \quad N(\delta) < N(\beta)$$

と表すことができた。 □

問 5.18.7. $\mathbb{Z}[\omega]$ が PID であることを示せ。ここで ω は 1 の原始 3 乗根、すなわち $x^3 - 1 = 0$ の 1 と異なる解である。

問 5.18.8. $\mathbb{Z}[\sqrt{2}]$ が PID であることを示せ。

5.19 剰 余 環

R を環、$I(\neq R)$ を R の両側イデアルとする。R を加法群、I をその部分群とみれば、剰余群 R/I が考えられ、その元は $a + I$ ($a \in R$) で表される。$a + I$ を簡単に $\bar{a}$ で表す。$\bar{a}=\bar{b}\Longleftrightarrow a-b \in I$ である。さて、R/I に乗法を次のように定義する:

$$\bar{a}\bar{b} = \overline{ab}.$$

この定義は代表元 a, b のとり方に依存しない。なぜなら、もし $\bar{a}=\overline{a'}, \bar{b}=\overline{b'}$ ならば、$a-a' \in I, b-b' \in I$ なので、

$$ab - a'b' = (a - a')b + a'(b - b') \in I$$

より、$\overline{ab} = \overline{b'b'}$ だからである[*43]。加法群 R/I は上の乗法に関して環であることが確かめられる。この環を R の I による**剰余環 (residue ring)** とよぶ[*44]。この環のゼロ元は $\overline{0_R}$、単位元は $\overline{1_R}$ である。

問 5.19.1. R/I が環になることを確かめよ。

例 5.19.1. $n > 1$ を自然数とし、有理整数環 $\mathbb{Z}$ のイデアル $n\mathbb{Z} = (n)$ による剰余環 $\mathbb{Z}/n\mathbb{Z}$ は、$\bar{0}, \bar{1}, \ldots, \overline{n-1}$ からなる可換環である。これを n を法とする $\mathbb{Z}$ の剰余環ともよび、$\mathbb{Z}_n$ と表すこともある。たとえば、$\mathbb{Z}/6\mathbb{Z}$ の乗法の乗積表は次のとおりである。

[*43] 代表元のとり方に依存しないので、このような乗法が定義できるのである。とり方に依存してしまうのなら、これで定義はできない。このような議論は数学では至るところで現れる。定義ができるとき、この定義は well-defined であるという。

[*44] **商環 (quotient ring, factor ring)** とよぶこともあるが、後に述べる可換環の乗法的部分集合による**商環 (ring of quotients)** との混同を避けるため、本章では剰余環とよぶ。

\	$\bar{0}$	$\bar{1}$	$\bar{2}$	$\bar{3}$	$\bar{4}$	$\bar{5}$
$\bar{0}$	$\bar{0}$	$\bar{0}$	$\bar{0}$	$\bar{0}$	$\bar{0}$	$\bar{0}$
$\bar{1}$	$\bar{0}$	$\bar{1}$	$\bar{2}$	$\bar{3}$	$\bar{4}$	$\bar{5}$
$\bar{2}$	$\bar{0}$	$\bar{2}$	$\bar{4}$	$\bar{0}$	$\bar{2}$	$\bar{4}$
$\bar{3}$	$\bar{0}$	$\bar{3}$	$\bar{0}$	$\bar{3}$	$\bar{0}$	$\bar{3}$
$\bar{4}$	$\bar{0}$	$\bar{4}$	$\bar{2}$	$\bar{0}$	$\bar{4}$	$\bar{2}$
$\bar{5}$	$\bar{0}$	$\bar{5}$	$\bar{4}$	$\bar{3}$	$\bar{2}$	$\bar{1}$

この環は可換環なので、この表は対角線に関して対称なのは当然である。また、この表からわかるように、$\mathbb{Z}/6\mathbb{Z}$ の単数群は $U(\mathbb{Z}/6\mathbb{Z}) = \{\bar{1}, \bar{5}\}$ である。一方、$\overline{2}\,\overline{3}=\bar{0}, \overline{3}\,\overline{4}=\bar{0}$ であるから、$\bar{2}, \bar{3}, \bar{4}$ は零因子である。

問 5.19.2. $\mathbb{Z}/4\mathbb{Z}$ および $\mathbb{Z}/5\mathbb{Z}$ の乗法の乗積表を書き、単数群を求めよ。

例 5.19.2. 複素数体 $\mathbb{C}$ 上 1 変数多項式環 $\mathbb{C}[x]$ を考える。1 次式 $x - \alpha$ で生成される単項イデアル $(x-\alpha) = (x-\alpha)\mathbb{C}[x]$ による剰余環は

$$\mathbb{C}[x]/(x - \alpha) = \{f(\alpha) + (x-\alpha) \mid a \in \mathbb{C}\}$$

であって、これは集合として $\mathbb{C}$ と同一視できる。なぜなら、任意の $f(x) = a_0 + a_1 x + \cdots + a_n x^n \in \mathbb{C}[x]$ は $f(x) = (x-\alpha)g(x)+f(\alpha)$ と表せるので、$f(x)$ が属する剰余類は $f(x) + (x-\alpha) = f(\alpha) + (x-\alpha)$ だからである。詳しくは、後述する環準同型の節で述べる。

5.19.1 $\mathbb{Z}$ の剰余環

前節で述べたように、有理整数環 $\mathbb{Z}$ は PID であるから、$\mathbb{Z}$ のイデアルは、整数 $n(\geq 0)$ によって生成される単項イデアル (n) に限る。本節では、剰余環 $\mathbb{Z}/(n)$ を考察する。

$n = 0$ ならば、$\mathbb{Z}/0$ は加法群として $\mathbb{Z}$ と同一視でき、乗法の定義を考えれば、これは有理整数環 $\mathbb{Z}$ そのものに他ならない。$n = 1$ ならば、$(1) = \mathbb{Z}$ であるから、剰余環 $\mathbb{Z}/\mathbb{Z} = \{\bar{0}\}$ は零環である。以下、$n \geq 2$ の場合を考える。

剰余環 $\mathbb{Z}/(n)$ は n 個の元からなる可換環である:$\mathbb{Z}/(n) = \{\bar{0}, \bar{1}, \ldots, \overline{n-1}\}$。$n \geq 2$ のとき、$\mathbb{Z}/(n)$ の元 $\bar{a}$ が単元であるか零因子であるかに関しては、次の補題が成り立つ。

補題 5.19.1. $n \geq 2$ とする。剰余環 $\mathbb{Z}/(n)$ の元 $\bar{a}$ について、

a が n と互いに素 $\Longrightarrow \bar{a}$ は $\mathbb{Z}/(n)$ の単元

a が n と素でない（0 も含む）

$\qquad \Longrightarrow \bar{a}$ は $\mathbb{Z}/(n)$ の零因子

証明 a と n が互いに素のとき, ある整数 s, t が存在して, $as + nt = 1$ が成り立つ. よって, $\mathbb{Z}/(n)$ において $\overline{1} = \overline{as + nt} = \overline{a}\,\overline{s} + \overline{n}\,\overline{t} = \overline{a}\,\overline{s}$ であるから, $\overline{a}$ は $\overline{s}$ を逆元とする単元である. a が n と素でないとする. $a = 0$ ならば $\overline{a} = \overline{0}$ は零因子なので, $a \neq 0$ とし, $\gcd(a, n) =: d(> 1)$ とおく. このとき, $0 < n/d < n$ より $\overline{(n/d)} \neq \overline{0}$ であって,

$$\overline{a}\,\overline{(n/d)} = \overline{a(n/d)} = \overline{(a/d)n} = \overline{(a/d)}\,\overline{n} = \overline{0}$$

より, $\overline{a}$ が零因子であることがわかる. $\qquad\square$

上の補題より次の命題を得る.

命題 5.19.2. $n \geq 2$ とする. $\mathbb{Z}/(n)$ の単数群は

$$U(\mathbb{Z}/(n)) = \{\overline{a} \in \mathbb{Z}/(n) \mid \gcd(a, n) = 1\}$$

である. これは n を法とする既約剰余類の全体である. よって,

$$\mathbb{Z}/(n) \text{ が体} \iff n \text{ は素数}$$

が成り立つ. また n が素数でなければ $\mathbb{Z}/(n)$ は零でない零因子をもつ[*45].

証明 補題を用いて, $\gcd(a, n) = 1$ であれば $\overline{a}$ は単元であり, 逆に $\overline{a}$ が単元であれば $\mathbb{Z}/(n)$ の零因子ではないので $\gcd(a, n) = 1$ である. これより前半を得る. また, $\mathbb{Z}/(n)$ が体であることと, $\overline{0}$ 以外の元 $\overline{1}, \overline{2}, \ldots, \overline{n-1}$ が単元であることは同値であり, さらにこれは, すべての $1 \leq a \leq n-1$ が $\gcd(a, n) = 1$ を満たすことと同値である. これは n が素数であることに他ならない. $\qquad\square$

単数群 $U(\mathbb{Z}/(n))$ を n を法とする<u>既約剰余類群 (ir-reducible residue class group)</u> とよぶ. $U(\mathbb{Z}/(n))$ は n のオイラーの関数の値 $\varphi(n)$ を位数とする有限群であることから次の結果を得る.

系 5.19.3. $n \geq 2$ とする. このとき,

$$\gcd(a, n) = 1 \Longrightarrow \overline{a}^{\varphi(n)} = \overline{1}$$
$$\text{(i.e. } a^{\varphi(n)} \equiv 1 \bmod n)$$

が成り立つ. 特に, 素数 p に対しては,

$$p \nmid a \Longrightarrow \overline{a}^{p-1} = \overline{1} \quad \text{(i.e. } a^{p-1} \equiv 1 \bmod p)$$

が成り立つ[*46].

注意 5.19.1. p が素数のとき, $U(\mathbb{Z}/(p)) =$

[*45] すなわち, 「$\mathbb{Z}/(n)$ が整域である $\iff \mathbb{Z}/(n)$ が体である $\iff n$ が素数」が成り立つ.

[*46] これらの結果は, それぞれ**オイラーの定理**, フェルマーの**小定理**とよばれる.

$\{\overline{1}, \overline{2}, \ldots, \overline{p-1}\}$ は巡回群である. なぜなら, $\mathbb{Z}/(p)$ は体なので, $U(\mathbb{Z}/(p))$ は定理 5.6.5 の条件「任意の自然数 m に対して, $x^m = 1$ を満たす $x \in U(\mathbb{Z}/(p))$ の個数は m 以下である」を満たしているからである.

例 5.9.1 で, 位数 p の巡回群 $G = \langle a \rangle$ の自己同型群 $\mathrm{Aut}\, G$ が位数 $p-1$ の巡回群であると述べたが, 実は同型 $\mathrm{Aut}\, G \xrightarrow{\sim} U(\mathbb{Z}/(p))$ が存在する. 実際, $f \in \mathrm{Aut}\, G$ に対して, $f(a) = a^i (1 \leq i \leq p-1)$ を満たす i が一意に定まり, 写像 $\mathrm{Aut}\, G \longrightarrow U(\mathbb{Z}/(p)); f \mapsto \overline{i}$ が同型となるのである.

■ 5.20 環 準 同 型

群の準同型と同じように, 2 つの環の間の関係を調べるための写像としての環準同型について述べる.

R, R' を環とし, それぞれの単位元を $1_R, 1_{R'}$ とする. 写像 $f: R \longrightarrow R'$ が次の条件

(i) $f(a + b) = f(a) + f(b)$

(ii) $f(ab) = f(a)f(b)$

(iii) $f(1_R) = 1_{R'}$

を満たすとき, f は<u>環準同型 (**ring homomorphism**)</u> であるという. 略して単に<u>準同型</u>であるともいう. 以下同様のよびかたをする. 環準同型 $f: R \longrightarrow R'$ は明らかに加法群の準同型でもある.

例 5.20.1. (1) 可換環 R 上の 1 変数多項式環 $R[x]$ を考える. R の元 r を一つ固定し, 次のような写像

$$\varphi: R[x] \longrightarrow R; \quad f(x) \mapsto f(r)$$

を考える. この φ は環準同型である.

(2) R を任意の環とし, I を R の両側イデアルとする. このとき, 次の写像

$$\pi: R \longrightarrow R/I; \quad x \mapsto \overline{x} = x + I$$

は環準同型であり, 全射である. この写像を<u>自然な環準同型 (**natural ring homomorphism**)</u> という.

5.20.1 環 同 型

環準同型 $f: R \longrightarrow R'$ が全単射であるとき, f は<u>環同型 (**ring isomorphism**)</u> であるといい, $f: R \xrightarrow{\sim} R'$ と表す. このとき, f の逆写像 $f^{-1}: R' \longrightarrow R$ も環準同型であることがわかる. したがって, f^{-1} も環同型である.

問 5.20.1. (1) 環同型 $f: R \xrightarrow{\sim} R'$ の逆写像 f^{-1} が環同型であることを確かめよ.

(2) $f: R \longrightarrow R'$ と $g: R' \longrightarrow R''$ が環準同型のとき,

合成写像 $g \circ f : R \longrightarrow R''$ も環準同型であること
を示せ.

二つの環 R と R' の間に環同型が存在するとき, R
と R' は環同型 (ring isomorphic) であるといって,
$R \simeq R'$ と表す.

問 5.20.2. 環同型という関係は同値関係であることを
示せ.

群の場合と同様に, この環同型によって二つの環を
同一視することができる. 環 R から R 自身への環同
型のことを環自己同型 (ring automorphism) とよぶ.

例 5.20.2. 複素数 α に α の共役複素数 $\overline{\alpha}$ を対応させる
写像

$$f : \mathbb{C} \longrightarrow \mathbb{C}; \quad \alpha \mapsto \overline{\alpha}$$

は $\mathbb{C}$ の環自己同型である. 実際, $f(\alpha + \beta) = \overline{\alpha + \beta} = \overline{\alpha} + \overline{\beta} = f(\alpha) + f(\beta), f(\alpha\beta) = \overline{\alpha\beta} = \overline{\alpha}\,\overline{\beta} = f(\alpha)f(\beta)$,
そして $f(1) = \overline{1} = 1$ より f は環準同型である. また,
$f(\alpha) = f(\beta)$ を仮定すると, $\overline{\alpha} = \overline{\beta}$ であるから, 両辺
の共役複素数をとると $\alpha = \beta$ を得る. よって f は単射
である. 最後に, 任意の $\alpha \in \mathbb{C}$ に対して, $f(\overline{\alpha}) = \alpha$
であるから, f は全射である. 以上より f は環同型で
ある.

この写像をガウスの整数環に適用すると, 写像 $g :$
$\mathbb{Z}[\sqrt{-1}] \longrightarrow \mathbb{Z}[\sqrt{-1}]$ が定義できる. 上の証明によっ
て, g が環同型であること, よって $\mathbb{Z}[\sqrt{-1}]$ の環自己
同型であることがわかる.

例 5.20.3. 1 と $\sqrt{2}$ の有理数係数の一次結合 $a +$
$b\sqrt{2}$ $(a, b \in \mathbb{Q})$ 全体を考える. この集合を $\mathbb{Q}(\sqrt{2})$ で
表す: $\mathbb{Q}(\sqrt{2}) = \{a + b\sqrt{2} \mid a, b \in \mathbb{Q}\}$. この集合は実
数体 $\mathbb{R}$ の部分体であることが確かめられる. このと
き, 写像

$$h : \mathbb{Q}(\sqrt{2}) \longrightarrow \mathbb{Q}(\sqrt{2}); \quad a + b\sqrt{2} \mapsto a - b\sqrt{2}$$

は $\mathbb{Q}(\sqrt{2})$ の環自己同型である.

問 5.20.3. 上の例で述べたことを確かめよ.

例 5.20.4. 例 5.15.1 で述べた $M_2(\mathbb{R})$ の部分環 $X :=$
$\left\{ \begin{pmatrix} a & b \\ -b & a \end{pmatrix} \Big| a, b, \in \mathbb{R} \right\}$ は, 複素数体 $\mathbb{C}$ と環同型で
ある. 実際, 次のような環同型

$$f : \mathbb{C} \longrightarrow X; \quad a + b\sqrt{-1} \mapsto \begin{pmatrix} a & b \\ -b & a \end{pmatrix}$$

が存在する. このとき, 虚数単位 $\sqrt{-1}$ は $\begin{pmatrix} 0 & 1 \\ -1 & 0 \end{pmatrix}$ に
対応している.

問 5.20.4. 上の例の写像 f が環同型であることを示

せ.

5.20.2 環の準同型定理

$f : R \longrightarrow R'$ を環準同型とする. f を加法群の準同
型とみたときの核 $\operatorname{Ker} f$ を環準同型 f の核 (kernel)
とよぶ: $\operatorname{Ker} f = \{x \in R \mid f(x) = 0\}$.

補題 5.20.1. $f : R \longrightarrow R'$ を環準同型とすると, 次が
成り立つ.

(1) $\operatorname{Ker} f$ は R の両側イデアルである.

(2) $\operatorname{Im} f$ は R' の部分環である.

証明 (1) $\operatorname{Ker} f$ が R の部分加群であることはわか
っている. 任意の $x \in \operatorname{Ker} f$ と任意の $r \in R$ に
対して,

$$f(rx) = f(r)f(x) = f(r)0 = 0,$$
$$f(xr) = f(x)f(r) = 0f(r) = 0$$

であるから, $\operatorname{Ker} f$ は R の両側イデアルである.

(2) $\operatorname{Im} f$ も R' の部分加群である. 任意の $f(x)$,
$f(y) \in \operatorname{Im} f$ に対して,

$$f(x)f(y) = f(xy) \in \operatorname{Im} f$$

である. また, $1_{R'} = f(1_R) \in \operatorname{Im} f$ である. 以上
から, $\operatorname{Im} f$ は R' の部分環である. □

定理 5.20.2 (環の準同型定理). $f : R \longrightarrow R'$ を環
準同型とするとき, 次の環同型

$$R/\operatorname{Ker} f \simeq \operatorname{Im} f$$

が存在する.

証明 f を加法群の準同型と考えれば, 加法群の同
型

$$\overline{f} : R/\operatorname{Ker} f \overset{\sim}{\longrightarrow} \operatorname{Im} f; \quad \overline{x} = x + \operatorname{Ker} f \mapsto f(x)$$

が存在する. これが環準同型であることを示せばよ
い. 任意の $\overline{x}, \overline{y} \in R/\operatorname{Ker} f$ に対して,

$$\overline{f}(\overline{x}\,\overline{y}) = \overline{f}(\overline{xy}) = f(xy) = f(x)f(y) = \overline{f}(\overline{x})\overline{f}(\overline{y})$$

であり, $\overline{f}(\overline{1_R}) = f(1_R) = 1_{R'}$ であるから, $\overline{f}$ は環準同
型であることがわかった. □

環 R から R 自身への恒等写像 $\operatorname{id} : R \longrightarrow R$ の核は
$\operatorname{Ker} \operatorname{id} = 0$ であるから, 準同型定理によって, 環の同
型 $R/0 \simeq R$ を得る. これは $\{x\}$ と x の対応によるも
のであり, 両者を環として同一視して良いことを示し
ている.

例 5.20.5. 次の写像

$$\varphi : \mathbb{R}[x] \longrightarrow \mathbb{C}; \quad f(x) \mapsto f(\sqrt{-1})$$

は環準同型である. 任意の $a + b\sqrt{-1} \in \mathbb{C}$ $(a, b, \in \mathbb{R})$ に対して, $\varphi(a + bx) = a + b\sqrt{-1}$ であるから φ は全射である. また, $f(x) \in \mathbb{R}[x]$ に対して, $f(x) = (x^2 + 1)q(x) + a_1 x + a_0$ $(a_1, a_0 \in \mathbb{R})$ とすると,

$$f(\sqrt{-1}) = 0 \Longleftrightarrow a\sqrt{-1} + b = 0 \Longleftrightarrow a_1 = a_0 = 0$$
$$\Longleftrightarrow f(x) = (x^2 + 1)q(x)$$
$$\Longrightarrow f(x) \in (x^2 + 1)$$

であり, 逆に, $f(x) \in (x^2 + 1)$ ならば, ある $q(x) \in \mathbb{R}[x]$ が存在して $f(x) = (x^2 + 1)q(x)$ であるから $f(\sqrt{-1}) = 0$ となる. よって $\operatorname{Ker} \varphi = (x^2 + 1)$ であり, 環準同型定理より

$$\mathbb{R}[x]/(x^2 + 1) \simeq \mathbb{C}$$

を得る.

例 5.20.6. $\alpha \in \mathbb{C}$ とする. 例 5.19.2 で述べた剰余環 $\mathbb{C}[x]/(x - \alpha)$ と $\mathbb{C}$ との対応は, 次の全射環準同型

$$\varphi : \mathbb{C}[x] \longrightarrow \mathbb{C}; \quad f(x) \mapsto f(\alpha)$$

に準同型定理を適用して得られる同型 $\mathbb{C}[x]/(x - \alpha) \simeq \mathbb{C}$ に他ならない.

問 5.20.5. 上の例の同型が成立することを確かめよ.

命題 5.20.3. $f : R \longrightarrow R'$ を全射環準同型とし, $J := \operatorname{Ker} f$ とする. このとき, 次が成り立つ.

(1) J を含む R の左イデアル全体と, R' の左イデアル全体との間には, 一対一の対応が存在する. すなわち,

$$\mathcal{A} := \{M \mid M \text{ は } R \text{ の左イデアルで } M \supseteq J\}$$
$$\longleftrightarrow \mathcal{B} := \{M' \mid M' \text{ は } R' \text{ の左イデアル}\};$$
$$\mathcal{A} \ni M \mapsto f(M) \in \mathcal{B},$$
$$\mathcal{B} \ni M' \mapsto f^{-1}(M') := \{x \in R \mid f(x) \in M'\} \in \mathcal{A}$$

が互いに逆対応になっている.

(2) (1) における左イデアルを右イデアルに置き換えた主張も成立する.

(3) 両側イデアルについても, 次の一対一の対応が存在する.

$$\mathcal{C} := \{M \mid M \text{ は } R \text{ の両側イデアルで } M \supseteq J\}$$
$$\longleftrightarrow \mathcal{D} := \{M' \mid M' \text{ は } R' \text{ の両側イデアル}\};$$
$$\mathcal{C} \ni M \mapsto f(M) \in \mathcal{D},$$
$$\mathcal{D} \ni M' \mapsto f^{-1}(M') := \{x \in R \mid f(x) \in M'\} \in \mathcal{C}$$

このとき, 環の同型 $R/I \simeq R'/f(I)$ が成り立つ.

例 5.20.7. R を可換環とし, $R[x, y]$ を R 上 2 変数多項式環とする. $f(x, y) \in R[x, y]$ に対して,

$$f(x, y) = f_0(y) + x f_1(y) + x^2 f_2(y) + \cdots + x^n f_n(y)$$
$$\text{for } f_i(y) \in R[y]$$

との表示の方法は一意的であり, 写像

$$\varphi : R[x, y] \longrightarrow R[y]; f(x, y) \mapsto f_0(y)$$

は全射環準同型である. $\operatorname{Ker} \varphi = x R[x, y]$ であるから, 準同型定理より同型

$$R[x, y]/x R[x, y] \overset{\sim}{\longrightarrow} R[y]$$

を得る.

極大左（右）イデアル, 極大イデアル

R を環, I を R と異なる左イデアルとする. I が**極大左イデアル** (maximal left ideal) であるとは, I を含む左イデアルが I と R に限るときにいう:

$$R \supseteq J \supseteq I \Rightarrow J = R \text{ or } J = I$$

極大右イデアル (maximal right ideal) も同様に定義される. 可換環の場合にはこれらは同義なので, 単に**極大イデアル** (maximal ideal) とよぶ.

命題 5.20.4. R を環とし, I を R と異なる左イデアルとする. このとき, R には I を含む極大左イデアルが存在する.

証明 I を含み R と異なる左イデアルの全体を $\mathcal{J} = \{J \mid R \supsetneq J \supseteq I\}$ とする. $I \in \mathcal{J}$ なので $\mathcal{J} \neq \emptyset$ である. 以下, $\mathcal{J}$ に包含関係に関する極大元が存在することをツォルン (Zorn) の補題[*47] によって示す. $\{J_\lambda\}_{\lambda \in \Lambda}$ を $\mathcal{J}$ の任意の全順序部分集合とする. このとき, $\bigcup_{\lambda \in \Lambda} J_\lambda$ は I を含み R とは異なる左イデアルである. よって, $\bigcup_{\lambda \in \Lambda} J_\lambda$ は $\mathcal{J}$ の上界であるから, ツォルンの補題より $\mathcal{J}$ は極大元をもつことがわかった. この極大元が I を含む極大左イデアルである. $\square$

極大右イデアル, あるいは可換環における極大イデアルの存在についても同様である. よって, $I = 0$ を考えれば, 環あるいは可換環には, 極大左（右）イデアルあるいは極大イデアルが存在することがわかった.

次の命題は命題 5.18.3 の拡張である.

命題 5.20.5. R を環, J を R と異なる両側イデアルと

[*47] 「順序集合 X において, 任意の全順序部分集合 Y が上界（X の元 x で, 任意の $y \in Y$ に対して $x \geq y$ となるもの）をもつとき, Y には極大元が存在する」を**ツォルンの補題**という. これは公理である.

する. このとき, 次は同値である.

(1) R/J は斜体である.

(2) J は R の極大左イデアルである.

(3) J は R の極大右イデアルである.

系 5.20.6. 可換環 R とそのイデアル $J(\neq R)$ に対して, R/J が体であるための必要十分条件は J が極大イデアルであることである.

例 5.20.8. (1) 有理整数環 $\mathbb{Z}$ の, $\mathbb{Z}$ と異なるイデアルは $(m) = m\mathbb{Z}$ ($m = 0, m \geq 2$) である. $\mathbb{Z}/(m)$ が体となるのは m が素数の場合に限る. よって, $\mathbb{Z}$ の極大イデアルは素数 p が生成するイデアル (p) に限る.

(2) 体 K 上の一変数多項式環 $K[x]$ に対して, 同型

$$K[x]/xK[x] \xrightarrow{\sim} K; \overline{f(x)} \mapsto f(0)$$

が成り立つので, $xK[x]$ は $K[x]$ の極大イデアルである.

標数

R を環とする. 1_R は R の単位元とする. 有理整数環 $\mathbb{Z}$ から R への写像

$$\mu : \mathbb{Z} \longrightarrow R; n \mapsto n1_R$$

は環の準同型である. $\operatorname{Ker}\mu$ は $\mathbb{Z}$ の単項イデアルであるから $\operatorname{Ker}\mu = m\mathbb{Z}$ となるような整数 $m \geq 0$ が一意に定まり, 環の同型

$$\mathbb{Z}/m\mathbb{Z} \simeq \operatorname{Im}\mu = \{n1_R \mid n \in \mathbb{Z}\}$$

が存在する. この整数 m を環 R の**標数** (chracteristic) という. $m = 0$ のときは, R は $\mathbb{Z}$ に同型な部分環をもつ. もし $m = 1$ だとすると, μ は零写像であって, $1_R = 0$ となり R は零環となってしまう. 零環は除外しているので, $m = 0$ かまたは $m \geq 2$ でなければならない. $m \geq 2$ のときは 1_R は位数 m の元である.

命題 5.20.7. 整域の標数は 0 または素数である.

証明 R を整域とする. $\operatorname{Im}\mu$ は R の部分環であるのでやはり整域である. すなわち $\mathbb{Z}/m\mathbb{Z}$ が整域となるので, $m = 0$ または素数でなければならない. $\square$

例 5.20.9. $\mathbb{Z}$ は標数 0 の整域であり, 有理数体 $\mathbb{Q}$, 実数体 $\mathbb{R}$, 複素数体 $\mathbb{C}$ はいずれも標数 0 である. また, 剰余環 $\mathbb{Z}/m\mathbb{Z}$ ($m \geq 2$) の標数は m である. 特に, 素数 $p \geq 2$ に対して, 剰余環 $\mathbb{Z}/p\mathbb{Z}$ は標数 p の体である.

体 K の標数は 0 または素数 $p \geq 2$ であり, 体の標数は $\operatorname{char}K$, $\operatorname{ch}K$ などで表す. $\operatorname{char}K = p \geq 2$ の体 K は, 位数 p の体 $\mathbb{Z}/p\mathbb{Z}$ に同型な体を部分体として

含む. 逆に, $\mathbb{Z}/p\mathbb{Z}$ ($p \geq 2$) に同型な体を部分体として含む体は標数 p である.

問 5.20.6. K を標数 $p \geq 2$ の体とする. このとき, $a, b \in K$ に対して, 次を示せ.

(1) $pa = 0$ である. また, $na = 0$ ($n \in \mathbb{Z}$) ならば $p \mid n$

(2) $(a \pm b)^{p^n} = a^{p^n} \pm b^{p^n}$ ($n \geq 1$)

問 5.20.7. K を体とし, $\operatorname{char}K = p \geq 2$ とする[*48]. このとき, $n \geq 1$ に対して,

$$K \longrightarrow K; a \mapsto a^{p^n}$$

は単射準同型であることを示せ[*49].

5.21 極大イデアルと素イデアル

本節は可換環のイデアルのみを扱う. R を可換環とし, I を R と異なるイデアルとする. 剰余環 R/I が整域であるとき, I は**素イデアル** (prime ideal) であるという:

$$xy = 0 \Longrightarrow x = 0 \text{ or } y = 0 \, (x, y \in R/I)$$

命題 5.21.1. 次は同値である.

(1) I は素イデアルである

(2) $a, b \in R$ に対して, $ab \in I \Longrightarrow a \in I$ または $b \in I$

(3) $a, b \in R$ に対して, $a \notin I$ かつ $b \notin I \Longrightarrow ab \notin I$

前節で極大イデアルの定義を述べたが, 次の命題が成立する;

命題 5.21.2. 極大イデアルは素イデアルである.

証明 R を可換環, $I(\neq R)$ をイデアルとする. 系 5.20.6 より,

$$I \text{ が素イデアル} \Longleftrightarrow R/I \text{ は整域},$$

$$I \text{ が極大イデアル} \Longleftrightarrow R/I \text{ は体}$$

であって, 一般に体は整域であることから主張を得る. $\square$

定義から, 可換環 R においては, 零イデアル 0 が素イデアルであることと R が整域であることは同値である.

有理整数環 $\mathbb{Z}$ のイデアル (n) ($n \geq 2$) に関しては, 補題 5.19.1 と命題 5.19.2 で述べたことから,

---

[*48] 当たり前だが, $\operatorname{char}K \geq 2$ の代わりに $\operatorname{char}K > 0$ と書いてもよい.

[*49] K が $\mathbb{Z}/p\mathbb{Z}$ 上のベクトル空間として有限次元であれば, これは同型である.

$$\mathbb{Z}/(n) \text{ が体} \Longleftrightarrow n \text{ が素数} \Longleftrightarrow \mathbb{Z}/(n) \text{ が整域}$$

なので, $\mathbb{Z}$ の 0 でない素イデアルは極大イデアルである. 一般に次の定理が成立する.

定理 5.21.3. 単項イデアル整域 (PID) の零でない素イデアルは極大イデアルである.

証明 R を PID とし, $I(\neq 0)$ を素イデアルとする. $I = (a)$ $(a \in R, a \neq 0)$ と表す. もし $R \supsetneq (b) \supsetneq (a)$ であるとすると, $a = bc$ $(\exists c \in R)$ と表せるが, I が素イデアルであるから, $bc = a \in I = (a)$ より $b \in I$ または $c \in I$ となる. $b \in I$ とすると $(b) = (a)$ となって仮定に反する. よって $c \in I$ でなければならない. すなわち, $c = ad$ $(\exists d \in R)$ と表せて, $c = (bc)d$ よって $c(1 - bd) = 0$ であるが, $c \neq 0$ なので $bd = 1$ となり b は単元すなわち $(b) = R$ となって, これも仮定に反する. 以上より, $I = (a)$ は極大イデアルであることがわかった. $\square$

$\mathbb{Z}$ の零イデアル 0 は極大イデアルではない. 実際, 整数 $n > 1$ に対して, $\mathbb{Z} \supsetneq (n) \supsetneq 0$ である.

例 5.21.1. 体 K 上の 2 変数多項式環 $R = K[x, y]$ に対して, 例 5.20.7 で述べたように同型

$$R/xR \simeq K[y]$$

が存在するが, $K[y]$ は整域であるが体ではないので, イデアル xR は素イデアルであるが極大イデアルではない. 一方, 同型

$$R/(xR + yR) \simeq K; \overline{f(x, y)} \mapsto f(0, 0)$$

が存在するので, イデアル $xR + yR$ は極大イデアルである: $R \supsetneq xR + yR \supsetneq xR$.

一変数多項式環の極大イデアルと既約多項式

R を整域とし, R 上の一変数多項式環 $R[x]$ を考える. このとき $R[x]$ も整域である. 1 次以上の多項式 $f(x)$ が

$$f(x) = g(x)h(x),$$
$$g(x), h(x) \in R[x], \deg f(x) \geq 1, \deg h(x) \geq 1$$

と分解できるとき, $f(x)$ は**可約 (reducible)** であるという. 可約でないとき, **既約 (irreducible)** であるという.

命題 5.21.4. 体 K 上の一変数多項式環 $K[x]$ の元 $f(x)(\neq 0)$ について, イデアル $(f(x))$ が極大イデアルであることと, $f(x)$ が既約多項式であることは同値である.

証明 $(\Rightarrow)$ $f(x) \in K$ ならば $(f(x)) = K[x]$

となるので, $\deg f(x) \geq 1$ である. もし, $f(x) = g(x)h(x)$ $(\deg g(x) \geq 1, \deg h(x) \geq 1)$ と分解できたとすると, $(f(x)) \subseteq (g(x)) \subseteq R$ であるが, $(f(x)) \neq (g(x))$ かつ $(g(x)) \neq K[x]$ である. なぜなら, もし $(f(x)) = (g(x))$ であるとすると, $g(x) = f(x)a(x)$ $(a(x) \in K[x])$ と表せて, $f(x) = f(x)a(x)h(x)$ よって $1 = a(x)h(x)$ となり $\deg h(x) \geq 1$ に反する. また, $(g(x)) = K[x]$ であるとすると, $0 \neq g(x) \in K$ となり $\deg g(x) \geq 1$ に反する. よってこれは $(f(x))$ が極大イデアルであることに矛盾する. $(\Leftarrow)$ $K[x]$ が PID であることに注意して, $(f(x)) \subseteq (g(x)) \subseteq K[x]$ と仮定する. このとき, $f(x) = g(x)h(x)$ $(h(x) \neq 0)$ と表せるが, $f(x)$ が既約であることから, $\deg g(x) = 0$ または $\deg h(x) = 0$ でなければならない. もし $\deg g(x) = 0$ とすると $0 \neq g(x) \in K$ となって $(g(x)) = K[x]$ となる. またもし $\deg h(x) = 0$ とすると, $0 \neq h(x) \in K$ となって $(f(x)) = (g(x))$ となる. これは $(f(x))$ が極大イデアルであることを示している. $\square$

定理 5.21.3 により, 体 K 上の多項式環 $K[x]$ の元 $f(x)(\neq 0)$ に対しては, $(f(x))$ が極大イデアルであることと $f(x)$ が素イデアルであることは同値である. よって, 上の命題より, $(f(x))$ が素イデアルであることと $f(x)$ が既約であることはやはり同値である.

5.22 環の直積

$R_1, \ldots, R_n$ を環とし, R_i の単位元を 1_{R_i} で表す. これらの加法群としての直積 $\prod_{i=1}^{n} R_i = R_1 \times \cdots \times R_n$ を作り, 乗法を $(x_i)_{1 \leq i \leq n}, (y_i)_{1 \leq i \leq n}$ に対して,

$$(x_i)(y_i) = (x_i y_i)$$

で定義すると, この直積は環になる. この環を $R_1, \ldots, R_n$ の**直積 (direct product)** とよぶ[50]. $R_1 \times \cdots \times R_n$ の単位元は $(1_{R_i})_{1 \leq i \leq n}$ である. このとき, 各 j $(1 \leq j \leq n)$ に対して, 標準的入射 $\iota_j : R_j \longrightarrow$

$\prod_i R_i; x \mapsto (0, \ldots, \overset{j}{\overset{\vee}{x}}, \ldots, 0)$ と射影 $\pi_j : \prod_i R_i \longrightarrow R_j; (x_i) \mapsto x_j$ が定義される.

問 5.22.1. π_j が環準同型であることを確かめよ.

可換環 R のイデアル I, J について, $I + J = R$ が成り立つとき, I と J は**互いに素 (relatively prime)** であるという. これは,

---

[50] **直積環**とよぶこともある.

$$\exists x \in I,\ \exists y \in J \text{ such that } x + y = 1$$

に同値である．ここで 1 は R の単位元を表す．

問 5.22.2. 可換環 R のイデアル I, J が互いに素ならば，$IJ = I \cap J$ であることを示せ．

問 5.22.3. 可換環 R のイデアル $I_1, I_2, \ldots, I_n$ がどの二つも互いに素ならば，$I_1 I_2 \cdots I_n = \bigcap_{i=1}^{n} I_i$ が成り立つことを示せ（n に関する帰納法によって証明してみよ）．

問 5.22.4. 2 つの整数 x と y が互いに素であることと，イデアル (x) と (y) が互いに素であることは同値であること，すなわち

$$\gcd(x, y) = 1 \Longleftrightarrow (x) + (y) = \mathbb{Z}$$

を示せ．

本節では以下，中国式剰余定理 (Chinese Remainder Theorem) を証明することを目的とする．それは次の定理である．

定理 5.22.1（中国式剰余定理）. R を可換環とし，$I_1, I_2, \ldots, I_n$ をどの二つも互いに素なイデアルであるとする．このとき，次の環の同型

$$R \Big/ \bigcap_{i=1}^{n} I_i \simeq R/I_1 \times R/I_2 \times \cdots \times R/I_n \quad (5.22.1)$$

が存在する．

証明 写像 $f : R \longrightarrow R/I_1 \times R/I_2 \times \cdots \times R/I_n$ を $f(x) = (x + I_1, x + I_2, \ldots, x + I_n)$ で定義すると，f は環準同型である．また，$\mathrm{Ker}\, f = \{x \in R \mid x + I_1 = I_1, \ldots, x + I_n = I_n\} = \bigcap_{i=1}^{n} I_i$ である．したがって，f が全射であることを示せば，準同型定理から求める同型を得る．さて，各 i $(1 \leq i \leq n)$ に対して，$I_i + I_j = R$ $(\forall j \neq i)$ であるから，

$$\forall j\, (\neq i),\ \exists c_i^{(j)} \in I_i,\ \exists c_j \in I_j \text{ such that } c_i^{(j)} + c_j = 1$$

が成り立つ．このとき，

$$1 = \prod_{j \neq i} (c_i^{(j)} + c_j) = c_i + c_i'$$

と表せる．ここで，$c_i' := \prod_{j \neq i} c_j \left(\in \bigcap_{j \neq i} I_j\right)$ とおいた．よって，$c_i \in I_i$ である．

f が全射であることを示すため，任意の $a_i \in R$ $(i = 1, 2, \ldots, n)$ をとる．このとき，各 i に対して，$a_i c_i' + I_i = a_i + I_i$ かつ $a_j c_j' \in I_i$ $(\forall j \neq i)$ であるから，

$$a_1 c_1' + \cdots + a_n c_n' + I_i = a_i + I_i$$

である．したがって

$$f(a_1 c_1' + \cdots + a_n c_n') = (a_1 + I_1, \ldots, a_n + I_n)$$

となり，f は全射であることがわかった． $\square$

問 5.22.5. 上の証明中第 1 段落最後の $c_i \in I_i$ を確かめよ．また，第 2 段落中の $a_j c_j' \in I_i$ $(\forall j \neq i)$ も確かめよ．

直積環 $R = R_1 \times R_2 \times \cdots \times R_n$ の元 $a = (a_1, a_2, \ldots, a_n)$ が正則元であるためには，各 a_i が R_i の正則元であることより，

$$U(R) = U(R_1) \times U(R_2) \times \cdots \times U(R_n)$$

が成り立つ．

有理整数環 $\mathbb{Z}$ と，互いに素なイデアル $(p_1^{e_1})$, $(p_2^{e_2})$, $\ldots, (p_r^{e_r})$ に関して，上の定理より次の系を得る．

系 5.22.2. n を自然数とし，$n = p_1^{e_1} p_2^{e_2} \cdots p_r^{e_r}$ を素因数分解とする．このとき，次の環の同型が存在する．

$$\mathbb{Z}/(n) \simeq \mathbb{Z}/(p_1^{e_1}) \times \mathbb{Z}/(p_2^{e_2}) \times \cdots \times \mathbb{Z}/(p_r^{e_r})$$

よって，単数群については，

$$U(\mathbb{Z}/(n))$$
$$\simeq U(\mathbb{Z}/(p_1^{e_1})) \times U(\mathbb{Z}/(p_2^{e_2})) \times \cdots \times U(\mathbb{Z}/(p_r^{e_r}))$$

が成り立つ． $\square$

この系の証明に限れば，$(n) = \bigcap_{i=1}^{n} (p_i^{e_i})$ であるから，上の定理の証明で述べた写像 f から次の単射環準同型

$$\mathbb{Z}/(n) \longrightarrow \mathbb{Z}/(p_1^{e_1}) \times \mathbb{Z}/(p_2^{e_2}) \times \cdots \times \mathbb{Z}/(p_r^{e_r})$$

を得る．両辺の位数は等しいのでこれは全射でもあり，したがって同型である．

5.23 商環と局所化

有理整数環 $\mathbb{Z}$ から有理数体 $\mathbb{Q}$ の構成方法を一般の可換環に対して検討する．

R を可換環とする．R の部分集合 S が次の条件を満たすとき，

(i) $a, b \in S \Longrightarrow ab \in S$

(ii) $1 \in S,\ 0 \notin S$

S は R の積閉集合 (multiplicatively closed set) であるという[*51]．次は積閉集合の重要な例である．

例 5.23.1. (1) R を可換環とし，S が R の非零因子全体とするとき，S は積閉集合である．

(2) R を可換環とし，P を素イデアルとする．このと

[*51] 乗法的部分集合 (multiplicative subset) ともいう．

き，$S = R - P$ は積閉集合である．

問 5.23.1. 上のことを確かめよ．

さて，一般に R を可換環，S を積閉集合とし，直積集合 $R \times S$ に次の関係 $\sim$ を考える．

$$(a, s) \sim (a', s') \Longleftrightarrow \exists t \in S \text{ s.t. } (as' - a's)t = 0$$

問 5.23.2. これが同値関係であることを確かめよ．

$R \times S$ のこの同値関係 $\sim$ による同値類全体を $S^{-1}R$ で表す．$(a, s) \in R \times S$ を含む同値類を a/s で表すことにする：$S^{-1}R = \{a/s \mid a \in R, s \in S\}$．

$S^{-1}R$ に次のように加法と乗法を定義する．

(i) 加法：$a_1/s_1 + a_2/s_2 = (a_1 s_2 + a_2 s_1)/s_1 s_2$
(ii) 乗法：$(a_1/s_1)(a_2/s_2) = a_1 a_2/s_1 s_2$

これらの定義は well-defined である．つまり代表元の取り方に依らない．まず加法について確かめる．$a_1/s_1 = a_1'/s_1'$，$a_2/s_2 = a_2'/s_2'$ とする．このとき，

$$\exists t_1 \in S \text{ s.t. } (a_1 s_1' - a_1' s_1)t_1 = 0,$$
$$\exists t_2 \in S \text{ s.t. } (a_2 s_2' - a_2' s_2)t_2 = 0$$

である．このとき，

$$\big((a_1 s_2 + a_2 s_1)s_1' s_2' - (a_1' s_2' + a_2' s_1')s_1 s_2\big)(t_1 t_2)$$
$$= (a_1 s_1' - a_1' s_1)t_1 s_2 s_2' t_2 - (a_2 s_2' - a_2' s_2)t_2 s_1 s_1' t_1$$
$$= 0$$

となるので，

$$(a_1 s_2 + a_2 s_1)/s_1 s_2 = (a_1' s_2' + a_2' s_1')/s_1' s_2'$$

がわかった．

問 5.23.3. 乗法についても well-defined であることを確かめよ．

以上の加法，乗法によって $S^{-1}R$ は可換環となることが容易に確かめられる．1/1 が $S^{-1}R$ の単位元であること，0/1 が零元であることも容易にわかる．この可換環 $S^{-1}R$ を S による R の**商環 (the ring of quotients)** あるいは**分数環 (the ring of fractions)** とよぶ*52．

問 5.23.4. 商環 $S^{-1}R$ において，任意の $s \in S$ に対して，$s/s = 1/1$ であること，また $0/s = 0/1$ であることを確かめよ．

また，写像 $\varphi_S : R \longrightarrow S^{-1}R; a \mapsto a/1$ は環準同型であり，S の元 s の像 $\varphi_S(s) = s/1$ は正則元である：$(s/1)^{-1} = 1/s$．

全商環

可換環 R の非零因子全体を S とするとき，$S^{-1}R$ を**全商環 (the toal ring of quotients)** とよぶ*53．この場合には，

$$a/s = a'/s' \Longleftrightarrow as' - a's = 0$$

である．よって，$\varphi_S : R \longrightarrow S^{-1}R; a \mapsto a/1$ の核は

$$\mathrm{Ker}\,\varphi_S = \{a \in R \mid a/1 = 0/1\}$$
$$= \{a \in R \mid a = 0\} = 0$$

であるから，φ_S は単射環準同型である．したがって，$a \in R$ と $\varphi_S(a) = a/1 \in S^{-1}R$ を同一視して，R を $S^{-1}R$ の部分環であるとみなすことができる．このとき，$s \in S$ は $S^{-1}R$ の正則元であり，$S^{-1}R$ は

$$S^{-1}R = \{s^{-1}a \mid a \in R, s \in S\}$$

と表すことができる．

特に R が整域の場合を考える．R の全商環 K は，$S = R - \{0\}$ であって，

$$K = S^{-1}R = \{a^{-1}b \mid a, b \in R, b \neq 0\}$$

と表される．K の元 $a^{-1}b$ が 0 でなければ，$b \neq 0$ であるから，逆元 $ab^{-1} \in K$ が存在し，したがって K は体である．K を整域 R の**商体 (the field of quotients)** とよぶ．

例 5.23.2. (1) 有理数体 $\mathbb{Q}$ は有理整数環 $\mathbb{Z}$ の商体である．

(2) 体 K 上の多項式環 $K[x_1, \ldots, x_n]$ の商体を $K(x_1, \ldots, x_n)$ で表し，K 上の**有理関数体 (the field of rational functions)** とよぶ．

$$K(x_1, \ldots, x_n)$$
$$= \{f(x_1, \ldots, x_n)/g(x_1, \ldots, x_n) \mid$$
$$f(x_1, \ldots, x_n), g(x_1, \ldots, x_n)(\neq 0)$$
$$\in K[x_1, \ldots, x_n]\}$$

局所化と局所環

R を可換環，P を R の素イデアルとする．$S = R - P$ をするとき，S は積閉集合であって，R の S による商環 $S^{-1}R = \{a/s \mid a, s \in R, s \notin P\}$ を R_P で表し，R の P における**局所化 (localization)** とよぶ．

以下，R_P の極大イデアルについて調べるために，まず局所環について述べる．可換環 R がただ一つの

---

*52 繰り返すが，ここでの商環と剰余環を混同してはならない．

*53 S は R によって一意に決まるので，$S^{-1}R$ を $q(R)$ と表すこともある．

極大イデアルをもつとき，R は局所環 (local ring) であるという．一般に，可換環 R には，R と異なるイデアルを含む極大イデアルが存在する．したがって，局所環 R の R と異なるイデアルはすべて，ただ一つの極大イデアルに含まれる．

命題 5.23.1. 可換環 R に関して，次は同値である．

(1) R は局所環である．

(2) R の非正則元全体 $R - U(R)$ は R のイデアルである．

証明 (1) $\Rightarrow$ (2)：M をただ一つの極大イデアルとする．M のすべての元は非正則元であるから $M \subseteq R - U(R)$ である．逆に $a \in R - U(R)$ を任意にとると，イデアル Ra は R と異なるイデアルであるから，ただ一つの極大イデアル M に含まれる：$Ra \subseteq M$．よって $a \in M$ であるから，$M = R - U(R)$ を得る．これによって，$R - U(R)$ がイデアルであることがわかった．(2) $\Rightarrow$ (1)：$I := R - U(R)$ はイデアルであるとする．J を R と異なる任意のイデアルであるとすると，J の元は非正則元であるから，それは I の元である．すなわち $J \subseteq I$ であり，これは I が極大イデアルであることを示している． $\square$

P を可換環 R の素イデアルとし，その局所化を R_P とする．このとき R_P の部分集合

$$P' = \{a/s \in R_P \mid a \in P, s \notin P\}$$

は R_P のイデアルであるが，次が成り立つ．

補題 5.23.2. $a/s \in R_P$ $(a, s \in R, s \notin P)$ について，

$$a/s \in P' \Longleftrightarrow a \in P$$

証明 ($\Leftarrow$) は明らか．($\Rightarrow$)：$a/s = a'/s'$ ($\exists a' \in P, \exists s' \notin P$) と表せる．このとき，

$$\exists t \notin P \text{ s.t. } (as' - a's)t = 0$$

よって，$a' \in P$ より $as't = a'st \in P$ となるが，$s't \notin P$ であるから，$a \in P$ でなければならない． $\square$

$1/1 \notin P'$ であるから，P' は R_P と異なるイデアルであって，P' の元は非正則元である：$P' \subseteq R_P - U(R_P)$．逆に，$a/s \in R_P - U(R_P)$ とする．もし，$a/s \notin P'$ と仮定すると，補題より $a \notin P$ であって，a/s は逆元 s/a をもつので正則元となり，a/s のとり方に反する．よって，$a/s \in P'$ であるから，$P' \supseteq R_P - U(R_P)$ を得る．

以上より，P' は R_P の非正則元の全体であることがわかった．まとめて，次の定理を得る．

定理 5.23.3. R の P による局所化 R_P は局所環で

あって，そのただ一つの極大イデアルは $P' = \{a/s \in R_P \mid a \in P, s \notin P\}$ である．

例 5.23.3. p を素数とする．有理整数環 $\mathbb{Z}$ の，素イデアル (p) における局所化は $\mathbb{Z}_{(p)} = \{a/s \mid a, s \in \mathbb{Z}, p \nmid s\}$ であり，有理数体 $\mathbb{Q}$ の部分環である．$\mathbb{Z}_{(p)}$ のただ一つの極大イデアル P' は

$$P' = \{pa/s \mid a, s \in \mathbb{Z}, p \nmid s\} = p\mathbb{Z}_{(p)}$$

である．

また，$\mathbb{Z}_{(p)}$ のイデアルは，自明なもの以外は $p^e \mathbb{Z}_{(p)}$ $(e \geq 1)$ である．したがって，$\mathbb{Z}_{(p)}$ は PID である．

問 5.23.5. $\mathbb{Z}_{(p)}$ のイデアル I は，$I \cap \mathbb{Z} = (n)$ とするとき，$I = n\mathbb{Z}_{(p)}$ であることを示せ．また，$\mathbb{Z}_{(p)}$ のイデアルは，自明なもの以外は $p^e\mathbb{Z}_{(p)}$ $(e \geq 1)$ と表せることを確かめよ．

5.24 一意分解環

本節では R を整域とする．

R の非零元 a, b に対して，

$$(a) \subseteq (b) \Longleftrightarrow \exists c \in R \text{ s.t. } a = bc$$

であり，これが成り立つとき $b \mid a$ と表し，b は a の約元 (divisor)，逆に a は b の倍元 (multiple) であるという[54]．

また，$a, b \in R$ に対して，

$$(a) = (b) \Longleftrightarrow \exists c \in U(R) \text{ s.t. } a = bc$$

$$(5.24.1)$$

であって，このとき，a と b は同伴 (associate) であるといい，$a \approx b$ あるいは $a \sim b$ などと表す (a and b are associates)．これは，a と b が単元（＝正則元）の違いを除いて一致するということである．$u \approx 1$ は u が単元であることに他ならない．

問 5.24.1. (5.24.1) が成り立つことを示せ．また，$a \approx b$ という関係は同値関係であることを確かめよ．

R の元 $a_1, a_2, \ldots, a_n$ に対して，$d \mid a_i$ $(1 \leq \forall i \leq n)$ であるとき，d は $a_1, a_2, \ldots, a_n$ の公約元 (common divisor) であるという．また，$a_i \mid m$ $(1 \leq \forall i \leq n)$ であるとき，m は $a_1, a_2, \ldots, a_n$ の公倍元 (common

---

[54] これらの言葉は整数に対する約数，倍数に相当するものであり，したがって，整域 R においても約数，倍数，そして a は b で割り切れるなどということもある．

multiple) であるという.

例 5.24.1. (1) d が $a_1, a_2, \ldots, a_n$ の公約元であって, かつ c が $a_1, a_2, \ldots, a_n$ の公約元ならば $c \mid d$ であるとき, d は $a_1, a_2, \ldots, a_n$ の最大公約元 (greatest common divisor) であるという. 有理整数の範囲で考察している場合には, 最大公約数を正の整数に限れば一意に定まるので, ふつう

$$d = \gcd(a_1, a_2, \ldots, a_n)$$

と表すが, 一般の整域の場合には最大公約元は元として一意に定まるものではないので, 右辺の記号は通常使わない[*55].

(2) また, m が $a_1, a_2, \ldots, a_n$ の公倍元であって, かつ l が $a_1, a_2, \ldots, a_n$ の公倍元ならば $m \mid l$ であるとき, m は $a_1, a_2, \ldots, a_n$ の最小公倍元 (least common multiple) であるという. この場合も上に注意したことが当てはまる.

既約元・素元

定義 5.24.1. R を整域とする.

(1) R の正則でない元 $a\, (\neq 0)$ が

$$c \mid a \Longrightarrow c \approx 1 \text{ または } c \approx a \qquad (5.24.2)$$

を満たすとき, a は既約 (irreducible) であるという.

(2) R の零でない元 p が生成するイデアル (p) が素イデアルであるとき, p は素元 (prime element) であるという.

問 5.24.2. (1) a を既約元, u を正則元とするとき, au は既約元であることを示せ.

(2) 既約元と同伴な元は既約元であることを示せ.

素イデアルの定義から, 素元は非正則元である. これらの定義は次のようにいい換えることができる.

命題 5.24.2. (1) 整域 R の零でない元 a について,

a が既約

$\Longleftrightarrow$「非正則元 b, c の積として $a = bc$ と表せない」

$\Longleftrightarrow$「$(a) \subsetneq R$ かつ $(a) \subsetneq (c) \subsetneq R$ であるようなイデアル (c) は存在しない」

(2) 整域 R の零でない元 p について,

p が素元

$\Longleftrightarrow$「p は非正則であって, $p \mid ab$ ならば

$\qquad p \mid a$ または $p \mid b$」

$\Longleftrightarrow$「p は非正則であって, $ab \in (p)$ ならば

$\qquad a \in (p)$ または $b \in (p)$」

問 5.24.3. 上のいい換えを確認せよ.

命題 5.24.3. 整域 R の元 $p \neq 0$ について, p が素元ならば p は既約元である.

証明 $p = ab$ とすれば, $p \mid a$ または $p \mid b$ である. いま, $p \mid a$ とすれば $a = pa'\, (\exists a' \in R)$ と表され, $p = (pa')b = p(a'b)$, よって $1 = a'b$ となり, b は正則元である. 同様に $p \mid b$ とすれば a は正則元となり, 上の命題 (1) より p は既約である. □

一意分解環

定義 5.24.4. 整域 R が次の二つの条件を満たすとき, 一意分解環 (unique factorization domain) という. 略して UFD ともいう.

(i) R の元 $a \neq 0$ が非正則元であれば, 既約元 $a_i\, (i = 1, 2, \ldots, r)$ の積として

$$a = a_1 a_2 \cdots a_r$$

と表せる.

(ii) $a = a_1 a_2 \cdots a_r = b_1 b_2 \cdots b_s$ を a の既約元への分解とすると, $r = s$ であって, 添字の番号をつけ替えれば $a_i \approx b_i\, (i = 1, 2, \ldots, r)$ となる.

命題 5.24.5. 一意分解環 R においては, 零でない元 a について,

$$a \text{ は既約元} \Longleftrightarrow a \text{ は素元}$$

である.

証明 $\Longleftarrow$ はすでに示した. $\Longrightarrow$ を示す. 仮定より a は正則元ではない. いま $b, c \in R$ によって $a \mid bc$ とすると, $bc = ad\, (\exists d \in R)$ となる. a は既約元なので bc が正則元になることはなく, したがって b, c のいずれかは正則元ではないので,

$$b = b_1 b_2 \cdots b_l, \quad c = c_1 c_2 \cdots c_m, \quad d = d_1 d_2 \cdots d_n$$

を既約元への分解とすれば (正則元ならば, そのままにして),

$$b_1 b_2 \cdots b_l c_1 c_2 \cdots c_m = a d_1 d_2 \cdots d_n$$

となり, 分解の一意性より, a は $b_1, b_2, \ldots b_l,$ $c_1, c_2, \ldots, c_m$ のいずれかと同伴となる. したがって, $a \mid b$ または $a \mid c$ となる. □

[*55] 最大公約元は, それが存在すれば, 同伴を度外視して一意的である.

188   5. 代 数 学

以下，PID $\Longrightarrow$ UFD を示す．そのために二つの補題を用意する．

補題 5.24.6. R を単項イデアル整域とする．R の零でない元 a について，次は同値である．

(1) a は既約元である．

(2) a は素元である．

(3) (a) は極大イデアルである．

証明　a が素元であることは (a) が素イデアルであることであるから，(2) $\Longrightarrow$ (1) はすでに上でみた．また (2) $\Longleftrightarrow$ (3) は定理 5.21.3 ですでに示した．(1) $\Longrightarrow$ (3) を示す．a を既約元と仮定すると，a は非正則元であるから，(a) は R と異なるイデアルであって，命題 5.24.2(1) より，$(a) \subseteq (b) \subseteq R$ ならば $(a) = (b)$ または $(b) = R$ である．これは，(a) が R の極大イデアルであることを意味している．　□

補題 5.24.7. R を単項イデアル整域とする．R のイデアルの任意の列は昇鎖律を満たす．すなわち，

$$I_1 \subseteq I_2 \subseteq I_3 \subseteq \cdots$$
$$\Longrightarrow \exists n \geq 1 \text{ s.t. } I_n = I_{n+1} = \cdots$$

証明　与えられたイデアルの和集合 $I := \bigcup_{i \geq 1} I_i$ を考える．I は R のイデアルになることがわかる．したがって，ある $a \in R$ が存在して，$I = (a)$ と表される．a はある I_n ($n \geq 1$) に属するので，$I = (a) \subseteq I_n \subseteq I$ であって，$I_n = I_{n+1} = \cdots (= I)$ が成り立つ．

　□

問 5.24.4. 上の補題の証明において，I がイデアルであることを確かめよ．

定理 5.24.8. 単項イデアル整域は一意分解環である：PID $\Longrightarrow$ UFD.

証明　$a \neq 0$ を非正則元とする．このとき，$(a) \subsetneq R$ であるから，(a) を含む極大イデアル (a_1) が存在する．a_1 は既約元であり，$a = a_1 b_1$ ($\exists b_1$) と表される．$(a) \subsetneq (b_1)$ であるが，b_1 が非正則元であるとすれば，上と同様にして，既約元 a_2 によって $b_1 = a_2 b_2$ ($\exists b_2$) と表され，$(a) \subsetneq (b_1) \subsetneq (b_2)$ となる．このとき $a = a_1 a_2 b_2$ である．もしこれが同様に繰り返されれば，$(a) \subsetneq (b_1) \subsetneq (b_2) \subsetneq \cdots \subsetneq (b_k)$, $a = a_1 a_2 \cdots a_k b_k$ のようになる．しかし，上の補題より，このイデアルの列は有限で終了しなければならない，すなわち，ある番号 $n \geq 1$ で b_n が正則元となり，

$$a = a_1 a_2 \cdots (a_n b_n)$$

となる．ここで a_i ($i = 1, 2, \ldots, n$) は既約元，$a_n b_n$ も既約元であるから，a が既約元の積に分解されるこ

とがわかった．

次に分解が一意的であることを示す．いま，

$$a = a_1 a_2 \cdots a_n = b_1 b_2 \cdots b_m$$

を a の既約元の積への分解とする．このとき，$a_1 \mid b_1 b_2 \cdots b_m$ より，$a_1 \mid b_i$ ($\exists i$) であるが，番号をつけなおして，$a_1 \mid b_1$ としてよい．このとき $(b_1) \subseteq (a_1)$ であるが (b_1) は極大イデアルであるから $(b_1) = (a_1)$，よって $a_1 \approx b_1$，すなわち正則元 u_1 が存在して $b_1 = a_1 u_1$ となる．したがって，

$$a_1(a_2 \cdots a_n) = (a_1 u_1) b_2 \cdots b_m$$

であるが，a_1 で除して[*56]，

$$a_2 \cdots a_n = u_1 b_2 \cdots b_m$$

を得る．同様のことを繰り返せば，$r = s$, $a_i \approx b_i$ ($2 \leq i \leq r$) であることがわかる．　□

問 5.24.5. 上の証明の後半部分をていねいに証明してみよ．

以上より，整域について次が成り立つことがわかった．

ユークリッド整域

$\Longrightarrow$ 単項イデアル整域（PID）

$\Longrightarrow$ 一意分解環（UFD）

例 5.24.2. (1) 有理整数環 $\mathbb{Z}$ は単項イデアル整域であったので一意分解環である．$\mathbb{Z}$ の正則元は ± 1 であり，既約元は $\pm p$ (p は素数) であるから，任意の整数 $a \neq 0$ は素数および ± 1 の積として一意的に表すことができる：

$$a = \pm p_1 p_2 \cdots p_n \, (p_i \text{ は素数})$$

(2) 体 K 上の一変数多項式環 $K[x]$ も一意分解整域である．$K[x]$ の素元は既約多項式であり，正則元は K の零でない元である：$U(K[x]) = K^{\#} = K - \{0\}$．一般に，多項式は

$$a_r x^r + a_{r-1} x^{r-1} + \cdots + a_0$$
$$= a_r (x^r + a'_{r-1} x^{r-1} + \cdots + a'_0) \, (a_r \neq 0)$$

より，最高次係数が 1 の多項式に同伴であるから[*57]，任意の多項式 $f(x) \neq 0$ は，モニックな既

[*56] 「除して」は，両辺に a_1 の逆元を掛けるという意味ではなく，a_1 が零因子ではないことを利用してという意味である．

[*57] 最高次係数が 1 の多項式を モニック (monic) であるという．

約多項式 $f_i(x)$ たちの積として

$$f(x) = af_1(x)f_2(x)\cdots f_n(x) \quad (a \neq 0)$$

と一意的に表される.

例 5.24.3. $R := \mathbb{Z}[\sqrt{-5}] = \{a + b\sqrt{-5} \mid a, b \in \mathbb{Z}\}$ を考える. R は複素数体 $\mathbb{C}$ の部分環であることがわかる. したがって整域である. R の単数群は $U(R) = \{\pm 1\}$ である. R においては, $6 \in R$ が

$$6 = 2 \cdot 3, \quad 6 = (1 + \sqrt{-5})(1 - \sqrt{-5})$$

のように二通りに分解される. ここで, $2, 3, 1 \pm \sqrt{-5}$ は既約元であり, どの二つも同伴ではない. したがって, R は一意分解環ではない.

UFD 上の多項式環

本節では, UFD 上の多項式環がまた UFD であることを示す. 以下, R は UFD, K を R の商体とする.

R 上の多項式 $f(x) = a_0 + a_1 x + \cdots + a_{n-1} x^{n-1} + a_n x^n$ において, その係数 $a_0, a_1, \ldots, a_{n-1}, a_n$ の最大公約元が 1 であるとき[58], $f(x)$ は **原始多項式 (primitive polynomial)** であるという.

補題 5.24.9. K 上の多項式 $f(x)$ は,

$$f(x) = cf_0(x), (c \in K, \ f_0(x) \in R[x] \text{ は原始多項式})$$

と表される. ここで, $c \in K$ は R の正則元の違いを除いて一意に定まる.

補題の c を $f(x)$ の **内容** あるいは **容量 (content, inhalt)** とよび, $I(f(x))$ あるいは $I(f)$ で表す.

ここで, 同伴を K の元に拡張して, $c, c' \in K$ に対して,

$$c \approx c' \Longleftrightarrow \exists u \in U(R) \text{ s.t. } c = uc'$$

と定めることとする. したがって, この同伴の意味では, $f(x)$ の内容は "一意" に定まる.

問 5.24.6. (1) $f(x) \in K[x]$ に対して,

$$f(x) \in R[x] \Longleftrightarrow I(f) \in R$$

であることを示せ.

(2) $f(x) \in K[x]$ に対して,

$$I(f) \approx 1 \Longleftrightarrow f(x) \text{ が原始多項式}$$

であることを示せ.

補題 5.24.10. (1) 原始多項式の積は原始多項式である.

---

[58] このとき, $a_0, a_1, \ldots, a_n$ は **互いに素 (relatively prime)** であるという.

---

(2) $f, g \in K[x]$ に対して,

$$I(fg) \approx I(f)I(g)$$

である.

証明 (1) $f, g \in R[x]$ とも原始多項式であるとする. もし, fg が原始多項式でないとすると, ある既約元 $p \in R$ が存在して, p は fg のすべての係数を割り切る. f, g は原始多項式なので,

$$f(x) = a_0 + a_1 x + a_2 x^2 + \cdots, \quad p \nmid a_r,$$
$$g(x) = b_0 + b_1 x + b_2 x^2 + \cdots, \quad p \nmid b_s$$

となるような最小の番号 $r, s \ (r, s \geq 0)$ が存在する. このとき, fg の $r + s$ 次の項は,

$$(a_0 b_{r+s} + a_1 b_{r+s-1} + \cdots + a_{r-1} b_{s+1})$$
$$+ a_r b_s + (a_{r+1} b_{s-1} + a_{r+2} b_{s-2} + \cdots)$$

であって, これは p で割り切れない. これは仮定に反する. (2) $f = cf_0$, $g = dg_0$ ($c, d \in K$, f_0, g_0 は原始多項式) とおく. このとき, $fg = (cd)f_0 g_0$ であって, $f_0 g_0$ は原始多項式であるから, $I(fg) \approx cd = I(f)I(g)$ である. $\qquad\square$

命題 5.24.11. R を UFD, K をその商体とする. $f(x) \in R[x]$ に対して, $f(x)$ が R 上の多項式として既約であることと, $f(x)$ が K 上の多項式として既約であることは同値である.

証明 $\Leftarrow$ は明らかである. $\Rightarrow$ を示す. $f(x) = g(x)h(x) \ (g(x), h(x) \in K[x])$ とする. $g = I(g)g_0$, $h = I(h)h_0$ (g_0, h_0 は原始多項式) とおくと, $f = I(g)I(h)g_0 h_0$ と $I(g)I(h) \approx I(f) \in R$, また f が R 上既約であることから, $\deg g = \deg g_0 = 0$ または $\deg h = \deg h_0 = 0$ でなければならない. したがって, f は K 上既約である. $\qquad\square$

補題 5.24.12. R を UFD とする. $R[x]$ の既約元 $f(x)$ は

(i) $\deg f = 0$ であって, f は R の既約元,

(ii) $\deg f > 0$ であって, f は既約な原始多項式

のいずれかである.

問 5.24.7. 上の補題を証明せよ.

> **定理 5.24.13.** R を UFD とするとき, R 上の多項式環 $R[x_1, x_2, \ldots, x_n]$ はまた UFD である.

証明 $R[x]$ が UFD であることを示せば十分である. $f(x)(\neq 0) \in R[x]$ を非正則元とする. $\deg f = 0$ ならば, $f \in R$ を既約元の積に分解すれば, それが $R[x]$ における既約元への分解である. 以下, $\deg f \geq 1$ とする. $f = I(f)f' \ (f' \in R[x]$ は原始多項式) と

すると, $I(f) \in R$ であるから, $I(f) = a_1 a_2 \cdots a_r$ と既約元の積に分解できる. $f'(\in R[x])$ を $K[x]$ の元として, $K[x]$ の既約元 f_i の積に分解する:

$$f' = f_1 f_2 \cdots f_s \quad (f_i \in K[x]).$$

各 f_i を, $f_i = I(f_i)f_i' \ (f_i' \in R[x]$ は原始多項式) とすれば,

$$f' = I(f_1)I(f_2)\cdots I(f_s)f_1'f_2'\cdots f_s'$$

となるが, f' は原始多項式であるので, $I(f_1)I(f_2)\cdots I(f_s) \approx I(f') \approx 1$ であり, f_i' は $R[x]$ の既約元でもあるので,

$$f' = f_1'f_2'\cdots f_s'$$

を改めて $R[x]$ における既約元の積への分解としてよい. まとめて, f の $R[x]$ における既約元の積への分解

$$f = a_1 a_2 \cdots a_r f_1'f_2'\cdots f_s'$$

を得る. 一意性の証明は読者に委ねる. $\square$

問 5.24.8. 上の証明を完結せよ.

アイゼンシュタインの既約判定法

R を UFD, K をその商体とするとき, R 上の多項式が K 上既約であるための十分条件として次の判定法はよく知られている.

> **命題 5.24.14 (アイゼンシュタインの既約判定法).**
> $f(x) = a_n x^n + a_{n-1} x^{n-1} + \cdots a_1 x + a_0 \in R[x]$ に対して, ある既約元 $p \in R$ で,
> (i) $p \nmid a_n$
> (ii) $p \mid a_i \ (i = 0, 1, \ldots, n-1)$
> (iii) $p^2 \nmid a_0$
> を満たす元が存在するならば, f は K 上の多項式として既約である.

証明 $g(x) = b_r x^r + \cdots + b_r$, $h(x) = c_s x^s + \cdots + c_0$ とし, $f(x) = g(x)h(x) \ (r = \deg f(x) > 0, s = \deg h(x) > 0)$ と仮定する. $p^2 \nmid a_0 = b_0 c_0$ より, $p \nmid b_0$ または $p \nmid c_0$ であるから, $p \nmid b_0$ と仮定する. よって, $p \mid a_0 = b_0 c_0$ より, $p \mid c_0$ である. $p \nmid a_n = b_r c_s$ より, $p \nmid c_s$ なので, k を $p \nmid c_k$ なる最小の値とする $(0 \le k \le s < n)$. このとき,

$$p \mid a_k = b_0 c_k + b_1 c_{k-1} + \cdots + b_k c_0$$

であるが, $p \mid c_0, p \mid c_1, \ldots, p \mid c_{k-1}$ なので, $p \mid b_0 c_k$ となるが, $p \nmid b_0$ なので $p \mid c_k$ であり, これは矛盾である. $\square$

例 5.24.4. (1) 多項式 $7x^4 + 21x^3 - 7x + 14$ は $\mathbb{Q}$ 上既約多項式である. なぜなら, 素数 $p = 7$ とすれば, 上の命題が適用できて, 既約多項式であることがわかる.

(2) p を素数とするとき, 多項式 $f(x) = x^{p-1} + x^{p-2} + \cdots + x + 1$ は $\mathbb{Q}$ 上既約である. なぜなら, $(x-1)f(x) = x^p - 1$ であるから, $y := x - 1$ とおくと, $yf(y+1) = (y+1)^p - 1 = y^p + {}_p C_{p-1} y^{p-1} + \cdots + {}_p C_1 y$ となり, したがって, $f(y+1) = y^{p-1} + {}_p C_{p-1} y^{p-2} + \cdots + {}_p C_1$ が既約であることを示せばよい. p が素数であることから, $p \mid {}_p C_k = p!/(p-k)!k! \ (1 \le k \le p-1)$ であり, 上の命題が適用できて, y に関する多項式 $f(y+1)$ が既約となる. したがって $f(x)$ が既約であることがわかった.

問 5.24.9. 上の例で述べたように, p が素数のとき, p が ${}_p C_k = p!/(p-k)!k! \ (1 \le k \le p-1)$ を割り切ることを確かめよ.

5.25 グレブナー基底

本章の最後に, 多項式環について具体的なアルゴリズムを構築するときの要となるグレブナー基底について簡単に説明する.

以下, K を体として K 上の n 変数多項式環 $K[x_1, \ldots, x_n]$ を考える. 非負整数全体の集合を $\mathbb{Z}_{\ge 0}$ と書くことにする. 変数の積 $x_1^{\alpha_1} \ldots x_n^{\alpha_n} \ (\alpha_i \in \mathbb{Z}_{\ge 0})$ を単項式という. $\alpha = (\alpha_1, \ldots, \alpha_n)$ として, 単項式 $x_1^{\alpha_1} \ldots x_n^{\alpha_n}$ を x^α と略記することもある. $K[x_1, \ldots, x_n]$ の単項式全体の集合を $\mathcal{M}$ と書く.

多項式 $f \in K[x_1, \ldots, x_n]$ は

$$f = \sum_\alpha c_\alpha x^\alpha \qquad (c_\alpha \in K)$$

と表示できる. ただし, α は $\mathbb{Z}_{\ge 0}^n$ 全体を動く. 各多項式 f に対し, $c_\alpha \ne 0$ となる α は有限個である. $c_\alpha \ne 0$ のとき, 単項式 x^α は f に現れるという. f に現れる単項式全体の集合を $\mathcal{M}(f)$ と書く.

多項式 $f_1, \ldots, f_s \in K[x_1, \ldots, x_n]$ に対し, $f_1, \ldots, f_s$ が生成するイデアル

$$\left\{ \sum_{i=1}^s g_i f_i \ \middle| \ g_i \in K[x_1, \ldots, x_n] \, (1 \le i \le s) \right\}$$

を $\langle f_1, \ldots, f_s \rangle$ と書く.

5.25.1 単項式順序

本項では多変数多項式の除算で必要となる単項式順

序について説明する.

定義 5.25.1（単項式順序）. $K[x_1, \ldots, x_n]$ の単項式全体の集合 $\mathcal{M}$ の全順序 $<$ が以下の条件を満たすとき，$K[x_1, \ldots, x_n]$ の単項式順序（monomial ordering）という（項順序ということもある）.

(1) すべての $u \in \mathcal{M}$, $u \neq 1$ に対し $1 < u$.

(2) 任意の $u, v, w \in \mathcal{M}$, $u < v$ に対し $uw < vw$.

以下，単項式順序の例をいくつか挙げる.

例 5.25.1. 一変数多項式環 $K[x]$ における単項式順序は一意に決まり，「$x^d < x^e \iff d < e$」である.

2 変数以上の場合には単項式順序は複数存在する. $\alpha = (\alpha_1, \ldots, \alpha_n) \in \mathbb{Z}_{\geq 0}^n$ に対し，$\alpha_1 + \cdots + \alpha_n$ を $|\alpha|$ と書く.

例 5.25.2（純辞書式順序）. $x^\alpha, x^\beta \in \mathcal{M}$ に対し，「α, β をベクトルと見て $\beta - \alpha$ を計算したとき，一番左にある 0 ではない成分が正」のとき $x^\alpha < x^\beta$ と定義すると，$<$ は単項式順序になる. これを純辞書式順序といい，$<_{\text{purelex}}$ と書く.

例 5.25.3（辞書式順序）. $x^\alpha, x^\beta \in \mathcal{M}$ に対し，「$|\alpha| < |\beta|$ であるか，$|\alpha| = |\beta|$ かつ $x^\alpha <_{\text{purelex}} x^\beta$」のとき $x^\alpha < x^\beta$ と定義すると，$<$ は単項式順序になる. これを辞書式順序といい，$<_{\text{lex}}$ と書く.

例 5.25.4（逆辞書式順序）. $x^\alpha, x^\beta \in \mathcal{M}$ に対し，「$|\alpha| < |\beta|$ であるか，$|\alpha| = |\beta|$ かつ $\beta - \alpha$ を計算したとき，一番右にある 0 ではない成分が負」のとき $x^\alpha < x^\beta$ と定義すると，$<$ は単項式順序になる. これを逆辞書式順序といい，$<_{\text{rev}}$ と書く.

たとえば，$x_2^2 <_{\text{lex}} x_1 x_3$ であるが，$x_1 x_3 <_{\text{rev}} x_2^2$ である.

なお，純辞書式順序，辞書式順序，逆辞書式順序をそれぞれ，辞書式順序，全次数辞書式順序，全次数逆辞書式順序ということもある.

定義 5.25.2. 1. $\mathcal{M}(f)$ に属する単項式のうち $<$ に関して最大のものを f の先頭単項式（leading monomial）といい $\text{LM}(f)$ で表す.

2. $f = \sum_\alpha c_\alpha x^\alpha$ において $\text{LM}(f) = x^\alpha$ のとき，$c_\alpha x^\alpha$ を f の先頭項（leading term）といい $\text{LT}(f)$ で表す. また，c_α を f の先頭係数（leading coefficient）といい $\text{LC}(f)$ で表す.

「先頭」の代わりに「最高次」，「イニシャル」などの用語を使うこともある.

5.25.2 除 算

1 変数の多項式には除算が定義され，ユークリッド（Euclid）の互除法などで重要な役割を果たす. 本項では除算を多変数多項式に拡張することを考える.

単項式の集合 $M \subset \mathcal{M}$ が空ではないとする. $u, v \in M$ に対し，$u|v$, すなわち，u が v を割り切るとき，$u \leq v$ と定義する. このとき，$\leq$ は M の順序となる. この順序を M の整除関係による順序という.

次の定理は，グレブナー基底関係の証明でしばしば使われる.

定理 5.25.3（ディクソンの補題（Dickson's lemma）). $K[x_1, \ldots, x_n]$ に属する単項式の集合を M ($\neq \emptyset$) とする. このとき，整除関係による順序 $\leq$ に関する M の極小元は高々有限個しか存在しない. ただし，$u \in M$ が順序 $\leq$ に関する M の極小元であるとは，$v \leq u, v \neq u$ となる $v \in M$ が存在しないことをいう.

証明 変数の個数に関する帰納法で証明する.

$n = 1$ のとき，極小元はただ一つ存在する（次数が最小の単項式）.

次に，$n > 1$ とし，$n - 1$ 変数のときには定理が成立していると仮定する. 変数 x_n を y で置き換え，多項式環 $K[x_1, \ldots, x_n]$ を $K[x_1, \ldots, x_{n-1}, y]$ と書き直す. $K[x_1, \ldots, x_{n-1}, y]$ の単項式を $x^a y^b = x_1^{a_1} \ldots x_{n-1}^{a_{n-1}} y^b$ と表示する（$a_i, b \in \mathbb{Z}_{\geq 0}$）.

多項式環 $B = K[x_1, \ldots, x_{n-1}]$ に属する単項式 u で，条件「$u y^b \in M$ となる $b \geq 0$ が存在する」を満たすもの全体からなる集合を N とおく（$N \neq \emptyset$ としてよい）. 帰納法の仮定から，整除関係による順序に関する N の極小元は高々有限個しか存在しないので，それらを $u_1, \ldots, u_s$ とする. すると，各 u_i について $u_i y^{b_i} \in M$ となる $b_i \geq 0$ が存在する.

今，$b_1, \ldots, b_s$ の中で最大のものを b をする. 任意の整数 $0 \leq \xi$ について $N_\xi \subset N$ を

$$N_\xi = \{ u \in N \mid u y^\xi \in M \}$$

と定義する. 帰納法の仮定より N_ξ の極小元は高々有限個しか存在しないから，それらを $u_1^{(\xi)}, u_2^{(\xi)}, \ldots, u_{s_\xi}^{(\xi)}$ とする. このとき，M に属する任意の単項式は以下のいずれかで割り切れる.

$$u_1 y^{b_1}, \ldots, u_s y^{b_s}$$
$$u_1^{(0)}, \ldots, u_{s_0}^{(0)}$$
$$u_1^{(1)} y, \ldots, u_{s_1}^{(1)} y$$
$$\cdots$$
$$u_1^{(b-1)} y^{b-1}, \ldots, u_{s_{b-1}}^{(b-1)} y^{b-1}$$

実際，任意の単項式 $w = u y^\gamma \in M$, $u \in B$ について $u \in N$ だから，$\gamma \geq b$ ならば w は $u_1 y^{b_1}, \ldots, u_s y^{b_s}$ のいずれかで割り切れる. 一方，$0 \leq \gamma < b$ とすると $u \in N_\gamma$ だから w は $u_1^{(\gamma)} y^\gamma, \ldots, u_{s_\gamma}^{(\gamma)} y^\gamma$ のいずれかで

192   5. 代 数 学

割り切れる．したがって，M の極小元の集合は上記の有限個の単項式の集合の部分集合だから極小元は高々有限個しか存在しない． □

定理 5.25.4. ＜ が $\mathcal{M}$ の単項式順序なら，$\mathcal{M}$ の空ではない任意の部分集合は最小元をもつ．

証明 ディクソンの補題から $\mathcal{M}$ の空ではない任意の部分集合 $\mathcal{N}$ には整除関係による極小元は高々有限個しかないので，それらを $w_1, \ldots, w_s$ とし，単項式順序 ＜ に関して $w_1 < \cdots < w_s$ であると仮定する．このとき，w_1 は $\mathcal{N}$ の ＜ に関する最小元である．実際，$w \in \mathcal{N}$ とすると $w = v w_i$ となる $v \in \mathcal{M}$ と $1 \le i \le s$ が存在するから，$v \ne 1$ なら $1 < v$．すると，$w_i = 1 \cdot w_i < v w_i = w$，したがって，$w_1 < w$． □

系 5.25.5. ＜ が $\mathcal{M}$ の単項式順序なら，$\mathcal{M}$ 内に「$\cdots < u_3 < u_2 < u_1$」となる無限減少列は存在しない．

証明 もし，「$\cdots < u_3 < u_2 < u_1$」となる無限減少列が存在すれば，$\mathcal{M}$ の部分集合 $\{u_1, u_2, u_3 \ldots\} \ne \emptyset$ には最小元が存在しないことになり矛盾． □

定理 5.25.6. $K[x_1, \ldots, x_n]$ の単項式順序 ＜ を固定する．$g_1, \ldots, g_s \in K[x_1, \ldots, x_n]$ が 0 ではないとき，任意の多項式 $f \in K[x_1, \ldots, x_n]$ に対し，以下の条件を満たす $f_1, \ldots, f_s, r \in K[x_1, \ldots, x_n]$ が存在する．

(1) $f = f_1 g_1 + \cdots + f_s g_s + r$．

(2) $r \ne 0$ のとき，r に現れるどの単項式も $\mathrm{LM}(g_1)$, $\ldots, \mathrm{LM}(g_s)$ で割り切れない．

(3) $f_i \ne 0$ のとき，$\mathrm{LM}(f_i g_i) \le \mathrm{LM}(f)$．

定理 5.25.6 を証明するために「f を $g_1, \ldots, g_s$ で割る」除算アルゴリズムを示し，その出力が定理の条件を満たすことを示す．なお，$n = s = 1$ のときは，除算アルゴリズムは一変数多項式の普通の除算になる（f_1 が商，r が剰余）．

除算アルゴリズム

1. For $i = 1, 2, \ldots, s$, do: $f_i = 0$ End for
2. $r = 0$, $p = f$
3. While $p \ne 0$, do:
4.   div = false, $i = 1$
5.   While $i \le s$ and div = false, do:
6.   If $\mathrm{LT}(g_i) | \mathrm{LT}(p)$, then
7. $f_i = f_i + \mathrm{LT}(p)/\mathrm{LT}(g_i)$
8. $p = p - (\mathrm{LT}(p)/\mathrm{LT}(g_i))g_i$
9.   div = true
10.   else $i = i + 1$, End if.
11.   End while
12.   If div = false, then
13. $r = r + \mathrm{LT}(p)$, $p = p - \mathrm{LT}(p)$
14.   End if.
15. End while
16. Output $f_1, \ldots, f_s, r$

証明 除算アルゴリズムの第 3 行から第 15 行までの While ループを 1 回まわるごとに，第 8 行を 1 回以上，あるいは，第 13 行の手続きが適用され，いずれも 1 回ごとに $\mathrm{LM}(p)$ は小さくなる．よって，系 5.25.5 より有限回で $p = 0$ となり，アルゴリズムは有限ステップで停止することがいえる．

アルゴリズムの出力が条件 (1) を満たすことは明らか．

以下，条件 (2), (3) を示す．$g_1, \ldots, g_s$ を固定し，定理が成り立たない多項式 f 全体の集合を B とする．

$M = \{\mathrm{LM}(f) \mid f \in B\}$ とする．もし $B \ne \emptyset$ なら定理 5.25.4 より，M には最小元 x^μ が存在する．$f \in B$ で $\mathrm{LM}(f) = x^\mu$ となるものをとる．この f に対し，除算アルゴリズムの第 8 行あるいは第 13 行の手続を 1 回行ったあとの p を改めて h とおくと，$\mathrm{LM}(h) < \mathrm{LM}(f)$ だから $h \notin B$．

この h と $g_1, \ldots, g_s$ を入力としたときのアルゴリズムの出力より，条件 (2), (3) を満たす $h_1, \ldots, h_s$, r が存在して，

$$h = h_1 g_1 + \cdots + h_s g_s + r.$$

h を得るときに第 8 行を使った場合，

$$f_i = \begin{cases} h_i, & i \ne j \text{ のとき} \\ h_j + \dfrac{\mathrm{LT}(f)}{\mathrm{LT}(g_j)} & i = j \text{ のとき} \end{cases}$$

とおけば

$$f = h + \frac{\mathrm{LT}(f)}{\mathrm{LT}(g_j)} g_j$$
$$= f_1 g_1 + \cdots + f_j g_j + \cdots + f_s g_s + r'.$$

この $f_1, \ldots, f_s$ と $r = r'$ が条件 (2), (3) を満たし, この結果は $f, g_1, \ldots, g_s$ にアルゴリズムを適用した場合の出力と一致する.

h を得るときに第 13 行を使った場合は $f_i = h_i$ として $r = r' + \mathrm{LT}(f)$ とすればよい. $\qquad\square$

$\{g_1, \ldots, g_s\} = \{g_1', \ldots, g_s'\}$ であっても f を $g_1, \ldots, g_s$ で割った結果と $g_1', \ldots, g_s'$ で割った結果は, 以下に示す通り一般には異なる. すなわち, 除算の結果は割る多項式の並び順に依存する.

例 5.25.5. $K[x_1, x_2]$ において純辞書式順序 $<_{\mathrm{purelex}}$ を考え,

$$f = x_1^2 x_2 + x_1 x_2^2 + x_1 + x_2$$
$$g_1 = g_2' = x_2^2 - 1$$
$$g_2 = g_1' = x_1 x_2 - 1$$

とする. f を g_1, g_2 で割った結果は以下の通り.

$$f = x_1 g_1 + x_2 g_2 + (3x_1 + x_2)$$

一方, f を $g_1'(= g_2)$, $g_2'(= g_1)$ で割った結果は以下の通り.

$$f = (x_1 + x_2) g_1' + (2x_1 + 2x_2)$$

すなわち, 除算の結果は割る多項式の順序に依存する.

$G = \{g_1, \ldots, g_s\}$ として, f を $g_1, \ldots, g_s$ で割ったときの r を f の $g_1, \ldots, g_s$ に関する剰余とよび, $\overline{f}^G$ と書くことにする. 厳密にいえば上記の通り, 剰余は G だけでは決まらず, $g_1, \ldots, g_s$ を並べる順番によるが, 記述を簡略にするため, ある順番に並べたときの剰余をこの記号で書くこととする.

5.25.3 グレブナー基底の定義と性質

本項でグレブナー基底を定義し, いくつかの性質を見ていく.

I を $K[x_1, \ldots, x_n]$ のイデアルとする. I の元の先頭単項式全体の集合を $\mathrm{LM}(I)$ で表す. すると, ディクソンの補題より以下が成り立つ.

命題 5.25.7. $I \neq \{0\}$ を $K[x_1, \ldots, x_n]$ のイデアルとする. このとき, 有限個の $g_1, \ldots, g_s \in I$ が存在して, $\langle \mathrm{LM}(I) \rangle = \langle \mathrm{LM}(g_1), \ldots, \mathrm{LM}(g_s) \rangle$.

証明 ディクソンの補題より $\langle \mathrm{LM}(I) \rangle$ の, 整除関係による順序に関する極小元は有限個だから, それ

らを $u_1, \ldots, u_s$ とする. このとき $\langle u_1, \ldots, u_s \rangle \subset \langle \mathrm{LM}(I) \rangle$.

任意の $f \in \langle \mathrm{LM}(I) \rangle$ は, 有限和 $\sum_\lambda f_\lambda u_\lambda$ ($f_\lambda \in K[x_1, \ldots, x_n], u_\lambda \in \mathrm{LM}(I)$) で表すことができる.

各 u_λ は, いずれかの u_i で割り切れるから, $f = \sum_{i=1}^s f_i u_i$ ($f_i \in K[x_1, \ldots, x_n]$) と書ける. よって, $\langle \mathrm{LM}(I) \rangle \subset \langle u_1, \ldots, u_s \rangle$. したがって, $\langle \mathrm{LM}(I) \rangle = \langle u_1, \ldots, u_s \rangle$. $\mathrm{LM}(g_i) = u_i$ なる $g_i \in I$ をとれば, $\langle \mathrm{LM}(I) \rangle = \langle \mathrm{LM}(g_1), \ldots, \mathrm{LM}(g_s) \rangle$. $\qquad\square$

定義 5.25.8 (グレブナー基底). $I \neq \{0\}$ を $K[x_1, \ldots, x_n]$ のイデアルとし, 単項式順序を選んで固定する. 有限集合 $\{g_1, \ldots, g_s\} \subset I \setminus \{0\}$ について, $\langle \mathrm{LM}(I) \rangle = \langle \mathrm{LM}(g_1), \ldots, \mathrm{LM}(g_s) \rangle$ が成り立つとき, $\{g_1, \ldots, g_s\}$ は I の**グレブナー基底 (Gröbner basis)** であるという.

定理 5.25.9. I を $K[x_1, \ldots, x_n]$ のイデアルとし, 単項式順序を選んで固定する. このとき, $I \neq \{0\}$ であれば I のグレブナー基底が存在する. さらに, I の任意のグレブナー基底 $\{g_1, \ldots, g_s\}$ について, $I = \langle g_1, \ldots, g_s \rangle$.

証明 命題 5.25.7 より $g_1, \ldots, g_s \in I$ が存在して $\langle \mathrm{LM}(I) \rangle = \langle \mathrm{LM}(g_1), \ldots, \mathrm{LM}(g_s) \rangle$.

ここで, $I \subset \langle g_1, \ldots, g_s \rangle$ を示せばよい. 任意の $f \in I$ をとると $f = a_1 g_1 + \cdots + a_s g_s + r$ と書ける. ただし, $r = 0$, あるいは, $\mathcal{M}(r)$ のどの元も $\mathrm{LM}(g_i)$ で割り切れない. $r \neq 0$ とすると $r = f - (a_1 g_1 + \cdots + a_s g_s) \in I$ だから, $\mathrm{LM}(r) \in \langle \mathrm{LM}(I) \rangle = \langle \mathrm{LM}(g_1), \ldots, \mathrm{LM}(g_s) \rangle$ である. よって, $\mathrm{LM}(r)$ は $\mathrm{LM}(g_1), \ldots, \mathrm{LM}(g_s)$ のどれかで割り切れ, 矛盾. したがって, $r = 0$ であり, $f \in \langle g_1, \ldots, g_s \rangle$. すなわち, $I \subset \langle g_1, \ldots, g_s \rangle$. $\qquad\square$

定理 5.25.9 より, 以下の定理が成り立つのは明らかである.

定理 5.25.10 (ヒルベルト (Hilbert) の基底定理). I を $K[x_1, \ldots, x_n]$ のイデアルとすると, 有限個の $g_1, \ldots, g_s \in I$ が存在して $I = \langle g_1, \ldots, g_s \rangle$.

命題 5.25.11. $K[x_1, \ldots, x_n]$ のイデアル $I \neq \{0\}$ の単項式順序 $<$ に関するグレブナー基底 $\{g_1, \ldots, g_s\}$ を固定する. このとき, 任意の $f \in K[x_1, \ldots, x_n]$ に対し, 以下の条件を満たす $r \in K[x_1, \ldots, x_n]$ が一意に存在する.

(1) $r = 0$, あるいは, $r \neq 0$ かつ r に現れるどの単項式も $\mathrm{LM}(g_1), \ldots, \mathrm{LM}(g_s)$ で割り切れない.

(2) ある $g \in I$ が存在して $f = g + r$.

証明 r の存在は除算アルゴリズムより明らか.

$f = g + r$, $f = g' + r'$ がともに定理の条件 (2) を

満たすとする．このとき，$g - g' = r' - r \in I$ より，$r' - r \neq 0$ ならば

$$\mathrm{LM}(r - r') \in \mathrm{LM}(I) = \langle \mathrm{LM}(g_1), \ldots, \mathrm{LM}(g_s) \rangle$$

である．ここで，$r' - r$ に現われる単項式は r あるいは r' に現われる単項式だから，条件 (1) に矛盾する．よって，$r = r'$． □

定理の r は除算アルゴリズムにより計算できる．よって，イデアルのメンバーシップ問題，すなわち，$f \in K[x_1, \ldots, x_n]$ がイデアル $I \subset K[x_1, \ldots, x_n]$ に属するかどうか判定する問題は，I のグレブナー基底が分かっていれば解けることになる．実際，$\{g_1, \ldots, g_s\}$ が I のグレブナー基底なら，除算アルゴリズムにより f の $g_1, \ldots, g_s$ に関する剰余 r を求め，$r = 0$ であるか否かを見ればよい（$f \in I \iff r = 0$）．

定義 5.25.12（被約）． イデアル $I \subset K[x_1, \ldots, x_n]$ のグレブナー基底 $G = \{g_1, \ldots, g_s\}$ が被約 (reduced) であるとは，以下の二条件が満たされることをいう．

(1) すべての g_i に対し $\mathrm{LC}(g_i) = 1$．

(2) $i \neq j$ のとき，$\mathcal{M}(g_j)$ に属するどの単項式も $\mathrm{LM}(g_i)$ で割り切れない．

例 5.25.6． 一変数多項式環 $K[x]$ の場合，$f_1, \ldots, f_s \in K[x]$ の被約グレブナー基底はただ一つの多項式 g からなり，g は $f_1, \ldots, f_s$ の最大公約多項式である．

定理 5.25.13． 被約グレブナー基底は一意に存在する．

証明 イデアル $I \neq \{0\}$ の，任意のグレブナー基底 $\{g_1, \ldots, g_s\}$ をとる．必要ならいくつかの多項式を取り去り，$\{g_1, \ldots, g_s\}$ は包含関係について極小であると仮定してよい．

まず，g_1 の $g_2, \ldots, g_s$ に関する除算の剰余を h_1 とする．このとき，$\mathrm{LM}(g_1)$ が $\mathrm{LM}(g_j)$ $(j > 1)$ で割り切れないことに注意すると，$\mathrm{LM}(h_1) = \mathrm{LM}(g_1)$．よって，$\{h_1, g_2, \ldots, g_s\}$ は I のグレブナー基底であり，包含関係について極小であり，$\mathcal{M}(h_1)$ に属するどの単項式も $\mathrm{LM}(g_j)$ $(j > 2)$ で割り切れない．

次に，g_2 の $h_1, g_3, \ldots, g_s$ に関する除算の剰余を h_2 とする．このとき，$\mathrm{LM}(g_2)$ が $\mathrm{LM}(h_1)$ $(= \mathrm{LM}(g_1))$，$\mathrm{LM}(g_3), \ldots, \mathrm{LM}(g_s)$ で割り切れないことに注意すると，$\mathrm{LM}(h_2) = \mathrm{LM}(g_2)$．よって，$\{h_1, h_2, g_3 \ldots, g_s\}$ は I のグレブナー基底であり，包含関係について極小であり，$\mathcal{M}(h_1)$ に属するどの単項式も $\mathrm{LM}(h_2), \mathrm{LM}(g_3), \ldots, \mathrm{LM}(g_s)$ で割り切れず，$\mathcal{M}(h_2)$ に属するどの単項式も $\mathrm{LM}(h_1), \mathrm{LM}(g_3), \ldots, \mathrm{LM}(g_s)$ で割り切れない．

これを繰り返すと，$\{h_1, \ldots, h_s\}$ は I の被約グレブナー基底となる．

以下，一意性を証明する．$\{g_1, \ldots, g_s\}$ と $\{h_1, \ldots, h_t\}$ がともに I の被約グレブナー基底とする．すると，$\{\mathrm{LM}(g_1), \ldots, \mathrm{LM}(g_s)\}$ と $\{\mathrm{LM}(h_1), \ldots, \mathrm{LM}(h_t)\}$ は，ともに $\mathrm{LM}(I)$ の極小生成系である．したがって，任意の g_i についてある h_j が存在して $\mathrm{LM}(h_j)|\mathrm{LM}(g_i)$．同様に，$h_j$ に対してある g_k が存在して $\mathrm{LM}(g_k)|\mathrm{LM}(h_j)$．$\{\mathrm{LM}(g_1), \ldots, \mathrm{LM}(g_s)\}$ は極小だから $g_i = g_k$ かつ，$\mathrm{LM}(g_i) = \mathrm{LM}(h_j)$．このことと，$\{\mathrm{LM}(h_1), \ldots, \mathrm{LM}(h_t)\}$ が極小であることから $s = t$ であり，必要なら添字を付け変えれば，$\mathrm{LM}(g_i) = \mathrm{LM}(h_i)$ $(1 \leq i \leq s = t)$．

今，$g_i - h_i \neq 0$ とすると，$\mathrm{LM}(g_i - h_i) < \mathrm{LM}(g_i)$．一方，$\mathrm{LM}(g_i - h_i)$ は g_i あるいは h_i に現れる単項式だから，どの $\mathrm{LM}(g_j)$ $(j \neq i)$ でも割り切れない．よって，$\mathrm{LM}(g_i - h_i) \notin \mathrm{LM}(I)$．これは $g_i - h_i \in I$ に矛盾．よって，すべての i に対し $g_i = h_i$． □

定理 5.25.13 より，イデアルの比較問題，すなわち，$K[x_1, \ldots, x_n]$ の二つのイデアル I, I' について，$I = I'$ であるか否かを決定する問題は，I, I' の被約グレブナー基底 G, G' を求め，$G = G'$ であるか否かを見れば解決する（$I = I' \iff G = G'$）．

5.25.4 ブッフバーガーのアルゴリズム

以下では，$K[x_1, \ldots, x_n]$ の単項式順序を固定して議論を進める．

定義 5.25.14（最小公倍単項式）． 0 ではない $f, g \in K[x_1, \ldots, x_n]$ に対し，$\mathrm{LM}(f)$ と $\mathrm{LM}(g)$ の最小公倍単項式を $m(f, g)$ と書く．

具体的には，$\mathrm{LM}(f) = x_1^{\alpha_1} \ldots x_n^{\alpha_n}$，$\mathrm{LM}(g) = x_1^{\beta_1} \ldots x_n^{\beta_n}$ のとき，$\max\{\alpha_i, \beta_i\} = \gamma_i$ として，$m(f, g) = x_1^{\gamma_1} \ldots x_n^{\gamma_n}$ である．

定義 5.25.15（S 多項式）． $f, g \in K[x_1, \ldots, x_n]$ に対し，

$$S(f, g) = \frac{m(f, g)}{\mathrm{LT}(f)} f - \frac{m(f, g)}{\mathrm{LT}(g)} g$$

を f と g の S 多項式 (S-polynomial) という．

準備として，まず，以下の補題を示す．

補題 5.25.16． $f_1, \ldots, f_s \in K[x_1, \ldots, x_n]$ の先頭単項式は，いずれも w であるとする．$\mathrm{LM}(\sum_{i=1}^{s} b_i f_i) < w$ $(b_i \in K)$ が成り立つとき，$\sum_{i=1}^{s} b_i f_i$ は S 多項式 $S(f_j, f_k)$ $(1 \leq j, k \leq s)$ の線形結合である．

証明 $c_i = \mathrm{LC}(f_i)$ とすると $\sum_{i=1}^{s} b_i c_i = 0$．$g_i = (1/c_i) f_i$ とおくと $\mathrm{LM}(g_i) = w$，$\mathrm{LC}(g_i) = 1$．このと

き,

$$S(f_j, f_k) = g_j - g_k \quad (1 \le j, k \le s)$$

である. 今, 式変形

$$\begin{aligned}
\sum_{i=1}^{s} b_i f_i &= \sum_{i=1}^{s} b_i c_i g_i \\
&= b_1 c_1 (g_1 - g_2) + (b_1 c_1 + b_2 c_2)(g_2 - g_3) \\
&\quad + (b_1 c_1 + b_2 c_2 + b_3 c_3)(g_3 - g_4) + \cdots \\
&\quad + (b_1 c_1 + \cdots + b_{s-1} c_{s-1})(g_{s-1} - g_s) \\
&\quad + (b_1 c_1 + \cdots + b_s c_s) g_s
\end{aligned}$$

を行い, $\sum_{i=1}^{s} b_i c_i = 0$ に注意すれば,

$$\begin{aligned}
\sum_{i=1}^{s} b_i f_i &= b_1 c_1 S(f_1, f_2) + (b_1 c_1 + b_2 c_2) S(f_2, f_3) \\
&\quad + (b_1 c_1 + b_2 c_2 + b_3 c_3) S(f_3, f_4) + \cdots \\
&\quad + (b_1 c_1 + \cdots b_{s-1} c_{s-1}) S(f_{s-1}, f_s)
\end{aligned}$$

となり, $\sum_{i=1}^{s} b_i f_i$ は S 多項式 $S(f_j, f_k)$ $(1 \le j, k \le s)$ の線形結合である. $\qquad \square$

定理 5.25.17（ブッフバーガー (**Buchberger**) の判定法）. $K[x_1, \ldots, x_n]$ のイデアル I $(\ne \{0\})$ の生成系 $G = \{g_1, \ldots, g_s\}$ $(g_i \ne 0)$ を固定する. このとき, G がグレブナー基底であることと, 以下の条件が成り立つことは同値である.

条件: 任意の $i \ne j$ について, $S(g_i, g_j)$ の g_1, $\ldots, g_s$ に関する除算の剰余を 0 にすることが可能.

証明 $\{g_1, \ldots, g_s\}$ がイデアル I のグレブナー基底とする. $S(g_i, g_j) \in I$ だから, $S(g_i, g_j) = S(g_i, g_j) + 0$ は命題 5.25.11 (2) の分解（一意）になっている. したがって, $S(g_i, g_j)$ の $g_1, \ldots, g_s$ に関する除算の剰余は 0.

逆に, 任意の $i \ne j$ について, $S(g_i, g_j)$ の g_1, $\ldots, g_s$ に関する除算の剰余を 0 にできたと仮定する. 多項式 $f \ne 0$, $f \in I$ を

$$f = \sum_{i=1}^{s} f_i g_i, \quad f_i \in K[x_1, \ldots, x_n] \qquad (5.25.1)$$

と表し,

$$\delta_{f_1, \ldots, f_s} = \max\{\mathrm{LM}(f_i g_i) \mid f_i g_i \ne 0\}$$

とおく.

次に, 式 (5.25.1) を満たしながら多項式列 $(f_1, \ldots, f_s)$ を動かすとき, 単項式 δ_f を以下で定義する.

$$\delta_f = \min_{(f_1, \ldots, f_s)} \delta_{(f_1, \ldots, f_s)}$$

このとき, $\mathrm{LM}(f) \le \delta_f$. 以下, 式 (5.25.1) に対する

単項式 $\delta_{f_1, \ldots, f_s}$ が δ_f に一致するとする.

今, $\mathrm{LM}(f) = \delta_f$ と仮定すると, $\mathrm{LM}(f) = \mathrm{LM}(f_i g_i)$ となる $f_i g_i \ne 0$ が式 (5.25.1) の右辺に現れるから, $\mathrm{LM}(f) \in \langle \mathrm{LM}(g_1), \ldots, \mathrm{LM}(g_s) \rangle$. よって, イデアル I に属する任意の多項式 f $(\ne 0)$ について $\mathrm{LM}(f) = \delta_f$ がいえれば $\mathrm{LM}(I) = \langle \mathrm{LM}(g_1), \ldots, \mathrm{LM}(g_s) \rangle$ となり, $\{g_1, \ldots, g_s\}$ は I のグレブナー基底.

そこで, $\mathrm{LM}(f) < \delta_f$ と仮定し, 式 (5.25.1) の右辺を

$$\begin{aligned}
f &= \sum_{\mathrm{LM}(f_i g_i) = \delta_f} f_i g_i + \sum_{\mathrm{LM}(f_i g_i) < \delta_f} f_i g_i \\
&= \sum_{\mathrm{LM}(f_i g_i) = \delta_f} \mathrm{LT}(f_i) g_i \\
&\quad + \sum_{\mathrm{LM}(f_i g_i) = \delta_f} (f_i - \mathrm{LT}(f_i)) g_i \\
&\quad + \sum_{\mathrm{LM}(f_i g_i) < \delta_f} f_i g_i \qquad (5.25.2)
\end{aligned}$$

と変形する. このとき, $\mathrm{LM}(f) < \delta_f$ に注意すると,

$$\mathrm{LM}\left(\sum_{\mathrm{LM}(f_i g_i) = \delta_f} \mathrm{LT}(f_i) g_i \right) < \delta_f$$

である. すると, 補題 5.25.16 を $\sum_{\mathrm{LM}(f_i g_i) = \delta_f} \mathrm{LT}(f_i) g_i$ に使うと, $\sum_{\mathrm{LM}(f_i g_i) = \delta_f} \mathrm{LT}(f_i) g_i$ は S 多項式 $S(\mathrm{LM}(f_j) g_j, \mathrm{LM}(f_k) g_k)$ の線形結合である. 一方, $\mathrm{LM}(f_j g_j) = \mathrm{LM}(f_k g_k) = \delta_f$ に注意して $u_{jk} = \delta_f / m(g_j, g_k)$ とおくと,

$$S(\mathrm{LM}(f_j) g_j, \mathrm{LM}(f_k) g_k) = u_{jk} S(g_j, g_k)$$

である. すると,

$$\sum_{\mathrm{LM}(f_i g_i) = \delta_f} \mathrm{LT}(f_i) g_i = \sum_{j, k} c_{jk} u_{jk} S(g_j, g_k) \quad (c_{jk} \in K) \tag{5.25.3}$$

と書け, $\mathrm{LM}(u_{jk} S(g_j, g_k)) < \delta_f$ である. 定理の条件から,

$$S(g_j, g_k) = \sum_{i=1}^{s} p_i^{jk} g_i \quad (\mathrm{LM}(p_i^{jk} g_i) \le \mathrm{LM}(S(g_j, g_k))) \tag{5.25.4}$$

と書ける $(p_i^{jk} \in K[x_1, \ldots, x_n])$. 式 (5.25.4) を式 (5.25.3) に代入すると

$$\sum_{\mathrm{LM}(f_i g_i) = \delta_f} \mathrm{LT}(f_i) g_i = \sum_{j, k} c_{jk} u_{jk} \left(\sum_{i=1}^{s} p_i^{jk} g_i \right) \tag{5.25.5}$$

となる. 今, 式 (5.25.5) の右辺を $\sum_{i=1}^{s} f_i' g_i$ と表すと, $\mathrm{LM}(f_i' g_i) < \delta_f$ である. 式 (5.25.5) を式 (5.25.1) に代入すると,

$$f = \sum_{i=1}^{s} f''_i g_i \quad (\mathrm{LM}(f''_i g_i) < \delta_f)$$

と書ける．これは，δ_f の定義に矛盾する． □

$F = \{f_1, \ldots, f_s\} \subset K[x_1, \ldots, x_n] \setminus \{0\}$ とする．以下が，イデアル $\langle f_1, \ldots, f_s \rangle$ のグレブナー基底を求める**ブッフバーガーのアルゴリズム (Buchberger's algorithm)** である（ただし，効率化を一切施していない，一番素朴なもの）．

ブッフバーガーのアルゴリズム

1. $B = \{\{u, v\} \mid u, v \in F, u \neq v\}$
2. $G = F$
3. While $B \neq \emptyset$, do:
4.   Select $\{u, v\} \in B$
5. $B = B \setminus \{\{u, v\}\}$
6. $r = \overline{S(u, v)}^G$
7.   If $r \neq 0$ then
8. $B = B \cup \{\{g, r\} \mid g \in G\}$
9. $G = G \cup \{r\}$
10.   End if
11. End while
12. Output G

例 5.25.7. 一変数多項式環 $K[x]$ において二つの多項式 $f_1, f_2 \in K[x]$ に対するブッフバーガーのアルゴリズムは，ユークリッド (Euclid) の互除法と同じ計算を行っている．

定理 5.25.18. ブッフバーガーのアルゴリズムは有限ステップで停止する．

証明 アルゴリズム第 9 行の右辺において $G = \{g_1, \ldots, g_s\}$ と書くと，$\mathrm{LM}(r)$ は $\mathrm{LM}(g_1)$, $\ldots$, $\mathrm{LM}(g_s)$ のいずれとも異なる．r を g_{s+1} と書くことにすると，アルゴリズムが停止しない場合，単項式の無限集合 $\tilde{G} = \{\mathrm{LM}(g_1), \mathrm{LM}(g_2), \ldots\}$ が得られる．

ここでディクソンの補題を使えば，有限個の $\tilde{g}_1, \ldots, \tilde{g}_t \in \tilde{G}$ が存在して，任意の $h \in \tilde{G}$ に対し，ある i $(1 \leq i \leq t)$ があり，$\mathrm{LM}(\tilde{g}_i) | \mathrm{LM}(h)$．十分大きな j をとれば

$$\{\tilde{g}_1, \ldots, \tilde{g}_t\} \subset \{g_1, \ldots, g_j\}$$

となるから，$G = \{g_1, \ldots, g_j\}$ となれば，以降は第 6 行においてつねに $r = 0$．したがってアルゴリズムが停止しない，という仮定は誤りである． □

ブッフバーガーのアルゴリズムをそのまま適用すると，入力によっては，メモリの不足で計算が中断する，現実的な時間では計算が終わらない，といった事態が起こることがある．これは，計算途中で B が非常に大きな集合になったり，多項式の係数が非常に大きくなったりするためで，さまざまな対策が考えられている．

5.25.5 応 用

グレブナー基底を利用すると，いろいろな問題に対して，それを解く具体的なアルゴリズムが構築できる．イデアルのメンバーシップ問題と比較問題については 5.25.3 項で触れた．

以下，連立代数方程式の解法への応用についてごく簡単に説明する．連立代数方程式

$$f_1 = \cdots = f_s = 0 \quad (f_i \in K[x_1, \ldots, x_n])$$

を解くことと，イデアル $I = \langle f_1, \ldots, f_s \rangle$ に属するすべての多項式の共通零点を求めることは同値である．したがって，I の「よい」生成系 $\{g_1, \ldots, g_t\}$ を求めることができれば連立代数方程式の解法に利用できることになる．ここでグレブナー基底が活躍するのだが，一番簡単な例で書けば，$f_1, \ldots, f_s$ が一次式のとき，$\{f_1, \ldots, f_s\}$ に対するグレブナー基底が $\{g_1, \ldots, g_t\}$ になったとすると，元の方程式系と同値な方程式系として

$$g_1 = \cdots = g_t = 0 \quad (g_i \in K[x_1, \ldots, x_n])$$

が得られ，各 g_i は一次式，かつ，g_i の変数は x_i, $\ldots$, x_n となる．つまり，方程式系は三角化されたことになる．この場合のブッフバーガーのアルゴリズムの計算は**ガウス (Gauss) の消去法**と同じになっている．

参考文献

[1] 永尾汎：代数学（新数学講座），朝倉書店 (1983).
[2] 服部昭：現代代数学（近代数学講座），朝倉書店 (2004).

エヴァリスト・ガロワ

Evariste Galois (1811-1832). パリ近郊に生まれ，（のちの）エコール・ノルマルに入学するが，政治に没頭し放校処分，その後投獄され，1832 年に出獄するが決闘が原因で亡くなった．

20 才であった．ガロワ（ガロアとも表す）は，アーベルの 5 次以上の代数方程式の不可解性に関する結果を発展させ，根の間の置換群と対応する体との関係を考察することで，方程式の可解性の条件を与えることに成功した．今日，これはガロワ理論として知られる．

[3] 松坂和夫：代数系入門, 岩波書店 (1976).

[4] 堀田良之：代数入門—群と加群— （数学シリーズ）, 裳華房 (1987).

[5] Fraleigh, John B.: *A First Course in Abstract Algebra, Seventh Edition*, Addison Wesley, 1989.

[6] Artin, Michael: *Algebra, Second Edition*, Prentice Hall, 2002.

[7] 矢野健太郎編：数学小辞典 第 2 版増補, 共立出版 (2007).

[8] Cox, David A., Little, John, O'Shea, Donal: *Ideals, Varieties, and Algorithms*: *An Introduction to Computational Algebraic Geometry and Commutative Algebra*, 4th Edition, Springer, 2015. （和訳：D. コックス, J. リトル, D. オシー著, 落合啓之・示野信一・西山享・室政和訳：グレブナ基底と代数多様体入門・上, 下 イデアル・多様体・アルゴリズム, 丸善出版 (2012)).

[9] JST CREST 日比チーム （編集）：グレブナー道場, 共立出版 (2011).

索　引

数字・記号・欧文

1 次写像　64
1 次従属　61
1 次独立　61
1 次変換　64
2 次形式　83
∀　1
C, ℂ　3
∃　1
G-軌道　165
G-集合　164
G-同値　164
i.e　1
LU 分解　58
mod　146
N, ℕ　3
∅　4
PID　177, 188
p-群　166, 177
p-部分群　170
Q, ℚ　3
Q.E.D.　1
QR 分解　70
R, ℝ　3
s.t.　1
S 多項式　194
UFD　187
up to　1
well-defined　162
Z, ℤ　3

あ

アイゼンシュタインの既約判定法　190
アーベル群　147
余り　175
安定化群　165
安定部分群　165
位数（群の）　148
位数（元の）　153
位相　112, 113
　　生成される——　114
　　強い——　114
　　弱い——　114
位相空間　113
一意分解環　187
一様収束　31, 32
一様連続　20
一般解（連立 1 次方程式の）　56
一般解（微分方程式の）　117, 120
一般化逆行列　85
　　ムーア-ペンローズの——　85

{1,2} 型——　85
{1} 型——　85
一般線形群　148
イデアル　176
　　——の比較問題　194
　　——のメンバーシップ問題　194
イニシャル　191
イメージ　162
陰関数定理　93
因子群　160
因数定理　175
ヴァンデルモンドの行列式　53
上三角行列　40, 52
上三角行列環　173
裏　5
運動方程式　117
エルミート行列　40
演算　146
オイラーの関数　158
オイラーの公式　95
オイラーの定理　179

か

可移　165
解曲線　124
解曲線図　125
開集合　89, 96, 114
階数（行列の）　45
階数（偏導関数の）　91
階数（微分方程式の）　116
階数関数　87
階段行列　44
開被覆　90, 115
外部自己同型群　164
外部直積　167
ガウスの消去法　57, 196
ガウスの整数環　177
ガウスの発散定理　133
下界　18
可換　146, 147, 172
可換環　172
可換群　147
可換体　172
可換半群　146
可逆　41, 65
可逆元　147, 172
下極限　30
核　63, 162
拡大　168
拡大環　173
拡大行列　47
拡大体　173

各点収束　31
下限　18
可算集合　15
過剰和　23, 129
加除環　172
下積分　129
可積分　129
可測集合　135
型（置換の）　151
かつ　⇒論理積
合併集合　8
仮定　2
カーネル　162
加法　146
加法群　148
可約　183
ガロワ，エヴァリスト　196
環　172
環自己同型　180
環準同型　179
関数項級数　32
関数列　31
完全代表系　146, 154
完全列　168
環同型　179
基（マトロイドの）　86
偽　2
幾何学的重複度　78
奇置換　49, 151
基底　62, 114
軌道分解等式　165
基本解系　120
基本行列　42
基本変形　42, 43, 56
基本列　19
既約　183, 187
逆　5
逆関数定理　93
逆行列　40, 47, 53, 55
逆元　147
逆辞書式順序　191
逆写像　14, 65
既約剰余類群　179
逆像　14
逆置換　49, 149
逆ベクトル　60
級数　28
行　37
鏡映変換行列　75
境界　89
共通集合，共通部分　8
共通部分（線形空間の）　72

行標準形　44
行ベクトル　37
共役　159
共役転置行列　39
共役複素数　94
共役部分群　159
共役類　166
行列　37
行列環　173
行列式　50
極　112
極形式　94
局所化　185
局所環　186
局所リプシッツ条件　122
曲線　100
極大イデアル　183
極大左イデアル　181
極大右イデアル　181
虚部　94
距離　67, 112
距離空間　112
近傍　90
空間　3
空集合　4
偶置換　49, 151
区間　128
区間縮小法　18
クラインの4元群　152
グラム-シュミットの直交化法　69
クラメルの公式　59
グレブナー基底　193
クロネッカーのデルタ　54
グロンウォールの補題　123
群　147
　　──が作用する集合　164
　　p──　166, 170
群拡大　168
群環　174
群多元環　174
系　2
係数行列　55
経路　101
結合法則　146
結論　2
ケーリー，アーサー　87
ケーリー-ハミルトンの定理　78
元　3
原始n乗根　159
原始関数　25, 102
原始多項式　189
交換法則　146
広義積分　27
広義積分可能　27
恒真命題　2
合成（写像の）　12
合成（置換の）　49
合成関数（微分法）　21, 91
合成命題　2
交代級数（ライプニッツの）　31
交代行列　40

交代群　151
交代性　51
後退代入　58
恒等写像　11, 65
恒等置換　49, 149
合同変換　169
合同変換群　169
公倍元　186
項別積分　33
項別微分　33, 100
公約元　186
公理　1
互換　49, 150
コーシー，オーギュスタン＝ルイ　36
コーシー-アダマールの公式　34
コーシー-シュワルツの不等式　67
コーシーの積分公式　110
コーシーの定理　102, 104
コーシーの判定条件　32
コーシーの判定法　19, 29
コーシー問題　117
コーシー-リーマンの関係式　96
コーシー-リーマンの定理　96
コーシー列　19
固定化群　165
固有空間　78
固有多項式　76
固有値　75
固有ベクトル　75
固有方程式　76
孤立特異点　111
根　175
コンパクト　90, 115

さ

サイクル　49
最高次　191
最高次係数　175
最小公倍元　187
最小公倍数　176
最小公倍単項式　194
最小上界　18
最大下界　18
最大公約元　187
最大公約数　176
細分　129
差集合　9
作用する　164
サラスの方法　50
三角関数　95
三角不等式　68
軸　44
次元　62
自己同型　164
自己同型群　164
辞書式順序　191
指数　155
次数　175
指数関数　95
指数法則　147
自然な環準同型　179

自然な準同型　163
自然な全射準同型　163
下三角行列　40, 52
下三角行列環　173
実行列　37
実数
　　──の性質　17
　　広義の──　137
　　有限な──　137
実数体　173
実数列　17
実積分　104, 108
実対称行列　82
実部　94
実ベクトル空間　60
始点　101
自明でない解　57
自明なイデアル　176
自明な解　56
自明な部分群　152
射影行列　75
写像　10
斜体　172, 176
シャーマン-モリソン-ウッドバレーの公
　　式　41
シャーマン-モリソンの公式　41
主イデアル　176
集合　3
重積分　130
収束　17, 95, 116
収束円　34
収束半径　34, 99
終点　101
十分条件　2
縮約行標準形　45
首座小行列式　85
主軸　83
主軸問題　83
巡回群　153, 156
巡回置換　49, 150
巡回置換分解　151
純辞書式順序　191
順序対　10
準同型　161, 179
準同型写像　161
準同型定理　162, 180
商　175
上界　18
商環　178, 185
小行列　54
小行列式　54
上極限　30
商群　160
上限　18
条件収束　31
上積分　129
商体　185
常微分方程式　116, 117
　　──の解の存在と一意性　121
乗法　146
乗法群　147, 148, 172

乗法的部分集合　184
剰余　192
剰余環　178
剰余群　160
剰余定理　175
剰余類　159
初期条件　117
初期値　117
初期値問題　117
除去可能特異点　112
触点　89
除算　191
除算アルゴリズム　192
ジョルダン可測　131
シルベスターの慣性法則　84
シロー p-部分群　170
シローの第一定理　170
シローの第三定理　170
シローの第二定理　170
シローの定理　170
真　2
真性特異点　112
真部分群　152
真部分集合　4
シンプレクティック行列　153
シンプレクティック群　153
真理値　2
真理値表　3
推移的　165
推移律　145
随伴行列　39
数学的命題　2
スペクトル分解　83
整域　174, 188
正規化　68
正規化群　165
正規直交基底　69
正規直交系　68
正規部分群　159
正項級数　29
斉次 1 次方程式　56
正射影　73
生成系　61, 152, 153
生成される
　　——位相　114
　　——線形部分空間　61
　　——部分群　152
正則（行列）　40
正則（複素関数が）　96
正則元　147, 172
正値　84
正定値　84
正定値行列　84
正二面体群　169
成分　37
正方行列　37
整列集合　177
跡　39
積位相　114
積集合　8
積分

一般の集合上の——　131
曲面上の——　132
リーマン——　134
ルベーグ——　134, 139
積分可能　24, 129
積分記号下の微分　35, 142
積閉集合　184
絶対一様収束　32
絶対収束　30, 32, 95
絶対値　94
絶対連続　143
ゼロ行列　37
ゼロ元　148
ゼロベクトル　37, 60
全行列環　173
線形　117
線形化　125
線形化方程式　125
線形空間　59
線形結合　61
線形写像　64
線形従属　61
線形独立　61
線形部分空間　60
線形変換　64
全射　12
全商環　185
全称命題　6
全体集合　3
全単射　12
先頭係数　191
先頭項　191
先頭単項式　191
素イデアル　182
像　10, 14, 162
双 1 次形式　83
像空間　63
相似　77
相似変換　77
双線形形式　83
双対マトロイド　87
属する　3
測度　135
素元　187
存在命題　6

た

体　172
第一同型定理　163
対角化可能　80
対角行列　37
対角成分　37
対偶　5
第三同型定理　163
対称行列　40
対称群　148
対称律　145
代数学の基本定理　111
対数関数　104
代数的重複度　76
第二同型定理　163

代表元　146
代表元　154
互いに素　8, 134, 183
多項式　174
　　S——　194
多項式環　175, 189
多重線形性　51
縦線集合　131
ダランベールの判定法　30, 95
ダルブーの定理　24
単位行列　37
単位元　146
単関数　139
短完全列　168
単元　147, 172
単項イデアル　176
単項イデアル整域　177
単項式順序　191
単項左イデアル　176
単項右イデアル　176
単射　12
単数　172
単数群　148
単数群　172
単調減少　18
単調増加　18
値域　10
チェイン　107
置換　48, 148
置換行列　40
置換積分　26
中間値の定理　20
中国式剰余定理　184
中心　164
中心化群　166
中線定理　68
重複度　76
超平面　87
直積　168, 183
直積環　183
直積集合　10
直和（集合の）　8
直和（線形空間の）　72
直和分解　72
直交　68
直交基底　69
直交行列　40, 71, 153
直交群　153
直交系　68
直交変換　72
直交補空間　72
ツォルンの補題　181
定義　1
定義域　10
定義関数　131, 139
ディクソンの補題　191
定常解　125
定値写像　11
テイラー展開　110
テイラーの定理　22
定理　1

ディリクレ積分　105
ディリクレの関数　134
デデキントの切断　19
転置行列　39
点列コンパクト　89
導関数　21
同型　64, 161
同型写像　64, 161
同型定理　163
同次形　119
等質空間　165
同次方程式　56
同次連立1次方程式　56
同値　2, 145
導値　21
同値関係　145
等長変換　72
同値律　145
同値類　145
同伴　186
等比級数　28
等方部分群　165
特異行列　41
特殊解　56
特殊線形群　152
特殊直交群　153
特殊ユニタリ群　153
特性根　121
特性多項式　76, 120
特性方程式　76, 120
独立集合　86
閉じている　152
凸　103
凸結合　61
トートロジー　⇒恒真命題
ド・モルガンの法則　5, 9
トレース　39

な

内積　66
内積空間　66
内部　89
内部自己同型　164
内部自己同型群　164
内部直積　167
内容　189
長さ（置換の）　150
長さ（G-軌道の）　165
なす角　68
ならば　⇒論理包含
二面体群　169
熱伝導方程式　117, 127
濃度　15
（内積から誘導される）ノルム　67
ノルム　177
　1――　68
　無限大――　68
ノルム空間　68

は

倍元　186

排中律　2
ハウスドルフ空間　116
ハウスドルフの分離公理　116
ハウスホルダー行列　40
掃き出し法　44
半開区間　135
半群　146
反射律　145
半正値　84
半正定値　84
半正定値行列　84
半直積　168
半負値　84
半負定値　84
半負定値行列　84
非可換環　172
非可換群　147
非可算集合　15
ピカールの逐次近似法　123
微積分学の基本定理　25, 143
非線形　117
ピタゴラスの定理　68
左イデアル　175
左剰余類　154
左分解　154
左零因子　174
必要十分条件　3
必要条件　2
否定　2, 5
等しい　4, 11, 15
被覆コンパクト　90
非負結合　61
微分可能　21, 92, 96
微分係数　21
微分方程式　116
ピボット　44
被約　194
被約グレブナー基底　194
表現行列　65
標準基底　62
標準形（行列の）　45
標準形（2次形式の）　84
標数　182
ヒルベルトの基底定理　193
ファトゥーの補題　141
フェルマーの小定理　179
複素行列　37
複素数　94
複素数体　173
複素数平面　94
複素積分　100
複素ベクトル空間　60
含む　3
符号（2次形式の）　84
符号（置換の）　49, 151
不足和　23, 129
負値　84
ブッフバーガーのアルゴリズム　194, 196
ブッフバーガーの判定法　195
不定　84

不定元　174
不定値　84
負定値　84
不定値行列　84
負定値行列　84
不動点　125
フビニの定理　143
部分位相空間　114
部分環　173
部分空間（位相空間の）　114
部分空間（ベクトル空間の）　60
　生成される――　61
　張られる――　61
部分群　151
　p――　170
　生成される――　152
　自明な――　152
　シロー p――　170
　真――　152
部分集合　4
部分積分　26
部分体　173
フラット　87
フーリエ級数展開　126
ブルバキ　15
フレッシェの分離公理　116
フレネル積分　105
フロベニウス・ノルム　67
分解型　151
分割　23
分割行列　38
分数環　185
分離公理　115
分裂する　168
平均値の定理　22, 25
平衡解　125
平行四辺形の法則　68
平衡点　125
閉集合　89, 114
閉包　89
閉路　101
べき級数　34, 98
べき集合　4
べき等行列　40
ベクトル　59
ベクトル空間　59
ベッセル関数　100
偏角　94
変換群　164
変形写像　106
変数　174
変数分離形　118
変数変換　131
偏導関数　90
偏微分　90
偏微分係数　90
偏微分方程式　117
ポアンカレの補題　103
補空間　72
星形　103
補集合　9

索 引　　**203**

補題　1
ポテンシャル　103
ボルツァーノ-ワイエルシュトラスの定理
　　19

ま

交わり　8
または　⇒論理和
マトロイド　86
右イデアル　175
右剰余系類　154
右分解　155
右零因子　174
密着位相　115
無限級数　28
　　——の微積分　33
無限群　148
無限次元線形空間　62
無限次元ベクトル空間　62
結び　8
命題　1
(数学的)命題　2
命題関数　2
メンバーシップ問題（イデアルの）
　　194
モニック　175, 188
モノイド　146

や

約元　186
ヤコビアン　93
ヤコビ行列　92
ヤコビ行列式　93
有界　18
有限群　148, 158
有限次元線形空間　62
有限次元ベクトル空間　62
有向集合　116
有向点列　116
有理関数体　185

有理数体　173
有理整数環　172
ユークリッド距離　67
ユークリッド空間　67
ユークリッド整域　177, 188
ユークリッド内積　67
ユークリッド・ノルム　67
ユニタリ行列　40, 153
ユニタリ群　153
余因子　54
余因子行列　55
余因子展開　54
要素（集合の）　3
要素（行列の）　37
容量　189

ら

ライブニッツの交代級数　31
ラグランジュの定理　155
ラプラス展開　54
ランク　45
リプシッツ条件　122
リーマン積分可能　134
リーマン和　24
リューヴィルの定理　111
留数　107
留数定理　108
領域　89, 102
両側イデアル　175
累次積分　130
類等式　166
類別　146
ルベーグ, アンリ　143
ルベーグ可積分　140
ルベーグ可測　136, 138
ルベーグ可測関数　138
ルベーグ式積分　134
ルベーグ積分　139
ルベーグ積分可能　140
ルベーグ測度　136

ルベーグの単調収束定理　140
ルベーグの優収束定理　141
零因子　174
零化空間　63
零環　172
零行列　37
零空間　63
零元　148
零写像　65
零集合　135
零ベクトル　37, 60
列　37
列空間　63
列ベクトル　37
連結　89, 114
連続　20, 32, 96, 114
連続性の公理　19
連続微分可能　22
連続変形可能　106
連立1次方程式　55
ロジスティック方程式　117
ロトカ-ボルテラの生存競争モデル
　　124
ローラン展開　111
ロルの定理　21
ロンスキアン　120
ロンスキー行列　120
論理積　2
論理包含　2
論理和　2

わ

和（線形空間の）　72
ワイエルシュトラスのM判定法　32,
　　99
ワイエルシュトラスの最大値定理　20
ワイエルシュトラスの優級数定理　⇒
　　ワイエルシュトラスのM判定法
和集合　8

執筆者一覧

小谷佳子（こたに けいこ）[第 1 章]

1999 年 東京理科大学大学院理学研究科数学専攻博士課程修了，博士（理学）．東京理科大学理学部第二部数学科嘱託助手，同講師を経て，2014 年より東京理科大学理学部第二部数学科准教授．

伊藤弘道（いとう ひろみち）[第 1 章]

2004 年 慶應義塾大学大学院理工学研究科基礎理工学専攻博士課程修了，博士（理学）．慶應義塾大学助手，群馬大学大学院工学研究科助教，アメリカ・テキサス A&M 大学の客員研究員を経て，2013 年より東京理科大学理学部第二部数学科講師．

加藤圭一（かとう けいいち）[第 2 章，第 4 章（4.1, 4.3, 4.5, 4.6, 4.7 節）]

1990 年 東京大学大学院理学研究科博士課程中退，博士（数理科学）．大阪大学理学部助手，東京理科大学理学部第一部数学科講師，同助教授，同准教授を経て，2013 年より同教授．

矢部　博（やべ ひろし）[第 3 章（3.9.2 項を除く）]

1982 年 東京理科大学大学院理学研究科数学専攻博士課程修了，理学博士．東京理科大学理学部第一部応用数学科助手，工学部第一部教養科講師，経営工学科助教授，理学部第一部応用数学科助教授，数理情報科学科教授を経て，2017 年より理学部第一部応用数学科教授．

江川嘉美（えがわ よしみ）[第 3 章（3.9.2 項）]

1980 年 オハイオ州立大学大学院修了，Ph.D. in Mathematics．オハイオ州立大学講師，東京理科大学理学部講師，助教授を経て，1997 年より東京理科大学理学部第一部応用数学科教授．

太田雅人（おおた まさひと）[第 4 章（4.2 節）]

1996 年 東京大学大学院数理科学研究科博士課程修了，博士（数理科学）．静岡大学工学部助教授，埼玉大学理学部准教授等を経て，2015 年より東京理科大学理学部第一部数学科教授．

横田智巳（よこた ともみ）［第4章（4.4節）］
2002年 東京理科大学大学院理学研究科博士後期課程修了，博士（理学）．東京理科大学理学部第一部数学科助手，講師，准教授を経て，2017年より東京理科大学理学部第一部数学科教授．

眞田克典（さなだ かつのり）［第5章（5.25節を除く）］
1982年 東京理科大学大学院理学研究科数学専攻博士課程修了，理学博士，東京理科大学理学部第一部数学科助手，講師，助教授を経て，2005年より教授．

関川　浩（せきがわ ひろし）［第5章（5.25節）］
1989年 東京大学大学院理学系研究科修士課程修了，博士（数理科学）．日本電信電話株式会社，西日本電信電話株式会社，日本電信電話株式会社，東海大学理学部数学科准教授，東京理科大学理学部第一部数理情報科学科教授を経て，2017年より同応用数学科教授．

理工系の基礎　数学 I

平成 30 年 1 月 30 日　発　行

編　者	数学 編集委員会
著作者	小谷　佳子・伊藤　弘道・加藤　圭一 矢部　　博・江川　嘉美・太田　雅人 横田　智巳・眞田　克典・関川　　浩
発行者	池　田　和　博
発行所	丸善出版株式会社

〒101-0051 東京都千代田区神田神保町二丁目 17 番
編集：電話 (03) 3512-3266／FAX (03) 3512-3272
営業：電話 (03) 3512-3256／FAX (03) 3512-3270
http://pub.maruzen.co.jp/

ⓒ 東京理科大学，2018

組版印刷・大日本法令印刷株式会社／製本・株式会社 松岳社

ISBN 978-4-621-30249-1　C 3341　　　　Printed in Japan

JCOPY 〈(社)出版者著作権管理機構 委託出版物〉
本書の無断複写は著作権法上での例外を除き禁じられています．複写
される場合は，そのつど事前に，(社)出版者著作権管理機構（電話
03-3513-6969，FAX 03-3513-6979，e-mail：info@jcopy.or.jp）の許諾
を得てください．